Privatheit und Selbstbestimmung in der digitalen Welt

Privacy and Self-Determination in the Digital World

herausgegeben von | edited by
Dr. Michael Friedewald
Prof. Dr. Alexander Roßnagel

Band | Volume 1

Michael Friedewald | Alexander Roßnagel
Jessica Heesen | Nicole Krämer | Jörn Lamla [Hrsg.]

Künstliche Intelligenz, Demokratie und Privatheit

Nomos

GEFÖRDERT VOM

Bundesministerium
für Bildung
und Forschung

Gestaltung Titelmotiv: Magdalena Vollmer

Die Deutsche Nationalbibliothek verzeichnet diese Publikation in der Deutschen Nationalbibliografie; detaillierte bibliografische Daten sind im Internet über http://dnb.d-nb.de abrufbar.

1. Auflage 2022

Publiziert von
Nomos Verlagsgesellschaft mbH & Co. KG
Waldseestraße 3–5 | 76530 Baden-Baden
www.nomos.de

Gesamtherstellung:
Nomos Verlagsgesellschaft mbH & Co. KG
Waldseestraße 3–5 | 76530 Baden-Baden

ISBN (Print): 978-3-8487-7327-5
ISBN (ePDF): 978-3-7489-1334-4

DOI: https://doi.org/10.5771/9783748913344

Onlineversion
Nomos eLibrary

Vorwort

Um im interdisziplinären Dialog die Auswirkungen von Datafizierung, Überwachung und Künstlicher Intelligenz auszuloten und zu diskutieren, veranstaltete das vom Bundesministerium für Bildung und Forschung (BMBF) geförderte „Forum Privatheit und selbstbestimmtes Leben in der digitalen Welt“ (http://www.forum-privatheit.de) am 18. und 19. November 2021 in Wiesbaden die Konferenz „Auswirkungen der Künstlichen Intelligenz auf Demokratie und Privatheit“. Der vorliegende Band präsentiert die wichtigsten Vorträge und reflektiert die dort angestoßenen Diskussionen.

Das „Forum Privatheit“ arbeitet seit nunmehr acht Jahren – ausgehend von technischen, juristischen, ökonomischen sowie geistes- und gesellschaftswissenschaftlichen Ansätzen – an einem interdisziplinär fundierten, zeitgemäßen Verständnis von Privatheit und Selbstbestimmung. Hieran anknüpfend werden Konzepte zur (Neu-)Bestimmung und Gewährleistung informationeller Selbstbestimmung und des Privaten in der digitalen Welt erstellt. Es versteht sich über seine Kerndisziplinen hinaus als eine Plattform für den fachlichen Austausch und erarbeitet Orientierungswissen für den öffentlichen Diskurs in Form wissenschaftlicher Publikationen, Tagungen, White- und Policy-Paper.

Seit 2021 ist das “Forum Privatheit” das zentrale Begleitprojekt der vom BMBF initiierten Plattform Privatheit und wird vom Fraunhofer-Institut für System- und Innovationsforschung (ISI) in Karlsruhe und der Projektgruppe verfassungsverträgliche Technikgestaltung (provet) an der Universität Kassel koordiniert. In der Plattform Privatheit werden die vom BMBF geförderten Projekte zu den Themen Privatheit, Datenschutz und Selbstbestimmung zusammengefasst. Ziel des “Forum Privatheit” ist es, allen Bürgerinnen und Bürgern einen reflektierten und selbstbestimmten Umgang mit ihren Daten, technischen Geräten und digitalen Anwendungen zu ermöglichen. Das “Forum Privatheit” bereitet aktuelle Forschungsergebnisse für Zivilgesellschaft, Politik, Wissenschaft und Wirtschaft auf und berät deren Akteure zu ethischen, rechtlichen und sozialen Aspekten von Privatheit, Datenschutz und informationeller Selbstbestimmung.

Die Organisation der Konferenz erfolgte zusammen mit dem Hessischen Beauftragten für Datenschutz und Informationsfreiheit (HBDI). Die inhaltliche Gestaltung erfolgte zusammen mit dem ebenfalls durch das BMBF geförderten Projekt “PRIvatheit, Demokratie und Selbstbestimmung im Zeitalter von KI und Globalisierung" (PRIDS), an dem neben dem Fraunhofer ISI und der Universität Kassel u.a. auch noch die Universität Duisburg-Essen und das Internationale Zentrum für Ethik in den Wissenschaften der Universität Tübingen beteiligt sind.

Als Herausgeber:innen freuen wir uns, nun diesen Konferenzband präsentieren zu können. Wir danken insbesondere den Autor:innen für die Überarbeitung ihrer Vorträge und die Beisteuerung der jeweiligen Fachaufsätze. Ebenso zum Dank verpflichtet sind wir allen Beteiligten am „Forum Privatheit" sowie den Kolleg:innen, die die in diesem Band veröffentlichten Texte begutachtet haben. Die Konferenz "Auswirkungen der Künstlichen Intelligenz auf Demokratie und Privatheit" wäre ohne die vielfältige Unterstützung durch das interdisziplinäre Kollegium nicht möglich gewesen. Wir danken insbesondere all jenen, die organisatorisch oder inhaltlich an der Vorbereitung und Durchführung der Konferenz mitgewirkt haben, darunter vor allem Susanne Ruhm, Greta Runge, Frank Ebbers, Murat Karaboga und Marleen Georgesohn (Fraunhofer ISI) sowie Christian Geminn, Tamer Bile und Carsten Ochs (Universität Kassel). Darüber hinaus danken wir Barbara Ferrarese (Fraunhofer ISI) für die professionelle Wissenschaftskommunikation, Miriam Janke (Fusionistas) für die konzeptionelle Beratung und lebendige Moderation sowie Magdalena Vollmer für die kreative Live-Visualisierung der Vorträge. Prof. Dr. Ina Schieferdecker (BMBF) danken wir für die gelungene Konferenz-Eröffnung und thematische Einordnung.

Dem hessischen Landtag verdanken wir, dass wir unsere Veranstaltung in den prächtigen Räumlichkeiten des Wiesbadener Stadtschlosses durchführen durften. Der Vize-Präsidentin des Landtags Karin Müller danken wir für die herzliche Begrüßung und historische Einführung. Der Pressestelle des HBDI, insbesondere Maria Christina Rost, danken wir für die tatkräftige Unterstützung sowie produktive Zusammenarbeit.

Dieser aus der Konferenz hervorgegangene Band wäre nicht ohne tatkräftige Unterstützung bei der Manuskriptbearbeitung und -korrektur zustande gekommen. Wir möchten uns sehr herzlich bedanken bei den Kollegen, die die Begutachtung der Tagungsbeiträge übernommen haben. Für die angenehme und zielführende Zusammenarbeit mit dem Nomos-Verlag danken wir Dr. Sandra Frey.

Last but not least möchten wir uns besonders bei Dr. Heike Prasse und Kai Enzweiler (BMBF) für die Förderung des Projektverbunds sowie die engagierte Unterstützung unserer Forschungsthemen bedanken. Auch danken wir ausdrücklich Jan-Ole Malchow, der für den Projektträger VDI/VDE-IT die Forschungsarbeiten des „Forum Privatheit“, die Vorbereitung der Konferenz und das Erscheinen des Bandes konstruktiv begleitet hat.

Die Herausgeber:innen
Karlsruhe, Kassel, Tübingen, Duisburg, im Juli 2022

Inhalt

Geleitwort 13

Ina Schieferdecker

Einleitung: Künstliche Intelligenz, Demokratie und Privatheit 17

Michael Friedewald und Alexander Roßnagel

Teil I Künstliche Intelligenz und Selbstbestimmung

Prädiktive Privatheit: Kollektiver Datenschutz im Kontext von Big Data und KI 31

Rainer Mühlhoff

Nothing personal? Der Personenbezug von Daten in der DSGVO im Licht von künstlicher Intelligenz und Big Data 59

Rita Jordan

Künstliche Intelligenz als hybride Lebensform. Zur Kritik der kybernetischen Expansion 77

Jörn Lamla

Teil II Künstliche Intelligenz, Profiling und Überwachung

Der KI-Verordnungsentwurf und biometrische Erkennung: Ein großer Wurf oder kompetenzwidrige Symbolpolitik? 103

Stephan Schindler und Sabrina Schomberg

Digitale Subjekte in der Plattformökonomie: Datenschutz als zentrale Machtfrage 131

Jasmin Schreyer

Clearview AI und die DSGVO 153
Matthias Marx und Alan Dahi

Sozialkreditdossiers in der Tradition staatlicher Personenakten in China: zunehmende Transparenz durch rechtliche Einbettung? 177
Marianne von Blomberg und Hannah Klöber

Teil III Künstliche Intelligenz und Nutzendenverhalten

Privacy als Paradox? Rechtliche Implikationen verhaltenspsychologischer Erkenntnisse 211
Hannah Ruschemeier

Welche Rolle spielen Privacy und Security bei der Messenger-Nutzung und -Wechsel arabischsprachiger Nutzer:innen 239
Leen Al Kallaa, Konstantin Fischer, Annalina Buckmann, Franziska Herbert und Martin Degeling

Teil IV Künstliche Intelligenz, Desinformation und Deepfakes

Das Phänomen Deepfakes. Künstliche Intelligenz als Element politischer Einflussnahme und Perspektive einer Echtheitsprüfung 265
Anna Louban, Milan Tahraoui, Hartmut Aden, Jan Fährmann, Christian Krätzer und Jana Dittmann

KI-Lösungen gegen digitale Desinformation: Rechtspflichten und -befugnisse der Anbieter von Social Networks 289
Lena Isabell Löber

Desinformationen und Messengerdienste: Herausforderung und Lösungsansätze 317
Nicole Krämer, Gerrit Hornung, Carolin Jansen, Jan Philipp Kluck, Lars Rinsdorf, Tahireh Setz, Martin Steinebach, Inna Vogel und York Yannikos

Teil V Künstliche Intelligenz im Gesundheits- und Pflegewesen

KI-Systeme in Pflegeeinrichtungen – Erwartungen, Altersbilder und Überwachung 353
Roger von Laufenberg

The impact of smart wearables on the decisional autonomy of vulnerable persons 377
Niël H. Conradie, Sabine Theis, Jutta Croll, Clemens Gruber und Saskia K. Nagel

Autorinnen und Autoren 403

Geleitwort

Ina Schieferdecker, Bundesministerium für Bildung und Forschung

Zur Jahreskonferenz 2021 hatte das Forum Privatheit in den Hessischen Landtag eingeladen – einem symbolträchtigen Ort, an dem in Hessen 1970 das weltweit erste Datenschutzgesetz verabschiedet worden ist.

Seither wird um notwendige als auch hinreichende Ausprägungen von Datenschutz gerungen, in den letzten Jahren vermehrt um den Datenschutz im digitalen Raum. Digitale Technologien durchdringen unser Leben. Dabei ist Digitalisierung neben den riesigen Potenzialen für Fortschritt, Wohlstand und Innovation zu einer beständigen Herausforderung für die Weiterentwicklung unserer Gesellschaft geworden.

Digitalisierung soll wie jede andere Technik das Leben und Arbeiten von uns Menschen erleichtern. Sie muss dazu an unseren gesellschaftlichen Bedarfen orientiert und an uns ausgerichtet sein. In der heutigen Wirtschaft dominieren jedoch häufig immer noch Fragen der Gewinnmaximierung, wobei Sekundär- und Tertiäraspekte sozialer und ökologischer Nachhaltigkeit nicht eingepreist sind. Hier kann und muss steuernd eingegriffen werden.

So muss auch durch digitale Technik die Würde des Menschen als wesentliche Zielbestimmung und als zentrales Fundament jedweden Handelns gewahrt bleiben. So müssen digitale Systeme, Anwendungen und Dienstleistungen durch den Menschen beherrschbar und handhabbar sein. In der digitalen Transformation geht es deshalb auch darum, die Wahrung der Rechte im Umgang mit digitalen Medien oder sozialen Plattformen sicherzustellen. Hierzu gehört ebenso die Durchsetzung bestehender Rechte zur Privatsphäre, Meinungsfreiheit oder zum Datenschutz im Cyberraum – auch in neuen digitalisierten Räumen, die durch das Internet der Dinge und smarte Geräte eröffnet werden.

Genau bei diesen Werten setzt der europäische Weg an. Anders als andere Regionen der Welt verbinden wir in Deutschland und Europa den digitalen Fortschritt mit Datenschutz, Meinungsfreiheit und dem Recht auf Privatheit unter Achtung der Menschenwürde und der Grundrechte. Dieser europäische Weg wird aber nur dann auch in Zukunft möglich sein, wenn wir technologisch souverän bleiben und unsere Fähigkeit zur kooperativen Gestaltung und Mitgestaltung von Schlüsseltechnologien und technologiebasierten Innovationen ausbauen. Technologische Souveränität umfasst die Formulierung von Anforderungen an Technologien, Produkte und Dienstleistungen entsprechend der eigenen Werte und deren Absicherung auch durch die Mitbestimmung entsprechender Standards in globalen Märkten. Vertrauen in digitale Lösungen entsteht da, wo die eingesetzte Soft- und Hardware verstanden wird und wo die Einhaltung der Anforderungen, etwa zur IT-Sicherheit, überprüfbar sind und überprüft werden. Gleichwohl geht es dabei um Produkte und Dienstleistungen, die gebraucht, die gekauft und genutzt werden, die sich im Markt durchsetzen können – und so Arbeit, Arbeitsplätze und Wohlstand sichern helfen. Was nützt die beste vertrauenswürdige Lösung, wenn diese nicht angenommen wird und letztlich weniger vertrauenswürdige Lösungen zur Anwendung kommen? Hier muss im engen Schulterschluss von Wirtschaft, Wissenschaft und Gesellschaft klug agiert und im Interesse aller ein breites Verständnis von Vertrauenswürdigkeit und anderen Qualitäten technischer Lösungen erzeugt werden. Das ist kein Selbstläufer, sondern erfordert ein gut auszubalancierendes Vorgehen.

Deutschland und Europa gehen diese anstehenden Aufgaben bereits verstärkt an und können zum Vorbild für eine digitale Gesellschaft werden. Wir Europäerinnen und Europäer sind dabei nicht nur Nutzende digitaler Technologien, sondern ebenso deren Gestalter und Entwickler.

Die Politik stellt dazu immer wieder wichtige Weichen, wie zum Beispiel mit der DSGVO oder der europäischen Datenstrategie. Aktuell wird am AI Act gearbeitet, der Europa zum Zentrum für innovationsstarke, vertrauenswürdige, KI-basierte Systeme machen soll.

Hier kommt der Wissenschaft eine große Verantwortung zu. Nicht alles, was wissenschaftlich oder technisch umsetzbar ist, ist auch sinnvoll oder erstrebenswert. Und so ist es die Aufgabe der Wissenschaft, das Verständnis der digitalen Transformation zu vertiefen und dieses Verständnis in die Breite zu tragen – und dabei auf die Chancen als auch die Risiken des digitalen Wandels hinzuweisen. Der fortschreitende wissenschaftliche Erkenntnisgewinn hilft uns, erstrebenswerte Entwicklungen zu befördern und Fehlentwicklungen zu vermeiden.

Dieser Aufgabe haben sich die Mitglieder des Forums Privatheit in besonderer Weise verpflichtet. Mit einem disziplinenübergreifenden Ansatz, der sozialwissenschaftliche, psychologische, rechtliche, ökonomische und nicht zuletzt technische Perspektiven vereint, wurde in den vergangenen sieben Jahren eine neue, ganzheitliche Herangehensweise verfolgt.

Das Forum Privatheit wirkt weit über die Grenzen des Forschungsverbundes hinaus: Es liefert regelmäßig wichtige Impulse für den gesellschaftlichen Diskurs und die weitere Technikentwicklung, beispielsweise in

Themen wie Datenschutz in der Blockchain, Privatheit und Kinderrechte, Tracking von Nutzerinnen und Nutzern im Netz – und auch beim Thema KI.

Auf der Jahreskonferenz 2021 wurde das Thema „Auswirkungen der Künstlichen Intelligenz auf Demokratie und Privatheit" in den Fokus gerückt. KI hat sich zu einer Schlüsseltechnologie unserer Zeit entwickelt. Sie bietet ganz neue Chancen und Möglichkeiten. Durch moderne Verfahren des maschinellen Lernens stehen uns bei der Auswertung umfangreicher Daten neue Qualitäten und Quantitäten beim Erkennen, Einordnen und Schlussfolgern zur Verfügung. Dies eröffnet neue Lösungsmöglichkeiten und Innovationen in Anwendungskontexten wie der Gesundheit, Mobilität oder der Sicherheit.

Diese Potentiale gehen mit Herausforderungen einher: So kann KI zur Verstärkung von Ungleichbehandlungen führen. Sie kann wie jede andere Technik missbräuchlich genutzt werden. So können Grenzen zwischen Äußerungen von Menschen und Social Bots verschwimmen, da sich Social Bots mittels KI dem Verhalten echter Nutzer annähern. Und so gibt es beispielsweise intensive Diskussionen darum, ob von Algorithmen generierte Inhalte auch als solche kenntlich gemacht werden sollten. Aber was genau ist ein algorithmengenerierter Inhalt? Wo beginnt er, wo hört er auf? Und wie können solche Inhalte kenntlich gemacht und das Kenntlichmachen wiederum abgesichert werden?

Und so ist und bleibt es wichtig, die weitere Entwicklung proaktiv mitzugestalten. Ihnen als Forschenden des Forums Privatheit kommt dabei die Aufgabe zu, aus Ihren Erkenntnissen die richtigen Impulse zu entwickeln, die dabei helfen, die Entscheidungshoheit der Menschen in den Mittelpunkt zu rücken und neue Entwicklungen zielgerichtet an den gesellschaftlichen Bedarfen auszurichten. Sie müssen die Auswirkungen von KI auf Privatheit und Demokratie unbedingt weiter in Breite und Tiefe diskutieren. Die Aufgaben werden nicht kleiner werden: Die digitale Transformation wird Jahrzehnte benötigen. Es werden immer wieder neue Fragestellungen auftreten. Dabei muss es gelingen, und ist es gerade demokratischen Gesellschaften immer wieder gelungen, Technologien einzuhegen, um Fehlentwicklungen zu begrenzen oder zu vermeiden.

Damit das gelingt, brauchen wir ebenso eine zielführende Forschungspolitik. Dem Bundesministerium für Bildung und Forschung ist das Forum Privatheit ein wichtiges Anliegen. Wir haben die Förderung deshalb nicht nur fortgeführt, sondern bereiten aktuell den Ausbau des Forums Privatheit zur „Plattform Privatheit" vor. Zukünftig wollen wir die wissenschaftliche Auseinandersetzung mit dem Thema Privatheit unter einer entsprechenden Rahmenbekanntmachung fördern. Die dynamischen Entwicklungen relevanter Forschungsthemen können so schneller und flexibler adressiert werden. Ein erstes Projekt zum Thema „Privatheit, Demokratie und Selbstbestimmung im Zeitalter von Künstlicher Intelligenz und Globalisierung" ist bereits gestartet.

Zudem hat die Bundesregierung das Thema Privatheit in ihrer Cybersicherheitsstrategie verankert. Und ebenso zentral ist es für das Forschungsrahmenprogramm „Digital. Sicher. Souverän." Mit diesem Programm setzen wir den Rahmen für eine Forschung, die den europäischen Weg in der Digitalisierung vorantreibt und die technologische Souveränität stärkt. Unser Ziel ist es, mit einer Forschung europäischer Prägung Innovationen anzustoßen und die technologische Souveränität Deutschlands und Europas in Zukunft zu wahren und in wichtigen Schlüsselbereichen auszubauen. Deshalb stellen wir für die Umsetzung des Programms bis 2026 mindestens 350 Millionen Euro bereit.

Mit dem „Forschungsnetzwerk Anonymisierung für eine sichere Datennutzung" werden künftig zudem Fragen der Anonymisierung und des technischen Datenschutzes gebündelt. Der Kern dieses Netzwerks wird aus Kompetenzclustern zu wichtigen Anwendungsbereichen für die Anonymisierung von personenbezogenen Daten wie Medizin oder Mobilität bestehen. Und das Forum Privatheit sowie die zukünftige Plattform Privatheit werden auch weiterhin als wichtige Stimmen den öffentlichen Diskurs zu den Themen Privatheit und Datenschutz anregen.

Die Wahrung von Datenschutz und Privatheit nach europäischen Standards bei der Gestaltung und Entwicklung neuer und nachhaltiger Technologien ist kein Hemmschuh. Richtig aufgesetzt sind sie Quellen der Innovation. Und sie haben das Potenzial, Wirtschaft und Gesellschaft nachhaltig entsprechend unserer Werte weiterzuentwickeln.

Privatheit ist und bleibt ein zentraler Wert in unserem Wertekanon und in unseren Demokratien. Diesen Wert gilt es auch in einer digitalisierten Welt zu erhalten, zu pflegen und zu schützen. Hierfür ist interdisziplinäre Forschung ein zentraler Schlüssel. Denn: Technikentwicklung und deren kritische Begleitung müssen Hand in Hand gehen.

Für diese wichtige kritische Begleitung der digitalen Transformation danke ich allen am Forum Privatheit Beteiligten und wünsche Ihnen für den weiteren Weg und Ihre weitere Arbeit gutes Gelingen.

Einleitung: Künstliche Intelligenz, Demokratie und Privatheit

Michael Friedewald und Alexander Roßnagel

Zum Thema dieses Bandes

Die digitale Transformation von Gesellschaften weltweit hat in den letzten Jahren nicht nur weiter an Dynamik gewonnen, sondern auch immer deutlicher spürbar globale Wirkungs- und Problemzusammenhänge ausgebildet. Heute sind es vor allem allgegenwärtige Systeme der Künstlichen Intelligenz (KI), die im Zentrum des wissenschaftlichen, politischen, ökonomischen, normativen und regulatorischen Interesses stehen. Von besonderer Bedeutung sind hier algorithmische Datenauswertungen zur Steuerung wirtschaftlichen und gesellschaftlichen Verhaltens, die eine Bedeutung für die politische Entscheidungsfindung und die Strukturierung öffentlicher Kommunikation haben und so die Lebenswirklichkeit der Bürgerinnen und Bürger mitgestalten.

Die heute diskutierten KI-Systemen sind überwiegend Vertreter der so genannten „schwachen KI", bei der es darum geht, einzelne kognitive Fähigkeiten, vor allem Erkennen und Klassifizieren innerhalb eines engen Aufgabenbereichs in einem Computersystem nachzubilden. Eine solche Nachbildung bestimmter, als „intelligent" bezeichneter Funktionen umfasst aber kein Verständnis für die dahinterliegenden Konzepte. Die dazu heute meist genutzten Verfahren sind statistischer bzw. probabilistischer Natur, die auf einer Modellierung des betrachteten Problems basieren und weitgehend nicht durch einfache Regeln erklärt werden können. Zur Erstellung der Modelle und das „Training" der Funktionalität werden in der Regel große Datenbestände benötigt, so dass die Voraussagen, Klassifizierungen oder Entscheidungen einer KI höchstens so gut sein können wie die Qualität der „Trainingsdaten". Solche, auf „maschinellem Lernen" basierende Anwendungen haben in den letzten Jahren erheblich an (technischer) Reife gewonnen.

Unternehmen und Politik betrachten KI seit einigen Jahren als so genannte Schlüsseltechnologie und hegen hohe Erwartungen an die Möglichkeiten der ökonomischen Verwertung und administrativen Nutzung zu Zwecken des Gemeinwohls.[1] Andere warnen eher vor den disruptiven ökonomischen Effekten und den unintendierten Folgen dieser gar nicht mehr so neuen Technologie für Gesellschaft und Demokratie. Auf der nationalstaatlichen Regulierungsebene ist es nach wie vor schwierig, die damit einhergehenden Herausforderungen in den Griff zu bekommen. Unter dem Eindruck einer „überwachungskapitalistischen" Implementierung von KI-Systemen einerseits und „überwachungsstaatlichen" Verwendung solcher Systeme andererseits stehen Selbstbestimmung und Privatheit als Grundwerte der demokratischen Gesellschaft einmal mehr vor einer Bewährungsprobe. Auch die Meinung in der deutschen Bevölkerung bildet diese beiden Pole ab. Laut einer Umfrage des Branchenverbands BITKOM aus dem Jahr 2021 betrachten über 70 % der deutschen Bürgerinnen und Bürger KI vor allem als Chance, während immerhin fast 30 % die Risiken überwiegen sieht.[2]

Die mit der KI entstehenden Formen der Datafizierung ändern nicht nur die zum Schutz von Privatheit und Selbstbestimmung erforderlichen Konzepte, sondern stellen auch das Verständnis und den Stellenwert von Privatheit und Selbstbestimmung selbst in Frage. Bislang wurde ihr Wert meist so begründet, dass Privatheit und Selbstbestimmung den Einzelnen vor illegitimer Beobachtung, Einflussnahme und Fremdbestimmung schützen und dadurch eine Grundlage für individuelle Autonomie, Selbstverwirklichung sowie freie Meinungs- und Willensbildung bieten soll.

Negative Einflüsse wurden entsprechend an überwachend oder „manipulativ" wirkenden Technologien festgemacht. Verwiesen sei an dieser Stelle auf Schlagworte wie „Gesichtserkennung", „intelligente Videoüberwachung", „Big Nudging“, „Micro Targeting", „Predictive Policing" und ähnliche Nutzungsformen der KI. Tatsächlich bringen derartige Technologien und die damit einhergehenden Datenverarbeitungen in zunehmendem Maße neue, auch gruppenbezogene und gesamtgesellschaftliche Risiken mit sich. Während beispielsweise die von einer personenbezogenen Datenverarbeitung konkret Betroffenen immerhin verschiedene rechtliche Möglichkeiten zur Durchsetzung ihrer Rechte offenstehen, können sich die Mitglieder einer algorithmisch generierten Gruppe weder über ihre Zughörigkeit zu dieser Gruppe noch über die sie persönlich betreffenden Auswirkungen im Klaren sein. Möglich wird eine solche Zuordnung,

---

1 Vgl. z.B. die KI-Strategie der Bundesregierung. https://www.ki-strategie-deutschland.de/home.html.

2 https://www.bitkom.org/Presse/Presseinformation/Kuenstliche-Intelligenz-als-Chance (zuletzt zugegriffen: 06.07.2022)

wenn Datenverarbeitungen zunächst auf konkret zu einer natürlichen Person zuordenbare Daten verzichten und stattdessen nicht-personenbezogene Daten (bestimmte Nutzungs- oder Verhaltensweisen bzw. Attribute) als Bezugspunkt nehmen. Durch einen solche Verarbeitung der Daten werden etwa aus Surfgewohnheiten einzelner Individuen Informationen gewonnen, die in der Folge dann zur Personalisierung von Werbung oder Newsfeeds eingesetzt werden können. Indem derartige Verfahren oft jenseits etablierter Schutzkonzepte operieren, weil statistische Verfahren häufig nicht mit „personenbezogener Daten" im datenschutzrechtlichen Sinne arbeiten, laufen die Regelungen des Datenschutzes ins Leere. Künstliche Intelligenz ermöglicht so nicht nur algorithmengestützte Entscheidungen, die zur Steuerung und Organisation sozialer Systeme verwendet werden, sondern auch die Extraktion „emergenter", privater Informationen aus „unverdächtigen" Datensätzen.

Ein anderes Beispiel möglicher gesellschaftlicher Auswirkungen der KI: Wird KI auch zur Entwicklung von Social Bots genutzt, damit diese computergenerierten virtuellen Gesprächspartner möglichst menschenähnlich auftreten, kann dies die Auseinandersetzung über politische Meinungen oder soziale Haltungen wesentlich verändern. Während der Einsatz von Social Bots im Falle der Beantwortung einfacher Kundenfragen noch sinnvoll erscheint, ermöglicht dieselbe Technologie, den Diskussionsteilnehmer in politischen Auseinandersetzungen vorzugaukeln, dass reale Menschen eine bestimmte Meinung vertreten. Indem Bots in Posts oder ähnlichen Äußerungen Zustimmung oder Ablehnung zu einem Vorschlag oder einer Haltung zum Ausdruck bringen, können sie im demokratischen Diskurs Mehrheiten verändern oder bestimmten Meinungen „zum Durchbruch verhelfen". Auf diese Weise kann mit ihrer Hilfe der Effekt ausgenutzt werden, dass viele Menschen Teil der Mehrheit sein wollen und daher der von Bots vertretenen Meinung zustimmen. Mittels des Einsatzes von „Bot-Armeen" sind auf diese Weise sogar großflächige Meinungsmanipulationen möglich.

In diesem Zusammenhang ist auch die für Gesellschaft und Individuen ausgehende und zunehmende Gefahr von Deepfakes und vergleichbaren manipulativen Verfahren einzuordnen. Mittels spezieller künstlicher neuronaler Netzwerke (so genannte „generative adervsarial networks") ist es heute bereits möglich, authentisch wirkende Fälschungen von (Bewegt-)Bild- und Audiomaterial zu generieren. Mittels der auf diese Weise generierten Deepfakes können sich für Individuen Konsequenzen für ihre Privatsphäre entfalten, die sich derzeit insbesondere in Form von Rachepornographie äußern. Die möglichen Verletzungen gesellschaftlicher Werte reichen allerdings weit über das Individuum hinaus, wenn sie beispielsweise zur Manipulation und Irritation politischer Prozesse verwendet werden – wie etwa die gefälschten Anrufe des Kiewer Bürgermeisters Vitali Klitschko bei europäischen Politikern im Juni 2022 gezeigt haben.

Alle diese Technologien können zu einer Gefahr für demokratische Werte werden, wenn etwa Filterblasen zur übermäßigen Verbreitung von Miss- oder Desinformation sowie zu Radikalisierungstendenzen im öffentlichen Diskurs beitragen. Illegitime Informationsbestände, die jedoch eine besonders hohe Popularität unter den Nutzenden sozialer Netzwerke genießen, entfalten häufig eine stärkere Wirkung als Richtigstellungen oder differenzierte und ausgewogene Informationsbestände. Indem Algorithmen die Aussendung von Inhalten steuern, können sie derartige soziale Verhaltensweisen bestärken und zu einer Verschärfung des Problems führen.

Solche Praktiken adressieren in der Regel alle Bevölkerungsgruppen. Es muss aber berücksichtigt werden, dass die Folgen für die Selbstbestimmung aufgrund unterschiedlicher individueller Voraussetzungen für unterschiedliche gesellschaftliche Gruppen verschieden sein können. So ist davon auszugehen, dass es sich etwa bei Kindern und Jugendlichen oder bei älteren Personen um Gruppen handelt, die gegenüber ausforschenden und verhaltenssteuernden Technologien besonders verletzlich sind, da sie auf anderen Kompetenzniveaus agieren, als Gruppen mit höherer „digital literacy". Die Fähigkeiten, Kenntnisse oder Mittel, die diesen Gruppen zum wirksamen Schutz ihrer informationellen Selbstbestimmung zu Verfügung stehen, müssen daher anders bewertet, gefördert und kollektiv abgestützt werden als im Falle der übrigen Gesellschaftsmitglieder. Darüber hinaus ist auch zu berücksichtigen, dass sich Menschen und ihr Umfeld über ihre Lebensspanne erheblich ändern und damit auch die Aussagekraft der über sie gesammelten Daten.

Die aus der Tagung des „Forum Privatheit" im November 2021 hervorgegangenen und in diesem Band gesammelten Beiträge drehen sich entsprechend um die Frage, welche Auswirkungen „Künstliche Intelligenz" auf Privatheit, auf das Recht auf informationelle Selbstbestimmung und auf demokratische Strukturen und Prozesse haben kann und wie diese zu bewerten sind. Darauf aufbauend wird thematisiert, mit welchen Mitteln – von der Regulierung über ökonomische Anreize und soziale Praktiken bis zur Technikgestaltung – auf diese Herausforderungen reagiert werden kann, um eine zukunftsgerechte Gewährleistung von Selbstbestimmung und demokratischer Teilhabe zu gewährleisten.

Die Beiträge

Dieser Band gliedert sich in fünf Teile, die verschiedene Aspekte des Themenspektrums aus unterschiedlicher Perspektive und mit unterschiedlicher Schwerpunktsetzung aufgreifen.

Künstliche Intelligenz und Selbstbestimmung

Die Beiträge in Teil I gehen der Frage nach, in welcher Weise KI – sowohl vom theoretischen Konzept als auch von der Umsetzung her – einen Paradigmenwechsel in der Informationsverarbeitung bewirkt. Dabei steht im Vordergrund, welche neuen Herausforderungen sich damit für individuelle und gesellschaftliche Werte, insbesondere die Selbstbestimmung stellen.

Rainer Mühlhoff (Universität Osnabrück) argumentiert in seinem Kapitel, dass die zentrale Herausforderung des Datenschutzes im Zeitalter von KI darin liegt, die Vorhersage sensibler Informationen über Menschen und Gruppen rechtlich zu adressieren. Denn die „prädiktive Analytik" mache es möglich, aus der Verknüpfung von Verhaltensdaten (z. B. Nutzungs-, Tracking- oder Aktivitätsdaten) mit (überwiegend) anonymen oder anonymisierten Daten viele weitere Aussagen über persönliche Eigenschaften differenzierter Gruppen von Menschen zu machen – etwa über Kaufkraft, Geschlecht, Alter, sexuelle Orientierung, ethnische Zugehörigkeit etc. Dadurch hätten die Daten anderer Menschen Auswirkungen auf einen selbst und die eigenen Daten Auswirkungen auf andere Menschen – auch wenn die Daten als „nicht personenbezogene" Daten verarbeitet werden. Indem die nachfolgende gesellschaftliche Praxis einzelne Personen statistischen Gruppen zuordnet, werden die vorausgesagten statistischen Eigenschaften auf diese konkreten Personen angewendet. Die so entstehenden Missbrauchspotenziale würden vom geltenden Datenschutzrecht nicht reguliert und die Verwendung anonymisierter Massendaten finde in einem weitestgehend rechtsfreien Raum statt. Mühlhoff plädiert deswegen für einen datenschützerischen Ansatz, bei dem einerseits prädiktive Informationen rechtlich personenbezogenen Daten gleichgestellt werden und andererseits in definierten Anwendungsbereichen (z. B. bei Haftentscheidungen) die Herstellung prädiktiver Risiko-Modelle untersagt wird.

Rita Jordan geht in ihrem Kapitel ebenfalls von der Beobachtung aus, dass mit dem Einsatz selbstlernender Algorithmen nicht nur der Umfang und die Geschwindigkeit, mit der Daten erfasst, verarbeitet und ausgewertet werden, zunimmt, sondern auch die Abgrenzbarkeit zwischen personenbezogenen und nicht personenbezogenen Daten verschwimmt. Dadurch gerieten die Zwecke des Datenschutzrechts (Persönlichkeitsschutz, informationelle und demokratische Selbstbestimmung) und seine Schutzprinzipien (u. a. Zweckbindung, Datenminimierung und Transparenz) in Spannung zu den Gewinninteressen datenbasierter Geschäftsmodelle und dem herrschenden Innovationsdruck. Die Abgrenzbarkeit von personenbezogenen und nicht-personenbezogenen Daten sei aber zentral für das dogmatische Fundament der EU-Datenschutz-Grundverordnung. Jordan macht deutlich, wie individuellen Nutzerinnen und Nutzern eine aufgeklärte Rechtsausübung praktisch erschwert wird, beispielsweise durch immer kleinteiligere Datenschutzerklärungen. Sie erläutert, wie sich dies bei der Digitalisierung von Städten manifestiert, wo sich die Innovationskraft algorithmischer Datenverarbeitung für Nachhaltigkeits- und Verkehrsziele mit der physischen Oberfläche urbaner Erfahrungs- und Handlungsräume verschränken soll. Wegen der Ubiquität der erfassten Daten und der damit einhergehenden Risiken für Privatheit und Selbstbestimmung sei eine grundlegende Rekonzeptualisierung des Datenschutzrechts sowie eine Demokratisierung der Technologieentwicklung – insbesondere im Bereich KI-basierter Technologien – in städtischen Räumen notwendig.

Jörn Lamla (Universität Kassel) beleuchtet in seinem Kapitel über die KI als hybride Lebensform schließlich das Wechselverhältnis von Mensch und digitaler Anwendung: KI setze mit ihren Herausforderungen das humanistische Selbstverständnis unter Druck. Der Beitrag argumentiert, dass dies zurecht geschieht, dabei jedoch mit einer verkürzenden Gegenüberstellung operiert wird. Demnach seien KI-Technologien zwar paradigmatisch für die expansive Dynamik hybrider Lebensformen, die Menschen und Maschinen in Feedbackschleifen verklammern, deren Charakter werde aber immer noch verkannt. Die Technologie entwickle sich zu einem Paradigma, das nach Lamla drei Aspekte umfasst, die bei der Analyse des Verhältnisses von Mensch und Maschine und der gesellschaftlichen Auswirkungen zusammen gedacht werden müssten: 1) die sich verstärkende Hybridisierung von Mensch und Maschine, 2) die Datafizierung des Lebens und 3) eine Algorithmisierung, also eine permanente Weiterentwicklung und das Lernen von Algorithmen aus Hybridisierung und Datafizierung. Angesichts der zentralen Rolle, die Digitalisierung und insbesondere KI-Technologien in unserer Gesellschaft spielen, plädiert Lamla entgegen der vorherrschenden kybernetischen Sichtweise für eine Reflektion der Dominanzstruktur des digitalen Analogismus. Um dieser Entwicklung wirksam und kritisch entgegenzutreten, so die These, braucht es mehr als die Beschwörung humanistischer Werte: Es bedürfe eines besseren Verständnisses für die ontologische Heterogenität der gesellschaftlichen Existenzweisen, die in hybriden Lebensformen versammelt sind.

Künstliche Intelligenz, Profiling und Überwachung

Überwachung und Profiling (vor allem für staatliche Akteure wie Strafverfolgungsbehörden und Geheimdienste) sind seit langem treibende Kräfte bei der Entwicklung von KI-Verfahren. Die Beiträge in Teil II fokussieren auf die Fragen, welche Rolle KI hier spielen kann, wie effektiv Betroffenenrechte gewährleistet werden können und wie gut das entstehende europäische Recht auf die absehbaren Herausforderungen reagiert.

Stephan Schindler und *Sabrina Schomberg* (Universität Kassel) beleuchten den aktuellen Verordnungsentwurf der Europäischen Kommission zur Regulierung künstlicher Intelligenz (AI Act), mit dem ein einheitlicher Rechtsrahmen für die Entwicklung, Vermarktung und Verwendung künstlicher Intelligenz im Einklang mit den Werten der Europäischen Union geschaffen werden soll. Sie stellen dabei die Frage, ob es sich mit Blick auf Anwendungen der biometrischen Erkennung um einen großen Wurf oder lediglich um Symbolpolitik handelt. Die biometrische Erkennung nimmt im Verordnungsentwurf eine herausgehobene Stellung ein; insbesondere sieht sie ein Verbot der Verwendung biometrischer Echtzeit-Fernidentifizierungssysteme in öffentlich zugänglichen Räumen zu Strafverfolgungszwecken vor. Von diesem Verbot gäbe es allerdings zahlreiche Ausnahmen, so dass die biometrische Echtzeit-Fernidentifizierung in vielen spezifischen Anwendungskontexten mit mehr oder weniger strikten Auflagen (Dokumentations- und Aufzeichnungspflichten, menschliche Aufsicht) doch betrieben werden könne. Insgesamt begrüßen Schomberg und Schindler den Verordnungsentwurf, kritisieren aber die Ausnahme in ihrer Vielzahl und Breite als problematisch und weisen darüber hinaus auf weitere offene Fragen hin, die insbesondere den Einsatz biometrischer Systeme durch staatliche Stellen zu Strafverfolgungszwecken betreffen.

Jasmin Schreyer (Universität Erlangen-Nürnberg) untersucht in ihrem Kapitel den Datenschutz als zentrale Machtfrage in der Plattformökonomie. Spätestens seit den Snowden-Enthüllungen sei klar, dass das Internet mit seinen scheinbar unbegrenzten Möglichkeiten zur Datensammlung ein Herrschaftsinstrument sei, das nicht nur von staatlichen Akteuren, sondern vor allem auch von international agierenden Datenunternehmen genutzt wird. Obwohl die früheren Hoffnungen auf eine demokratisierende Wirkung des Internet mittlerweile ad absurdum geführt worden seien, inszenierten sich die Plattformanbieter als neutrale Vermittlungsinstanzen und propagierten, dass ihre Datensammlungen eine Form der „höheren" Intelligenz ermögliche, die Wissen, Wahrheit und Objektivität generiere. Schreyer zeigt auf, welche Wirkung das von den Akteuren akkumulierte Wissen über vergangene, gegenwärtige und zukünftige Präferenzen, Einstellungen und Verhalten auf die betroffenen Subjekte hat. Dies führe bei den betroffenen Subjekten zu einer Internalisierung des Machtverhältnisses sowie zu einer Selbstkontrolle und Normierung des Verhaltens. Die Autorin betont, dass sich dieser panoptische Zustand weiter verschärfen werde.

Matthias Marx und *Alan Dahi* berichten in ihrem Kapitel über praktische Erfahrungen bei der Durchsetzung von Betroffenenrechten beim US-amerikanischen Unternehmen Clearview AI, das sich auf KI-gestützte Gesichtserkennung spezialisiert hat. Im Jahr 2020 wurde bekannt, dass Clearview AI zum Zwecke der Gesichtserkennung rechtswidrig mehr als zwanzig Milliarden Fotos von Gesichtern im Internet gesammelt und ausgewertet hatte. Die Autoren zeichnen den Weg einer Beschwerde samt der dabei auftretenden Hindernisse nach, die beim Hamburgischen Beauftragten für Datenschutz und Informationsfreiheit eingereicht wurde. Zudem beleuchten sie einige der rechtlichen Fragen, darunter die Anwendbarkeit der DSGVO, die Rechtmäßigkeit der Verarbeitung sowie die Handlungsmöglichkeiten der Aufsichtsbehörden. Schließlich werden Entscheidungen anderer europäischer Aufsichtsbehörden zu Clearview AI kurz vorgestellt. Der Beitrag demonstriert, wie schwierig die Wahrnehmung grundlegender Betroffenenrechte im Falle eines US-amerikanischen Unternehmens sein kann.

Schließlich befassen sich *Marianne von Blomberg* und *Hannah Klöber* (Universität Köln) in ihrem Beitrag mit dem chinesischen Sozialkreditsystem (SKS), das nicht nur die finanzielle Kreditwürdigkeit der Bürger, sondern deren Vertrauenswürdigkeit im weiteren Sinne ermitteln soll. Die Pläne sehen vor, dass Sozialkreditdossiers für natürliche Personen auf zentraler Ebene angelegt und darin Informationen über ordnungs- und gesetzeswidriges Verhalten gespeichert werden. Anders als ihre Vorgänger sollen die modernen Sozialkreditdossiers transparent, den betroffenen Personen zugänglich und von ihnen korrigierbar sein. Der Beitrag beleuchtet deshalb die lange Tradition personenbezogener Dossiers in China und fragt, ob sich das SKS fundamental von vorherigen Dossiersystemen unterscheidet. Dazu analysieren die Autorinnen den aktuellen Rechtsrahmen für personenbezogene Sozialkreditdossiers im Hinblick auf den Transparenzanspruch des SKS. Sie erläutern, dass eine wachsende Anzahl von lokalen und sektoralen Verordnungen die Verwaltung persönlicher Sozialkreditinformationen regulieren. Ihre Vielfältigkeit einerseits und die nicht standardisierte Sammlung und Verarbeitung von Informationen unter Einbeziehung verschiedener Akteure andererseits erschweren jedoch das Einsehen und die Korrektur der Dossiers. Um dem Anspruch der Transparenz gerecht zu werden bedürfte es daher einer Vereinheitlichung des rechtlichen Rahmens des SKS und einer eindeutigen Definition von „Sozialkredit".

Künstliche Intelligenz und Nutzendenverhalten

Die Beiträge in Teil III befassen sich mit der Frage, welche menschlichen Faktoren bei der Wahrung von Privatheit und Selbstbestimmung eine Rolle spielen. Dazu werden einerseits KI-basierte Möglichkeiten diskutiert, die typische menschliche Faktoren entweder ausnutzen oder die Nutzenden bei einem Datenschutz wahrenden Verhalten unterstützen können. Andererseits werden menschliche Faktoren im Umgang mit KI am Beispiel der Nutzung von Messenger-Diensten diskutiert.

Der Beitrag von *Hannah Ruschemeier* (Fernuniversität Hagen) dreht sich um das so genannte *Privacy Paradox*, welches beschreibt, dass Menschen zwar regelmäßig bekunden, wie wichtig ihnen Privatsphäre und Datenschutz ist, dieser Selbsteinschätzung aber keine entsprechenden Taten folgen lassen. Unternehmen nutzten dieses Phänomen aus oder förderten es sogar, so dass viele Personen trotz der betonten Wichtigkeit von Privatheit und Selbstbestimmung niedrigschwellig oder gar anlasslos persönlichste Informationen über sich preisgeben. Diese Diskrepanz zwischen Selbsteinschätzung und realem Verhalten sollte – so die Argumentation der Autorin – vom Recht nicht unbeachtet bleiben. Privatheit als Konzept in der Vorstellung vieler Menschen könne unendlich viele Facetten abdecken, die sich nur teilweise oder auch gar nicht mit konkreten persönlichen Verhaltensweisen überschneiden. Das Recht reflektiere diese realen Voraussetzungen von Privatheit jedoch bisher unzureichend, wie das Beispiel der datenschutzrechtlichen Einwilligung zeige. Zur Adressierung dieser Problemlage wird eine veränderte Ausrichtung des Datenschutzes von einem höchstpersönlichen Gut hin zur Regelung kollektiver Auswirkungen und institutioneller Verantwortung angeregt.

Leen Al Kallaa und Kolleginnen und Kollegen (Universität Bochum) befassen sich in ihrem Kapitel mit der Rolle, die Datenschutz und Datensicherheit bei der Messenger-Auswahl und -Nutzung unter arabischsprachigen Nutzerinnen und Nutzer spielen. Wie bei anderen Nutzendengruppen gehörten Instant Messenger auch bei dieser Gruppe, die in anderen Untersuchungen meist unterrepräsentiert ist, zu den am häufigsten genutzten Smartphone-Apps. Im Rahmen einer empirischen Untersuchung fand das Autorenteam heraus, dass die Änderung wichtiger Datenschutzaspekte in den Nutzungbedingungen von Whatsapp im Frühjahr 2021 von der befragten Gruppe überwiegend nicht wahrgenommen wurde: Lediglich 8 %

der Befragten hätten einen Messenger-Wechsel erwogen. Insgesamt bestätigt die Studie, dass die Gründe gegen den Wechsel zu einem sichereren Messenger vor allem die Netzwerkeffekte sind: An erster Stelle steht die Frage, wie viele Bekannte man erreichen kann.

Künstliche Intelligenz, Desinformation und Deepfakes

Teil IV dreht sich um Fragen der Desinformation, zu deren Erstellung und Verbreitung seit einigen Jahren erfolgreich KI-Verfahren genutzt werden. Dies reicht von der Extraktion von Persönlichkeitsmerkmalen, über Social Bots und Verfahren des Mikrotargeting bis hin zu Deepfakes, also realistisch wirkende, aber synthetische Medieninhalte. Während bspw. der Einsatz von Mikrotargeting im US-Präsidentschaftswahl 2012 noch als modern und innovativ galt, wurde spätestens mit dem Fall „Cambridge Analytica" klar, welches Gefahrenpotenzial hier für die demokratischen Strukturen und Prozesse sowie deren Standards entsteht. Seither sind Bestrebungen im Gange die Gefahren mit unterschiedlichsten Mittel einzuhegen.

Zunächst widmen sich *Anna Louban* (HWR Berlin) und Kolleginnen und Kollegen dem relativ neuen Phänomen der Deepfakes, also durch KI-Methoden generierte oder manipulierte Bilder, Audios und Videos, die politische Desinformation und Propaganda in videographischer Form transportieren können. Sie fragen interdisziplinär aus den Perspektiven der Rechts- und Politikwissenschaft sowie der Informatik nach den Risiken für politische Entscheidungsprozesse, zu denen Deepfakes und ihre Nutzung für politische Desinformation führen können. Darauf basierend präsentiert der Beitrag Ansätze aus dem multidisziplinär ausgerichteten Forschungsprojekt FAKE-ID zur Erforschung KI-basierter Deepfake-Detektoren.

Lena Isabell Löber (Universität Kassel) untersucht die Möglichkeiten, die die KI bietet, um Dienstbetreiber bei der Erfüllung der gesetzlichen Pflichten zur Bekämpfung von Hasskriminalität im Netz zu unterstützen. KI-Lösungen können wirkungsvolle Instrumente sein, um schädlichen Inhalte und Manipulationstechniken wie Social Bots in sozialen Medien zu detektieren. Die mit ihrem Einsatz verbundenen Risiken für Kommunikationsgrundrechte und Meinungspluralität müssen aber durch manuelle Nachkontrollen automatisiert ermittelter Treffer und einen verfahrensorientierten Grundrechtsschutz eingehegt werden. Außerdem hält die Autorin schärfere Transparenzvorgaben und Aufsichtsstrukturen für erforderlich, um den Risiken der technisch-organisatorischen Gestaltungs- und

Entscheidungsmacht großer Anbieter von sozialen Netzwerken z. B. im Rahmen der algorithmischen Empfehlungssysteme zu begegnen. Betrachtet werden zu diesem Zweck die neuen Regelungen im Medienstaatsvertrag und Netzwerkdurchsetzungsgesetz, die zu mehr Transparenz für die Betroffenen führen sollten, aber gerade beim Themenkomplex Desinformation weitestgehend vage bleiben. Dem gegenübergestellt werden die auf EU-Ebene im Rahmen der Entwürfe für die KI-Verordnung und den Digital Services Act vorgesehenen Regelungen, die auch weitergehende Pflichten vorsehen und einen wichtigen Beitrag zu einem ganzheitlichen Ansatz im Umgang mit digitaler Desinformation leisten könnten.

Das Kapitel von *Nicole Krämer* (Universität Duisburg-Essen) und Kolleginnen und Kollegen diskutiert schließlich aus interdisziplinärer Perspektive die Probleme von Desinformation über Messengerdienste. Aus Sicht der Informatik, Journalistik, Medienpsychologie und Rechtswissenschaften werden jeweils der Stand der Forschung zur Fragestellung und zur Lösung durch denkbare Werkzeuge dargestellt, eigene Ansätze und Beiträge diskutiert und Fragestellungen herausgearbeitet, die als Grundlage für eine gemeinsame Forschung dienen können. So entsteht ein Überblick über die zahlreichen Perspektiven, mit denen an die Thematik herangegangen werden kann. Basierend darauf werden exemplarisch die Einflüsse datenschutzrechtlicher Projektentscheidungen auf die Projektarbeit diskutiert.

Einsatz von KI in Gesundheit und Pflege

Im abschließenden Teil V des Bandes werden in zwei Kapiteln Beispiele des Einsatzes von KI im Bereich von Gesundheit und Pflege genauer beleuchtet, also aus einem Bereich, wo sowohl die Erwartung an das Gemeinwohl aber auch die potenziellen Risiken für den Einzelnen am höchsten sind.

Roger von Laufenberg (Wiener Zentrum für sozialwissenschaftliche Sicherheitsforschung) betrachtet KI-Systeme in Pflegeeinrichtungen für ältere Menschen. Die Technisierung der Pflege sei vor allem eine Reaktion auf die alternde Bevölkerung und der damit einhergehenden Pflegekrise. Während dies in der Theorie durchaus erfolgversprechend scheint, beschreibt der Beitrag anhand einem Fallbeispiels (Sturzdetektion), dass die Entwicklung von KI-Pflegetechnologien häufig von der alltäglichen Lebensrealität älterer Personen entkoppelt ist. Dabei wird einerseits deutlich, wie in den unterschiedlichen Schritten in der Systementwicklung ein Bild von älteren Personen gezeichnet wird, das von Vulnerabilität geprägt ist. Andererseits erhielten ältere Personen als direkt Betroffene keine Möglichkeit, ihre

Sichtweisen in die Entwicklung und Implementierung mit einzubringen. Dadurch entstünden KI-Systeme, die den Anspruch von Fürsorge für ältere Menschen haben, dazu aber auf umfassende Überwachung ausgelegt sind und mögliche Risiken und negative Auswirkungen für Privatheit und Selbstbestimmung häufig ausblenden.

Im abschließenden Kapitel analysieren *Niël H. Conradie* (RWTH Aachen) und Kolleginnen und Kollegen, welche Auswirkungen intelligente Wearables – mit Bio-Sensoren ausgestattete kleine Computersysteme, die direkt am Körper getragen werden – auf die Entscheidungsfreiheit von schutzbedürftigen Personen haben. Der Markt für Wearables boomt seit einige Jahren und ist immer noch ein weitgehend unreguliertes Experimentierfeld für mehr oder weniger sinnvolle Anwendungen. Wie bei den meisten neu aufkommenden Technologien müssen die Vorteile und Risiken bewertet und gegeneinander abgewogen werden. Besonders wichtig ist diese Abwägung, wenn es sich um Anwendungen handelt, die schutzbedürftige Personengruppen betreffen, da diese oft und in besonderem Maße von Verletzungen der Selbstbestimmung betroffen sind. Dieser Beitrag untersucht aus einer explizit normativen und ethischen Perspektive die potenziellen Auswirkungen von Smart Wearables auf die Autonomie der Entscheidungsfindung in drei solchen Gruppen, nämlich: Kinder, ältere Erwachsene und Personen mit nicht altersbedingten Autonomieeinschränkungen.

Teil I
Künstliche Intelligenz und Selbstbestimmung

Prädiktive Privatheit: Kollektiver Datenschutz im Kontext von Big Data und KI

Rainer Mühlhoff

Zusammenfassung

Big Data und künstliche Intelligenz (KI) stellen eine neue Herausforderung für den Datenschutz dar. Denn diese Techniken werden dazu verwendet, anhand der anonymen Daten vieler Menschen Vorhersagen über Dritte zu treffen – etwa über Kaufkraft, Geschlecht, Alter, sexuelle Orientierung, ethnische Zugehörigkeit, den Verlauf einer Krankheit etc. Die Grundlage für solche Anwendungen „prädiktiver Analytik“ ist ein Vergleich von Verhaltensdaten (z.B. Nutzungs-, Tracking- oder Aktivitätsdaten) des betreffenden Individuums mit den potenziell anonymisiert verarbeiteten Daten vieler Anderer anhand von Machine Learning Modellen oder einfacherer statistischer Verfahren. Der Artikel weist zunächst darauf hin, dass mit prädiktiver Analytik erhebliche Missbrauchspotenziale verbunden sind, welche sich als soziale Ungleichheit, Diskriminierung und Ausgrenzung manifestieren. Diese Missbrauchspotenziale werden vom geltenden Datenschutzrecht (EU DSGVO) nicht reguliert; tatsächlich findet die Verwendung anonymisierter Massendaten in einem weitestgehend rechtsfreien Raum statt. Unter dem Begriff "prädiktive Privatheit" wird ein datenschützerischer Ansatz vorgestellt, der den Missbrauchsgefahren prädiktiver Analytik begegnet. Die prädiktive Privatsphäre einer Person oder Gruppe wird verletzt, wenn anhand der Daten vieler anderer Individuen ohne ihr Wissen und gegen ihren Willen sensible Informationen über sie vorausgesagt werden. Prädiktive Privatheit wird sodann als Schutzgut eines kollektiven Ansatzes im Datenschutz formuliert und verschiedene Verbesserungen der DSGVO im Hinblick auf die Regulierung prädiktiver Analytik werden vorgeschlagen.

1. Einleitung

Eine der aktuell wichtigsten Anwendungen von KI-Technologie ist die sogenannte prädiktive Analytik. Unter diesen Begriff fasse ich datenbasierte Vorhersagemodelle, die über beliebige Individuen anhand verfügbarer

Daten Prognosen stellen. Diese Prognosen können sich auf zukünftiges Verhalten beziehen (z.B., was wird jemand wahrscheinlich kaufen?), auf unbekannte persönliche Attribute (z.B. sexuelle Identität, ethnische Zugehörigkeit, Wohlstand, Bildungsgrad) oder auf persönliche Risikofaktoren (z.B. psychische oder körperliche Krankheitsdispositionen, Suchtverhalten oder Kreditrisiko). Prädiktive Analytik ist brisant, denn neben den gesellschaftlich nutzbringenden Anwendungsmöglichkeiten besitzt die Technologie ein enormes Missbrauchspotenzial und ist aktuell gesetzlich kaum reguliert. Prädiktive Analytik ermöglicht die automatisierte und daher großflächige Ungleichbehandlung von Individuen und Gruppen beim Zugriff auf ökonomische und gesellschaftliche Ressourcen wie Arbeit, Bildung, Wissen, Gesundheitsversorgung und Rechtsdurchsetzung. Speziell im Kontext von Datenschutz und Antidiskriminierung muss die Anwendung prädiktiver KI-Modelle als eine neue Form von Datenmacht großer IT-Unternehmen analysiert werden, die im Zusammenhang mit der Stabilisierung und Hervorbringung von Strukturen der Diskriminierung, der sozialen Klassifizierung und der datenbasierten sozialen Ungleichheit steht.

Vor dem Hintergrund der enormen gesellschaftlichen Auswirkungen prädiktiver Analytik werde ich in diesem Kapitel argumentieren, dass wir im Kontext von Big Data und KI neue Ansätze im Datenschutz benötigen. Mit dem Begriff *prädiktive Privatheit* werde ich den Schutz der Privatheit einer Person oder Gruppe gegen ihre neuartige Form der Verletzbarkeit durch *abgeleitete* oder *vorhergesagte* Informationen fassen und normativ verankern. Die Anwendung prädiktiver Modelle auf Einzelindividuen, um damit Entscheidungen zu stützen, stellt eine Verletzung der Privatheit dar – die jedoch neuartigerweise weder durch „Datenklau" noch durch einen Bruch von Anonymisierung zustande kommt. Die Verletzung der prädiktiven Privatheit erfolgt mittels eines Abgleichs der über das Zielindividuum bekannten Hilfsdaten (z.B. Nutzungsdaten auf Social Media, Browserverlauf, Geo-Location-Daten) mit den Daten vieler tausend *anderer* Nutzer:innen. Prädiktive Analytik verfährt nach dem Prinzip des „pattern matching" und ist immer dort möglich, wo es eine hinreichend große Gruppe von Nutzer:innen gibt, welche die sensiblen Zielattribute über sich preisgibt, weil sie sich der Big Data-basierten Verwertungsweisen nicht bewusst sind oder denkt, „nichts zu verbergen zu haben". Deshalb markiert das Problem der prädiktiven Privatheit eine Grenze des im Datenschutz weit verbreiteten Individualismus und gibt dazu Anlass, kollektivistische Schutzgüter und kollektivistische Abwehrrechte im Datenschutz zu verankern.

Eine solche kollektivistische Perspektive im Datenschutz berücksichtigt erstens, dass Individuen *nicht* in jeder Hinsicht frei entscheiden können sollten, welche Daten sie über sich gegenüber modernen Datenunternehmen preisgeben, denn die eigenen Daten können potenziell negative Auswirkungen auch auf andere Individuen haben. Zweitens bringt diese kollektivistische Perspektive zur Geltung, dass große Ansammlungen anonymisierter Daten vielen Individuen aufgrund der darin „lernbaren" Korrelationen zwischen sensiblen und weniger sensiblen Datenfeldern von Datenverarbeitenden *nicht* frei verarbeitet werden können sollten, wie es die aktuelle Rechtslage nach DSGVO bei anonymisierten Daten erlaubt. Drittens schließlich werde ich fordern, dass die Betroffenenrechte des Datenschutzes (Recht auf Auskunft, Rektifizierung, Löschung, etc.) kollektivistisch neu formuliert werden sollten, so dass betroffene Kollektive und das Gemeinwesen im Ganzen befugt wären, solche Rechte im Sinne des Gemeinwohls gegenüber datenverarbeitenden Organisationen auszuüben.

2. *Prädiktive Analytik*

Für den Gegenstand dieses Artikels ist es unerheblich, auf welchen Algorithmen und Verfahren ein prädiktives Modell konkret beruht. Es handelt sich bei prädiktiver Analytik um einen Container-Begriff, der sowohl Verfahren des maschinellen Lernens als auch einfachere statistische Auswertungen umfasst. Während prädiktive Analytik die technologische Disziplin bezeichnet, verweist „prädiktives Modell auf eine konkrete Manifestation dieser Technologie. Jedoch ist für ein adäquates Verständnis des Datenschutzproblems eine funktionale Charakterisierung prädiktiver Modelle hilfreich. Es handelt sich dabei um Datenverarbeitungssysteme, die als Input eine Reihe verfügbarer Daten über ein Individuum (oder einen „Fall") erhalten und als Ausgabe die Schätzung einer unbekannten Information, eine Klassifikation oder eine Entscheidung in Bezug auf das Individuum angeben (im Folgenden kurz „Zielvariable" genannt).

Die Inputdaten sind dabei typischerweise leicht verfügbare Hilfsdaten, zum Beispiel Trackingdaten, der Browser- oder Standort-Verlauf, oder Social Media Daten (Likes, Postings, Freund:innen, Gruppenmitgliedschaften). Bei der Zielvariablen handelt es sich typischerweise um schwer zugängliche oder besonders sensible Informationen über das Individuum, oder um eine Entscheidung über das Individuum in Bezug auf die Geschäftsvorgänge des Betreibers des prädiktiven Modells (zum Beispiel: zu welchem Preis dem Individuum eine Versicherung oder ein Kredit angeboten wird).

In der prädiktiven Analytik möchte man also anhand leicht zugänglicher Daten schwer zugängliche Informationen über Individuen abschätzen. Dazu vergleichen prädiktive Modelle den durch die Inputdaten gegebenen Fall nach Prinzipien der Mustererkennung mit Tausenden oder Millionen anderen Fällen, die das Modell zuvor während einer Lernphase (oder mittels anderer, statistischer Verfahren) ausgewertet hat. Häufig werden solche Modelle mit Verfahren des überwachten Lernens trainiert. Dazu wird eine große Menge Trainingsdaten benötigt, also ein Datensatz, in dem für eine Kohorte von Individuen beide Datenfelder, die Hilfsdaten und die Zieldaten, erfasst sind. Solche Datensätze fallen regelmäßig im Kontext sozialer Alltagsmedien an, zum Beispiel produziert die Teilmenge aller Facebook-Nutzer:innen, die in ihrem Profil explizit Angaben über ihre sexuelle Orientierung machen, einen Trainingsdatensatz für prädiktive Modelle zur Abschätzung der sexuellen Orientierung *beliebiger* Facebook-Nutzer:innen anhand der auf Facebook anfallenden Nutzungsdaten, wie zum Beispiel Facebook-Likes (s. Abb. 1).

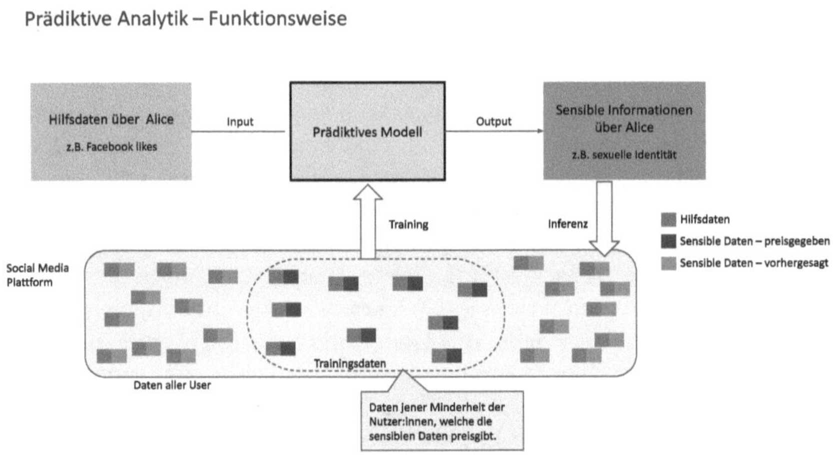

Schematische Darstellung der Vorgehensweise prädiktiver Analytik

Wenn nur wenige Prozent der mehr als zwei Mrd. Facebook-Nutzer:innen Angaben über ihre sexuelle Orientierung machen, dann sind das einige Millionen Nutzer:innen. Das damit trainierbare prädiktive Modell kann die Plattform im nächsten Schritt dazu verwenden, die sexuelle Orientierung für alle anderen Facebook-Nutzer:innen abzuschätzen – auch für Nutzer:innen, die der Verarbeitung dieser Information nicht zustimmen würden, diese Angabe bewusst nicht getätigt haben oder möglicherweise nicht wissen, dass das Unternehmen in der Lage ist, diese Informationen über sie abzuschätzen (vgl. auch Skeba und Baumer 2020).

Mediziner:innen von der University of Pennsylvania haben gezeigt, dass sich mit dieser Vorgehensweise anhand von Facebook-Daten beispielsweise vorhersagen lässt, ob eine Nutzer:in an Krankheiten wie Depression, Psychosen, Diabetes oder Bluthochdruck leidet (Merchant u.a. 2019). Facebook selbst hat bekannt gegeben, suizidale Nutzer:innen anhand ihrer Postings erkennen zu können (Goggin 2019). Eine viel beachtete Studie von Kosinski et al. zeigt, dass die Daten über Facebook-Likes dazu verwendet werden können, „eine Reihe höchst sensibler persönlicher Attribute vorherzusagen, darunter sexuelle Orientierung, Ethnie, religiöse und politische Ansichten, Persönlichkeitseigenschaften, Intelligenz, happiness, Suchtverhalten, Trennung der Eltern, Alter und Geschlecht“ (Kosinski u.a. 2013).

Solche prädiktiven Analysen stoßen bei Versicherungs- und Finanzkonzernen auf großes Interesse, weil sie eine individuelle Risikobemessung jenseits der klassischen Credit Scores erlauben.[1] Auch im Personalmanagement werden solche prädiktiven Modelle verwendet, um zum Beispiel eine automatisierte Vorauswahl von Bewerber:innen bei Einstellungsvorgängen durchzuführen (O'Neil 2016, S. 108, 148). Zu den ersten und häufigsten Anwendungen prädiktiver Analytik gehört außerdem die gezielte Werbung (targeted advertising). So ist es einer US-amerikanischen Supermarktkette im Jahr 2011 gelungen, anhand der Einkaufsdaten, die über Rabattprogramme (customer loyalty cards) gesammelt werden, schwangere Kundinnen zu identifizieren (Duhigg 2012).

3. *Prädiktive Privatheit*

Prädiktive Analytik erlaubt es, unbekannte oder potenziell sensible Informationen über Individuen oder Gruppen anhand vermeintlich weniger sensibler und leicht verfügbarer Daten (Hilfsdaten) abzuschätzen. Dies ist mit modernen maschinellen Lernverfahren möglich, wenn viele Nutzer:innen einer digitalen Plattform die Datengrundlage schaffen, um Korrelationen zwischen den Hilfsdaten und den Zielinformationen zu ermitteln. Wir stehen hier also vor einer Situation, in der die *Datenfreigiebigkeit*

---

1 Siehe Lippert 2014 zum Beispiele der Firma ZestFinance sowie O'Neil 2016, Kap. 8 zu sogenannten "e-scores" als alternative credit scoring-Verfahren.

einer Minderheit von Nutzer:innen (zum Beispiel die prozentual wenigen Facebook-Nutzer:innen, die Angaben über ihre sexuelle Orientierung machen) den Standard der über *alle* Gesellschaftsmitglieder ableitbaren Informationen setzt. In der industriellen Verwendung prädiktiver Analytik im Kontext digital vernetzter Medien hat sich eine Praxis etabliert, in der die von Vorhersagen betroffenen Individuen in den meisten Fällen nicht informiert oder gefragt werden. Auch auf regulatorischer Ebene ist das Problem bisher im EU-Kontext weitestgehend unbeleuchtet: Insbesondere die DSGVO verfehlt es, die Herstellung oder Verwendung prädiktiver Modelle an geeignete Voraussetzungen zu knüpfen oder verantwortungsvoll einzuschränken.[2]

Vorhergesagte Informationen über Individuen oder Gruppen ermöglichen neben vorstellbar nutzbringenden Anwendungen zahlreiche schädliche und missbräuchliche Verwendungsweisen, welche mit Diskriminierung, Ungleichbehandlung und weiteren Grundrechtseingriffen der Betroffenen verbunden sein können. Um einen Schutz vor der missbräuchlichen Verwendung abgeschätzter Informationen normativ zu verankern – zunächst ethisch, sodann politisch und rechtlich –, möchte ich deshalb ein neues Schutzgut konstruieren. In direkter Antwort auf die Gefahrenlage der prädiktiven Analytik schlage ich dazu den Begriff der *prädiktiven Privatheit* vor (vgl. Mühlhoff 2020b, Mühlhoff 2021).[3] Prädiktive Privatheit lässt sich am besten negativ definieren, indem fixiert wird, wann sie *verletzt* ist:

> Die prädiktive Privatheit einer Person oder Gruppe wird verletzt, wenn sensible Informationen ohne ihr Wissen oder gegen ihren Willen über sie vorhergesagt werden, und zwar in solcher Weise, dass daraus die Ungleichbehandlung eines Individuums oder einer Gruppe resultieren könnte. (vgl. Mühlhoff 2021)

---

2 In diesem Sinne argumentiert auch Roßnagel (2018, S. 365–367) für eine Modernisierung der DSGVO angesichts der Gefahr durch prognostizierte Informationen.

3 Es gibt verwandte Begriffsvorschläge, die in eine ähnliche Richtung zielen. Darunter ist insbesondere „categorical privacy" von Vedder 1999 zu erwähnen, sowie die jüngere Debatte zu „group privacy" im Kontext von Big Data (Floridi 2014; Taylor u.a. 2016; Mittelstadt 2017) und „inferential privacy" (Loi und Christen 2020). Auch die Arbeiten zu einem „right to reasonable inferences" von Sandra Wachter und Brent Mittelstadt (Wachter und Mittelstadt 2018) schlagen eine ähnliche Richtung ein. Eine Auseinandersetzung mit den Gemeinsamkeiten und Unterschieden dieser Begriffe zu dem hier konstruierten Konzept der prädiktiven Privatheit findet sich in Mühlhoff 2021.

Hinter dieser sehr allgemeinen Begriffsbildung steht zunächst das Anliegen, angesichts der durch KI veränderten technologischen Situation auch die gesellschaftliche und kulturelle Auffassung von Privatheit anzupassen und zu erweitern. Denn bisher hat man sich unter Verletzungen von (informationeller) Privatheit meist einen nicht-autorisierten Zugriff auf die private „Informationssphäre" oder Eingriffe in die informationelle Selbstbestimmung des Einzelnen vorgestellt, durch die dem Datensubjekt Informationen „entwendet" werden, die es nicht über sich preisgeben wollte.[4] Zwar werden bei einer Verletzung prädiktiver Privatheit ebenfalls Informationen gewonnen, die das betroffene Subjekt mutmaßlich nicht preisgeben möchte, jedoch geschieht dies nicht auf dem Weg der „Entwendung" oder des Eindringens in eine private Sphäre (diese Metapher ist in der neuen technologischen Situation längst nicht mehr adäquat, siehe dazu auch Ruschemeier in diesem Band). Vielmehr werden die Informationen über das Datensubjekt abgeschätzt, und zwar anhand eines Vergleichs mit den Daten, die viele *andere* Datensubjekte über sich preisgeben. Hierbei kommt es darauf an, dass diese Verletzungen prädiktiver Privatheit *nicht* von der Genauigkeit oder Korrektheit der geschätzten Informationen abhängen, sondern allein davon, dass diese Informationen das Potenzial einer Ungleichbehandlung der betroffenen Individuen oder Gruppen bergen. Das heißt, es wäre nach der ethischen und datenschützerischen Norm der prädiktiven Privatheit nicht automatisch legitim, Menschen anhand von über sie vorhergesagten Informationen unterschiedlich zu behandeln, bloß weil die Vorhersagen bestimmte Anforderungen der Genauigkeit erfüllt.[5]

---

4 Zum Begriff Privatheit werden häufig zwei oder mehr Haupttraditionen unterschieden, die im anglophonen Raum als „nonintrusion theory" und als „control theory" of privacy in Erscheinung treten (vgl. Tavani 2007, der insgesamt vier Kategorien unterscheidet). Das Verständnis von Privatheit als Nicht-Intrusion betont dabei eine (oder sogar mehrere geschachtelte) private Sphäre(n) jedes Individuums, die vor Einblicken und Eingriffen zu schützen sei(en); Kontrolltheorien setzen dagegen weniger auf die Abgeschiedenheit für sich, sondern auf das Vermögen des Individuums, effektiv und potenziell differenziert darüber zu verfügen, wer welchen „Zugang" zu den eigenen persönlichen Informationen hat.

5 In diesem Punkt weicht die ethische und datenschützerische Norm der prädiktiven Privatheit von der zu kurz greifenden Forderung eines „right to reasonable inferences" von Sandra Wachter und Brent Mittelstadt (vgl. Wachter und Mittelstadt 2018) ab.

4. *Ein neues Datenschutzproblem: Drei Angriffstypen*

Die Abschätzung persönlicher und potenziell sogar sensibler Informationen über Individuen anhand von Massendaten stellt ein neues dominantes Angriffsszenario im Datenschutz unter den Bedingungen unzureichend regulierter KI- und Big Data-Technologie dar. Dies ist ein Angriffsszenario, das erst seit etwa zehn Jahren virulent ist. Um die neue Qualität dieser Herausforderung und die entsprechend neuen Schutzbedarfe herauszuarbeiten, lohnt sich eine vergleichende Gegenüberstellung des neuartigen mit zwei älteren Angriffsszenarien, die in den Diskursen über Datenschutz und Privatheit der letzten Jahrzehnte jeweils zu ihrer Zeit eine prominente Rolle gespielt haben (siehe zur Übersicht Tab. 1).

Tab. 1: Qualitativer Vergleich von Angriffsszenarien, die im öffentlichen Diskurs um Datenschutz zu verschiedenen Zeiten eine dominante Bedrohung darstellen. Die jeweils anderen Angriffsszenarien waren zu jeder Zeit ebenfalls denkbar, aufgrund der technologischen Entwicklung besitzt die Relevanz der Szenarien jedoch unterschiedliche zeitliche Schwerpunkte.

	Typ 1: Intrusion	Typ 2: Re-Identifikation	Typ 3: Vorhersage
Virulent seit	1960 ff.	1990 ff.	2010 ff.
Mittel	Hacking, Datenlecks, Bruch von Verschlüsselung etc.	De-Anonymisierung mittels statistischer Attacken oder Hintergrundwissen	Abschätzung unbekannter Informationen anhand des Abgleichs mit kollektiven Datenbeständen
Angriffsziel	persönliche Daten	Anonymität in Datensätzen	Gleichheit der Behandlung, Fairness
Schutz	Datensicherheit	Differential Privacy, Federated ML	Predictive Privacy

Typ 1: Intrusion

Den Urtypus eines Gefahrenszenarios im Datenschutz kann man als Intrusion bezeichnen. Damit eng zusammen hängt die zielgerichtete, auf konkrete Individuen oder Gruppen begrenzte Überwachung. Die Gefahr der gewaltsamen Entwendung von Daten aus mehr oder weniger gesicherten, jedenfalls nicht-öffentlichen Zonen ist tragend für Debatten zum Datenschutz spätestens seit dem Verbreiten der elektronischen Datenverarbeitung in den 1960er Jahren. Das Mittel dieser Form der Verletzungen von Privatheit ist der klassische „Datenklau“ als gezielter Akt der Entwendung von Daten über technische oder organisatorische Schutzbarrieren hinweg. Obwohl die wichtigste potenzielle Angreiferin immer die datenverarbeitende Organisation selbst ist, wird dieser Angriffstypus in der populären Imagination oft mit *hacking* und Cyberattacken durch Kriminelle oder Geheimdienste in Verbindung gebracht. Das Angriffsziel der intrusiven Verletzung von Privatsphäre sind *konkrete* sensible Datenbestände (über Einzelpersonen, Kohorten, Firmen, staatliche Prozesse, ...), die den Angreifenden eigentlich nicht zugänglich sein sollten.

Typ 2: Re-Identifikation

Eine zweiter Angriffstyp wird als Re-Identifikation bezeichnet. Dieser Typus wurde erst in den 1990er Jahren virulent, nachdem durch die Digitalisierung des Gesundheitswesens – zum Beispiel der Abrechnungsvorgänge mit Versicherungen oder der Patientenverwaltung in Krankenhäusern – umfassende digitale Datenbestände über die Prozesse der medizinischen Versorgung verfügbar wurden. Es kam dann die Idee auf, diese Daten für statistische Auswertungen im Rahmen wissenschaftlicher Forschung verwenden zu wollen. Dazu stellte sich die Frage, wie man die Einträge in solchen Datenbanken anonymisieren könnte, um sie dann zu veröffentlichen.

In einem mittlerweile legendären Fall hat der US-Bundesstaat Massachusetts Ende der 1990er Jahre die Krankenhaus-Behandlungsdaten seiner ca. 135.000 staatlichen Bediensteten und ihrer Angehörigen in vermeintlich anonymisierter Form der Forschung zugänglich gemacht. Die Anonymisierung der Datensätze erfolgte, indem Name und Anschrift, sowie die Sozialversicherungsnummer aus den Datensätzen herausgelöscht wurden. Latanya Sweeney, damals Informatik-Studentin am MIT, konnte mit einer linkage-Attacke den Datensatz des damaligen Gouverneurs von Massachusetts, William Weld, in den anonymisierten Daten identifizieren und seine Krankenakte rekonstruieren (Sweeney 2002; Ohm 2010). Dieser Fall hat in Wissenschaft und Politik eine intensive Diskussion über Grenzen und Machbarkeit von Anonymisierung ausgelöst. Die Frage der „sicheren" Anonymisierungsverfahren wird davon ausgehend bis heute diskutiert; jeweils aktuelle Vorschläge für Anonymisierungsverfahren in der Informatik werden immer wieder einige Zeit später durch spektakuläre Angriffe gebrochen[6]; es ist klar geworden, dass „Anonymität" ein komplexer, nicht absolut definierbarer Begriff ist, der stets von Annahmen in Bezug auf das Hintergrundwissen der Angreifer:in und der statistischen Verteilung der Daten im zu anonymisierenden Datensatz abhängt. Auf Verfahren der Anonymisierung lastet die Anforderung, dass ein heute verwendetes Verfahren alle zukünftigen Angriffstechniken antizipieren und alle möglichen Konfigurationen von Hintergrundwissen zukünftiger Angreifer:innen abdecken muss.[7]

Die Gefahr der Re-Identifizierbarkeit von Individuen in anonymisierten Datensätzen wurde seit den 1990er Jahren zu einem zweiten, viel diskutierten Gefahrenszenario im Datenschutz. Die Diskussion hatte insbesondere spürbaren Einfluss auf die Datenschutzgesetzgebung im Kontext medizinischer Daten, in den USA zum Beispiel auf den *Health Information Portability and Accountability Act* (HIPPA) von 1996. Für die Zwecke des vorliegenden Kapitels kommt es darauf an, auf die qualitative Differenz zum Angriffstyp der Intrusion (und der Prädiktion) hinzuweisen. Im Unterschied zum Datenklau ist das Ziel von Re-Identifikationsattacken ein Bruch der Anonymität. Auch wenn hier ebenfalls sensible Daten über Einzelne oder definierte Kohorten ermittelt werden, ist das etwas anderes als intrusiver Datenklau, da die zugrundeliegenden Daten zuvor bewusst veröffentlicht wurden, jedoch mit dem Versprechen, dabei nichts über Einzelindividuen, sondern nur über statistische Zusammenhänge preiszugeben.

Typ 3: Prädiktion

Mein Argument ist nun, dass auch Re-Identifikation heute schon nicht mehr als der wichtigste und dominante Angriffstypus im Datenschutz gelten kann. Das Prinzip der Vorhersage von unbekannten Daten mittels Big Data und KI-Technologie löst die Gefahr der Re-Identifizierung freilich nicht auf (genauso wenig wie die Gefahr der Intrusion). Die Gefährdung

---

6 Vgl. Ohm 2010 und besonders spektakulär: Die Re-Identifikation von Netflix-Usern in einer pseudonymisiert publizierten Datenbank aus Film-Bewertungen (Narayanan und Shmatikov 2008) oder die Rekonstruktion des Familiennamens anhand anonym vorliegender Genom-Daten (Gymrek u.a. 2013).

7 Die Bundesrepublik Deutschland hat im Dezember 2019 im Rahmen des „Digitale-Versorgung-Gesetz" erst die Zusammenführung der Behandlungsdaten aller ca. 70 Millionen gesetzlich Krankenversicherten zu einer zentralen Forschungsdatenbank beschlossen, vgl. *Bundesgesetzblatt Teil I*, Nr. 49 vom 18.12.2019, S. 2562. Vgl. dazu auch Mühlhoff 2020a.

durch unregulierte prädiktive Analytik übertrifft jedoch beide klassische Angriffsszenarien bei Weitem hinsichtlich Reichweite und Skalierbarkeit. Ist ein prädiktives Modell einmal erstellt – und hierfür gibt es zur Zeit keine wirksamen rechtlichen Beschränkungen –, kann es auf Millionen Nutzer:innen automatisiert und nahezu ohne Grenzkosten angewandt werden. Die Datenfreigiebigkeit der oft privilegierten Gruppe von Nutzer:innen, die vorbehaltlos die Trainingsdaten für prädiktive Analysen bereitstellen (z.B. Gruppe der Facebook-Nutzer:innen, die explizite Angaben über ein sensibles Attribut machen, siehe oben), setzen den Standard des über beinahe *alle* Menschen ermittelbaren Wissens, solange prädiktive Analytik-Technologie nicht reguliert wird.

Dies stellt eine qualitativ neue Gefahrenlage im Datenschutz dar, denn das Mittel der Verletzung prädiktiver Privatheit ist weder der Datenklau noch der Bruch eines Anonymisierungsversprechens. Die Gefährdung durch prädiktive Analytik unterscheidet sich von den älteren Angriffsszenarien in drei Hinsichten: hinsichtlich ihres Ursprungs beruht sie auf der Verfügbarkeit *kollektiver* Datenbestände; hinsichtlich der verübenden Instanz ist sie genau jenen Akteuren vorbehalten, die über aggregierte kollektive Datenbestände verfügen; und hinsichtlich ihrer Effekte zeigt sie nicht allein individuelle sondern vielmehr *gesamtgesellschaftliche* Auswirkungen. Dies bedeutet erstens eine *kommerzielle Zentralisierung* der von prädiktiver Analytik ausgehenden Datenmacht bei wenigen großen Unternehmen. Zweitens liegt der potenzielle Schaden von Verletzungen prädiktiver Privatheit nicht nur in der Abschätzung von Informationen über gezielt ausgewählte Einzelindividuen, sondern in der automatischen und synchronen Abschätzung dieser Informationen über sehr große Nutzer:innen-Kohorten, die eine breite Mehrheit unserer Gesellschaften betreffen. Im Zentrum der Verletzung prädiktiver Privatheit steht also nicht Spionage, die sich auf Einzelne richtet, sondern automatisierte und serienmäßige Ungleichbehandlung von Menschen in der Breite der Gesellschaft. Diese Ungleichbehandlung ist ein *struktureller Faktor* insofern sie sich nicht nur auf Einzelindividuen richtet, sondern auf uns alle in der Interaktion mit automatisierten Systemen, zum Beispiel, wenn uns unterschiedliche Preise für Versicherungen angeboten werden, automatisiert entschieden wird, wer für ein Jobinterview eingeladen wird usf. Das Angriffsziel der Verletzung prädiktiver Privatheit ist somit die Gleichheit und Fairness der gesellschaftlichen Behandlung. Das Schutzgut, das hier verletzt wird, ist im Unterschied zu den anderen Angriffstypen erst in einer kollektivistischen Perspektive erkennbar.

5. Prädiktive Privatheit als neues Schutzgut

Der Problemkomplex der prädiktiven Privatheit stellt eine neuartige und aktuell wohl die bedeutsamste Herausforderung für den Datenschutz dar. Um den Schutz prädiktiver Privatheit im vollen Sinne als ein Problem des Datenschutzes zu erkennen, ist es erforderlich, das Denken des Datenschutzes von der Perspektive individueller Schutzansprüche zu lösen, die er qua Konstruktion aus der Bindung an den Schutz der Grundrechte erbt, die stets Individualrechte sind. Das Schutzgut prädiktiver Privatheit ist jenseits der Perspektive individueller Rechte in einer *kollektivistischen ethischen Blickweise* zu konstruieren, die auf der Wertsetzung beruht, das Kollektiv gegenüber den Individuen zu priorisieren. Zwar ist es auch eine Gefahr für das Individuum, aufgrund abgeschätzter Informationen nachteilig behandelt zu werden. Doch diese Gefahr allein ist nichts Neues. Schon lang bevor es KI-basierte prädiktive Analytik gab, haben Bankberater:innen anhand von Bauchgefühl, Erfahrung und Vorurteilen über Kreditwürdigkeit entschieden, Ärzt:innen anhand persönlicher Einschätzungen Behandlungsprogramme priorisiert oder Human Resource Manager:innen bei Einstellungsvorgängen die Performanz von Bewerber:innen prognostiziert.

Die neue Qualität der Gefährdung durch prädiktive Analytik liegt weniger darin, dass Informationen über eine konkrete Person X gegen ihren Willen oder ohne ihr Wissen prognostiziert werden, sondern darin, dass der Platzhalter „X" *jede beliebige Person* zugleich repräsentieren kann. Die für prädiktive Analytik verwendeten Technologien können Prognosen zeitgleich und auf großer Skala über *beliebige* Personen X stellen. Prädiktive Analytik-Technologien werden dort entwickelt, wo es um die algorithmische Verwaltung von Nutzer:innen-Kohorten und Populationen im Ganzen geht (Mühlhoff 2020c), also um die Sortierung großer Menschenmengen, nicht um die Überwachung oder das Ausspionieren von Einzelpersonen. Das Wesen der Verletzung prädiktiver Privatheit liegt somit nicht darin, in *eine* private „Sphäre" einzudringen, sondern eine *strukturelle* Neukonfiguration von Privatheit in der digitalen Gesellschaft zu bewirken – auf die mit der Konstruktion eines Schutzgutes der prädiktiven Privatheit reagiert werden muss. Diese Neukonfiguration betrifft die technologisch realistischen Erwartungen an Privatheit, die Skalierungsfähigkeit der Methoden zur Unterwanderung von Privatheit und die politischen Werte, die mit Privatheit auf dem Spiel stehen: Im Kontext von KI und Big Data betreffen diese verstärkt die Fragen von Gleichheit, Fairness und Anti-Diskriminierung.[8]

Die Missbrauchsgefahren prädiktiver Analytik sind also noch nicht erkannt, wenn man nur auf die Belange eines Einzelnen schaut – etwa auf Selbstbestimmungs- und Kontrollrechte in Bezug auf die eigenen Daten, inklusive des Rechts auf informationelle Selbstbestimmung. Der Blick ist auf die strukturelle Machtasymmetrie zwischen Individuen und datenverarbeitenden Organisationen zu richten. Eine *positive* Bestimmung des Schutzgutes „prädiktive Privatheit" geht somit auch über den Gehalt der oben zunächst eingeführten *negativen* Bestimmung der „Verletzung prädiktiver Privatheit eines Individuums oder einer Gruppe" hinaus. Es geht bei prädiktiver Privatheit darum, eine Technologie zu regulieren, die es ermöglicht, jedes *beliebige* Individuum – also potenziell jede:n von uns in seiner prädiktiven Privatheit, und somit unsere Gesellschaft in ihren Werten der Gleichheit, Fairness und Menschenwürde – zu verletzen. Indem der Blick von den Schutz- und Abwehransprüchen des Einzelnen auf positiv bestimmbare Werte der Gleichbehandlung verschoben wird, gelangt der Schutz des Gemeinwohls in den Mittelpunkt und sodann geht es bei prädiktiver Privatheit tatsächlich um den Ausgleich einer Machtasymmetrie, die daraus resultiert, dass Technologie auf neue Weise an der Stabilisierung und Produktion sozialer Unterschiede und Diskriminierung mitwirkt.

Das Datenschutzanliegen der prädiktiven Privatheit betrifft in besonderer Weise eine kollektive Dimension des Datenschutzes, die durch neue Technologie auf neue Weise virulent wird. Diese Dimension kann gestärkt werden, indem prädiktive Privatheit – also der Schutz *der Gesellschaft* vor der Macht einzelner Akteure, Prädiktionen über beliebige Individuen zu stellen – als Schutzgut im Sinne des Gemeinwohls konstruiert wird. Diese kollektivistische Bestimmung eines erweiterten Schutzguts des Datenschutzes ist eine direkte Antwort auf das Missbrauchspotenzial prädiktiver Analytik, welches eben Kollektive und nicht allein Individuen betrifft. Dieses Missbrauchspotenzial der anhand vieler Datenpunkte erstellten prädiktiven Modelle ist von struktureller Qualität, es betrifft synchron und potenziell *alle.* Zwar ist ein individueller Schaden durch *prädiktive Verletzungen von Privatheit* spürbar. Eine *Verletzung prädiktiver Privatheit*

8 Um Antidiskriminierung geht es hierbei nicht nur in Bezug auf die Fragen möglicher Verzerrungen (bias) in Prognosesystemen, sondern insofern solche Systeme, auch wenn sie „unverzerrt" sind (falls das möglich sein sollte), erhebliche gesellschaftliche Folgen haben.

– man beachte den subtilen Unterschied beider Begriffe – jedoch bedeutet in gesamtgesellschaftlicher Perspektive eine Zementierung oder Neuproduktion sozialer Ungleichheit und datenbasierter sozioökonomischer Selektion, die einen Gemeinschaftsschaden darstellt. Prädiktive Privatheit benennt folglich einen Schutzanspruch des Gemeinwesens; das Schutzgut der prädiktiven Privatheit stützt die Grundwerte freier, egalitärer und demokratischer Gesellschaften.

Neben der kollektivistischen Konstruktion des Schutzgutes prädiktiver Privatheit gibt es einen weiteren ethischen Punkt zu bedenken: Die *Verletzung* prädiktiver Privatheit ist durch eine kollektive „Täterschaft" bzw. Verursachungsstruktur gekennzeichnet. Denn prädiktive Analysen sind nur dort möglich, wo eine hinreichend große Menge Nutzer:innen bei der Benutzung digitaler Dienste sensible Daten im Zusammenhang mit den Hilfsdaten zur Verfügung stellt und wo es Plattformunternehmen und anderen wirtschaftlichen Akteuren rechtlich gestattet ist, diese Daten (potenziell auch in anonymisierter Form) zu aggregieren und damit prädiktive Modelle zu trainieren. Der Schutz prädiktiver Privatheit erfordert sodann nichts weniger als den Bruch mit einem tief verankerten liberalistischen Denken westlicher Bevölkerungen in Bezug auf die Ethik der täglichen Datenproduktion bei der Verwendung digitaler Dienste. Er fordert ein breit geteiltes Bewusstsein dafür, dass die eigenen Daten potenziell anderen schaden – und dass deshalb ein moderner Datenschutz noch nicht gewährleistet ist, wenn jede einzelne Nutzer:in die Kontrolle darüber erhält, welche personenbezogenen Daten bei der Benutzung eines Service von ihr erfasst werden. Das erforderliche kollektive Bewusstseins über diesen Umstand könnte durch die umgekehrte Einsicht vermittelt werden, dass persönliche Informationen über *einen selbst* mittels prädiktiver Analytik anhand der Daten abgeschätzt werden, die viele andere Menschen mehr oder weniger wissentlich und freiwillig über sich preisgeben (und die von Plattformunternehmen völlig legal gesammelt werden).[9]

9 In diesem Vorschlag für eine Rhetorik zur öffentlichen Vermittlung des Anliegens prädiktiver Privatheit findet jetzt wieder eine pragmatische Rückübersetzung des kollektivistischen Anliegens eines Schutzes vor Verletzungen prädiktiver Privatheit in die Terminologie der drohenden ***prädiktiven Verletzung (individueller) Privatheit*** statt. Dieses Changieren zwischen Gemeinwohl- und Individualwohlterminologie sehe ich ganz pragmatisch im Sinne der Überzeugungskraft des Arguments auch bei Menschen, die in ihrem politischen Empfinden weniger kollektivistisch gestimmt sind.

Diese elementaren Überlegungen zu den gesellschaftlichen Externalitäten der eigenen Datenpraxis,[10] die sich aus der technische Grundstruktur prädiktiver Analytik ergeben, zeigen eine gewichtige Grenze der Rechtsgrundlage der Einwilligung auf, die im Kontext sozialer Medien eines der relevantesten, von der DSGVO bereitgestellten Vehikel darstellt, um große Datenmengen bei Plattformunternehmen zu aggregieren. Hier wird nämlich klar: wenn eine Nutzer:in nach einer Einwilligung gefragt wird, dann trifft sie eine Entscheidung auch für viele andere Menschen, die anhand dieser Daten diskriminiert werden können, sofern auch noch einige weitere Nutzer:innen solche Daten über sich preisgeben, was, wie die zahlreichen Beispiele der sozialen Medien zeigen, überwiegend der Fall ist. In unserer aktuellen rechtlichen und regulatorischen Situation, in der Bau und Verwendung prädiktiver Modelle *nicht* reguliert sind, sind *individuelle* Einwilligungsentscheidungen von *über-individueller*, nicht auf das Datensubjekt selbst beschränkter Tragweite.

Hierbei ist verschärfend zu beachten, dass für das Training prädiktiver Analysen *anonyme Daten ausreichen.* Man benötigt dazu nur die Korrespondenz von Hilfsdaten und Zielinformationen, zum Beispiel von Facebook-Likes und Informationen über Krankheitsdispositionen; die Trainingsdaten für prädiktive Analysen müssen jedoch keine *identifizierenden* Datenfelder enthalten. Anonymisierungsversprechen werden deshalb routinemäßig in Stellung gebracht, um die Einwilligungsbereitschaft von Nutzer:innen zu befördern; für Big Data Geschäftsmodelle, die auf prädiktiver Analytik beruhen, ist das unschädlich.[11] In Situationen, in denen Nutzer:innen bei der Benutzung eines digitalen Service nicht anonym auftreten, ist davon auszugehen, dass Plattformunternehmen es vermeiden können, das Training prädiktiver Analysen als Datenverarbeitungszweck aufzuführen. Denn die Unternehmen können die Daten ihrer Nutzer:innen nach der Erfassung direkt anonymisieren und dann der weiteren Verwertung für das Training prädiktiver Modelle zuführen. Die anonymisierten Daten fallen nicht in den Schutzbereich der DSGVO und können – insbesondere in aggregierter Form – frei verwendet werden. Sie können auch auf unbestimmte Zeit gespeichert und erst später für prädiktive Analytik ver-

---

10 In diesem Sinne auch das Konzept „data pollution“, siehe Ben-Shahar 2019.

11 Siehe dazu insbesondere die Forschung zu differential privacy in machine learning, vgl. Abadi u.a. 2016; Dwork 2006. Warum moderne Anonymisierungsverfahren wie differentially private machine learning prädiktive Privatheit eher gefährden als schützen, habe ich auch hier argumentiert: https://rainermuehlhoff.de/differential-privacy-in-machine-learning-is-a-data-protection-challenge/

wendet werden.[12] Schließlich ist zu bedenken, dass die trainierten prädiktiven Modelle selbst abgeleitete, höchst aggregierte, anonymisierte Daten darstellen,[13] die somit nicht in den Schutzbereich der DSGVO fallen und insbesondere ohne effektive Datenschutzhürden verkauft und zirkuliert werden.

6. *Regulierungsvorschläge*

Durch prädiktive Analytik und KI-Technologie ist das Missbrauchspotenzial anonymisierter Massendaten in den vergangenen 15 Jahren erheblich gestiegen (vgl. auch Tabelle 1). In der aktuellen rechtlichen Situation sind Herstellung und Verwendung prädiktiver Modelle weitestgehend unreguliert, so dass das Missbrauchspotenzial eine potenziell gravierende gesellschaftliche Kraft darstellt, die sozio-ökonomische Ungleichheit und Diskriminierungsmuster stabilisieren und produzieren kann.

Ich möchte nun einige Vorschläge in die Diskussion einbringen, wie man dem Missbrauchspotenzial prädiktiver Analytik vorbeugen und das kollektivistische Schutzgut der prädiktiver Privatheit im Kontext der EU DSGVO stärken könnte. Nach dem Grundsatz des Datenschutzes als eines „Vorfeldschutzes" (Britz 2010; Lewinski 2009; Lewinski 2014) kommt es hierbei darauf an, die Schutzwirkung als *präventive* Absicherung von Gleichheit und Fairness in der Behandlung durch privatwirtschaftliche und öffentliche datenverarbeitende Organisationen zu betrachten. Es geht um den Ausgleich einer Machtasymmetrie zwischen Gesellschaft und Organisationen; diese besteht bereits in der *potenziellen* und *drohenden* Verletzung prädiktiver Privatheit, sowie in der unterschiedlich verteilten Vulnerabilität verschiedener Gruppen und Akteure in Bezug auf das Missbrauchspotenzial anonymisierter Massendaten und prädiktiver Modelle.

Die Schutzwirkung einer Datenschutzregulierung, die wirksam die Missbrauchsgefahren prädiktiver Analytik einschränkt, kann somit nicht allein auf die Schultern der Abwehrrechte betroffener Einzelindividuen gelegt werden. Denn ein solcher Ansatz läuft dem tatsächlichen Verlet-

---

12 Das liegt daran, dass anonyme Daten nicht in den Gegenstandsbereich der DSGVO fallen und zum Beispiel das Recht auf Löschung im Kontext der DSGVO auch durch Anonymisierung der Daten erfüllt werden kann, vgl. dazu Abschn. 6 unten.

13 Dies setzt voraus, dass etablierte Anonymisierungsverfahren dabei eingesetzt werden, die unter Stichworten wie differential privacy und differentially private machine learning seit fünfzehn Jahren dafür entwickelt werden.

zungsvorfall stets hinterher. Die Wirksamkeit solcher Instrumente wird im vorliegenden Kontext noch dadurch abgeschwächt, dass der Verletzungstatbestand aus der individuellen Opferperspektive oft schwer identifizierbar oder gar nachweisbar ist. Aus Sicht des betroffenen Einzelindividuums ist außerdem der nachweisbare Schaden durch prädiktive Verletzungen von Privatheit häufig geringwertig, so dass der individuelle Rechtsweg wenig Erfolg verspricht; durch einen Streueffekt, der dadurch zustande kommt, dass die entsprechenden Techniken automatisiert auf tausende Individuen parallel angewandt werden, kann der gesamtgesellschaftliche Schaden jedoch erheblich sein (vgl. Ruschemeier 2021).

Statt einer Betonung individueller Schutzrechte müssen deshalb auf Ebene (a) des Schutzgutes, (b) der Abwehrrechte und (c) des Prozessrechts jeweils Strukturen geschaffen werden, die *kollektives Handeln* – sowohl von Gruppen als auch des Gemeinwesens insgesamt – gegenüber Datenunternehmen ermöglichen.

6.1 Aktuell fehlende Regulierung

6.1.1 Herstellung prädiktiver Modelle

Zunächst stellt sich die Frage, warum die DSGVO nicht effektiv die *Herstellung* prädiktiver Modelle reguliert. Ein Grund liegt in der individualistischen normativen Konzeption der DSGVO, die letztlich in der Konzeption der Grundrechte als Individualrechte gründet. Darüber hinaus ist es ein Kennzeichen des öffentlichen Diskurses, der Rechtsprechung und der Geschäftspraktiken, die sich rund um die DSGVO entspinnen, dass sowohl Schutzgut als auch Abwehrrechte des Datenschutzes stets auf die Relation des Individuums zu seinen eigenen Daten zugespitzt werden. Die Auslegung lautet meist: Die Souveränität der Einzelnen in Bezug auf die Verwendung ihrer (persönlichen) Daten muss gewahrt bleiben; jede:r wird in Bezug auf seine eigenen Daten um Zustimmung gebeten oder bekommt eine andere Rechtsgrundlage erklärt. Verletzungstatbestände beziehen sich folglich darauf, dass eine Einzelperson geltend macht, dass personenbezogene Daten *über sie* auf eine Weise verarbeitet wurden, die durch die beanspruchte Rechtsgrundlage nicht gedeckt war. Insbesondere die Betroffenenrechte wie das Recht auf Auskunft (Art. 15), Rektifizierung (Art. 16), Löschung (Art. 17), Einschränkung der Verarbeitung (Art. 18), und Portabilität (Art. 20), sind in der DSGVO als individuelle Rechte gefasst, die stets nur das Individuum in Bezug auf seine eigenen Daten ausüben kann.

Ein weiterer, hiermit zusammenhängender Grund für die schwache Regulierung prädiktiver Analytik durch die DSGVO liegt darin, dass sich die DSGVO auf „personenbezogene Daten" (Art. 4 (1)) bezieht und anonyme Daten nicht betrifft. Die Abgrenzung personenbezogener und anonymer Daten ist im Kontext von KI und Massendaten jedoch veraltet. Dies jedoch *nicht* bloß, weil Anonymisierung gebrochen werden kann,[14] sondern weil mittels prädiktiver Analytik die anonymisierten Daten *vieler* Individuen dazu verwendet werden können, sensible und „persönliche" Daten über wiederum *andere* Individuen abzuschätzen. In der juristischen und unternehmerischen Praxis wird die Unterscheidung zwischen personenbezogenen und anonymen Daten oft nur im „Input Stadium" der Datenverarbeitung evaluiert und berücksichtigt, etwa um zu beurteilen, ob bestimmte Daten rechtmäßig erfasst wurden (Wachter-Mittelstadt 2018, S. 122, 125f.; Wachter 2019), obwohl nach Art. 4(1) DSGVO alle Stadien der Datenverarbeitung zu betrachten sind. Hinzu kommt, dass bei der Evaluation hinsichtlich Personenbezug vs. Anonymität in der Praxis ausschließlich die Relation der fraglichen Daten zu dem *einen* Datensubjekt betrachtet wird, von dem die Daten erhoben werden.[15] Dass die anonymisierten Daten *vieler* Datensubjekte einen neuartigen Bruch von Privatheit *beliebiger Anderer* ermöglichen, bleibt in diesem Schema unerkannt. Im Laufe der Verarbeitung *abgeleitete* Informationen können die Unterscheidung von anonymen vs. personenbezogenen somit unterlaufen, und zwar nicht nur insofern vermeintlich anonyme Daten durch Schlussfolgerung wieder dem Datensubjekt zugeordnet werden könnten, auf das sie sich vor Anonymisierung bezogen haben, sondern vielmehr weil durch Verknüpfungen anonymer Daten neue Erkenntnisse in Bezug auf beliebige Dritte gewonnen werden können. Der Personenbezug würde hier also variable Individuen und insbesondere Dritte treffen und ist als Konzept damit überholt.

Die rechtliche und theoretische Würdigung der Gefahr durch abgeleitete Daten ist umstritten und uneinheitlich. Das Bundesverfassungsgericht argumentierte bereits im Volkszählungsurteil 1983, dass es keine „belanglosen" Daten gebe (BVerfGE 1983, S. 34) – doch der Fokus liegt hier nicht auf dem Massendaten-Szenario, das es damals noch nicht in der heutigen Form gab, sondern auf der Ableitung sensibler Informationen über ein In-

14 Das ist natürlich *auch* ein Problem, es entspräche Typ 2 der Angriffsszenarien; dieses steht jedoch hier nicht im Vordergrund, da ja argumentiert werden soll, dass es darüber hinaus noch eine neue Gefahrenlage gibt (Typ 3).

15 So willigt zum Beispiel beim Zugriff einer Social Media App auf das Telefonbuch eines Smartphones nur die Smartphonebesitzer:in in die Verarbeitung dieser Daten ein, nicht all die Personen, die in dem Telefonbuch eingetragen sind.

dividuum X aus scheinbar weniger sensiblen oder anonymisierten Daten über dasselbe Individuum X. Die ehemalige *Artikel 29 Arbeitsgruppe* hat in verschiedenen Stellungsnahmen empfohlen, abgeleitete Informationen unter die personenbezogenen Daten nach Art. 4 DSGVO zu fassen (Article-29-Datenschutzgruppe, 2018); in ihren Richtlinien und Stellungnahmen ist jedoch ebenfalls keine trennscharfe Adressierung des Phänomens anonymer Massendaten im Unterschied zur Gefahr der Re-Identifizierung zu erkennen. In Bezug auf die Kategorisierung von Daten (wie oben diskutiert zum Beispiel als anonym vs. personenbezogen) befürwortet die *Artikel 29 Arbeitsgruppe* in progressiver Weise, auf Verarbeitungszwecke und -folgen zu schauen anstatt auf Personenbezug im Input-Stadium (Article-29-Datenschutzgruppe, 2007; Wachter und Mittelstadt 2018, S. 126). Der Europäische Gerichtshof hingegen hat in mehreren Urteilen klargestellt, dass sich der Anwendungsbereich der DSGVO auf das „Input-Stadium" der Datenverarbeitung beschränke (Wachter und Mittelstadt 2018, S. 6) und die Abwehr gegenüber Verarbeitungsfolgen, auch hinsichtlich automatisierter Entscheidungen, auf sektorspezifische Regulierungen gestützt werden müsse (Wachter und Mittelstadt 2018, S. 7). Mit dem Instrument der Datenschutzfolgenabschätzung wiederum sieht die DSGVO einen Mechanismus vor, der die Folgen der Datenverarbeitung auch jenseits des „Input Stadiums" und somit insbesondere auch hinsichtlich der Effekte von anonymisierten Massendaten explizit einbeziehen kann. Doch auch diesem vergleichsweise sperrigen Instrument dürfte durch die Unterscheidung anonymisierter und personenbezogener Daten Grenzen gesetzt sein. Denn insbesondere gilt nach der aktuellen Auslegung des Rechts auf Löschung, dass diesem Recht auch durch Anonymisierung von Datensätzen Genüge getan werden kann.[16] Hier öffnet sich ein Schlupfloch für die unbefristete und unregulierte Verarbeitung von ehemals personenbezogenen Daten über die Zweckbindung hinaus, zum Beispiel für das Training prädiktiver Modelle, insofern dafür anonymisierte Daten ausreichen.

---

16 Ich folge hier meiner Auslegung der Entscheidung der Österreichischen Datenschutzbehörde DSB 2018. Vgl. in diesem Sinne außerdem direkt auf den Seiten der Europäischen Kommission: „Data can also be kept if it has undergone an appropriate process of anonymisation." https://ec.europa.eu/info/law/law-topic/data-protection/reform/rules-business-and-organisations/dealing-citizens/do-we-always-have-delete-personal-data-if-person-asks_en (letzter Besuch: 2022-03-10). In hiervon abweichender Auffassung vertritt Roßnagel 2021, dass Datenlöschung und Anonymisierung nach DSGVO nicht gleichgestellt sind.

6.1.2 Verwendung prädiktiver Modelle

Die zweite Frage ist, warum die DSGVO nicht effektiv die *Verwendung* prädiktiver Modelle – das heißt die Anwendung bereits vorhandener und trainierter Modelle auf Einzelpersonen – reguliert. Dies hängt eng mit der Frage zusammen, ob die DSGVO in ausreichendem Maße vor der Herstellung und Verwendung personenbezogener Vorhersagen schützt. Sandra Wachter und Brent Mittelstadt sehen hier Unterschiede des Schutzniveaus im Vergleich zu explizit erhobenen personenbezogenen Daten:

> "Compared to other types of personal data, inferences are effectively "economy class" personal data in the General Data Protection Regulation ("GDPR"). Data subjects' rights to know about (Art. 13–15), rectify (Art. 16), delete (Art. 17), object to (Art. 21), or port (Art. 20) personal data are significantly curtailed when it comes to inferences, often requiring a greater balance with the controller's interests (e.g., trade secrets or intellectual property) than would otherwise be the case. Similarly, the GDPR provides insufficient protection against sensitive inferences (Art. 9) or remedies to challenge inferences or important decisions based on them (Art. 22(3))." (Wachter und Mittelstadt 2018, S. 6).

Insbesondere sehen Wachter und Mittelstadt in der Rechtsprechung des EuGH der letzten Jahre Anhaltspunkte, dass abgeleitete Informationen über Individuen in Bezug auf die Rechtsfolgen der Datenverarbeitung nicht vollständig als „personenbezogene Daten" gemäß DSGVO behandelt werden müssen (Wachter und Mittelstadt 2018, S. 5 ff., 105 ff.). Das ist ein Punkt, in dem der 2018 beschlossene und 2020 in Kraft gesetzt *California Consumer Privacy Act* (CCPA) eine eindeutigere Regelung trifft: Im Unterschied zur DSGVO bietet der CCPA eine Definition von „personal information", die abgeleitete Daten explizit umfasst (Blanke 2020). Im Wortlaut des CCPA fallen unter den Begriff der „personal information" neben verschiedenen unmittelbar personenbezogenen Daten auch:

> "Inferences drawn [...] to create a profile about a consumer reflecting the consumer's preferences, characteristics, psychological trends, predispositions, behavior, attitudes, intelligence, abilities, and aptitudes." (CCPA § 1798.140 (o), CCPA 2018)

In diesem Zusammenhang ist zweitens zu nennen, dass die Regulierung von Profiling und automatisierten Entscheidungen durch die DSGVO (siehe Art. 22) zu schwach ausfällt, weil sie explizit auf voll-automatisierte Verfahren beschränkt ist. Verfahren, die mittels prädiktiver Modelle Menschen unterschiedlich behandeln, können vergleichsweise leicht als halbautomatische Routinen implementiert werden, indem menschliche Aufsicht und Eingriffsmöglichkeiten (z.B. durch Klickarbeiter:innen) in den Verarbeitungsprozess integriert werden, um die Bestimmungen des Art. 22 zu umgehen.

Ein dritter Grund für die effektiv schwache Regulierung der Verwendung prädiktiver Modelle liegt darin, dass bei der Erhebung der Hilfsdaten über Zielsubjekte, also derjenigen Daten, die als Input für die inferenzielle Verwendung eines prädiktiven Modells benötigt werden, die Einwilligungshürde psychologisch niedrig liegt. Die meisten User willigen in die Verarbeitung solcher Daten vorbehaltlos ein, weil ihnen Verhaltensdaten wie Facebook Likes als wenig sensibel erscheinen. Außerdem werden diese Daten häufig routinemäßig, ohne jeweils zweckbezogene Einwilligung oder auf der Rechtsgrundlage eines „berechtigten Interesses“ (Art. 6(1)(f) DSGVO) bei der Verwendung sozialer Alltagsmedien erfasst.

6.2 *Die DSGVO fit machen für KI & Big Data*

6.2.1 *Abgeleitete Informationen*

Entlang dieser Bestandsaufnahme ergeben sich Vorschläge, wie die Regulierung prädiktiver Analytik im Kontext der DSGVO verbessert werden kann. Die Vorschläge zielen in die Richtung, abgeleitete personenbezogene Informationen mit Blick auf die Rechtsfolgen der Datenverarbeitung vollumfänglich mit explizit erhobenen personenbezogenen Informationen gleichzustellen – analog dem Kalifornischen CCPA. Das würde insbesondere bedeuten, dass die Legitimität einer Datenverarbeitung nicht allein in Bezug auf das Moment der Datenerhebung festzustellen ist, sondern im Hinblick auf die Zwecke und Auswirkungen der Verarbeitung beliebiger, auch etwa im Zuge der Verarbeitung anonymisierter Daten und Daten anderer Personen. Im Unterschied zu dem Vorschlag eines „Right to reasonable inferences“ von Wachter und Mittelstadt (Wachter und Mittelstadt 2018) schlage ich hier jedoch *nicht* den Weg ein, den Datenschutz mit Instrumenten auszustatten, welche Individuen vor falschen oder wenig akkuraten Vorhersagen schützen möchten. Dieser Vorschlag greift zu kurz, um die Machtasymmetrie zwischen globalen Unternehmen, die über „prediction power“ verfügen, und Gesellschaften auszugleichen. Wie argumentiert, können auch zutreffende Prädiktionen missbräuchlich und in für Gesellschaft und Individuum schädlicher Weise verwendet werden – eine

Schutzwirkung dagegen zu entfalten, wäre das Anliegen der rechtlichen Umsetzung prädiktiver Privatheit.

6.2.2 *Anonymisierte Daten*

Um die Gesellschaft vor dem Vermögen großer Firmen, anhand aggregierter Daten Vorhersagen zu stellen, zu schützen, sollten zweitens auch anonymisierte Daten unter die DSGVO-Prinzipien gefasst werden.[17] Vor dem Hintergrund der Missbrauchspotenziale sollte es *nicht* selbstverständlich sein, dass die Verarbeitung anonymisierter Daten umstandslos erlaubt ist und sich in einem weitestgehend unregulierten Geschäftsfeld außerhalb des Zugriffs der DSGVO abspielt. Anonymisierung von Datensätzen sollte überdies nicht der Löschung gleichgestellt werden.[18] Bei einer entsprechenden Neuregelung ist darauf zu achten, sich nicht auf die Gefahr der Re-Identifikation von Einzelpersonen in anonymisierten Datensätzen (Angriffsszenario von Typ 2) zu beschränken. Bei der Regulierung der Verarbeitung anonymer Daten zur Milderung der Risiken von Typ 3 ist erstens zu bedenken, dass es hierbei um die Missbrauchspotenziale *großer Sammlungen* anonymisierter Daten geht. Zweitens geht es um solche Sammlungen, in denen verschiedene mehr und weniger sensible Datenfelder auf Korrelationen untersucht werden können. Ein steigendes gesellschaftliches Bewusstsein um den Informationsreichtum anonymisierter Massendaten wäre für dieses Regulierungsanliegen förderlich, um es in der öffentlichen und politischen Debatte nicht auf die Gefahr der Re-Identifikation zu reduzieren. Aufzuklären ist auch darüber, wie der Informationsreichtum anonymisierter Massendaten durch Datenanalyse- und KI-Verfahren kommerziell abgeschöpft wird, mit potenziell großen gesellschaftliche Auswirkungen, die auch Menschen betreffen, deren anonymisierte Daten dem Modell *nicht* zugrunde liegen. Die DSGVO ist hiergegen bisher zahnlos, da Big Data-Geschäftsmodelle genau die Verwendungsmöglichkeiten von Da-

---

17 Dies bedeutet nicht, wie der Vorschlag häufig missverstanden wird, die Verarbeitung anonymisierter Daten kategorial zu verbieten, sondern, analog den personenbezogenen Daten, sie unter ein grundsätzliches Verarbeitungsverbot zu stellen, dessen Ausnahmen durch Rechtsgrundlagen geregelt werden müssen. Die Rechtsgrundlage der Einwilligung scheidet hierbei aus, wenn die Folgen der Datenverarbeitung potenziell Dritte betreffen, siehe unten. Eine politische Debatte ist darüber zu führen, welche Verwendungsweisen anonymisierter Massendaten als gesellschaftlich förderlich vs. schädlich gelten.

18 Vgl. oben, Fußnote 16.

ten kapitalisieren, die trotz Anonymisierung und DSGVO-Regulierungen möglich sind.

Auch die Beschränkung der Verarbeitung anonymisierter Daten darf sich nicht auf das Input-Stadium der Datenverarbeitung beschränken. Besonders ist zu bedenken, dass trainierte prädiktive Modelle *selbst aggregierte, anonymisierte Daten darstellen.*[19] Die Regulierung der Verarbeitung anonymisierter Daten muss daher die Zirkulation und Verwendung trainierter Machine Learning-Modelle umfassen. Prädiktive Modelle, die aus Kundendatensätzen erzeugt werden, können aktuell frei und insbesondere zweckbindungsfrei zirkulieren oder verkauft werden, weil sie nicht in den Schutzbereich der DSGVO fallen. Im Rahmen einer Neuregelung wäre eine erweiterte Form des Zweckbindungsgebots und der Aufsicht durch Aufsichtsbehörden oder unabhängiger Stellen einzubeziehen: Im Rahmen der Genehmigung der Herstellung eines prädiktiven Modells wäre im Vorhinein der Zweck anzugeben und zu genehmigen, für den dieses Modell durch benannte Akteure verwendet werden soll, so dass anderweitige Verwendungsweisen oder die Weitergabe verboten werden können.

6.2.3 Einwilligung beschränken

Eine dritte Säule der Modernisierung des Datenschutzes betrifft die Rechtsgrundlage der Einwilligung. Da im Kontext von Big Data und KI-Technologie die Verarbeitung der eigenen Daten grundsätzlich Auswirkungen auf andere hat, steht die Validität der Rechtsgrundlage der Einwilligung grundsätzlich in Frage. Die Einwilligung sollte nur verfügbar sein, wenn die Konsequenzen der Einwilligungsentscheidung allein das einwilligende Individuum betreffen (vgl. dazu auch Ruschemeier in diesem Band).

Bei einem durchschnittlichen Gebrauch von Internet und Smartphone-Apps ist die Einwilligung heute eine der dominantesten Manifestationen von Datenschutzregulierungen im täglichen Mediengebrauch. Die bewusstseinsbildende Funktion der Einwilligung ist nicht zu unterschätzen;

---

19 Solche Modelle werden durch Millionen Einträge in einer großen Matrix repräsentiert, die im Trainingsverfahren simulierter neuronaler Netze kalibriert werden. Diese Parameter sind selbst abgeleitete Daten und wenn das Trainingsverfahren bestimmte, technisch wohldefinierte Anforderungen erfüllt, lassen sich daraus keine individuellen Einträge der Trainingsdaten rekonstruieren, so dass es sich dabei formal um anonyme Daten handelt. Siehe hierzu den Diskurs zu differential privacy in machine learning; Fußnote 11 oben.

doch sie bestätigt das liberalistische Missverständnis von Datenschutz, das von den Gefahren prädiktiver Analytik ablenkt (Kröger u.a. 2021): Jeder neue Einwilligungsdialog, mit dem die Nutzer:in konfrontiert wird, affirmiert das gesellschaftlich schädliche Verständnis, dass es dem Datenschutz um die individuelle Wahlmöglichkeit jedes Einzelnen in Bezug auf die Preisgabe seiner Daten gehe. Darüber hinaus ist bekannt und wurde viel thematisiert, dass Einwilligungsdialoge über Dark Patterns, Design-Tricks, Nudges, längliches Kleingedrucktes und weil sie in den unpassendsten Momenten erscheinen, die Nutzer:innen nicht richtig informieren, sondern nicht selten zur Einwilligung überlisten oder nötigen (vgl. Baruh und Popescu 2017; Mühlhoff 2018).

Weiterhin könnte dem Instrument der Einwilligung bei der *Anwendung* prädiktiver Modelle auf Einzelpersonen Bedeutung zukommen. Ein von prädiktiver Wissensproduktion betroffenes Individuum sollte in die Ermittlung von Informationen oder Entscheidungen über es einwilligen müssen, bevor die dafür herangezogenen und meist weniger sensibel erscheinenden Hilfsdaten erfasst werden. In diesem Zusammenhang sei auf die erste Forderung zurückverwiesen, dass abgeleitete Daten hinsichtlich der Rechtsfolgen in vollem Umfang wie personenbezogene Daten behandelt werden sollten. In welchen Anwendungsbereichen die Einwilligung in diesem Fall als Rechtsgrundlage zur Verfügung gestellt und in welchen Domänen sie verboten werden sollte, wäre ausführlicher zu erwägen (vgl. Mühlhoff 2021).

6.2.4 *Kollektive Schutzrechte*

Ein weiterer zentraler Vorschlag betrifft die Einrichtung kollektivistischer Pendants zu den Betroffenenrechten der DSGVO. Das heißt, die Rechte zu Auskunft, Rektifizierung, Löschung, Portierbarkeit usw. sind kollektivistisch zu erweitern, so dass zum Beispiel von Diskriminierung betroffene Gruppen, aber auch das Gemeinwesen im Ganzen, in die Lage versetzt werden, von Plattformbetreibern über prädiktive Modelle und die Verarbeitung anonymisierter Daten Auskunft zu verlangen.[20] Eine solche Regelung sollte Interessenverbänden und der demokratischen Gesellschaft im Ganze mehr Kontrolle darüber ermöglichen, welche Informationen kommerzielle Organisationen über beliebige Individuen aus Hilfsdaten ableiten können und welche prädiktiven Modelle eine Organisation an-

20 Vgl. auch ähnliche Vorschläge bei Mantelero 2016; Pohle 2016.

hand der Daten vieler Nutzer:innen trainiert. Dieses kollektive Recht auf Einsichtnahme soll dazu dienen, dass aufgedeckt werden kann, welche Diskriminierungsmuster den prädiktiven Modellen eingeschrieben sind. Ein kollektives Recht auf Berichtigung oder Löschung solcher Modelle sollte aktivierbar sein, wenn Muster der Ausgrenzung und Diskriminierung, oder stabilisierende und verstärkende Effekte in Bezug auf soziale Ungleichheit beobachtbar sind. Für die Ausübung dieser kollektiven Abwehrrechte sollten Aufsichtsorgane sowie geeignete Instrumente der kollektiven Rechtsdurchsetzung wie Verbandsklagen oder Musterfeststellungsklagen vorgesehen werden (vgl. ausführlich Ruschemeier 2021).

6.3 Antidiskriminierung

Angesichts der Missbrauchspotenziale von Big Data und KI wird sich ein wirkungsvoller Datenschutz im aktuellen Jahrzehnt daran messen lassen müssen, zu welchem Grade er in eine tragfähige Allianz mit Antidiskriminierungsgesetzgebung tritt. Denn es geht im Kontext dieser Technologien nicht um das Ausspionieren Einzelner, sondern um massenweise parallel durchgeführte Abschätzungsoperationen, die uns alle betreffen und auf individualisierte – und das heißt, unterschiedliche – Behandlung von Individuen und Gruppen, mithin auf soziale Ungleichheit, Diskriminierung und Ausschlussmechanismen hinauslaufen können. Das Feld der prädiktiven Wissensgewinnung anhand von anonymisieren Massendaten, die wir alle täglich kostenfrei für große Datenunternehmen produzieren, ist aktuell weitestgehend unreguliert. Um den Regulierungsbedarf zu erkennen, muss sich der Datenschutz (und insbesondere der anglophone Diskurs um *privacy*) von seinem Lieblingsbezugspunkt, dem Schutz der informationellen Sphäre des Einzelnen, lösen, und die soziale Strukturierungswirkung moderner Datenverarbeitung in den Blick nehmen.

Acknowledgements

Ich danke Prof. Dr. Hannah Ruschemeier für die intensiven Diskussionen sowie den drei Reviewern für ihre Kommentare und Verbesserungsvorschläge.

Diese Arbeit wurde vom Bundesministerium für Bildung und Forschung (BMBF) unter dem Förderkennzeichen 16SV8480 unterstützt. Die Verantwortung für den Inhalt dieser Veröffentlichung liegt beim Autor.

Literatur

Abadi, Martín, Andy Chu, Ian Goodfellow, H. Brendan McMahan, Ilya Mironov, Kunal Talwar, und Li Zhang (2016). „Deep Learning with Differential Privacy". *Proceedings of the 2016 ACM SIGSAC Conference on Computer and Communications Security - CCS'16*, 308–18. https://doi.org/10.1145/2976749.2978318.

Article-29-Datenschutzgruppe (2007). „Stellungnahme 4/2007 zum Begriff ‚personenbezogene Daten'". 01248/07/DE WP 136. https://ec.europa.eu/justice/article-29/documentation/opinion-recommendation/files/2007/wp140_de.pdf.

Article-29-Datenschutzgruppe (2018). „Leitlinien zu automatisierten Entscheidungen im Einzelfall einschließlich Profiling für die Zwecke der Verordnung 2016/679". 17/DE WP251rev.01. https://ec.europa.eu/newsroom/article29/items/612053/en.

Baruh, Lemi, and Mihaela Popescu (2017). "Big Data Analytics and the Limits of Privacy Self-Management." *New Media & Society* 19, no. 4: 579–96. https://doi.org/10.1177/1461444815614001.

Ben-Shahar, Omri (2019). „Data Pollution". *Journal of Legal Analysis* 11 (Januar): 104–59. https://doi.org/10.1093/jla/laz005.

Blanke, Jordan M. (2020). „Protection for 'Inferences Drawn': A Comparison Between the General Data Protection Regulation and the California Consumer Privacy Act". *Global Privacy Law Review* 1 (2).

Bundesverfassungsgericht (1983). BVerfG, Urteil des Ersten Senats vom 15. Dezember 1983 – Zur Verfassungsmäßigkeit des Volkszählungsgesetzes 1983, 209/83 1 BvR 1–215. Bundesverfassungsgericht.

California Consumer Privacy Act, Cal. Legis. Serv. Ch. 55 (A.B. 375) (west) § (2018). https://leginfo.legislature.ca.gov/faces/codes_displayText.xhtml?division=3.&part=4.&lawCode=CIV&title=1.81.5.

Duhigg, Charles (2012). „How Companies Learn Your Secrets". *The New York Times*, 16. Februar 2012, Abschn. Magazine. https://www.nytimes.com/2012/02/19/magazine/shopping-habits.html.

Dwork, Cynthia (2006). „Differential Privacy". In *Automata, Languages and Programming: 33rd International Colloquium, ICALP 2006, Venice, Italy, July 10–14, 2006, Proceedings, Part II*, herausgegeben von Michele Bugliesi, Bart Preneel, Vladimiro Sassone, und Ingo Wegener, 2:1–12. Lecture Notes in Computer Science 4052. Berlin and Heidelberg: Springer.

Goggin, Benjamin (2019). „Inside Facebook's suicide algorithm: Here's how the company uses artificial intelligence to predict your mental state from your posts". *Business Insider*, 6. Januar 2019. https://www.businessinsider.com/facebook-is-using-ai-to-try-to-predict-if-youre-suicidal-2018-12.

Gymrek, M., A. L. McGuire, D. Golan, E. Halperin, und Y. Erlich (2013). „Identifying Personal Genomes by Surname Inference". *Science* 339 (6117): 321–24. https://doi.org/10.1126/science.1229566.

Kosinski, Michal, David Stillwell, und Thore Graepel (2013). „Private Traits and Attributes Are Predictable from Digital Records of Human Behavior". *Proceedings of the National Academy of Sciences* 110 (15): 5802–5. https://doi.org/10.1073/pnas.1218772110.

Kröger, Jacob Leon, Otto Hans-Martin Lutz, und Stefan Ullrich (2021). „The Myth of Individual Control: Mapping the Limitations of Privacy Self-Management". In *SSRN Electronic Journal*. https://doi.org/10.2139/ssrn.3881776.

Lewinski, Kai von (2009). „Geschichte des Datenschutzrechts von 1600 bis 1977". In *Freiheit – Sicherheit – Öffentlichkeit: 48. Assistententagung Öffentliches Recht, Heidelberg 2008*, 196–220. Nomos. https://doi.org/10.5771/9783845215532-196.

von Lewinski, Kai (2014). *Die Matrix des Datenschutzes Besichtigung und Ordnung eines Begriffsfeldes.* Tübingen: Mohr Siebeck. http://public.eblib.com/choice/PublicFullRecord.aspx?p=6624481.

Lippert, John (2014). „ZestFinance Issues Small, High-Rate Loans, Uses Big Data to Weed out Deadbeats". *Washington Post*, 11. Oktober 2014, Abschn. Business. https://www.washingtonpost.com/business/zestfinance-issues-small-high-rate-loans-uses-big-data-to-weed-out-deadbeats/2014/10/10/e34986b6-4d71-11e4-aa5e-7153e466a02d_story.html.

Loi, Michele, und Markus Christen (2020). "Two Concepts of Group Privacy." *Philosophy & Technology* 33: 207–24. https://doi.org/10.1007/s13347-019-00351-0.

Mantelero, Alessandro (2016). „Personal Data for Decisional Purposes in the Age of Analytics: From an Individual to a Collective Dimension of Data Protection". *Computer Law & Security Review* 32 (2): 238–55. https://doi.org/10.1016/j.clsr.2016.01.014.

Merchant, Raina M., David A. Asch, Patrick Crutchley, Lyle H. Ungar, Sharath C. Guntuku, Johannes C. Eichstaedt, Shawndra Hill, Kevin Padrez, Robert J. Smith, und H. Andrew Schwartz (2019). „Evaluating the Predictability of Medical Conditions from Social Media Posts". *PLOS ONE* 14 (6): e0215476. https://doi.org/10.1371/journal.pone.0215476.

Mittelstadt, Brent (2017). "From Individual to Group Privacy in Big Data Analytics." *Philosophy & Technology* 30, no. 4: 475–94. https://doi.org/10.1007/s13347-017-0253-7.

Mühlhoff, Rainer (2018). „Digitale Entmündigung und User Experience Design: Wie digitale Geräte uns nudgen, tracken und zur Unwissenheit erziehen". *Leviathan – Journal of Social Sciences* 46 (4): 551–74. https://doi.org/10.5771/0340-0425-2018-4-551.

Mühlhoff, Rainer (2020a). „Die Illusion der Anonymität: Big Data im Gesundheitssystem". *Blätter für Deutsche und Internationale Politik* 8: 13–16.

Mühlhoff, Rainer (2020b). „Prädiktive Privatheit: Warum wir alle »etwas zu verbergen haben«". In *#VerantwortungKI – künstliche intelligenz und gesellschaftliche folgen*, herausgegeben von Christoph Markschies und Isabella Hermann. Bd. 3/2020. Berlin-Brandenburgische Akademie der Wissenschaften.

Mühlhoff, Rainer (2020c). „Automatisierte Ungleichheit: Ethik der Künstlichen Intelligenz in der biopolitischen Wende des Digitalen Kapitalismus". *Deutsche Zeitschrift für Philosophie* 68 (6): 867–90. https://doi.org/10.1515/dzph-2020-0059.

Mühlhoff, Rainer (2021). „Predictive Privacy: Towards an Applied Ethics of Data Analytics“. *Ethics and Information Technology*, Juli. https://doi.org/10.1007/s10676-021-09606-x.

Narayanan, Arvind, und Vitaly Shmatikov (2008). „Robust De-anonymization of Large Sparse Datasets“. In *2008 IEEE Symposium on Security and Privacy (sp 2008)*, 111–25. Oakland, CA, USA: IEEE. https://doi.org/10.1109/SP.2008.33.

Ohm, Paul (2010). „Broken Promises of Privacy: Responding to the Surprising Failure of Anonymization“. *UCLA Law Review*, 77.

O'Neil, Cathy (2016). *Weapons of Math Destruction: How Big Data Increases Inequality and Threatens Democracy*. New York: Crown.

Österreichische Datenschutzbehörde (2018). Datenschutzbeschwerde von Dr. Xaver X.

Pohle, Jörg (2016). „PERSONAL DATA NOT FOUND: Personenbezogene Entscheidungen als überfällige Neuausrichtung im Datenschutz“. *Datenschutz Nachrichten*, 2016.

Roßnagel, Alexander (2018). "Notwendige Schritte zu einem modernen Datenschutzrecht." In *Die Fortentwicklung des Datenschutzes: zwischen Systemgestaltung und Selbstregulierung*, herausgegeben von Alexander Roßnagel, Michael Friedewald und Marit Hansen, 361–84. Wiesbaden: Springer Vieweg. https://doi.org/10.1007/978-3-658-23727-1_20.

Ruschemeier, Hannah (2021). „Kollektiver Rechtsschutz und strategische Prozessführung gegen Digitalkonzerne“. *MMR* 24 (12): 942–46.

Skeba, Patrick, und Eric PS Baumer (2020). „Informational Friction as a Lens for Studying Algorithmic Aspects of Privacy.“ *Proceedings of the ACM on Human-Computer Interaction* 4, CSCW2: 1–22.

Sweeney, Latanya (2002). „K-Anonymity: A Model for Protecting Privacy“. *International Journal of Uncertainty, Fuzziness and Knowledge-Based Systems* 10 (05): 557–70. https://doi.org/10.1142/S0218488502001648.

Tavani, Herman T. (2007). „Philosophical Theories of Privacy: Implications for an Adequate Online Privacy Policy“. *Metaphilosophy* 38 (1): 1–22. https://doi.org/10.1111/j.1467-9973.2006.00474.x.

Taylor, Linnet, Luciano Floridi, und Bart van der Sloot (2016). *Group Privacy: New Challenges of Data Technologies*. New York: Springer Berlin Heidelberg.

Vedder, Anton (1999). "KDD: The Challenge to Individualism." *Ethics and Information Technology* 1, no. 4: 275–81.

Wachter, Sandra (2019). „Data Protection in the Age of Big Data“. *Nature Electronics* 2 (1): 6–7. https://doi.org/10.1038/s41928-018-0193-y.

Wachter, Sandra, und Brent Mittelstadt (2018). „A Right to Reasonable Inferences: Re-Thinking Data Protection Law in the Age of Big Data and AI“. Preprint. LawArXiv. https://doi.org/10.31228/osf.io/mu2kf.

Nothing personal? Der Personenbezug von Daten in der DSGVO im Licht von künstlicher Intelligenz und Big Data

Rita Jordan

Zusammenfassung

Mit dem Einsatz selbstlernender Algorithmen steigt auch der Umfang, die Rate und die Geschwindigkeit, mit der Daten erfasst, verarbeitet und ausgewertet werden. Dadurch geraten die Zwecke des Datenschutzrechts (Persönlichkeitsschutz, informationelle und demokratische Selbstbestimmung) und seine Schutzprinzipien (u.a. Zweckbindung, Datenminimierung und Transparenz) in Spannung zu den Gewinninteressen datenbasierter Geschäftsmodelle und dem herrschenden Innovationsdruck. Die technischen Möglichkeiten von Big Data unterwandern die eindeutige Abgrenzbarkeit zwischen personenbezogenen und nicht personenbezogenen Daten, die zentral für das dogmatische Fundament der Europäischen Datenschutzgrundverordnung (DSGVO) ist. Durch immer kleinteiligere Datenschutzerklärungen und die technischen Barrieren einer informierten Einwilligung wird individuellen Nutzer:innen eine aufgeklärte Rechtsausübung erschwert. Einen zentralen Bereich der Digitalisierung, in dem dieses Spannungsfeld sich manifestiert, bieten Smart Cities. Hier verschränkt sich die Innovationskraft algorithmischer Datenverarbeitung für Nachhaltigkeits- und Verkehrsziele mit der physischen Oberfläche urbaner Erfahrungs- und Handlungsräume. Die Ubiquität der erfassten Daten und die damit einhergehenden Risiken für Privatheit legen eine grundlegende Rekonzeptualisierung des Datenschutzrechts sowie eine Demokratisierung der Technologieentwicklung – insbesondere im Bereich KI-basierter Technologien – in städtischen Räumen nahe.

1. Einleitung

Der Beitrag unterstreicht einen kritischen juristischen Blick auf die geltende datenschutzrechtliche Personenbezugsdogmatik anhand eines Beispielszenarios über die Entwicklung intelligent vernetzter Verkehrsinfrastrukturen. Dieses Beispiel leitet hin zu einer politikwissenschaftlich informierten Auseinandersetzung mit dem Bedarf und den Potentialen einer partizipativen Technologieentwicklung hinsichtlich des Ziels einer demokratischen Einbettung der Digitalisierung in städtische Infrastrukturen.[1] Zunächst wird das geltende, stark auf individuelle Datensubjekte ausgerichtete EU-Datenschutzrecht knapp vorgestellt (2.). Anschließend wird diese Zentrierung auf das Individuum aus rechts- und sozialwissenschaftlichen Perspektiven kritisch beleuchtet (3.). Die Kritik wird daraufhin am Anwendungsbeispiel der intelligent vernetzten Infrastruktur von *Smart Cities* illustriert, um den Bedarf einer demokratischen, über individuenzentrierte Datenschutzmodelle hinausgehenden Technologieentwicklung hervorzuheben (4.). Dadurch verlagert sich der Fokus des Textes vom Thema der regulatorischen Gestaltung effektiven Rechtsschutzes hin zu einem praktisch-politischen Lösungsansatz des Problems auf der Handlungsebene. Zuletzt werden die Erkenntnisse zusammenfasst und ein Ausblick auf zukünftige Herausforderungen gegeben (5.).

2. *Personenbezogene Daten im Sinne der DSGVO*

Der Schutz der DSGVO ist in seiner Grundkonzeption auf das Individuum als Rechtssubjekt bezogen. Dementsprechend sind dem Verordnungstext zufolge alle Informationen geschützt, „die sich auf eine identifizierte oder identifizierbare natürliche Person […] beziehen." (Art. 4 Nr. 1 DSGVO) Identifizierbar in diesem Sinne ist eine natürliche Person, „die direkt oder indirekt, insbesondere mittels Zuordnung zu einer Kennung wie einem Namen, zu einer Kennnummer, zu Standortdaten, zu einer Online-Kennung oder zu einem oder mehreren besonderen Merkmalen identifiziert werden kann, die Ausdruck der physischen, physiologischen, genetischen, psychischen, wirtschaftlichen, kulturellen oder sozialen Identität dieser natürlichen Person sind." (Ebd.).

---

1 Der disziplinenübergreifende Ansatz dieser Ausführungen lädt dazu ein, den Blick mehr in die Breite der Auseinandersetzungen mit dem Thema des Schutzes personenbezogener Daten zu weiten, als in die Details einer einzelnen Fachdebatte einzusteigen. Ausgangspunkt des Textes ist der Versuch, die sehr kleinteilige juristische Fachdiskussion zur eher strukturellen Perspektive in der soziologischen und politikwissenschaftlichen Literatur in Beziehung zu bringen und gegebenenfalls aufzuzeigen, wo möglicherweise Leerstellen bleiben und Anpassungsbedarfe bestehen. Zugleich ermöglicht das Nachdenken über den Personenbezug von Daten aus diesen beiden Richtungen auch eine kritische Auseinandersetzung mit den Grenzen der jeweiligen Disziplinen.

Im Rückschluss greift das Datenschutzrecht dementsprechend bei einigen Datengruppen nicht ein. Dazu gehören zunächst anonymisierte Daten, „die sich nicht auf eine identifizierte oder identifizierbare natürliche Person beziehen, oder personenbezogene Daten, die in einer Weise anonymisiert worden sind, dass die betroffene Person nicht oder nicht mehr identifiziert werden kann." (Erwägungsgrund 26, S. 5 DSGVO) Auch sachbezogene Daten sind nicht geschützt. Dieser Begriff wird in der Verordnung selbst allerdings nicht definiert, sondern lediglich als Gegenbegriff zu dem der personenbezogenen Daten verstanden. Einen Grenzfall stellen pseudonymisierte Daten dar. Das sind gem. Art. 4 Nr. 5 DSGVO Daten, „die durch Heranziehung zusätzlicher Informationen einer natürlichen Person zugeordnet werden könnten." Bei pseudonymisierten Daten ist der Personenbezug unter Einbeziehung aller objektiven Faktoren zu ermitteln. Das meint im Wesentlichen das Verhältnis zwischen dem aktuellen Stand der Technik im jeweiligen Zeitpunkt und dem monetären sowie zeitlichen Aufwand, den eine Entschlüsselung in diesem Lichte erfordert.

Daran zeigt sich, dass die Beziehbarkeit eines Datums auf eine natürliche Person entweder aus der Aussage eines genuin als *persönlich* verstandenem Charakters der abgebildeten Information heraus entstehen kann, oder aber sich aus dem Bezug der Daten zueinander ergibt. Je nach Kontext und den über die Gruppenmitglieder verfügbaren Informationen kann sich die Identifizierbarkeit Einzelner situativ stark unterscheiden.

Die Offenheit des Personenbezugsmerkmals schlägt sich im Wortlaut der DSGVO nieder und ist maßgeblich auf ihren Ansatz der Technologieneutralität zurückzuführen. Dieser dient dem Zweck, eine Umgehung der Schutzvorschriften zu vermeiden, indem der Gesetzestext keine technikspezifischen Regelungen vorsieht, sondern das Schutzgut an sich versucht zu konkretisieren, um auf diesem Weg sowohl analoge als auch digitale Datenverarbeitungen unterschiedlichster Art zu umfassen. Mit dem Wortlaut „Für einen Personenbezug müssen Daten einer [...] Person zuzuordnen sein" (Art. 4 Nr. 1 DSGVO) bietet der Gesetzestext allerdings eher eine zirkuläre Aussage als eine tatsächlich konkretisierende Definitionshilfe. Auch der Weg über Gegenbeispiele verspricht keine wirkliche Hilfe, da der Begriff der sachbezogenen Daten lediglich negativ zu dem der personenbezogenen definiert wird. Auch für die Gruppe der anonymisierten Daten wird pauschal ein nicht mehr vorhandener Personenbezug unterstellt. Daran zeigt sich, dass jeweils davon ausgegangen wird, dass die Personenbeziehbarkeit von Daten ein eindeutig festzustellendes Merkmal sei. Auf diese Weise wird eine eindeutige Abgrenzbarkeit suggeriert, die sich in der Anwendung oftmals als zirkelschlüssig herausstellt.

Selbst bei Daten, die ausschließlich Bezüge zu Gegenständen aufweisen oder anonymisiert sind und damit die Kehrseite eines personenbezogenen Datums darstellen, kann im Wege der Kombination mit anderen Datensätzen oder durch die Identifikation einzelner Datenpunkte oftmals doch mit relativ hoher Genauigkeit ein spezifisches Mitglied einer Gruppe ausgesondert werden. Zahlreiche Studien zur Re-Identifizierbarkeit von Datensätzen einer gewissen Größe legen nahe, dass eine vollständige Anonymisierung in hinreichend großen Datensätzen nahezu unmöglich ist (Sweeney 2000; Solove/Schwartz 2011). Statt auf diese verarbeitungsspezifischen Risikolagen genauer einzugehen, fokussiert der Verordnungstext selbst, wie oben dargestellt, auf die Frage, was natürliche Personen identifizierbar macht. Diese interpretatorische Lücke wird in der Praxis durch die Heranziehung verfassungsrechtlicher Grundsätze und Rechtsprechung gefüllt. Doch gerade diese Marker ändern sich häufig je nach Datenlage und Situation, sodass stets ein nicht unwesentliches Risiko der Rechtsverletzung bleibt.

3. *Kritik der individualistischen Ausrichtung des Datenrechts*

Im Folgenden wird die oben dargestellten Ausrichtung des Datenschutzrechts auf individuelle Personen einer kritischen Prüfung unterzogen. Die Kritik bezieht sich im Wesentlichen darauf, dass eine auf sprachlicher Ebene zunächst offensichtlich scheinende Abgrenzbarkeit personenbezogener zu nicht personenbezogenen Daten nur unzureichende Antworten auf bestimmte kontextabhängige Auslegungsprobleme bietet.

3.1 *Herausforderungen von KI und Big Data*

Die bereits im Rechtstext angelegten Abgrenzungsprobleme verschärfen sich in Fällen der Datenverarbeitung durch *Machine Learning*- und *Big Data*-Techniken. Die Zunahme sogenannter smarter Umgebungen, d.h. datenintensiver Großsysteme, die auf algorithmischer Datenverarbeitung basieren und so eine Echtzeit-Interaktion mit ihrer Umgebung ermöglichen, werden nicht nur in privaten Kontexten (z.B. im Fall von *Smart Homes*), sondern auch in der Unterhaltungsindustrie sowie dem produzierenden Sektor (z.B. mit *Smart Wearables*) eingesetzt. Der Einsatz am Körper oder einem konkreten Objekt dient meist dem Tracking und damit dem Zweck der Optimierung bestimmter Angebote oder Abläufe. Der Einsatz von KI-basierten Techniken in der Öffentlichkeit kann sich außerdem regulierend auf das Verhalten von Bürger:innen im öffentlichen Raum auswirken und auch gegen den individuellen Willen eingesetzt werden (z.B. im Fall des *Predictive Policing*). Dieser Beitrag konzentriert sich nicht auf prädiktive Polizeiarbeit im engeren Sinne, richtet sein Augenmerk jedoch auf Problemlagen des Einsatzes intelligenter Technologie in öffentlichen Räumen hinsichtlich des Schutzes von Privatheit und Demokratie.

Zunächst aber sollen die beiden zentralen Begriffe *Big Data* und *Künstliche Intelligenz* für den Zweck dieses Beitrags konkretisiert werden. *Big Data* kann mit einer gängigen Definition als ein Modus der Informationsbearbeitung verstanden werden, die von einer Zunahme der Datenmenge (*Volume*) im Vergleich zu vorangehenden Medien, geprägt ist. Dieses Wachstum bildet sich im gesamten Lebenszyklus digitaler Daten ab, d.h. von der Erhebung über ihre Verarbeitung und Analyse bis hin zu ihrer Visualisierung. Darüber hinaus wird seit geraumer Zeit seitens marktbeherrschender Technologieunternehmen versucht, zusätzlich die Zunahme von Wert (*Value*) und Wahrhaftigkeit (*Veracity*) von Daten in die Definition des Begriffs aufzunehmen (Oracle 2021). Das Merkmal der Wahrhaftigkeit wird allerdings dabei auf die innere Schlüssigkeit eines Datensatzes bezogen und nicht auf eine Übereinstimmung bestimmter Daten mit dem Gegenstand ihrer Abbildung. *Künstliche Intelligenz* hingegen beschreibt auf maschinellem Lernen und neuronalen Netzen basierte Anwendungen, die in datenintensiven Umgebungen eingesetzt werden, um darin Muster und Kategorien zu ermitteln. Ein politisches Verständnis dieser Technologien, soweit eine Generalisierung dessen angesichts ihrer jeweils spezifischen Funktionsweisen überhaupt leistbar bzw. sinnvoll ist, konzeptualisiert datenverarbeitende Systeme in öffentlichen Kontexten als Infrastrukturen (Falco 2021).

Ein hervorzuhebender Effekt des oben beschriebenen (jedenfalls quantitativen) Zuwachses von datengestützten Infrastrukturen im öffentlichen Raum ist unter anderem die dadurch deutlich vereinfachte Möglichkeit der kleinteiligen Erfassung von Bewegungs- und Verhaltensmustern einzelner Personen. Durch die Kopplung dieser Methode mit wirtschaftlichen Anreizen entstehen die für den digitalen Kapitalismus typischen datenbasierten Geschäftsmodelle (Srnicek 2017; Staab 2019). Aus der Digitalisierung der Lebenswelten (Kommunikation, Handel, Verkehr, Dienstleistungen, Gesundheit) ergeben sich immer engmaschigere Aggregate individueller Handlungsweisen, deren Auswertung durchaus Potentiale für die Lösung gesellschaftlicher Probleme (z.B. im Gesundheitswesen) verspricht. Dennoch sind statistische Vorhersagen dieser Art aber auch vorurteilsbelastet und häufig ungenau, was hauptsächlich auf die zugrundeliegenden

Trainingsdatensets zurückzuführen ist. Die immer weiter automatisierte Datenverarbeitung ist nicht nur aufgrund ihrer Masse (3V's) unübersichtlich, sondern auch durch die programmierte Architektur und den Schutz als Geschäftsgeheimnis meist intransparent für Außenstehende. Die Funktionsweise unüberwacht selbstlernender algorithmischer Systeme beschreibt Luciana Parisi folgendermaßen: „Undeterminiertheit ist hier als ein aktives Element zu einem Teil der Berechnung geworden, indem sie ausstellt, wie das logische Denken funktioniert, und wie die Bedeutung von Konzepten geformt werden kann. Hier überschneidet sich die Überprüfung von Hypothesen mit der Generierung hypothetischer Bedeutung, indem Unbestimmtheit jenseits wissensbasierter Automatisierung als ein Weg genutzt wird, um Vorhersagen zu strukturieren." (Parisi 2018, S. 103) Damit wird die strukturelle Intransparenz algorithmischer Datenverarbeitungstechniken als sog. *Black Box* noch durch die innere Opazität ihrer Funktionsweise verstärkt.

3.2. Auslegungs- und Übersetzungsprobleme

In Bezug auf das Datenschutzrecht weist Nadezdha Purtova (2018) in einer umfassenden Studie darauf hin, dass die technischen Entwicklungen in naher Zukunft eine perfekte Identifizierbarkeit ermöglichen werden. Dadurch werde die oben dargestellte, in der DSGVO angelegte Abwägung zwischen Deanonymisierungsaufwand und Schutzinteresse mittelfristig obsolet. Die Autorin geht davon aus, dass durch die Digitalisierung der Lebenswelt ein konzeptuelles Verschwimmen von vier bis dato getrennten Sphären zu erwarten sei, die eine von ihr als *Onlife* (Purtova 2018, S. 41; vgl. auch Hildebrandt 2020, S. 6 ff.) bezeichnete Situation hervorbrächten: Die davon betroffenen, bisher als klar abgrenzbar codierten Sphären sind Realität/Virtualität, Mensch/Maschine/Natur, Informationsknappheit/ Informationsüberfluss sowie eine von selbstständigen, statischen Entitäten und binären Beziehungen geprägten Weltsicht hin zu einem Fokus auf Interaktionen, Prozesse und Netzwerke (vgl. Purtova 2018, S. 41).

Purtova zufolge hat diese Transformation der Lebenswelt zweierlei Auswirkungen auf das Recht: Mit der zunehmenden Datafizierung gehe einerseits ein gesteigertes Schutzbedürfnis für Einzelne einher, wodurch die Relevanz eines robusten Datenschutzrechts zunächst unterstrichen wird. Anderseits deutet Vieles darauf hin, dass die derzeitige Ausgestaltung des Datenschutzrechts für ein derart weitgreifendes Schutzbedürfnis nicht gewappnet sei und daher auf absehbare Zeit zu kollabieren drohe („system overload", vgl. Purtova 2018, S. 72 ff.). Einen der zentralen Gründe dafür sieht Purtova in der weiten Definition der Personenbeziehbarkeit von Daten. Im Zusammenspiel mit den erweiterten technischen Möglichkeiten werde sich das Datenschutzrecht auf lange Sicht funktional von einem *lex specialis* zu einem *lex generalis* des Persönlichkeitsschutzes entwickeln. Die Vollzugskraft der DSGVO, vornehmlich in den darin festgeschriebenen Zuständigkeiten und Prüfkompetenzen manifestiert, sei für Grenzfälle und hochkomplexe Technologien wie bspw. automatisierte Gesichtserkennung nur unzureichend geeignet (Purtova 2018, S. 75).

3.3 Ausweitung der Bezugsgruppe (Group Privacy)

Eine weitere Kritik an der geltenden Zentrierung des Datenschutzrechts auf den Schutz von Einzelsubjekten ergibt sich aus der Annahme, dass in Prozessen algorithmischer Datenverarbeitung meist Bezugsgruppen anhand emergenter Kategorisierungen gebildet werden. Diese fortlaufende Kategorisierung ermöglicht eine Steuerung in Echtzeit, indem sie temporäre Merkmale wahrscheinlichkeitsbasiert gerinnen lässt und auf diese Weise den sozialen Raum entlang der kalkulierten Vorhersagen strukturiert. Die im Rahmen dieses Prozesses entstehenden Bezugsgruppen sind in ihrer Datenförmigkeit zugleich sowohl deskriptiver als auch prädiktiver Natur (Mittelstadt 2016, S. 477). Die fortlaufende Re-Konfiguration wirkt sich wiederum modulierend auf die zugrundeliegenden Datensätze aus. Unter diesen Umständen ist es für Einzelpersonen sehr unrealistisch, effektive Kontrolle über die jeweils über sich selbst im Umlauf befindlichen Daten und Informationen zu erlangen (Mittelstadt 2016, S. 481). Der Umfang der im Einzelfall verarbeiteten Daten und die Komplexität der angewandten Methoden rechtfertigen der Ansicht des Autors nach ein kollektives Recht auf Privatheit für *ad hoc* von Algorithmen gebildete Personengruppen (Mittelstadt 2016, S. 485). Mit diesem Ansatz wird die subjektzentrierte Ausrichtung des Datenschutzrechts um eine wertvolle Perspektive der Gruppenorientierung ergänzt, welche bis dato hauptsächlich im Antidiskriminierungsrecht verankert war und damit anderen rechtlichen Voraussetzungen unterlag.

Mit einer ähnlichen Stoßrichtung heben auch Mann und Matzner (2019) die Vorteile einer Erweiterung des Datenschutzrechts um gruppenbezogenen Privatheitsschutz in Fällen von KI-basierten, strukturell diskriminierend wirkenden Anwendungen hervor. In dem von ihnen als *emergente Diskriminierung* bezeichneten Prozess werden durch die Heranziehung komplexer und nichtrepräsentativer Kategorien strukturelle Nachteile für bestimmte Nutzer:innengruppen im Zuge von Profilbildung systemisch verstärkt. Da diese Profilbildung oftmals nicht gezielt erfolgt, sondern an implizite Merkmale anonymisierter Datensätze anknüpft, wird sie häufig nicht vom klassischen Antidiskriminierungsrecht erfasst (Mann/ Matzner 2019, S. 7). Die Verbindung beider Rechtsregime in Form eines kollektivistisch informierten Datenschutzrechts erscheint angesichts der gruppenbezogenen Funktionsweisen von KI-basierten Systemen durchaus vielversprechend.

3.4 *Ausweitung des Zeithorizonts*

Ein weiterer Vorschlag zur Ergänzung des Datenschutzes personenbezogener Daten im konkreten Zeitpunkt ihrer Erfassung und Verarbeitung ist das Konzept der *Predictive Privacy* (Mühlhoff 2021). Mühlhoff erläutert die inhärent diskriminierenden Funktionsweisen prädiktiver Algorithmen und zeigt die ethischen und politischen Probleme auf, die aus diesen Vorhersagen erwachsen: Nicht nur negiert eine wahrscheinlichkeitsbasierte Gleichbehandlung die Autonomie und Entscheidungsfreiheit der einzelnen Gruppenmitglieder, sondern sie wirkt auch langfristig in Form performativer Effekte auf die Entscheidungsfindung Einzelner zurück (Mühlhoff 2021, S. 13). Das hat dem Autor zufolge die Wirkung, dass „Predictive systems produce and stabilize precisely the kinds of social differences and inequalities that they claim to merely detect in the world." (Ebd., m.w.N.) Diese Verzerrung, die bei der Überbrückung der *Prediction Gap* – also der Lücke zwischen einer auf Trainingsdaten basierten Wahrscheinlichkeit zu einer auf ein konkretes Individuum gerichteten Vorhersage – entsteht, verschärft noch einmal das zuvor im Anschluss an Parisi dargestellte Problem der verzerrenden Eigendynamik algorithmischer Systeme. Die weit überwiegende Anzahl der *Machine Learning*-Algorithmen basiert auf prädiktiver Analytik und erfüllt somit regelmäßig nicht die Voraussetzungen einer privatheitsschonenden und autonomiefördernden Datenverarbeitung. Daher schlägt er eine Erweiterung des Datenschutzrechts auf solche Daten vor, die aus prädiktiver Analytik hervorgehen und als Grundlage für weitere Analysen dienen (Mühlhoff 2021, S. 14). Somit wäre für die Verwendung und Verarbeitung prädiktiver Modelle ebenso eine Rechtsgrundlage oder ausdrückliche Zustimmung der von dieser Methode betroffenen Individuen erforderlich, wie es derzeit für die Verarbeitung personenbezogener Daten in allen anderen Fällen bereits notwendig ist.

Das Konzept prädiktiver Privatheit stellt gewissermaßen eine Vorstufe der in Art. 22 DSGVO behandelten automatisierten Entscheidungsfindung sowie des Profilings dar. Diese Norm schützt Rechtssubjekte davor, einer ausschließlich auf automatisierter Datenverarbeitung basierten Entscheidung unterworfen zu werden. Sie unterliegt jedoch engen Anforderungen, die, um den Wirkungsbereich der prädiktiven Analytik zu umfassen, erweitert werden müssten. Dafür spricht, dass aus Nutzer:innenperspektive – insbesondere im Internet – häufig nicht klar ersichtlich ist, welche Daten im aktuellen Zeitpunkt oder in der Zukunft verarbeitet werden, und ob dieser Prozess rechtliche Auswirkungen im Verordnungssinne hat. Außerdem sind die individuellen Reaktions- und Informationsmöglichkeiten häufig überkomplex formuliert und für ein Laienpublikum kaum vermittelbar. Daran wird deutlich, dass über das Art. 22 DSGVO regulierte Endresultat ‚Entscheidung' hinausgehend bereits die im Vorfeld des Ergebnisses stattfindenden prädiktiven Datenanalysen für einen effektiven Individualrechtsschutz in den Blick genommen werden sollten.

3.5 Zwischenfazit

Die vorangehenden Ausführungen verdeutlichen aktuelle Herausforderungen, denen sich das subjektzentrierte Datenschutzregime der DSGVO durch die zunehmende Dominanz von datengetriebenen Geschäftsmodellen und KI-basierten Technologien ausgesetzt sieht. Bereits die herrschende Rechtslage weist Definitions- und Auslegungsprobleme auf, die auf den Ansatz der Technologieneutralität zurückgeführt werden können und durch Zweifelsregeln sowie die pauschale Erweiterung des Anwendungsbereichs kompensiert werden. Dadurch entsteht allerdings nicht die wünschenswerte Rechtssicherheit, sondern vielmehr ein recht instabiles Gleichgewicht, das zeitnah in eine Überforderung des Datenschutzregimes oder zumindest ein Leerlaufen des Rechtsschutzes aufgrund einer unübersichtlichen, schwer zu durchdringenden Rechtslage zu kippen droht. Darüber hinaus erscheint im Lichte der Einwilligungsregeln, die meist für Laien nur schwer bis nicht verständlich sind sowie der hochkomplexen Verarbeitungskonstellationen (vgl. Roßnagel u.a. 2020) eine vollständige Verlagerung der Zustimmungsverantwortung auf individuelle Nutzer:innen nicht besonders effektiv zu sein, was einmal mehr den Mehrwert einer Erweiterung des Datenschutzrechts mit gruppenbezogenen Rechten betont. Einen ersten praktischen Schritt in diese Richtung stellt die Möglichkeit für Verbraucher:innen dar, im Rahmen der EU-Verbandsklagerichtlinie (EU 2020/1828) auch für DSGVO-Verstöße niedrigschwellig entschädigt zu werden. Ebenso sinnvoll wäre eine Ausweitung des Datenschutzrechts auf die Verarbeitungsschritte, die auf die erste Datenerfassung und -verarbeitung folgen, um effektiven Schutz beim Einsatz prädiktiver

Modelle zu gewährleisten. Diese Aspekte zeigen Problemfelder auf, die spezifisch für datenbasierte, selbstlernende KI-Systeme sind. Sie unterstreichen den Bedarf für technologiespezifische Datenschutzregelungen und ein kontextsensibles Privatheitsverständnis (Nissenbaum 2009).

4. *Anwendungsbeispiel: Partizipative Technologieentwicklung in ‚Smart Cities 3.0'*

Der folgende Abschnitt konkretisiert die theoretischen Ausführungen des vorangegangenen Teils exemplarisch anhand der Entwicklung einer digitalen städtischen Infrastruktur und schlägt vor, die identifizierten Probleme des Datenschutzrechts in ein Modell demokratischer Technologieentwicklung einzubetten. Diese Einbettung dient dem Zweck, die Legitimität konkreter technischer Lösungen zu erhöhen und die gesellschaftliche Sensibilität für das inhärent Politische an technologischen Infrastrukturen zu schärfen. Nach einer einführenden Illustration des Themenkomplexes anhand des Szenarios eines Planungsprozesses einer *Smart City* wird der Ansatz der partizipativen Technologieentwicklung aus demokratietheoretischer Perspektive eingehender beleuchtet.

Die bisherige Entwicklung sogenannter *Smart Cities* lässt sich in mehrere Generationen einteilen (Bria/Morozov 2018, S. 5). Die erste Generation teilweise streng kritisierter Konzepte zur Digitalisierung urbaner Räume basierte auf einem technikzentrierten, kommerziell motivierten Stadtentwicklungsmodell, das sich beispielsweise in Gestalt vermeintlich intelligenter Mülleimer manifestiert hat, deren Einbettung in Abfallmanagement-Systeme eher aufgrund ihrer umfassenden Überwachungssysteme Schlagzeilen produzierte als wegen ihrer positiven Auswirkungen auf die Nachhaltigkeit. Ähnlich fragwürdig sind die am Reißbrett geplanten und durch umfassende Public-Private-Partnerships querfinanzierten *Smart Cities* der zweiten Generation, wie sie das Beispiel der Megastadt Songdo in Südkorea veranschaulicht (Halpern/Günel 2017). Die in diesem Zuge entstandenen umfassenden Datensätze, auf die nur begrenzte Personenkreise innerhalb der Betreiberfirmen oder Stadtverwaltungen zugreifen können, haben dazu geführt, dass die datenintensive, KI-gestützte technische Einbettung von städtischen Infrastrukturen in Verruf geraten ist. Neue Modelle der *Smart City* 3.0 versuchen diesem Schicksal entgegenzuwirken, indem sie auf offene Daten und partizipative Modelle der ko-kreativen, bürger:innennahen Technikentwicklung setzen (Bria/Morozov 2018, S. 26).

Beispiele für die dritte Generation digital souveräner Städte sind u.a. Wien und Barcelona, die als Inspiration für die derzeit in Deutschland geförderten Entwicklungs- und Strategieprozesse dienen. Intelligente Städte sind also nicht nur paradigmatisch für die negativen Auswirkungen von KI und Big Data, sondern können auch als ein Ermöglichungsraum für die kooperationsfördernden, demokratischen Potentiale dieser Techniken verstanden werden. Was zunächst als planerisch- politische Herausforderung ohne rechtlichen Bezug erscheinen mag, steht tatsächlich insofern eng in Zusammenhang mit den oben beschriebenen Problemen des Datenschutzrechts, als dass die dort thematisierten Anpassungsbedarfe erst entdeckt werden können, wenn die Wirkweisen von im öffentlichen Raum verwendeten Technologien überhaupt mit betroffenen Personengruppen besprochen und reflektiert werden: Im Rahmen einer ihrem Namen gerecht werdenden intelligenten Stadtentwicklung muss also zwangsläufig auch auf einen passenden Rechtsrahmen und Konzepte der Datengovernance eingegangen werden, die Freiheiten einzelner Datensubjekte schützen und ausweiten.

4.1 Szenario: Entscheidungsprobleme und Risiken intelligenter Infrastrukturen

Die Ermöglichung dieser Potentiale erfordert eine Auseinandersetzung mit zahlreichen Entscheidungen, die im Rahmen der digitalen Infrastrukturentwicklung in urbanen Räumen zu treffen sind. Beispielhaft soll das anhand eines Gedankenexperiments – dem Bau einer intelligenten Brücke als Bestandteil einer vernetzten städtischen Infrastruktur – illustriert werden. Ein partizipativer Beteiligungsprozess könnte dafür die Perspektiven der durch Los bestimmten Mitglieder eines Bürger:innengremiums in die Planung und Umsetzung der Brücke einbeziehen.

Eine erste Illustration der Politizität digitaler Technologien bietet bereits die Frage, welche Funktion die Brücke erfüllen soll. Während das auf den ersten Blick offensichtlich scheint – Brücken dienen dem sicheren Überqueren von Flüssen – könnten zusätzlich aber auch die Strömungsbewegungen des Gewässers sensorisch aufgezeichnet und ggf. automatisierte Warnsysteme implementiert werden, die den Verkehr bei drohender Gefahr, z. B. durch einen ansteigenden Wasserspiegel, in Echtzeit umleiten.

Die technischen Möglichkeiten sind auch für die Einbindung der Brücke in die Sicherheitsarchitektur der Stadt relevant. Nicht nur die Steuerung des Straßenverkehrs liegt hier als Bezugspunkt nahe, sondern auch der Einsatz KI-basierter Techniken zur Überwachung des öffentlichen Raums sowie zahlreiche Herausforderungen des automatisierten Fahrens. Die damit einhergehenden Fragen und Probleme sollten vor einer Implementierung steuernder Systeme breit angelegten Beteiligungsprozessen zugeführt werden.

Im Bereich der Nachhaltigkeit könnte eine intelligente Brücke beispielsweise durch *Predictive Maintenance*, d.h. automatisierte Wartungsprozesse, Vorteile für Umwelt und Stadtgesellschaft bewirken. Ebenso könnte ein intelligentes Nachhaltigkeitsmanagement eine Verschaltung der Brückennutzung mit anderen Ressourcen bedeuten, was den Erhalt und Betrieb wiederum in Abhängigkeit zu anderen Finanzierungsposten des Systems bringen würde. Darüber hinaus könnte eine solche Brücke auch die Wasserqualität des Flusses messen, die verarbeiteten Daten auswerten und aufbereiten und ggf. sogar den Sauerstoffgehalt des Wassers in Reaktion auf die Befunde beeinflussen.

Die Vielfalt dieser Struktur- und Funktionsentscheidungen hängt eng mit Entscheidungen über die Gestaltung der Datenarchitektur bzw. der Datengovernance zusammen (vgl. Micheli u. a. 2020). Dabei geht es um die Frage, welche Daten auf welche Weise und an welchem Ort gespeichert und verarbeitet werden sollen, die Bestimmung der gewünschten Verarbeitungsweise sowie die Bemessung angemessener Löschfristen. Zur Vermeidung von Datensilos, d.h. isolierten, nur eingeschränkt interoperablen Datensätzen in privater oder öffentlicher Hand, sind mehrere Modelle denkbar und mittlerweile im städtischen Kontext auch gut erprobt. Das Datenmanagement in sog. Datenpools, Datenkooperativen oder Treuhändermodellen ist zentraler Gegenstand des aktuellen Entwurfs der EU-Kommission zum Data Governance Act (2020/767 final). In der Suche nach einem passenden Modell sollten alle beteiligten Stakeholder und Akteure einbezogen werden – nicht zuletzt, um einen angemessenen Privatheitsschutz zu gewährleisten. Diese Einbeziehung von Betroffenen ergänzt die Durchführung einer Datenschutz-Folgeabschätzung durch Expert:innen und öffnet nicht nur den Raum für eine kritische Auseinandersetzung, sondern fördert im Fall einer erfolgreichen Umsetzung auch die Akzeptanz in der Bevölkerung.

Diese beispielhafte Darstellung ließe sich noch fortführen, insbesondere hinsichtlich der Einbettung einzelner Bausteine in komplexere digitale Infrastrukturen eines ganzen urbanen Systems. Für alle hier angedeuteten Felder sind datengestützte und KI-basierte technische Verfahren essentiell, damit sie einen funktionalen Mehrwert generieren und das jeweils erwünschte Wissen produzieren können. Ob die im Einzelnen adaptierten Lösungen tatsächlich das Prädikat der Intelligenz verdienen, lässt sich allerdings nicht allein anhand der Anzahl digitalisierter Prozesse oder der Menge der erhobenen Daten bestimmen. Vielmehr ist ihr gesellschaftlicher Mehrwert im Einzelnen abhängig von einer sinnvollen und robusten

Einbettung in bestehende Systeme, wozu auch die bereits vorhandenen menschlichen Ressourcen zu zählen sind. Ein für soziale und politische Strukturen und Arbeitsprozesse blinder Solutionismus droht, die negativen Auswirkungen intelligenter Infrastrukturen auf den Schutz von Privatheit und individueller Autonomie zu verstärken.

Privatheitsrisiken im Bereich der Planung, Entwicklung und Umsetzung intelligenter Städte entstehen zunächst, wenn sie maßgeblich der Privatwirtschaft überlassen werden. Öffentliche Träger allein verfügen aber bislang nur selten über die finanziellen Mittel oder die Expertise, technologische Innovationen in einem mit dem privaten Sektor vergleichbaren Tempo und Ausmaß zu entwickeln. Die Auswirkungen der derzeit in der Umsetzung befindlichen EU-Gesetzgebung zum digitalen Binnenmarkt könnten, sofern der Balanceakt zwischen Innovationsförderung und Rechtsicherheit gelingt, durchaus positive Schwerpunkte für eine gemeinwohlorientierte Datenwirtschaft setzen.

Ein zweifelhafter Rückschluss aus dem Privatisierungsdilemma könnte hingegen darin liegen, dass der Staat sich am besten selbst um die im Rahmen der *Smart City*-Infrastrukturen erfassten Daten kümmern solle. Aber auch diese Forderung bietet Anlass zu Bedenken: Immer umfangreichere Überwachungspraktiken werden unter den Schutzzweck der öffentlichen Sicherheit subsumiert und in der bereits angesprochenen prädiktiven Polizeiarbeit umgesetzt. Das allseitige Risiko einer Überwachung von unternehmerischer und staatlicher Seite sowie durch Bürger:innen untereinander in datafizierten Gesellschaften bietet Anlass zu der beunruhigenden Frage, wer eigentlich vor wem zu beschützen ist (Bächle 2016, S. 182).

An dieser Stelle lohnt ein Rückblick an die zuvor ausgeführte Kritik der Zentrierung des geltenden Datenschutzrechts auf *personenbezogene* Daten. Für nahezu alle Daten, die von der im obigen Szenario beschriebenen intelligenten Brücke erfasst und verarbeitet werden, ließen sich bereits aus der Verbindung weniger Datenpunkte maßgeschneiderte Profile und Vorhersagen erstellen. Hinzu kommt, dass auch eine Anonymisierung die Möglichkeit der Profilbildung und Aussonderung Einzelner nie vollständig eliminiert. Gleichzeitig ist eine wirksame Einwilligung in derart umfassende Datenerfassung und -verarbeitung in öffentlichen Räumen nur schwer konstruierbar. Technische Lösungen, die für die beschriebenen Probleme bereits entwickelt sind und eingesetzt werden, sind *Privacy Enhancing Technologies* oder dezentrale Speicherungs- und Verschlüsselungslösungen auf der Ebene der Datengovernance. Art. 25 DSGVO (*Datenschutz durch Technikgestaltung und durch datenschutzfreundliche Voreinstellungen*) verankert ihre Implementierung im Verordnungstext. Eine verpflichtende Umsetzung dieser beiden Standards könnte das Datenschutzniveau deutlich erhöhen. Eine aktive Auseinandersetzung mit den Schutzgehalten und Risiken der technischen Lösungen im Einzelnen findet auf der Ebene der auftraggebenden Stelle mit der verpflichteten Durchführung einer Datenschutz-Folgeabschätzung (Art. 35 DSGVO) bereits häufig statt. Diese Auseinandersetzung könnte aber im Rahmen einer demokratischen Technologieentwicklung weitergeführt werden, indem die Frage danach, welcher Schutz im jeweiligen Kontext überhaupt gebraucht bzw. gewünscht wird, an den weiteren Betroffenenkreis gestellt wird. In dieser Auseinandersetzung kreuzen sich die beiden hier eingenommenen Perspektiven: Partizipative Gestaltungsformate stellen oftmals einen geeigneten Raum dar, um zivilgesellschaftlichen Einschätzungen über Risikolagen, den daraus entstehenden Konstellationen zu schützender Rechtsträger:innen sowie der Dauer der jeweiligen Datenschutzvorkehrungen in die Entwicklung einzubeziehen.

Eine Antwort auf die Frage, wer vor wem zu schützen ist, verbirgt sich im Kontext der Datenverarbeitung und den spezifischen Eigenschaften der jeweils angewandten Technologien. Zugrunde liegt dem immer der Gedanke, dass die subjektiven Entscheidungsmöglichkeiten Einzelner möglichst umfassend erhalten werden sollten, damit nicht vorrangig vermeintlich objektive, datengestützte und auf korrelativen Modellen beruhende Analysen als Grundlage für die Gestaltung öffentlicher Räume und die darin implementierten Steuerungslogiken herangezogen werden. Dieser Ansatz ist auch an die von der EU-Kommission jüngst vorgeschlagene risikobasierte KI-Regulierung anschlussfähig.

4.2 Demokratische Technologieentwicklung für intelligente Städte

Die im vorigen Teilabschnitt verdeutlichten politischen und gesellschaftlichen Effekte digitaler Infrastrukturen intensivieren also den politischen Entscheidungsdruck nicht erst im Zeitpunkt ihres Einsatzes, sondern bereits während ihrer Planung und Entwicklung. Dadurch wächst der Bedarf einer demokratischen Auseinandersetzung mit dem Design intelligenter Technologien, um ihren normativen Wirkungen im Rahmen eines integrativen und gemeinwohlorientierten Digitalisierungsprozesses Rechnung zu tragen.

Demokratische Technologieentwicklung beschreibt eine öffentliche Auseinandersetzung mit den regelnden und steuernden Wirkungsweisen der eingesetzten Technik auf individuelle und kollektive Handlungs- und Autonomieräume. Das muss nicht bedeuten, dass im Sinne umfassender Transparenzanforderungen jedes einzelne technische Detail eines Systems für die Gesamtbevölkerung erklärbar gemacht werden muss. Vielmehr ist eine Sensibilisierung dafür, wann und auf welche Weise individuelle Entscheidungen von algorithmischen Systemen überschrieben bzw. eingeschränkt werden, erforderlich, um überhaupt ausmachen zu können, inwiefern die konstitutionelle Ordnung durch sie unter Druck gerät und wie damit umzugehen ist (Müller-Mall 2020).

Modelle der kooperativen Stadtentwicklung finden sich in planungsrechtlichen Beteiligungsverfahren, die durch Methoden des in der Technologieentwicklung seit den 70er Jahren etablierten *Participatory Design* ergänzt werden können. Dabei wird das Wissen der Akteure, die von einer konkreten Technologie betroffen sind, für den Technikentwicklungsprozess fruchtbar gemacht. Praktisch bedeutet das die gemeinsame Auseinandersetzung von Nutzer:innen und Entwickler:innen mit den zu lösenden Problemen, verfügbaren Ressourcen und technischen Möglichkeiten. Im Kontext einer *Smart City* kann das z.B. in Stadtlaboren und anhand von modellhaften Prototypen geschehen. So fällt die Ermittlung konkreter Potentiale und Risiken von Technologien für das Gemeinwesen leichter (Williams 2020) und ergänzt die Einschätzungen von Expert:innen, beispielsweise in der Form von Datenschutz-Folgeabschätzungen, um wertvolles Wissen. Auf das Datenschutzrecht bezogen bedeutet es, dass die oben illustrierten individuellen und kollektiven Interessen bezüglich bestimmter Datenverarbeitungsvorgänge besser verstanden, eingeordnet und bewertet werden können. Statt die Abwägung einzelner Belange in den vermeintlich objektiven Raum einer algorithmischen Black Box zu verlegen, deren Funktion in erster Linie auf die proprietären Gewinninteressen großer Technologieunternehmen zugeschnitten ist, kann im Rahmen von Beteiligungsverfahren erforscht und herausgearbeitet werden, an welchen Stellen der Einsatz von Künstlicher Intelligenz überhaupt gesellschaftlich erwünscht ist, und wo eine manuelle bzw. menschlich gesteuerte Verarbeitung vorzuziehen ist (Keymolen/Voorwinden 2020). So wird überhaupt auch erst ein *Design for all,* also eine inklusive Technologie- und Stadtentwicklung möglich. Die Funktionen von Systemen wie der datengestützten Brücke müssen also von iterativen, diskursiven Prozessen begleitet werden. Das ist ohne offene Daten, wirksamen Persönlichkeitsschutz und freie Software nicht möglich, die damit einen zentralen Bestandteil jedes demokratischen Datenmodells bilden sollten.

5. Fazit und Ausblick

Die hier skizzierten theoretischen Gedanken und methodischen Ansätze lassen sich mit deliberativen und experimentellen Ansätzen der Demokratietheorie verbinden. Viele der aktuell in der Umsetzung befindlichen *Smart City*-Strategien greifen auf gemeinwohlorientierte Methoden zurück und haben sich damit bereits in der praktischen Umsetzung positiv bewährt. Eine demokratische Nutzung von KI erfordert im Kontext öffentlicher Infrastrukturen also sowohl eine Kollektivierung von (Privatheits-)Risiken als auch eine diskursive Verankerung im Gemeinwesen. Die Bedeutung des ersten Aspekts für die Nutzung von Künstlicher Intelligenz ist nicht zu unterschätzen, um eine mit Privatheitsinteressen verträgliche Innovation zu gewährleisten. Partizipative Methoden an sich werden noch nicht die im ersten Teil des Beitrags herausgearbeiteten strukturellen Probleme des Datenschutzrechts zu lösen vermögen. Dennoch ist eine gemeinwohlorientierte, inklusive Auseinandersetzung mit den Schutzmöglichkeiten und -modalitäten des Datenrechts eine essentielle Komponente der Einbettung digitaler Infrastrukturen in demokratische Gemeinwesen. Während eine Monopolisierung von Daten in privater oder öffentlicher Hand nicht in der Lage ist, das erwünschte Maß an gesellschaftlichem Vertrauen in datafizierte öffentliche Räume hervorzubringen, bieten die hier vorgestellten Ansätze dafür essentielle Experimentierräume und Einflussmöglichkeiten.

Literatur

Artikel-29-Datenschutzgruppe (2007): Stellungnahme 4/2007 zum Begriff „personenbezogene Daten“, WP 136, 01248/07/DE.

Bächle, Thomas Christian (2016): *Digitales Wissen, Daten und Überwachung zur Einführung.* Hamburg: Junius.

Bundesinstitut für Bau-, Stadt- und Raumforschung (BBSR) im Bundesamt für Bauwesen und Raumordnung (BBR) (2021): Smart City Charta. Digitale Transformation in den Kommunen nachhaltig gestalten. URL: https://www.smart-city-dialog.de/wp-content/uploads/2021/04/2021_Smart-City-Charta.pdf (besucht am 03.11.2021).

Coletta, Claudia und Kitchin, Rob (2017): Algorhythmic governance: Regulating the 'heartbeat' of a city using the Internet of Things. *Big Data & Society* 4(2). doi: 10.1177/2053951717742418.

Falco, Gregory (2019): Participatory AI: Reducing AI Bias and Developing Socially Responsible AI in Smart Cities. *Conference Paper. The 22nd IEEE International Conference on Computational Science and Engineering.* URL: https://www.researchgate.net/publication/333916704 (besucht am 10.01.2022).

Floridi, Luciano (2014): Open data, data protection, and group privacy. *Philosophy and Technology,* 27(1), S. 1-3. doi: https://doi.org/10.1007/s13347-014-0157-8.

Halpern, Orit und Günel, Gökce (2017): FCJ-215 Demoing unto Death: Smart Cities, Environment, and Preemptive Hope. *The Fibreculture Journal* 29, S. 51-73. doi:10.15307/fcj.29.215.2017.

Hildebrandt, Mireille. 2020. *Law for Computer Scientists and Other Folk.* Oxford: Oxford University Press.

Hoffmann-Riem, Wolfgang (2019): Die digitale Transformation als Herausforderung für die Legitimation rechtlicher Entscheidungen. In: Unger, Sebastian und von Ungern-Sternberg, Antje (Hrsg.): *Demokratie und künstliche Intelligenz.* Tübingen: Mohr Siebeck, S. 130-157.

Keymolen, Esther und Voorwinden, Astrid (2020): Can we negotiate? Trust and the rule of law in the smart city paradigm. *International Review of Law, Computers and Technology,* 34(3), S. 233-253.

Koops, Bert-Jaap (2008): Criteria for Normative Technology. In: Brownswood, Roger und Yeung, Karen (Hrsg.): *Regulating Technologies. Legal Futures, Regulatory Frames and Technological Fixes.* Oxford/Portland: Hart Publishing, S. 157-174.

Matzner, Tobias und Mann, Monique (2019). Challenging algorithmic profiling: The limits of data protection and anti-discrimination in responding to emergent discrimination. *Big Data & Society* 6(2), doi: 10.1177/2053951719895805.

Mayer-Schönberger, Viktor und Cukier, Kenneth (2013): *Big Data. A Revolution that will transform how we live, work and think.* Boston/New York: Harcourt.

Micheli, Marina; Ponti, Marisa, Craglia, Max und Suman, Anna Berti (2020): Emerging models of data governance in the age of datafication. *Big Data & Society* 7(2). doi: 10.1177/2053951720948087.

Mittelstadt, Brent (2017): From Individual to Group Privacy in Big Data Analytics. *Philosophy & Technology* 30, S. 475-494. doi: 10.1007/s13347-017-0253-7.

Morzov, Evgenji und Bria, Francesca (2018): *Rethinking the Smart City. Democratizing Urban Technology.* New York: Rosa-Luxemburg-Stiftung. URL: https://rosalux.nyc/rethinking-the-smart-city/ (besucht am 07.01.2022).

Mühlhoff, Rainer (2021): Predictive privacy: towards an applied ethics of data analytics. *Ethics and Information Technology* 23, S. 675-690. doi: 10.1007/s10676-021-09606-x.

Müller-Mall, Sabine (2020): *Freiheit und Kalkül. Die Politik der Algorithmen.* Ditzingen: Reclam.

Nikitas, Alexandros; Michalakopoulou, Kalliopi; Tchouamou Njoya, Eric und Karampatzakis, Dimitris (2020): Artificial Intelligence, Transport and the Smart City: Definitions and Dimensions of a New Mobility Era. *Sustainability* 12(7), S. 2789-2808. doi: 10.3390/su12072789.

Nissenbaum, Helen (2009): *Privacy in Context: Technology, Policy and the Integrity of Social Life.* Stanford: Stanford University Press.

Madsen, Anders Koed (2018): Data in the smart city: How incongruent frames challenge the transition from ideal to practice. *Big Data & Society* 5(2). doi: 10.1177/2053951718802321.

Oracle (2021): Was ist Big Data? URL: https://www.oracle.com/de/big-data/what-is-big-data/ (besucht am 23.09.2021).

Parisi, Luciana (2018): Das Lernen lernen oder die algorithmische Entdeckung von Informationen. In: Engemann, Christoph und Sudmann, Andreas (Hrsg.): *Machine Learning – Medien, Infrastrukturen und Technologien der Künstlichen Intelligenz.* Bielefeld: transcript, S. 93 – 114.

Purtova, Nadezhda (2018): The law of everything. Broad concept of personal data and future of EU data protection law. *Law, Innovation and Technology* 10(1), S. 40-81. doi: 10.1080/17579961.2018.1452176.

Roßnagel, Alexander u.a. (2020): White Paper Einwilligung. Möglichkeiten und Fallstricke aus der Konsumentenperspektive. Karlsruhe: Forum Privatheit und Selbstbestimmung in der digitalen Welt.

Solove, Daniel J. und Schwartz, Paul M. (2011): The PII Problem. Privacy and a New Concept of Personally Identifiable Information. *N.Y.U. Law Review* 86, S. 1814-1894.

Srnicek, Nick (2017): *Platform capitalism.* Cambridge: Polity.

Staab, Philipp (2019): *Digitaler Kapitalismus. Markt und Herrschaft in der Ökonomie der Unknappheit,* Berlin: Suhrkamp.

Sweeney, Latanya (2000): Simple Demographics Often Identify People Uniquely. Carnegie Mellon University, Data Privacy Working Paper 3. Pittsburgh. URL: https://dataprivacylab.org/projects/identifiability/index.html (besucht am 10.01.2022).

Williams, Sarah (2020): *Data Action. Using Data for Public Good.* London: MIT Press.

Künstliche Intelligenz als hybride Lebensform.[1] Zur Kritik der kybernetischen Expansion

Jörn Lamla

„Kein Anschluss unter dieser Nummer …"
Deutsche Bundespost

Zusammenfassung

Künstliche Intelligenz (KI) fordert die menschliche Intelligenz heraus und setzt das humanistische Selbstverständnis unter Druck. Der Beitrag argumentiert, dass dies zurecht geschieht, dass dabei jedoch mit einer falschen, verkürzenden Gegenüberstellung operiert wird. Mensch und Technik sind immer schon in hybriden Lebensformen verwoben. Aber der genaue Charakter dieser Hybridität wird verkannt, wenn an die Stelle unzureichender Dichotomien von menschlichem Subjekt und technischem Objekt die totalisierende Vorstellung eines kybernetischen Informationsuniversums tritt, die alles Existierende auf diesen einen Vergleichsgesichtspunkt reduziert. Als Paradigma der digitalen Gesellschaft ist die KI Träger und Ausdruck einer solchen kybernetischen Expansion, die den digitalen Analogismus als geschlossene Weltdeutung oder Kosmologie zugleich gesellschaftlich verankert und auf der Wissensebene plausibilisiert. Sie vertieft und verallgemeinert damit Konventionen und funktionalistische Rechtfertigungsmuster, die in der Industriegesellschaft eine lange Geschichte haben. Um dieser Expansionsdynamik wirksam und kritisch entgegenzutreten, so die These, braucht es mehr als die Beschwörung humanistischer Werte: Es braucht ein besseres Verständnis für die ontologische Heterogenität der gesellschaftlichen Existenzweisen, die in hybriden Lebensformen versammelt sind.

1 Bei der Fritz-Thyssen-Stiftung möchte ich mich für die Gewährung eines Lesezeit-Semesters bedanken, welches mir die intensive Aufarbeitung von Teilen der in diesem Aufsatz behandelten Literatur ermöglicht hat.

1. Jenseits von starker und schwacher KI

Eine Standard-Erzählung im aktuellen Diskurs zur Künstlichen Intelligenz (KI) beginnt mit der Unterscheidung von starker und schwacher KI. Indem die Vorstellung von einer alles beherrschenden starken KI, einer singulären Superintelligenz der Rechenmaschinen, die alle kognitiven Fähigkeiten der Menschen bei weitem übersteigt, ins Reich der Science-Fiction oder unbegründeten kollektiven Paranoia geschoben wird, erscheint die eigene, nur von schwacher KI ausgehende Position als realistisch, kompetent und vertrauenswürdig. KI ist in dieser Perspektive dann kein Mysterium mehr, sondern das sehr konkrete, lokale Einsetzen von großen Rechenkapazitäten, adaptiven Algorithmen und neuronalen Netzwerken zur Lösung sehr spezifischer Aufgaben. Wie so oft in techno-szientifischen Narrationen werden vor allem Beispiele aus dem Gesundheitsbereich erläuternd herangezogen. Diese veranschaulichen nicht nur, wie KI etwa in bildgebenden Verfahren der Medizin die Trefferquoten bei der Entdeckung von Krebsleiden erhöht, sondern sie vermehren – indem sie die Chancen der KI am Zentralwert der Gesundheit exemplarisch veranschaulichen – zugleich die generelle Akzeptanz für Forschungs- und Entwicklungsinvestitionen im Bereich KI. Was dann in der Regel nicht mehr hinterfragt wird, ist die Unterscheidung von starker und schwacher KI selbst. Diese Unterscheidung wird befestigt als jene Grenze, die es erlaubt, KI als ethisch und rechtlich kontrollierbare, gesellschaftlich grundsätzlich wünschenswerte Technologie zu implementieren, für die sich in jedem einzelnen Anwendungsfall die guten Gründe prüfen lassen und mit Blick auf die Transparenz oder Autonomie von algorithmischen Entscheidungen allgemeine gesetzliche Vorgaben machen lassen.

Aus soziologischer Perspektive verwundern die impliziten Vorstellungen vom gesellschaftlichen Wandel, die mit solchen Erzählungen verbunden sind. Bilder von Maschinen, die in einem kriegerischen Akt der Revolution die Weltherrschaft an sich reißen, sind wohl ebenso unpassend wie die Unterstellung kontinuierlicher gesellschaftlicher Strukturerhaltung, sofern nur stets gewährleistet bleibt, dass neue Technologien kontrolliert und inkrementell in das Gefüge gesellschaftlicher Praktiken, Institutionen und Werte einwandern. Was in dieser Gegenüberstellung unter den Tisch fällt, ist die Möglichkeit paradigmatischer Transformationen im Strukturaufbau ganzer Gesellschaften, die ihre weitreichenden Konsequenzen gerade deshalb entfalten, weil sie kaum merklich und nach und nach in das Gefüge von sozialen Praktiken und Alltagsvollzügen einsickern. Rückblickend ist dies allerdings der Normalfall, der durchaus weitreichende Folgen mit sich bringen kann (vgl. etwa Beck 1996). Unter diesem

Blickwinkel nimmt die wertende Unterscheidung von starker und schwacher KI verschleiernde und de-/legitimierende Züge an – nicht zuletzt dadurch, dass all jene, die vor problematischen Nebenfolgen der Künstlichen Intelligenz warnen, in diesem schematischen Wahrnehmungsraster schnell der apokalyptischen Science-Fiction starker KI zugeschlagen werden. Eine sehr andere Wandlungsgeschichte wird hingegen in den Wahrnehmungshorizont gerückt, wenn auf das Neue im Alten geschaut wird, auf die kleinen paradigmatischen Shifts, die mit der Expansion lokaler KI-Anwendungen in unterschiedlichen Gesellschaftsbereichen zunächst kaum merklich, nach und nach die Gewohnheiten verändern, aber kumulativ erhebliche Strukturveränderungen bewirken.

Die folgenden Überlegungen entwickeln eine solche Wandlungshypothese ausgehend von paradigmatischen Veränderungen, die sich in vielen Kontexten beobachten lassen. Ziel ist es, das ihnen gemeinsame Strukturprinzip zu identifizieren, das mit der Expansion solcher Veränderungen für die Charakterisierung der Gesellschaft allmählich strukturprägend wird (vgl. Giddens 1992). Dieses Strukturprinzip ist nicht die Künstliche Intelligenz selbst. KI, so lautet die Vermutung, ist vielmehr nur eines von vielen exemplarischen Versuchsfeldern für dessen Expansion. Sie ist mit ihren vielen lokalen Anwendungsfällen selbst nur ein Anwendungsfall einer allgemeineren Wandlungsdynamik, deren programmatischer Kern als *kybernetische Kosmologie* bezeichnet werden kann, die sich expansiv in unterschiedlichen sozialen Praktiken und Konstellationen ausbreitet, manifestiert und Evidenz verschafft. Dieses Strukturprinzip hat also eine virtuelle, ideologische, weltdeutende oder paradigmatische Seite und eine materiale, die Ontologie der Praktiken in Raum und Zeit strukturierende, operationale oder auch syntagmatische Seite. Es kann entsprechend in unterschiedlichen Zusammenhängen identifiziert und beschrieben werden. Als solches fällt es nicht vom Himmel, sondern entwickelt es sich allmählich aus historischen Vorläufern, die der Vorstellungswelt der Industrie zugehören und deren Entwicklung begleiten – ablesbar etwa an den harmonischen Ordnungsvorstellungen utopischer Frühsozialisten wie Fourier (1967) oder Saint-Simon (1977). Es beschreibt also einen angebbaren genealogischen Pfadverlauf und tritt gleichzeitig in verschiedenen zueinander wahlverwandten Phänomenen in Erscheinung. Das können Veränderungen technologisch-materieller Art, aber auch in der Pädagogik und Psychotherapie, im Recht, in den Wissenschaften und nicht zuletzt im Modus des Regierens sein (vgl. Lamla 2020).

Bevor darauf näher eingegangen und das Argument genauer entfaltet wird, sei diese andere Transformationserzählung an einem Aspekt von KI erläutert. Damit Algorithmen in die Lage versetzt werden können, eigenständig Muster zu erkennen, Vorschläge zu generieren oder Entscheidungen zu fällen, braucht es im Vorfeld eine größere Menge an sogenannten *Trainingsdaten* (vgl. Engemann 2018). Sie bilden die probabilistische Grundlage dafür, dass eine KI mit hinreichender Erfolgswahrscheinlichkeit schließen kann, wann ein bestimmter Schatten im Bild auf Krebs, die Wahl eines Musiktitels auf ästhetische Vorlieben einer bestimmten Stilrichtung, zwei Profile auf einer Partnervermittlungswebsite auf Passfähigkeit oder Antipathie hindeuten usw. Solche Trainingsdaten zusammenzustellen gehört zu den aufwändigen und damit auch kostspieligen praktischen Problemen der Informatik – insbesondere dann, wenn dies unter Laborbedingungen in der Wissenschaft, unter Einhaltung hoher Datenschutzstandards und von Hand geschehen muss. Einfacher und wesentlich effizienter wird es, wenn für dieses Trainieren von Algorithmen die gesellschaftliche Praxis direkt angezapft werden kann: Röntgen- und Computertomographiebilder der Medizin und ihre Klassifizierung durch die Praktiker:innen etwa, große Datenmengen einer Musik-Streaming- oder Dating-Plattform oder auch direkte Indizierungsarbeiten für die Bilderkennungsindustrie, die dieses bisweilen sehr stupide Trainieren von Maschinen paradoxerweise als Ausweis von Menschlichkeit darstellt: „I am not a robot" (reCAPTCHA). Mit dieser Verankerung von spezifischen Machine-Learning- und KI-Entwicklungen in den Kontexten der gesellschaftlichen Praxis selbst stellt sich jedoch die Frage, wer eigentlich wen trainiert. Wenn Roboter, die lernen sollen, mit Kindern zu interagieren, um diese später beim Lernen unterstützen zu können, zuvor mit Kindern interagiert haben müssen, um deren Reaktionen und Aufmerksamkeitsmuster prognostizieren und antizipieren zu können, lernen diese Kinder zugleich, mit Robotern zu interagieren, diese als Spielkameraden aufzunehmen und ihnen die erforderliche Aufmerksamkeit zu widmen (Reimer/Flückinger 2021). Sehr schnell lernen wir, die Spracherkennungssoftware in unseren Autos mit Bedacht so anzusteuern, dass halbwegs brauchbare Antworten zu erwarten sind. Auch der berühmte Turing-Test (Turing 1950) lässt sich hier einreihen. Er kann als Paradigma einer KI gelten, deren performative Intelligenz sich daran bemisst, dass zwischen dem Äußerungsverhalten von Menschen und Maschinen kein Unterschied wahrgenommen wird. Völlig offen bleibt allerdings, ob dies dem Lernen der Maschine oder der Umgewöhnung der Menschen zuzurechnen ist (Lanier 2010, S. 49). Das spielt für KI keine Rolle. Nur die Erfolgsmessung zählt.

Problematisch wird damit jedoch der Begriff der Künstlichen Intelligenz insgesamt – egal ob in seiner starken oder schwachen Version. Denn in beiden Fällen, als Bedrohung oder Ergänzung, spielt der Begriff mit der Opposition zu einer menschlichen Intelligenz, die der künstlichen als unabhängige Größe gegenüberzustehen scheint. Diese Unabhängigkeit ist jedoch gar nicht gegeben. Vielmehr sind menschliche und maschinelle Intelligenz immer schon rekursiv aneinandergekoppelt, so dass es sich um eine genuin sozio-technische Intelligenz handelt, deren materielle Basis nicht allein leistungsstarke Rechner und Rechnernetze sind, sondern *hybride Lebensformen*. Das Hybride dieser Lebensformen jedoch, so die These, wird doppelt verkannt, weil einerseits weiterhin ein herausgehobenes Menschsein adressiert und der Humanismus hochgehalten, andererseits aber zugleich von einer universellen Anschlussfähigkeit und Übersetzbarkeit in Maschinensprache ausgegangen wird: von einer Verdopplung der Welt durch Daten (Nassehi 2019, S. 33f.). Beides steht aber nicht nur zueinander in einer widersprüchlichen Spannung, sondern verkennt auch je für sich die Qualität hybrider Lebensformen.

Um diese These im Folgenden näher zu erläutern, mobilisiert der Beitrag neuere anthropologische Theorieperspektiven auf die Hybridität von Lebensformen. Mit diesen zeigt sich die Programmatik der rekursiven Anschlüsse und Verkopplungen von Lebenspraxis und KI als Speerspitze eines neuen, nämlich digitalen Analogismus (Abschnitt 2). In der kritischen Reaktion auf eine solche Diagnose gilt es dann aber nicht die Hybridität von Lebensformen zu leugnen und in eine einfache humanistische Opposition von Menschen und Maschinen zurückzufallen, wie dies etwa mit der Renaissance der digitalen Souveränität vorschnell geschieht. Vielmehr gilt es, dritte Denkräume zur Begrenzung der kybernetischen Expansion zu öffnen. Zur Neubestimmung von kritischen Kompetenzen kann etwa auf Ökologie- und Nachhaltigkeitsdiskurse zurückgegriffen werden (Abschnitt 3). Ihr Kernmerkmal ist ein gesteigerter Sinn für das Heterogene in hybriden Lebensformen und vermittelt über dieses ontologische Differenzbewusstsein die Fähigkeit, sozio-technische Anschlusszwänge begründet hinterfragen und zurückweisen zu können, also die eingangs zitierte Krisenrückmeldung des Fernmeldewesens emanzipativ umzukehren.

2. *Der digitale Analogismus der kybernetischen Kosmologie*

Um das Wirken von und das Changieren zwischen humanistischem und kybernetischem Weltbild sichtbar werden zu lassen, müssen diese als solche erfasst werden. Mit ideengeschichtlichen Methoden hat etwa Vincent August (2021) nachgezeichnet, wie sich das kybernetische Denken im 20. Jahrhundert als alternatives Steuerungsdenken entwickelt hat und neue Formen technologischen Regierens befördert. Dabei löst sich dieses neue, netzwerkorientierte und auf emergente, sich selbstregulierende Feedbacksysteme abzielende Denken zunehmend von Ideen einer hierarchischen Steuerung durch ein souveränes Subjekt. Während das Souveränitätsdenken noch das humanistische Weltbild repräsentiert, in welchem das menschliche Subjekt aufgrund seiner Vernunftbegabung einen Sonderstatus gegenüber allen anderen Wesen des Kosmos genießt, löst sich das kybernetische Weltbild zunehmend von dieser Idee. Menschen erscheinen darin nurmehr als Adressen von emergenten sozialen Netzen der Kommunikation oder der Informationsströme. Die digitale Revolution kann als eine weitere Kränkung dieses menschlichen Subjekts betrachtet werden, nämlich als die vierte Kränkung nach der kopernikanischen Wende, der Evolutionslehre Darwins und der psychoanalytischen Kränkung menschlicher Autonomie und Zentralität durch Freud (Floridi 2015, S. 121-137). Haben die vorangehenden Revolutionen den Menschen aus dem Zentrum des Universums, des Tierreichs und des cartesianischen Selbstbewusstseins verbannt, so dezentriert die Infosphäre nun auch das logische Denken, unsere Intelligenz, indem sie diese auf informationsverarbeitende Rechenmaschinen auslagert und überträgt. Aber was hier als Aussagesatz mit einem Wahrheitsanspruch erscheint, der sich durch zahlreiche Beispiele mit empirischer Evidenz unterlegen lässt – man denke nur an die Nutzung von Navigationsinstrumenten, um schnellstmöglich von A nach B zu kommen –, ist zugleich Ausdruck einer kybernetischen Weltsicht, die der digitalen Informationsverarbeitung einen Vorrang vor allen anderen sozio-materiellen Beziehungsformen einräumt.

Diese Standortgebundenheit von Aussagen sichtbar zu machen, ist im Falle der kybernetischen Kosmologie nicht einfach, weil sie mithilfe der Evidenzen digitaler Anwendungskontexte zunehmend an Plausibilität gewinnt und hegemonial wird. Es erfordert besondere methodische Anstrengungen, solche Schließungstendenzen in ihrer historischen Genese sichtbar zu machen. Während politische Ideengeschichte, Wissenssoziologie (z.B. Mannheim 1995) oder die Diskursanalyse historischer Episteme (Foucault 1973) hierauf einerseits spezialisiert sind, können sie andererseits selbst dem kybernetischen Blickwechsel verhaftet bleiben, wie August (2021) an den Theorieschulen von Luhmann und Foucault verdeutlicht. Bestimmte konstruktivistische Analyserichtungen leihen sich ihr theoretisches und methodisches Instrumentarium gewissermaßen selbst bei jener Kosmologie, deren Selektivitäten und Einschränkungen es hier sichtbar zu machen gilt. Dies sei im Folgenden an zwei jüngeren Beispielen der Theoriebildung zur (post-)digitalen Gesellschaft verdeutlicht, die sich den genannten Theorieschulen von Luhmann und Foucault gut zuordnen lassen.

Das erste Beispiel liefert Armin Nassehis Buch über Muster (2019). Die Ausgangsthese Nassehis lautet, dass die moderne Gesellschaft im Grunde schon immer digital war und mit der neuen Technik nur einen Weg gefunden hat, ihre latenten Muster in manifesten Strukturen soziodigitaler Operationsketten sicht- und rekombinierbar zu machen. „Wir sehen nicht Digitalisierung, sondern zentrale Bereiche der Gesellschaft sehen bereits digital. Digitalität ist einer der entscheidenden Selbstbezüge der Gesellschaft" (ebd., S. 29). Das Digitale und die Digitalisierung, so lässt sich die Überlegung wenden, stehen – und standen schon immer – in einem Funktionszusammenhang zur Gesellschaft. Digitalität löst in diesem Kosmos ein Problem, ordnet sich funktional ein und würde sonst gar nicht existieren. Denn „[wenn] sie nicht zu dieser Gesellschaft passen würde, wäre sie nie entstanden oder längst wieder verschwunden" (ebd., S. 8). „Das Bezugsproblem für die Digitaltechnik", schreibt Nassehi (ebd., S. 36), „liegt in der Komplexität der Gesellschaft selbst." Ihr Lösungsbeitrag besteht darin, in ähnlicher Weise wie die Soziologie Muster in dieser unfassbar großen gesellschaftlichen Komplexität zu detektieren und auf medialer Ebene neu zu ordnen. Sie leistet dies, indem sie die Muster zunächst datenförmig verdoppelt und mittels dieser Datenform vorgibt, die gesamte Welt in ihrer ganzen Heterogenität in einem einheitlichen, selbstselektiven Operationszusammenhang informationstechnisch zu verarbeiten: „Wenn man das Digitale irgendwie auf den Begriff bringen will, dann ist es letztlich nichts anderes als die *Verdopplung der Welt in Datenform* mit der technischen Möglichkeit, Daten miteinander in Beziehung zu setzen", d.h. „Inkommensurables zumindest relationierbar" zu machen (ebd., S. 33f.).

Nassehi zeichnet hier allerdings nicht nur eindrücklich die Ansprüche und Maßnahmen einer Verdopplung der Welt durch digitale Daten und Technologien nach, sondern verdoppelt diese Verdopplung ein weiteres Mal zu einer folgerichtigen, unvermeidbaren und alternativlosen Geschichte dadurch, dass er sie mit einem kybernetischen Narrativ überzieht und diesem umgekehrt empirische Evidenz verleiht. In dieser Hinsicht ist das Buch ein Paradebeispiel für die epistemologische Schließungsdynamik einer postdigitalen Ordnungskonstellation der Gesellschaft, in der Verkopplungen von Sozialität und Digitalität expansiv voranschreiten. An Nassehis Theorie der digitalen Gesellschaft lässt sich studieren, wie wissenschaftliche Deutungen an dieser Schließungspolitik beteiligt sein können. Der „Systemtheoretiker" findet – oh Wunder! – Analogien in seiner kybernetischen Welt des Sozialen und der kybernetischen Welt des Digitalen, die es ihm ermöglichen, beides in einen funktionalen Zusammenhang zu bringen und die Digitalisierung sodann als jenen Spiegel zu deuten, der auch der letzten alteuropäischen Skeptiker:in ermögliche, der Systemhaftigkeit der funktional differenzierten Gesellschaft an- und einsichtig zu werden (vgl. ebd., S. 186f.). Die Formensprache und das Informationsparadigma der Kybernetik leiten von vornherein alle Deutungen an. Konkurrierende Theoriesprachen und Interpretationsansätze werden allenfalls erwähnt, aber an keiner Stelle ernsthaft diskutiert oder als alternatives Erklärungsangebot erwogen. Das gilt für die Diagnose einer umfassenden Vermessung der Welt von Steffen Mau (2017), für die Analyse der Ausweitung von Kontrollmacht mittels rekursiver Verhaltensformung durch Digitaltechnik bei Shoshana Zuboff (2018), die „Kultur der Digitalität" nach Felix Stalder (2016) und viele andere, die alle „die gesellschaftsstrukturelle Radikalität des Digitalen gar nicht [wahrnehmen]" würden, sowie letztlich auch für die Science and Technology Studies (STS), mit denen eine Art Burgfrieden zu halten versucht wird, weil diese – etwa in Gestalt von Dominique Cardon (2017) – immerhin sehen würden, „dass sich mit der Produktion von Algorithmen eine neue Denkungsart etabliert" (Nassehi 2019, S. 14f.). Nur will Nassehi diese Denkungsart gar nicht empirisch richtungsoffen rekonstruieren – wie die Forschungen im Umfeld der STS –, sondern legt er den Deutungsrahmen dafür mithilfe der kybernetischen Begrifflichkeit der Systemtheorie von vornherein fest.[2]

„[Wie] kaum ein anderer hat Heidegger die Bedeutung der Kybernetik als philosophische Herausforderung begriffen, indem alles sich auf gleichförmige Information reduziert" (ebd., S. 83). Als dieser den Siegeszug der Kybernetik in Technik *und* Wissenschaft prognostizierte, wollte er sich allerdings noch kritische Distanz bewahren. Nicht so Nassehi: Wo Heidegger die Umstellung der wissenschaftlichen Theoriemittel auf kybernetisches Feedback- und Systemdenken noch „kritisch im Blick" hatte, müsse man „es wohl affirmativ beschreiben, um es ganz verstehen zu können. Die innere Verschränkung von Theoriemitteln und Gegenstand wird hier geradezu auf die Spitze getrieben und findet in der soziologischen Systemtheorie sicher ihren Höhepunkt" (ebd., S. 93). Entsprechend handelt es

---

2 Der „Kosmos" erhält mit den medialen Verdopplungen „selbst kybernetischen Charakter" (ebd., S. 114), heißt es an einer Stelle. Und an anderer Stelle wird entgegen jeder Theoriekontroverse apodiktisch festgestellt: „In der Soziologie ist der Gesellschaftsbegriff umstritten. Was man gesichert sagen kann: Gesellschaft meint die Gesamtheit aller Kommunikationen und Handlungen. Gesellschaft ist das umfassende System. [...] Ein solches System, in dessen Umwelt es nichts Soziales mehr geben kann, muss so etwas wie eine Gesamtordnung innerhalb seiner selbst herstellen, sonst würde es in sich selbst zerfallen" (ebd., S. 168). Der Autor reformuliert gesellschaftstheoretische Kontroversen also kurzerhand als Pseudo-Kontroversen, die der eigenen, systemtheoretischen Theoriesprache nichts anhaben können.

sich bei Nassehis Theorie um eine geschlossene Kosmologie, in der ununterscheidbar wird, was an den Beobachtungen und Diagnosen zur digitalen Gesellschaft auf ihre kontingente kybernetische Weltsicht und was auf historisch-praktische Re-Strukturierungen zurückgeht, die mit der Verfügbarkeit digitaler Technologien einhergehen. Durch ihre Verkopplung entfalten Theorie und Praxis performative Machtwirkungen. Die Transformation der Gesellschaft in eine kybernetische Informationsmaschine, in der die Gleichförmigkeit der Information bewirkt, dass Inkommensurables kommensurabel und in rekursiven Netzen temporal aufeinander beziehbar wird, lässt sich als historisch-technische Entwicklung aber auch dann „ernst nehmen" (ebd., S. 87), wenn wissenschaftlich noch mit ontologischen Gegenentwürfen und entsprechenden gesellschaftlichen Gegenbewegungen gerechnet wird, also die kybernetische Kosmologie nicht als absolut und unhintergehbar begriffen wird.

Bei Nassehi werden solche Gegenentwürfe und -bewegungen jedoch abgedrängt. Man kann dem Autor zugutehalten, dass er das ontologisch-politische Einfallstor dieser Schließungsdynamik zumindest markiert. Er tut dies allerdings in einem Exkurs, der von der Theorie der digitalen Gesellschaft sauber getrennt bleibt (ebd., S. 188-195). Darin wirft Nassehi Fragen der lebenspraktischen und materiellen Vermittlung des Digitalen auf, das auf Widerständigkeiten eingewöhnter Praktiken oder die Endlichkeit ökologischer Ressourcen und Energiereserven stößt. Der energetische Unterbau, die seltenen Erden, die Infrastruktur der digitalen Information, ihre Stofflichkeit und ihre damit verbundenen Müllprobleme, aber auch ihre Geschichtlichkeit und die Notwendigkeit laufender Übersetzung und Vermittlung an den „Schnittstellen" (ebd., S. 34) zwischen der digitalen und der „analogen" Welt stehen für eine Logik der Praxis, die ganz anders geartete Probleme für eine digitale Gesellschaft aufwirft, als sie Nassehi ins Auge nimmt: „Die Umstellung auf angeblich immaterielle digitale Wertschöpfung bedeutet keineswegs das Verschwinden materiellen Waren- und Energieumschlags. Das ist für eine Theorie des Digitalen nicht unbedingt relevant, aber für seine Praxis sehr wohl – übrigens auch im Hinblick darauf, was das für die Beteiligung von arbeitenden Personen bedeutet. Aber das ist hier nicht das Thema" (ebd., S. 192). Diese Passagen sind Symptom jener theoretischen Sprachlosigkeit und fehlenden Vermittlung zwischen unterschiedlichen Weltbildern oder Kosmologien, die auch für das Nebeneinander von Diskursen und Strategien der digitalen und der nachhaltigen Transformation charakteristisch sind. Die Gegenthese lautet, dass diese andersartigen Probleme sehr wohl von einer Theorie der digitalen Gesellschaft eingeholt und an zentraler Stelle berücksichtigt werden müssen.

Der Problemkomplex von materiell bedingten Störungen, partiellen Ausstiegen wie digital detox und anderen Krisen postdigitaler Lebenspraxis wird nun im zweiten Beispiel direkt adressiert, als Phänomen ernst genommen und systematisch auszuleuchten versucht. Urs Stähelis Buch zur Soziologie der Entnetzung (2021) wirft einen breiten Blick auf diverse Problematisierungen einer Übervernetzung vom information overload und der Apophänie – jener Lust am Muster, der auch Nassehi frönt (ebd., S. 495) – über Zwangspausen durch Buffering und Burnout bis hin zu Ladenhütern und zur Sozialfigur des Schüchternen, ergänzt um verschiedene theoretische Konzeptualisierungen von der Dissoziation bei Latour bis zur Indifferenz bei Simmel. Entnetzung wird dabei in Analogie zur Zellbiologie mit den „Vakuolen der Nichtkommunikation" bei Deleuze in Verbindung gebracht (ebd., S. 154ff.), die als Rückzugsräume zwar der steuernden Kontrolle von Kommunikations- und Austauschprozessen partiell entzogen sind, aber doch funktional auf den gesamten Zellorganismus bezogen bleiben: „Vakuolen sind [...] nicht bloße Löcher oder Leerstellen in einem Netzwerk, sondern aufwändige Infrastrukturen der Lagerung und des Entzugs, ja, wir haben es hier mit einer Bio-Logistik des zeitweiligen Entzugs zu tun, mit deren Hilfe Zellen die Voraussetzungen für ihr Prozessieren schaffen" (ebd., S. 157).

Auch hier bleibt die theoretische Affirmation der Netzwerk-Metapher, die doch das Gegenstandsfeld der Kritik markiert, zentral – weniger vom Standpunkt der Kybernetik aus, sondern von dem einer relationalen Netzwerk-Soziologie. Aber das Ergebnis ist ähnlich. Entnetzung adressiert bei Stäheli paradoxerweise kein Außen des Netzes, sondern einen Teil des Netzes, der in dieses selbst eingefügt wird. Obwohl hier also im Stile Foucaults kritisch auf die inzwischen sehr weitreichenden und verstreuten Machtwirkungen der (digitalen) Netzwerke und ihrer diskursiven Verdopplungen geschaut wird und diese ans Licht gezerrt werden, bleibt es am Ende doch bei kybernetischen Selbstkorrekturen mittels einer Erweiterung der Anschlusslogik durch den theoretischen Einbau auch des Anschlusslosen. Beim Thema Ausstieg sagt Stäheli explizit, dass ihn der radikale Ausstieg nicht interessiert, sondern nur der partiale: „Es geht also darum, Entnetzung nicht als Ausstiegsoption zu denken, sondern als Bündel soziotechnischer Praktiken, als etwas, das in der Vernetzung gegen diese operiert" (ebd., S. 84). Die Kernfrage, die auch bei Stäheli als solche markiert wird, bleibt damit allerdings unbeantwortet, nämlich die nach der „Existenzweise des Entnetzten" (ebd., S. 383). Sie kann in seiner theoretischen Perspektive nur negativ bestimmt werden, als Abwesenheit der Vernetzungsnormalität in einer Welt der Informationsnetze, nicht aber als Heterogenität ontologischer Register.

Stäheli und Nassehi bestätigen folglich die kybernetische Ideenverwandtschaft von Foucault und Luhmann. Der Hinweis auf die Machtwirkungen epistemologischer Wissensordnungen und Diskurse allein lenkt den Blick nicht von diesen weg, sondern mutet ihnen lediglich einen höheren Grad an kritischer Selbstreflexion zu. Größere Irritationskraft hat demgegenüber erst eine Soziologie, die weiter auszugreifen und die kybernetische Kosmologie als Ganze zu relativieren vermag. Das ist möglich unter Zuhilfenahme anthropologischer Theorieansätze, wie sie von Philippe Descola (2011) oder Eduardo Viveiros de Castro (2019) verfolgt werden. Dabei steht üblicherweise der Unterschied zwischen der modernen westlichen naturalistischen Kosmologie auf der einen und den ontologischen Schemata und Beziehungsmodi der im Amazonasbecken Südamerikas identifizierten, aber darauf nicht beschränkten animistischen Kosmologie im Vordergrund. Naturalismus und Animismus stehen für diametral verschiedene sozial-ökologische Arrangements, und ihre Gegenüberstellung hilft dabei, die Dichotomie von Natur und Kultur im eigenen, westlichen Naturverhältnis zu hinterfragen.[3] Aber das ist nicht die einzige Möglichkeit, die heuristischen Unterscheidungen Descolas analytisch fruchtbar zu machen. Zwar steht außerfrage, dass sich seit der Neuzeit der moderne Na-

3 Im Kosmos des *Animismus* ist es möglich, dass sich Subjekte ganz unterschiedlicher Art und Gestalt auf eine symmetrische Weise begegnen (was nicht nur Tausch und Gabe, sondern durchaus auch räuberische Begegnungen einschließt). Tiere und Pflanzen sind hier ebenso Teil eines Kollektivs der Arten wie die Menschen. Die Achuar, bei denen Descola mehrjährige Feldstudien durchführte, sprechen den Tieren oder auch Pflanzen *eine Seele* zu und nehmen diese damit auf eine sehr menschliche Weise in ihre Gesellschaft auf. Für den Jäger etwa sind die „Tiere, denen er begegnet, [...] keine wilden Tiere, sondern fast menschliche Wesen, die er verführen und umschmeicheln muß, um sie dem Einfluß der sie schützenden Geister zu entziehen" (ebd., S. 75). Beziehungen der wechselseitigen Achtung und Anerkennung, aber auch der kannibalischen Aneignung auf der Grundlage artübergreifender Perspektivenübernahme bilden zwischen diesen Arten die Basis ihrer Ko-Existenz. Demgegenüber hat der *Naturalismus* große Schwierigkeiten, die Mannigfaltigkeiten der Welt in einem stabilen Gefüge zusammenzuführen. Weil sich der Mensch mit seinem autonomen Willen, seiner Kultur und seinem herausgehobenen Selbstbewusstsein aus den Ordnungsschemata der einen Natur immer wieder herauszieht, gelingt in dieser Kosmologie keine Einigung auf ein übergreifendes Prinzip. Moral hat im naturalistischen Rahmen keinen klaren Ort und kann so weder die Heterogenität der pluralen Kulturen noch die „radikale Alterität" der unterschiedlichsten Nichtmenschen überbrücken (Descola 2011, S. 424-426). Die Moderne ist somit durch Unruhe und Unrast gekennzeichnet. Ihr wichtigstes Beziehungsschema ist die *Produktion*, mit der eine strenge Hierarchie zwischen Menschen und Nichtmenschen einhergeht und Positionen von Subjekten und Objekten klar verteilt werden.

turalismus und die mit ihm verbundenen instrumentellen, produktivistischen oder auch kapitalistischen Sozialformen über den Globus ausgebreitet haben (Descola 2011, S. 260; vgl. auch Latour 2018, S. 84-91). Im Zuge der kybernetischen Expansion aber, die mit der Digitalisierung rasant voranschreitet und in der Verschmelzung von Digitalität und Sozialität durch KI und andere soziotechnische Feedbackschleifen praktische Gestalt annimmt, wird der Naturalismus durch kosmologische Schemata eines anderen Typs überlagert, den Descola als *Analogismus* bezeichnet. Über den Gegensatz von Animismus und Naturalismus gewinnt Descola Unterscheidungskriterien, die er zu einer Typologie von Ontologien ausarbeitet, die auch den Totemismus und den Analogismus umfasst (Descola 2011, S. 190): Während der Animismus die Interioritäten des Menschlichen, etwa Seele, Bewusstsein oder Wille, stark ausdehnt, dabei aber durchaus Unterschiede im Bau der Arten, d.h. in den äußeren Formen oder Physikalitäten der Wesen betont, verhalte sich der moderne *Naturalismus* hierzu spiegelverkehrt. Von ihrer Physikalität her basiert die Natur in der naturalistischen Ontologie auf allgemeinen Prinzipien, die für alle Körper gleichermaßen gelten, wohingegen kulturelle Eigenschaften und Ausdrucksfähigkeiten den Menschen vorbehalten bleiben. Davon abweichende Fälle jedoch, bei denen sowohl die Interioritäten als auch Physikalitäten wie bei den australischen Ureinwohnern Menschen und Nicht-Menschen auf kontinuierliche Weise verbinden, entsprechen einem dritten, dem Totemismus-Typ.[4] Und der maximale Kontrast hierzu, bei dem Brüche und Unterschiede zwischen allen existierenden Wesen sowohl die Interioritäten als auch die Physikalitäten betreffen, verweisen auf Kosmologien des Analogismus-Typs.

Durch das asymmetrische Naturverhältnis sei es im Naturalismus weitgehend „ausgeschlossen, dass sich zwischen allen Existierenden ein Interaktionsschema herausbildet, das die Kraft zur Synthese und die Einfachheit der Beziehungen besitzt, wie sie die nichtmodernen Kollektive strukturieren" (ebd., S. 572). Die modernen Menschen vergessen unter diesen

4 Die „Koexistenz heterogener Kollektive" ist im kosmologischen Gefüge des *Totemismus* mit seinen identitätsstiftenden Kollektiven die „notwendige Voraussetzung für das Überleben aller" und führt zu dem „bemerkenswerten Fall rationalen Zusammenlebens ‚ontologischer Rassen' […], die, auch wenn sie sich aufgrund ihres Wesens, ihrer Substanz und der Orte, mit denen sie verbunden sind, als verschieden wahrnehmen, dennoch Werten und Normen verpflichtet sind, dank denen sie einander ergänzen, wobei sie sich sogar des Rasters ihrer Alterität bedienen, um mit Hilfe der taxonomischen Heterogenität eine organische Solidarität herzustellen" (ebd., S. 435).

brüchigen Bedingungen ihre Angewiesenheit auf das Gegenüber, auf ihre Alteritäten, sei es die biologische Vielfalt oder seien es die Fremden, und tendieren nicht selten zu deren Ausbeutung oder gar Vernichtung – bzw. kehrseitig zu hilflos romantischen Versuchen, die „verlorene Unschuld einer Welt wiederzufinden, in der die Pflanzen, die Tiere und die Objekte Mitbürger waren" (ebd., S. 573f.). Die Unfähigkeit der Moderne, stabile Beziehungen zwischen heterogenen Wesen zu stiften, begründet nun die erneuerte Attraktivität des Analogismus: Dessen Ontologien und Glaubenssysteme bieten „eine vollständigere universalistische Alternative als der verstümmelte Universalismus der Modernen", der mit dem Aufbrechen der Heterogenität aus dem Analogismus hervorgegangen war und dessen temporale Abhängigkeiten von der Vergangenheit, den Ahnen und der Tradition historisch zunächst überwunden glaubte. Allerdings kommt diese attraktive Alternative in Gestalt eines „‚spirituellen' Universalismus" daher, wie er in den „östlichen Weisheiten" von Zen, Buddhismus oder Taoismus vertreten wird (ebd., S. 439).[5] Was also zeichnet diesen spirituellen Universalismus analogistischer Kosmologien aus? Und wieso ist das Weltbild der Kybernetik hierfür ein Beispiel?

Schon die Sprache, die Descola zur Beschreibung des Analogismus verwendet, erinnert in hohem Maße an rhetorische Figuren kybernetischer Theorien und speziell der Theorie autopoietischer Systeme: Differenzannahme, operative Verkettung von Elementen, Bewährung durch „praktische Effizienz" (ebd., S. 324), kontingente Selektivität von Grenzbildungen, Übergewicht der Funktionalität des Ganzen über die Teile u.v.m. So hängen die Beziehungen „weniger von den ontologischen Eigenschaften der Elemente" ab, die in einem analogischen Kollektiv organisiert werden, „als von der zwingenden Notwendigkeit [...], sie alle in ein funktionales Ganzes zu integrieren" (ebd., S. 578). Und weiter heißt es, dass „die Ideologie eines derartigen Kollektivs nur der Funktionalismus sein" kann (ebd., S. 579). Der Analogismus geht nicht von robusten kollektiven Identitäten aus, die anschließend entlang ihrer differentiellen Abstände zueinander in Beziehung treten, sondern von den trennenden Differenzen aller Existierenden, die über einen kreativen Akt des Vergleichens entlang von Ähnlichkeiten nachträglich zu einem komplexen Beziehungsnetz verwoben werden müssen: „[Der] ursprüngliche Zustand der Welt ist [...] der unendlich vervielfachte Unterschied und die Ähnlichkeit das erhoffte Mittel,

5 Descola weist in diesem Zusammenhang darauf hin (2011, S. 349), dass der Neurobiologe Francisco Varela, auf den Luhmann sich in seiner Theorie autopoietischer Systeme bezieht, „überzeugter Buddhist" gewesen sei.

sie verstehbar und erträglich zu machen“ (ebd., S. 302). Entsprechende Ordnungsversuche finden sich als „Kette des Seins“ in der antiken Philosophie des Aristoteles und im mittelalterlichen Christentum ebenso wie in der chinesischen Kosmologie (z.B. Geomantie oder Feng Shui), im indischen Kastensystem, in Mexico bei den Nahua-Völkern oder auch in Westafrika (ebd., S. 302ff.).

Das analogische Verketten der singulären Entitäten ist allerdings kontingent, also stets auch anders möglich, weil es nach einer Vielzahl von Gesichtspunkten und Systematiken erfolgen kann. Es läuft somit Gefahr, durch Unterschiede und andere mögliche Ordnungsgesichtspunkte permanent infrage gestellt zu werden, ist also durch die „schwindelerregende Vielzahl“ seiner Elemente laufend „von Anomie bedroht“ (ebd., S. 323). Die ordnende Taxonomie des Kosmos kann daher hier nicht aus den Interaktionen heterogener und ontologisch eigenständiger Entitäten nach und nach erwachsen, wie im Totemismus, sondern muss von oben – als göttlicher Wille – installiert und zur Abwehr von Ungewissheiten rigide durchgehalten werden. Kennzeichnend für den Analogismus ist daher der „Holismus“ seiner ontologischen Schemata (ebd., S. 340), der an eine zwanghafte oder „totalitäre Ordnung“ grenzt, weil und insofern im Grunde „zwischen zwei Entitäten immer mehrere mögliche Bahnen, mehrere Ketten von Entsprechungen zu finden sind“ (ebd., S. 353). Das Inka-Reich ist Descola zufolge typisch für ein solches analogisches Kollektiv (ebd., S. 403). Den Ordnungsmächten des Kosmos müssen im Analogismus Opfer gebracht werden: „Man könnte […] das Opfer als ein Handlungsmittel auffassen, das im Kontext der analogischen Ontologien entwickelt wurde, um eine operatorische Kontinuität zwischen innerlich verschiedenen Singularitäten herzustellen, und das dazu ein serielles Dispositiv von Verknüpfungen und Trennungen verwendet, die entweder als Attraktor […] oder als Disjunktor […] funktioniert […].“ (ebd., S. 344). Die existentielle Heterogenität der Welt kann also nur durch die umfassende Assimilation an ein übergreifendes Klassifikationsschema in Kooperation überführt werden. Wer oder was sich diesem Schema nicht fügt, wird verbannt: „Jenseits der im allgemeinen wörtlich markierten Grenzen der Wohnung erstreckt sich eine Welt abseits, bevölkert von Subjekten abseits, der unbestimmten Menge der Barbaren, der Wilden, der Außenseiter, ständige Quelle von Bedrohungen und potentielles Reservoir zu domestizierender Mitbürger“ (ebd., S. 442).

Es gehört nicht viel dazu, hier die rigiden operativen Grenzziehungen binär codierter Systeme wiederzuerkennen oder auch die Universalisierung des Informationsprinzips als kybernetisches Verbindungsglied unterschiedlichster Wissenschaften von der Biologie bis zur Soziologie. Darüber hinaus verleiht das Schema des Analogismus auch der Zuspitzung Laniers (2010, S. 39) Plausibilität, wonach die Kybernetik eine zum Totalitarismus neigende Universallehre sei. Deren „[erster] Glaubenssatz [...] besagt, dass die ganze Realität einschließlich des Menschen ein einziges großes Informationssystem darstellt" (ebd., S. 42). Mit seiner Ausweitung und gesellschaftlichen Verankerung durch digitale Technologien wird dieser Analogismus zum *digitalen* Analogismus, der seinen Sitz weniger in spezifisch religiösen Glaubenssystemen hat als in dem Glauben an die allumfassende Ordnungs- und Integrationskraft des Digitalen selbst. Dafür werden kybernetische Allianzen geschmiedet, die das ordnungspolitische Projekt des digitalen Analogismus in die Tat umzusetzen versprechen. Sie umfassen z.B. Informatik und Verhaltenswissenschaften, wobei letztere mit ihrer behavioristischen Tradition das Denken in Regelkreisen und systemischer Selbstorganisation tief verankert haben und durch verhaltensökonomische Konzepte des Nudging (Thaler/Sunstein 2011) heute auffrischen. MIT-Professoren wie Alex Pentland (2014) betonen das Gestaltungspotenzial eines kombinierten Einsatzes solcher kybernetischen Technologien, mit denen sich Ideen gezielt über soziale Medien verbreiten und sozialphysikalisch in der Gesellschaft verankern ließen. Im Kontext der KI-Forschung werden zudem neurowissenschaftliche Ansätze und die Biologie des Gehirns im Zusammenspiel mit den Verhaltenswissenschaften wichtiger, insofern sie die Anschlussstellen und geistig-materiellen Eigenheiten der hybriden Lebensform mit kybernetischem Vokabular einzuholen versprechen. Ob sie der ontologischen Heterogenität dieser Lebensform damit gerecht werden, steht dabei auf einem ganz anderen Blatt (Ehrenberg 2021, S. 313, 404).

Kritiker:innen dieser kybernetischen Expansion, wie Shoshana Zuboff (2018, S. 481-510), warnen vehement vor den Folgen der verhaltensbasierten Totalüberwachung, die im digitalen Kapitalismus drohe. Sie bewegen sich dabei allerdings in einem kosmologischen Überzeugungssystem, das die Paradoxien des modernen Naturalismus reproduziert: Normativer Fokus bleibt ein humanes Subjekt, das als Zentrum ethischen Handelns und moralischer Verantwortung vorgestellt wird (vgl. ähnlich auch Nida-Rümelin/Weidenfeld 2018). Dieser Humanismus beißt sich jedoch mit den empirisch beobachtbaren Produktions- und Ordnungsmustern der digitalen Welt und wird so zur willkommenen Zielscheibe der kybernetischen Gegenkritik. Die Rekonstruktion dieser Auseinandersetzungen als Fortführung eines alten Streits von Souveränitätsdenken und Kybernetik bzw. naturalistischer und analogistischer Weltsicht kann die Paradoxien beider Kosmologien sichtbar machen und aufzeigen, wie und wo sie in unfruchtbaren Auseinandersetzungen oder faulen Kompromissen münden. Die ontologischen Heuristiken können darüber hinaus aber auch verborgene Potenziale freilegen, die einer heterogen komponierten, hybriden Lebensform besser gerecht werden.[6] Das Sichtbarmachen solcher Engführungen und Potenziale ist nun für eine Abschätzung der Chancen und Risiken von KI für Demokratie und Privatheit von großer Bedeutung, wie der abschließende Teil des Beitrags verdeutlichen soll.

3. Heterogene Existenz und KI in den hybriden Lebensformen der Demokratie und Privatheit

Mit der anthropologisch erweiterten Perspektive auf die digitale Transformation ist das Ziel verbunden, die resultierende postdigitale Konstellation der Gesellschaft umfassender auf ihre vielfältigen und tiefgreifenden Verbindungen und Wechselwirkungen von Sozialität und Digitalität hin zu analysieren. Das bedeutet weder eine Leugnung kybernetischer Realitäten noch eine Abkehr von humanistischen Werten der Autonomie und Selbstbestimmung. Zurückgewiesen wird lediglich das Dominanzstreben ihrer wissenschaftlichen und politischen Kosmologien, also etwa der spirituelle Universalismus der Kybernetik oder das krampfhafte Festhalten an und Beschwören von Subjekt-Objekt-Dichotomien, die durch die Praxis permanent unterlaufen werden. Algorithmisch gestützte und situationsangepasste Verhaltensfeedbacks können in vielen Lebensbereichen des privaten Alltags ebenso nützlich sein, wie Autonomie und Selbstbestimmung weiterhin als Zentralwerte demokratischer Gesellschaften gut begründet sind und Geltung beanspruchen. Aber beide müssen als hybride, zusammengesetzte Lebensformen begriffen werden und der Heterogenität ihrer konstitutiven Bestandteile Rechnung zu tragen lernen. In dieser Hinsicht greifen die Ontologien des Analogismus und des Naturalismus zu kurz und führt die Korrektur des einen durch den anderen nur tiefer in die Aporien und Selbstmissverständnisse der (Post-)Moderne hinein. Diese findet ihr Glück weder in techno-wissenschaftlichen Versprechungen einer digitalen Selbstoptimierung mittels KI und vergleichbarer Formen der rechnerischen Vernunft noch in der Suche nach dem heroischen Subjekt, das marktliberal verteilt oder staatlich zentriert die digitale Gesellschaft

6 Dass eine Kritik der kybernetischen Expansion weder von innen noch durch humanistischen Appell an die Sonderstellung des Menschen gelingen kann, verdeutlicht sehr gut auch die Problematisierung von Norbert Wiener (1952), einem der Gründerväter der Kybernetik. Dem Autor gelingt keine Vermittlung der sprachlichen Register, so dass am Ende doch das kybernetische überwiegt, wenn auch verbunden mit einer Warnung vor dessen Verselbständigungsdynamik.

nach klaren Präferenzen und Plänen einrichtet. Genau solche Kontrollmodi einer abstrakt-anonymen oder aber als personalisierte Souveränität gedachten Herrschaft prägen gleichwohl das Bild und die Debatten der digitalen Gesellschaft. Und je stärker die kybernetischen Operationsketten mittels digitaler Reichweitensteigerung und praktischer Erprobung an Relevanz für das Gesamtgefüge gewinnen – vom optimierten Verkehrsfluss über predicitive policing und smarte Energienetze bis zur ökologischen Kreislaufwirtschaft –, desto lauter wird der Ruf, diese Expansion in verantwortungsbewusste Bahnen zu lenken. Die demokratische Kontrollmacht ist aber stark geschwunden und muss sich teils mit moralischen Appellen und rechtlichen Korrekturen bescheiden, die mit mäßigem Erfolg an die Adresse privatwirtschaftlicher Konzernlenker oder autoritativer Regime gerichtet werden.

Das Privatleben wird von solch widersprüchlichen Dynamiken der postdigitalen Konstellation ebenso durchzogen wie die demokratische Meinungs- und Willensbildung (Lamla et al. 2022). Die zur Selbstbestimmung fähige Person wird umso mehr praktisch gefordert und normativ vorausgesetzt, je weiter ihre Vermessung anhand von Datenspuren und probabilistisch gestützten Verhaltensvorhersagen voranschreitet. Aber diese Person ist in der Entwicklung entsprechender Fähigkeiten auf die soziotechnischen Infrastrukturen der Selbstexploration und die wechselseitige Anerkennung via Social Media angewiesen, die sie doch souverän in Schranken weisen soll (Lamla/Ochs 2019). Ein Ausweg kann hier auf der Ebene individueller ebenso wie kollektiver Selbstbestimmung nur gefunden werden, wenn diese Hybridität der Lebensformen ernst genommen und in einem erweiterten Horizont betrachtet wird. Hierfür liefern Theorien pluraler Existenzweisen (Latour 2014) und die verkannten Kosmologien des Totemismus und Animismus gute analytische Hilfsmittel. So zeigt der Totemismus Wege einer friedlichen Koexistenz und organischen Solidarität heterogener Gruppen auf, die als solche immer schon hybrid konstituiert sind, also ihre Identität in Arrangements begründet finden, die durch bestimmte technische Infrastrukturen, Semantiken und Objekte geprägt werden. Das Bild eines solchen Kosmos aus pluralen und untereinander heterogenen sozialen Welten relativiert die Rolle, aber auch die Verantwortungslast des einzelnen Menschen und kann zugleich realistischer auf die Aushandlung von Wertordnungen einer assoziativen Demokratie hinwirken, insofern die Kollektive darin auf Methoden der kollektiven Repräsentation und der wechselseitigen Demonstration von Abhängigkeiten und Interdependenzen zurückgreifen. Eine solche Demokratie kann jedoch nicht als einheitlicher kybernetischer Informationsraum gedacht werden, da dies ihre konstitutive Heterogenität vorschnell wieder reduzieren würde: Eine intelligente Versammlung heterogener Kollektive kann sich nicht auf die Innen-Außen-Unterscheidung des digitalen Analogismus stützen, der alles was sich seiner informatischen Logik nicht fügt, als barbarisch abstempelt, sondern muss von den Elementen ausgehen und beispielsweise auch jene Lebensformen berücksichtigen, die ihre postdigitale Identität in Distanz zu dominanten Konventionen und kybernetischen Anschlusszwängen finden.

Eine solche Pluralität sozialer Welten mit unterschiedlichen Konventionen und soziomateriellen Praktiken ist auch wichtig, um die für die individuelle Selbstbestimmung konstitutive Ausbildung kritischer Kompetenzen zu ermöglichen und zu verankern (vgl. Lamla 2021). Denn kritische Kompetenzen entwickeln sich aus pragmatischer Theorieperspektive gerade nicht in der privaten Selbstgenügsamkeit eines atomistischen Geistes, sondern bedürfen der Konfrontation mit konkurrierenden Konventionen und Rechtfertigungen in der sozialen Lebenspraxis (Boltanski/Thévenot 2007, S. 317). Erst in Situationen, in denen eingespielte Routinen des Handelns und der Rechtfertigung nicht mehr greifen, sondern unterschiedliche Sprachen und Register der Bewertung um Zuständigkeit ringen, werden die kritischen Kompetenzen pragmatisch gefordert und gebildet, um zwischen ihnen situationsangemessen und selbstbestimmt zu vermitteln. Krisenerfahrungen dieser Form sind wesentlich für die Kultivierung eines zivilen Zusammenlebens im postdigitalen Zeitalter und sollten durch die digitale Architektur demokratischer Öffentlichkeiten ermöglicht und nicht verhindert werden. Die Strukturlogik kybernetischer Technologien und KI-Anwendungen sorgt dafür jedoch nicht, weil diese auf die Ausbildung, Stützung und Abschirmung von (Alltags-)Routinen gerichtet sind.[7] KI und Machine Learning weisen nicht jene Fähigkeiten zum abduktiven, autono-

---

7 Dies bestätigt der Technikbegriff von Nassehi (2019, S. 198): „Technik ist […] in diesem Sinne ein Schematismus, sogar noch weiter eingeschränkt: ein festes Schema. Die Stoßrichtung eines solchen Verständnisses ist deutlich: Technik wird von den Gerätschaften und Hilfsmitteln gelöst; sie wird stattdessen an den Praktiken und Handlungsketten festgemacht. Ein derart breiter Technikbegriff kann dann auch menschliche Handlungen selbst, soweit sie schematisch erfolgen, als Technik begreifen. In diesem Sinne sind die meisten unserer Alltagshandlungen tatsächlich in einer Art vorreflexivem Repetitorium gefangen, während intelligente Phasen, etwas überspitzt formuliert, nur als *lucida intervalla* erscheinen – zumindest ist das die Konsequenz dieses Technikbegriffs." Problematisch ist hier nicht der Technikbegriff selbst, sondern der letzte Satz, weil er die alltägliche Lebensführung von vornherein dem kybernetischen Technikverständnis assimiliert. Dieser Analogismus verschleiert jedoch die Möglichkeit, dass erst die historische Expansion von – insbesondere digitaler – Technik zu solch vereinseitigender Routinisierung des All-

men Lernen auf. Diese stellen sich in hybriden Lebenskonstellationen nur dort ein, wo heterogene Erfahrungswelten aufeinandertreffen und nach einer hypothetischen Vermittlung durch neues Wissen verlangen. Dazu kann künstliche Intelligenz durch das Beisteuern von (ungewollten?) Irritationen zwar beitragen, aber sie kann nicht selbst als Lernmodell fungieren, da die Krisenerfahrung und aus ihr resultierende lebenspraktische Autonomie sich erst dort einstellt, wo keine algorithmischen Lösungsroutinen mehr greifen. Intelligenz entfaltet sich dort, wo – in Abwandlung der Entwicklungstheorie Jean Piagets (1969) – neben der repetitiven Assimilation an algorithmische Schemata des Digitalen auch Möglichkeiten der lebenspraktischen Akkommodation solcher Schemata selbst bestehen, d.h. ihrer Neubestimmung und Neubewertung in einem erweiterten Assoziationsraum, der kognitive Lösungskapazitäten für strukturell neue Probleme bereithält. Intelligent ist dann nicht die KI, sondern das, was die heterogen konstituierte Praxis kreativ denkend und handelnd aus und mit ihr macht.

An dieser Stelle zeigt sich auch die Wichtigkeit weiterer Quellen der Irritation und Unterbrechung, die auf die ontologische Heterogenität hybrider Lebensformen zurückgehen. Weniger auf der Ebene ihrer unterschiedlichen kollektiven Ausformungen in verschiedenen sozialen Welten oder Gruppenidentitäten, sondern vermittels ihrer heterogenen ontologischen Kompositionen selbst ermöglichen Lebensformen Zugänge zu einer existenziellen Form der Kritik, die noch über das kritische Wechselspiel pluraler Konventionen und Rechtfertigungsordnungen hinausreicht (Boltanski 2010, S. 161). Werden hybride Lebensformen von ihrem praktischen Verweben unterschiedlicher „Modes of Existence“ (Latour 2014) her betrachtet, so treten analytisch unterschiedliche und untereinander sehr heterogene Erfahrungsräume in den Blick, die in ihren je eigenen Existenz- und „Gelingensbedingungen“, wie Latour (ebd., S. 53) in Anlehnung an die Sprechakttheorie sagt, mehr oder weniger zur Geltung kommen können. Dabei nennt er den Bösewicht unter den Existenzweisen der Modernen interessanterweise „Doppelklick“ (ebd., S. 151), identifiziert also einen Modus, der mit der Rolle von Digitalität in der Gesellschaft eng verwoben ist. Dieser Modus ist deshalb problematisch, weil er sich – wiederum totalisierend und analogisierend – über alle anderen Existenzweisen legt und deren einfache Übersetzbarkeit und digitale (Sofort-)Verfügbarkeit suggeriert. Doppelklick bezeichnet einen modernen Schematismus, der die ontologische Heterogenität neutralisiert. Die anthropologische Perspektive

---

tagshandelns führt und dessen heterogene und intelligent krisenbewältigende Konstitution (Oevermann 1995) ideologisch verstellt und verzerrt.

auf die Modernen legt demgegenüber Eigenheiten verschiedener Existenzmodi frei, etwa der physisch-materiellen Reproduktion von Wesen, des wissenschaftlichen Referierens, des politischen Versammelns von Kollektiven, der psychischen Metamorphose von Identitäten, des Werbens um und Bindens von Leidenschaften usw. Dabei geht es gerade nicht darum, das systemtheoretische Schema funktionaler Differenzierung zu bestätigen, das dann als starrer Vergleichshorizont von vornherein festliegt, sondern durch absuchendes, sukzessives Fallverstehen und Fallvergleichen ein genaueres Verständnis für die Vielfalt und Heterogenität der Moderne zu entwickeln, das sich kritisch gegen die starren Differenzierungsformen ihrer Institutionalisierung richten lässt, insbesondere auch kritisch gegen institutionelle Expansionsbestrebungen einzelner Existenzweisen, die für die Moderne durchaus typisch sind.

Eine Stärke des Animismus liegt darin, für die ontologische Heterogenität der Welt und der Lebenswirklichkeiten Deutungs-, Erfahrungs- und Handlungsschemata bereitzustellen, die zwischen verschiedenen Existenzweisen symmetrische Übergänge, Verbindungen, Beziehungsmodi zu entwickeln und zu pflegen helfen. Sie verbinden die reziproke Anerkennung mit einer Sensibilität für Alteritäten. Es geht beispielsweise darum, die Tiere in ihrer tierischen Existenzweise dadurch zu erfahren und anzuerkennen, dass ihnen in reziproker Haltung begegnet wird. Ihnen eine Seele und den Status eines menschenähnlichen Subjekts zuzuschreiben, bedeutet gerade nicht, alles Existierende unter diesem Gesichtspunkt gleichzusetzen, sondern stellt vielmehr eine methodische Sensibilität dar, die nötig ist, um sich in der Begegnung für die andere Existenzweise zu öffnen, diese zu erfassen und in der Folge daraus zu lernen, etwa zu lernen, wie und wo die tierische Existenzweise, das Wilde, auch das eigene Leben durchzieht (beeindruckend dazu: Martin 2021). In der postdigitalen Gesellschaft werden Unterschiede der ontologischen Schemata und Kosmologien beispielsweise wichtig für die Frage, wie sich eine solche Gesellschaft auf ökologische Selbstgefährdungen einstellen will und kann: durch mehr Technik und noch intelligentere Algorithmen, die alle Lebensvollzüge analogisieren und in eine globale Kreislaufwirtschaft integrieren, oder durch ein sowohl privates als auch demokratisches Wertschätzungslernen, das der Interdependenz der heterogenen Wesen und Wesenheiten gerecht zu werden versucht, die das gesellschaftliche Leben ko-konstituieren und die in der Krise der Moderne unter ökologischen Gesichtspunkten neu relationiert werden müssen?

Hierbei geht es nicht um ein schlichtes entweder oder, sondern vielmehr um die Frage der Dominanz- oder Führungsverhältnisse. Dabei fällt es dem digitalen Analogismus – oder Doppelklick – strukturell schwer, sich von sich aus zu bescheiden und seiner eigenen Existenzweise Stoppregeln aufzuerlegen. Ein solches Bewusstsein für Grenzen bleibt aber auch problematisch, wenn deren Legitimität mit humanistischer Arroganz aus Prinzipien der abstrakten Vernunft oder scheinbar universellen Moral abgeleitet wird. Vielmehr könnte die ontologische Verunsicherung der eigenen, hybriden Existenz als Quelle der Kritik genutzt und für neue Lösungen zur Einrichtung ihres Habitats mobilisiert werden. Das erforderte aber, dass dieser Erfahrungsquelle in der postdigitalen Gesellschaft auch Raum zugestanden wird, durchaus auch eine Führungsrolle für das Sondieren ontologischer Heterogenität. KI und digitale Technik blieben dann ein Mittel unter anderen, das angesichts seiner Kraft zur Veränderung von Handlungs- und Erlebnisqualitäten mit institutionellen Korrektiven zu versehen wäre. Das bedeutet, dass die Bilanzierung von Anschlussgewinnen versus Resonanzverlusten (Rosa 2016) dann nicht nur in der Münze rekursiver Verhaltensstabilisierung oder rekursiven Einschwingens in den gleichen Takt, sondern in jener einer hybriden Lebenspraxis zu erfolgen hätte, die sich im Erlernen neuer Formen, Prinzipien, Techniken und Schemata ihrer krisenbehafteten, heterogenen Existenz bewusst würde und bliebe. Hierfür wäre ein Verhältnis von KI und Praxis institutionell einzurichten, bei dem die widerspenstige Materialität und Heterogenität der postdigitalen Lebensformen, beispielsweise ihre körperlichen Erschöpfungserscheinungen oder ihre ressourciellen Endlichkeiten, ins Zentrum der Aufmerksamkeit rücken – nicht zuletzt der soziologischen. Würde unter schwacher KI eine solche KI verstanden, die der privaten Exploration und kollektiven Neuversammlung der ontologischen Heterogenität hybrider Lebensformen nachgeordnet und nicht durch die kybernetische Kosmologie schon vor- oder übergeordnet wäre, dann wäre einiges gewonnen.

Literatur

August, Vincent (2021): *Technologisches Regieren. Der Aufstieg des Netzwerk-Denkens in der Krise der Moderne. Foucault, Luhmann und die Kybernetik*. Bielefeld: transcript.

Beck, Ulrich (1996): Das Zeitalter der Nebenfolgen und die Politisierung der Moderne. In: Beck, Ulrich/Giddens, Anthony/Lash, Scott: *Reflexive Modernisierung. Eine Kontroverse*. Frankfurt/Main, S. 19-102.

Boltanski, Luc (2010): *Soziologie und Sozialkritik*. Berlin: Suhrkamp.

Boltanski, Luc/Thévenot, Laurent (2007): *Über die Rechtfertigung. Eine Soziologie der kritischen Urteilskraft*. Hamburg: Hamburger Edition.

Cardon, Dominique (2017): Den Algorithmus dekonstruieren. Vier Typen digitaler Informationsberechnung. In: Seyfert, Robert/Roberge, Jonathan (Hg.): *Algorithmuskulturen. Über die rechnerische Konstruktion der Wirklichkeit*. Bielefeld: transcript, S. 131-150.

Descola, Philippe (2011): *Jenseits von Natur und Kultur*. Berlin: Suhrkamp.

Ehrenberg, Alain (2019): *Die Mechanik der Leidenschaften. Gehirn, Verhalten, Gesellschaft*. Berlin: Suhrkamp.

Engemann, Christoph (2018): Rekursionen über Körper. Machine Learning-Trainingsdatensätze als Arbeit am Index. In: Engemann, Christoph/Sudmann, Andreas (Hg.): *Machine Learning. Medien, Infrastrukturen und Technologien der Künstlichen Intelligenz*. Bielefeld: transcript, S. 247–268.

Floridi, Luciano (2015): *Die 4. Revolution. Wie die Infosphäre unser Leben verändert*. Berlin: Suhrkamp.

Foucault, Michel (1973): *Archäologie des Wissens*. Frankfurt/Main: Suhrkamp.

Fourier, Charles (1967): Brief an den Justizminister [1803]. In: Kool, Frits/Krause, Werner (Hg.): *Die frühen Sozialisten*. Olten; Freiburg: Walter, S. 201-212.

Giddens, Anthony (1992): *Die Konstitution der Gesellschaft. Grundzüge einer Theorie der Strukturierung*. Frankfurt/Main; New York: Campus.

Lamla, Jörn (2020): Gesellschaft als digitale Sozialmaschine? Infrastrukturentwicklung von der Plattformökonomie zur kybernetischen Kontrollgesellschaft. In: Hentschel, A./Hornung, G./Jandt, S. (Hg.): *Mensch – Technik – Umwelt: Verantwortung für eine sozialverträgliche Zukunft. Festschrift für Alexander Roßnagel zum 70. Geburtstag*. Baden-Baden: Nomos, S. 477-496.

Lamla, Jörn (2021): Kritische Bewertungskompetenzen. Selbstbestimmtes Verbraucherhandeln in KI-gestützten IT-Infrastrukturen. Expertise für das Projekt „Digitales Deutschland“ von JFF – Jugend, Film, Fernsehen e.V., 31.01.2021. URL: https://digid.jff.de/kritische-bewertungskompetenzen-joern-lamla/.

Lamla, Jörn/Büttner, Barbara/Ochs, Carsten/Pittroff, Fabian/Uhlmann, Markus (2022): Privatheit und Digitalität. Zur soziotechnischen Transformation des selbstbestimmten Lebens. In: Roßnagel, A./Friedewald, M. (Hg.): *Die Zukunft von Privatheit und Selbstbestimmung. Analysen und Empfehlungen zum Schutz der Grundrechte in der digitalen Welt*. Wiesbaden: Springer Vieweg, S. 125-158.

Lamla, Jörn/Ochs, Carsten (2019): Selbstbestimmungspraktiken in der Datenökonomie: Gesellschaftlicher Widerspruch oder ‚privates‘ Paradox? In: Blättel-Mink, Birgit/Kenning, Peter (Hrsg.): *Paradoxien des Verbraucherverhaltens*. Wiesbaden: Springer Gabler, S. 25-39.

Lanier, Jaron (2010): *Gadget. Warum die Zukunft uns noch braucht*, Berlin: Suhrkamp.

Latour, Bruno (2014): *Existenzweisen. Eine Anthropologie der Modernen*. Berlin: Suhrkamp.

Latour, Bruno (2018): *Das terrestrische Manifest*. Berlin: Suhrkamp.

Mannheim, Karl (1995): *Ideologie und Utopie*. 8. Auf. Frankfurt/Main: Vittorio Klostermann.

Martin, Nastassja (2021): *An das Wilde glauben*. Berlin: Matthes und Seitz.

Mau, Steffen (2017): *Das metrische Wir. Über die Quantifizierung des Sozialen*. Berlin: Suhrkamp.

Nassehi, Armin (2019): *Muster. Theorie der digitalen Gesellschaft*. München: C.H. Beck.

Nida-Rümelin, Julian/Weidenfeld, Nathalie (2018): *Digitaler Humanismus. Eine Ethik für das Zeitalter der Künstlichen Intelligenz*. München: Piper.

Oevermann, Ulrich (1995): Ein Modell der Struktur von Religiosität. Zugleich ein Strukturmodell von Lebenspraxis und von sozialer Zeit. In: Wohlrab-Sahr, Monika (Hg.): *Biographie und Religion. Zwischen Ritual und Selbstsuche*. Frankfurt/Main, New York, S. 27–102.

Pentlan.d, Alex (2014): *Social Physics. How Good Ideas Spread – The Lessons from a New Science*. Brunswick; London: Scribe.

Piaget, Jean (1969): *Das Erwachen der Intelligenz beim Kinde*. Stuttgart: Klett.

Reimer, Ricarda T.D./Flückinger, Silvan (2021): Wachsame Maschinen. Freiräume und Notwendigkeit der Verantwortungsübernahme bei der Entwicklung sozialer Roboter und deren Integration in Bildungsinstitutionen. In: Stapf, Ingrid et al. (Hg.): *Aufwachsen in überwachten Umgebungen. Interdisziplinäre Positionen zu Privatheit und Datenschutz in Kindheit und Jugend*. Baden-Baden: Nomos, S. 125-140.

Rosa, Hartmut (2016): *Resonanz. Eine Soziologie der Weltbeziehung*. Berlin: Suhrkamp.

Saint-Simon, Claude-Henri de (1977): *Ausgewählte Schriften*. Berlin: Akademie-Verlag.

Stäheli, Urs (2021): *Soziologie der Entnetzung*. Berlin: Suhrkamp.

Stalder, Felix (2016): *Kultur der Digitalität*. Berlin: Suhrkamp.

Thaler, Richard/Sunstein, Cass R. (2011): *Nudge. Wie man kluge Entscheidungen anstößt*. Berlin: Econ.

Turing, Alan M. (1950): Computing machinery and intelligence. *Mind*, 59, S. 433-460.

Viveiros de Castro, Eduardo (2019): *Kannibalische Metaphysiken. Elemente einer post-strukturalen Anthropologie*. Leipzig: Merve.

Wiener, Norbert (1952): *Mensch und Menschmaschine*. Frankfurt/Main: Alfred Metzner Verlag.

Zuboff, Shoshana (2018): *Das Zeitalter des Überwachungskapitalismus*. Frankfurt/Main, New York: Campus.

Teil II
Künstliche Intelligenz, Profiling und Überwachung

Der KI-Verordnungsentwurf und biometrische Erkennung: Ein großer Wurf oder kompetenzwidrige Symbolpolitik?

Stephan Schindler und Sabrina Schomberg

Zusammenfassung

Mit dem Verordnungsentwurf zur Regulierung künstlicher Intelligenz v. 21.4.2021 soll nach dem Willen der Europäischen Kommission ein Rechtsrahmen für die Entwicklung, Vermarktung und Verwendung künstlicher Intelligenz im Einklang mit den Werten der Europäischen Union geschaffen werden.

Der Entwurf folgt einem risikobasierten Ansatz und enthält Vorgaben für Anbieter und Nutzer von KI-Systemen. Die biometrische Erkennung nimmt dabei eine herausgehobene Stellung ein. Vorgesehen ist zunächst ein Verbot der Verwendung biometrischer Echtzeit-Fernidentifizierungssysteme in öffentlich zugänglichen Räumen zu Strafverfolgungszwecken, das allerdings durch Ausnahmen abgemildert wird. Zudem werden KI-Systeme, die bestimmungsgemäß für die biometrische Echtzeit-Fernidentifizierung und die nachträgliche biometrische Fernidentifizierung natürlicher Personen verwendet werden sollen, als Hochrisiko-KI-Systeme eingeordnet und einer Reihe von Anforderungen unterworfen (z.B. Dokumentations- und Aufzeichnungspflichten, menschliche Aufsicht). Überdies gelten für Systeme zur biometrischen Kategorisierung spezifische Transparenzpflichten.

Auch wenn der Verordnungsentwurf insgesamt zu begrüßen ist, wirft er im Einzelnen doch zahlreiche Fragen auf. Einigen dieser Fragen wird in dem vorliegenden Beitrag nachgegangen. Ferner wird ein Blick darauf geworfen, ob die Europäische Union für den Erlass der vorgenannten Regelungen überhaupt zuständig ist. Dies betrifft insbesondere den Einsatz biometrischer Systeme durch staatliche Stellen zu Strafverfolgungszwecken.

Am 21.4.2021 hat die Europäische Kommission einen Verordnungsentwurf zur Regulierung künstlicher Intelligenz (KI) präsentiert. Der Entwurf folgt einem risikobasierten Ansatz und enthält zahlreiche, in erster Linie produktsicherheitsrechtliche Vorgaben für Anbieter und Nutzer von KI-Systemen. Die biometrische Erkennung nimmt dabei eine herausgehobene Stellung ein. Der folgende Beitrag gibt zunächst einen kurzen Überblick über KI (1.) und den Verordnungsentwurf (2.). Im Anschluss daran werden die spezifischen Vorschriften zur biometrischen Erkennung vorgestellt und bewertet (3.). Zudem werden Probleme bzgl. der Regelungskompetenz der Union angesprochen (4.). Der Beitrag schließt mit einem Fazit (5.).

1 Künstliche Intelligenz

Künstliche Intelligenz (KI) ist in den letzten Jahren in den Fokus der gesellschaftlichen, politischen und (rechts-)wissenschaftlichen Aufmerksamkeit geraten.

1.1 Begriff, Chancen und Risiken

Eine allgemein anerkannte Definition für KI gibt es derzeit nicht.[1] Die deutsche Bundesregierung versteht KI als „ein Teilgebiet der Informatik, welches sich mit der Erforschung von Mechanismen des intelligenten menschlichen Verhaltens befasst". Es gehe darum, „technische Systeme so zu konzipieren, dass sie Probleme eigenständig bearbeiten und sich dabei selbst auf veränderte Bedingungen einstellen können".[2] Die Europäische Kommission bezeichnet mit KI „Systeme mit einem ‚intelligenten' Verhalten, die ihre Umgebung analysieren und mit einem gewissen Grad an Autonomie handeln, um bestimmte Ziele zu erreichen".[3] Darauf aufbauend definiert die Hochrangige Expertengruppe der Europäischen Union für Künstliche Intelligenz KI-Systeme als „vom Menschen entwickelte Softwaresysteme […], die in Bezug auf ein komplexes Ziel auf physischer oder

1 Zur Terminologie *Herberger*, NJW 2018, 2825 (2825 ff.); ebenfalls *Geminn*, ZD 2021, 354 (354 f.).

2 BT-Drs. 19/1982, S. 2. Die Aussage stammt von der inzwischen abgelösten Bundesregierung.

3 COM(2018) 237 final, S. 1.

digitaler Ebene handeln, indem sie ihre Umgebung durch Datenerfassung wahrnehmen, die gesammelten strukturierten oder unstrukturierten Daten interpretieren, Schlussfolgerungen daraus ziehen oder die aus diesen Daten abgeleiteten Informationen verarbeiten, und über das bestmögliche Handeln zur Erreichung des vorgegebenen Ziels entscheiden".[4] KI zeichnet sich also durch eine gewisse Eigenständigkeit und Autonomie aus.[5]

Der KI wird – im Folgenden beispielhaft durch die Europäische Kommission – das Potenzial zugesprochen, die „Welt zum Besseren zu verändern: Sie kann die Gesundheitsversorgung verbessern, den Energieverbrauch senken, Autos sicherer machen und ermöglicht Landwirten eine effizientere Nutzung von Wasser und Naturressourcen. KI kann eingesetzt werden, um Umwelt- und Klimaveränderungen vorherzusagen, das Management finanzieller Risiken zu verbessern und die Werkzeuge zu schaffen, die wir brauchen, um genau auf unsere Bedürfnisse zugeschnittene Produkte mit weniger Abfällen herzustellen. Sie kann auch helfen, Betrug und Bedrohungen der Cybersicherheit zu erkennen, und versetzt die Strafverfolgungsbehörden in die Lage, Kriminalität wirksamer zu bekämpfen."[6]

Doch es gibt auch mahnende Stimmen. Etwa warnte der britische Physiker Stephen Hawking auf dem Web Summit 2017 davor, dass sich KI als schlimmstes Ereignis in der Geschichte unserer Zivilisation erweisen könnte.[7] Gefahren drohen u.a. der grundrechtlich geschützten Privatsphäre und der informationellen Selbstbestimmung (Art. 2 Abs. 1 i.V.m. Art. 1 Abs. 1 GG, Art. 7 und 8 GRCh, Art. 8 EMRK), der Meinungsfreiheit und dem Recht auf Gleichbehandlung,[8] denn KI schafft neue Möglichkeiten, das Verhalten von Menschen zu überwachen und auf menschliche Entscheidungen Einfluss zu nehmen (z.B. Algorithmen, die „Filterblasen" begünstigen).

---

4 *Hochrangige Expertengruppe für Künstliche Intelligenz* 2019, S. 6.

5 *Dettling/Krüger*, MMR 2019, 211 (212) bezeichnen „Autonomie" als „Kern von KI". Häufig wird zwischen „starker" (menschenähnlicher) und „schwacher" (stärker determinierter) KI unterschieden, z.B. *Plattform Industrie 4.0* 2019, S. 3 f.; dazu auch *Geminn*, ZD 2021, 354 (355); *Schindler*, ZD-Aktuell 2019, 06647.

6 COM(2019) 168 final, S. 1.

7 Im englischen Original: „worst event in the history of our civilization"; dazu auch *Geminn*, ZD 2021, 354 (354).

8 Z.B. *Ebers u.a.*, RDi 2021, 528 (528), die die Chancen und Risiken von KI inzwischen als „Gemeinplatz" bezeichnen. Speziell zu Diskriminierungsrisiken z.B. *Steege*, MMR 2019 (715).

1.2 Regulierungspflicht des Gesetzgebers

Die große Bedeutung und die erheblichen Risiken von KI werfen die Frage auf, ob die Europäische Union oder die Bundesrepublik Deutschland zur gesetzlichen Regulierung von KI verpflichtet sind.[9] Ein Ansatzpunkt hierfür sind die grundrechtlichen Schutzpflichten, die in Deutschland seit längerem anerkannt sind und von deren Existenz auch auf Ebene des Unionsrechts auszugehen ist.[10] Eine Diskussion über die Pflicht des Gesetzgebers, zur Abwehr von Gefahren tätig zu werden, ist in Deutschland insbesondere für den Bereich technischer Neuerungen nachweisbar,[11] etwa wenn durch neue Produkte Gefahren geschaffen werden, die außer Kontrolle geraten können, oder wenn schwerwiegende Machtasymmetrien zu entstehen drohen.[12]

Eine etwaige Pflicht zur Regulierung aufgrund von Schutzpflichten geht jedenfalls mit einem weiten Entscheidungsspielraum des Gesetzgebers einher.[13] Zudem ist zu berücksichtigen, dass KI weder in Deutschland noch in Europa gänzlich ungeregelt ist. So existieren beispielsweise im Datenschutzrecht (z.B. Art. 22 DSGVO zur automatisierten Entscheidungsfindung), im Straßenverkehrsrecht (z.B. §§ 1a ff. StVG zum automatisierten Fahren) oder im Verwaltungsverfahrensrecht (z.B. § 35a VwVfG zum automatisierten Erlass eines Verwaltungsaktes) Vorschriften, die insbesondere auch den Einsatz von KI erfassen. Völlige Untätigkeit kann dem Gesetzgeber daher bisher nicht vorgeworfen werden. Steht staatliches Eingriffshandeln in Frage, ist ferner zu berücksichtigen, dass der Einsatz von KI einer Rechtsgrundlage bedarf (Vorbehalt des Gesetzes), da er andernfalls rechtswidrig ist.[14] Mit der steigenden Verbreitung und Bedeutung von KI in immer mehr Lebensbereichen wächst allerdings der Druck auf den Gesetzge-

---

9 Z.B. *v. Westphalen*, ZIP 2020, 739 (742) bzgl. der Haftung für Fehlverhalten von KI.

10 Für Dtl. z.B. Merten/Papier/*Calliess*, § 44 Rn. 4 ff.; für die EU z.B. Calliess/Ruffert/*Kingreen*, Art. 51 GRCh Rn. 32 ff. Der EuGH hat aus den Grundfreiheiten Schutzpflichten abgeleitet, z.B. EuGH, NJW 1998, 1931 (1932). Schutzpflichten sind auch in Österreich, Frankreich und Irland sowie der EMRK bekannt, Merten/Papier/*Calliess*, § 44 Rn. 15 f.

11 Z.B. bzgl. Gentechnik *Damm/Hart*, KritV 1987, 183; bzgl. Kernenergie BVerfGE 49, 89 (keine Pflicht zur Regulierung, „die mit absoluter Sicherheit Grundrechtsgefährdungen ausschließt").

12 *Pieroth u.a.*, 2013 Rn. 110 bzgl. der Rspr. des BVerfG.

13 Merten/Papier/*Calliess*, § 44 Rn. 6 bzgl. der Rspr. des BVerfG.

14 S. z.B. die Diskussion um die automatisierte Kennzeichenerkennung, BVerfGE 120, 378; BVerfGE 150, 244; BVerfGE 150, 309.

ber, die Entwicklung, den Vertrieb und den Einsatz von KI umfassend zu regulieren.[15] In dieser Hinsicht hat die Europäische Kommission einen bedeutenden Schritt unternommen.

2 *Der KI-Verordnungsentwurf der Kommission*

Mit dem Entwurf einer Verordnung des Europäischen Parlaments und des Rates zur Festlegung harmonisierter Vorschriften für künstliche Intelligenz[16] (im Folgenden: Verordnungsentwurf bzw. VO-E) vom 21.4.2021 möchte die Kommission sicherstellen, dass „ein einheitlicher Rechtsrahmen insbesondere für die Entwicklung, Vermarktung und Verwendung künstlicher Intelligenz im Einklang mit den Werten der Union" (EG 1 S. 1 VO-E) geschaffen wird. Ziel ist es, „die Entwicklung, Verwendung und Verbreitung künstlicher Intelligenz im Binnenmarkt zu fördern und gleichzeitig einen hohen Schutz öffentlicher Interessen wie Gesundheit und Sicherheit und den Schutz der […] Grundrechte zu gewährleisten" (EG 5 S. 1 VO-E).

Bei dem Verordnungsentwurf handelt es sich um den weltweit ersten Vorschlag für einen Rechtsrahmen für KI,[17] der dazu beitragen soll, „Europa zum globalen Zentrum für vertrauenswürdige künstliche Intelligenz (KI) [zu] machen".[18] Mit ihm knüpft die Kommission an den „Koordinierten Plan für künstliche Intelligenz" (2018), die Ausarbeitungen der Hochrangige Expertengruppe der Europäischen Union für Künstliche Intelligenz (2019) und das „Weißbuch zur künstlichen Intelligenz" (2020) an.[19]

2.1 *KI-Systeme, Adressaten und Anwendungsbereich*

Im Zentrum des Verordnungsentwurfs steht der Begriff des KI-Systems. Gem. Art. 3 Nr. 1 VO-E ist darunter eine Software zu verstehen, die mit

---

15 Zur Regulierungsnotwendigkeit auch *Hacker*, NJW 2020, 2142.
16 COM(2021) 206 final.
17 *Bombard/Merkle*, RDi 2021, 276 (276).
18 *Europäische Kommission*, Pressemitteilung v. 21.4.2021.
19 S. COM(2018) 795 final; https://digital-strategy.ec.europa.eu/en/policies/expert-group-ai; COM(2020) 65 final.

einer oder mehreren der in Anhang I[20] aufgeführten Techniken und Konzepte (z.B. maschinelles Lernen, logik- und wissensgestützte Konzepte, statistische Ansätze) entwickelt worden ist und im Hinblick auf eine Reihe von Zielen, die vom Menschen[21] festgelegt werden, Ergebnisse wie Inhalte, Vorhersagen, Empfehlungen oder Entscheidungen hervorbringen kann, die das Umfeld beeinflussen, mit dem sie interagieren. Diese Definition wird als (zu) weit[22] und unscharf[23] empfunden und umfasst auch Software, die Informatiker nicht als KI bezeichnen würden.[24]

Der Verordnungsentwurf adressiert in erster Linie Anbieter, also Personen oder Stellen, die KI-Systeme entwickeln (lassen), um sie unter ihrem eigenen Namen oder ihrer eigenen Marke in Verkehr zu bringen oder in Betrieb zu nehmen (Art. 3 Nr. 2 VO-E), sowie Nutzer von KI-Systemen. Letztere sind Personen oder Stellen, die KI-Systeme in eigener Verantwortung zu nicht persönlichen[25] Tätigkeiten verwenden (Art. 3 Nr. 4 VO-E). In den Anwendungsbereich der vorgesehenen Verordnung fallen gem. Art. 2 Abs. 1 VO-E Anbieter, die KI-Systeme in der Union in Verkehr bringen oder in Betrieb nehmen (lit. a), Nutzer von KI-Systemen, die sich in der Union befinden (lit. b), sowie Anbieter und Nutzer von KI-Systemen, die in einem Drittland niedergelassen oder ansässig sind, wenn das vom System hervorgebrachte Ergebnis in der Union verwendet wird (lit. c). KI-Systeme, die ausschließlich für militärische Zwecke entwickelt oder verwendet werden, werden nicht erfasst (Art. 2 Abs. 3 VO-E).

---

20 Zur Befugnis der Kommission, delegierte Rechtsakte zur Änderung der Liste der Techniken und Konzepte in Anhang I zu erlassen, s. Art. 4 VO-E.

21 *Grützmacher/Füllsack*, ITRB 2021, 159 (160) werfen die Frage auf, „ob es nicht eines Tages gerade auch durch starke KI definierte Ziele geben wird".

22 *Bombard/Merkle*, RDi 2021, 276 (277); *Ebers u.a.*, RDi 2021, 528 (529); *Kalbhenn*, ZUM 2021, 663 (664 f.).

23 *Roos/Weitz*, MMR 2021, 844 (845 und 850 f.).

24 *Ebert/Spiecker gen. Döhmann*, NVwZ 2021, 1188 (1189).

25 Wer ein KI-System im Rahmen einer persönlichen und nicht beruflichen Tätigkeit verwendet, ist kein Nutzer i.S.v. Art. 3 Nr. 4 VO-E; krit. *Geminn*, ZD 2021, 354 (356).

2.2 *Risikobasierter und produktsicherheitsrechtlicher Ansatz*

Der Verordnungsentwurf verfolgt einen risikobasierten Ansatz[26] (EG 14 VO-E) und unterteilt KI-Systeme in verschiedene Risikogruppen.[27] Der Begriff des Risikos wird, wie auch in der DSGVO,[28] nicht definiert, scheint jedoch v.a. auf die Bedrohung individueller Schutzgüter abzustellen.[29] KI-Praktiken, denen ein unannehmbares Risiko zugesprochen wird, werden gem. Art. 5 VO-E verboten (Titel II). Für Hochrisiko-KI-Systeme finden sich in Art. 6ff. VO-E (Titel III) umfangreiche, insbesondere an Anbieter und Nutzer gerichtete Vorgaben. Bestimmte KI-Systeme unterliegen zudem (unabhängig von einer Einordnung als Hochrisiko-KI) den Transparenzpflichten des Art. 52 VO-E (Titel IV). Sonstige KI-Systeme werden der Selbstregulierung gem. Art. 69 VO-E (Titel IX) überlassen.[30]

Die Vorschriften sind in erster Linie produktsicherheitsrechtlicher Natur.[31] Sie enthalten – abgesehen von Art. 5 VO-E – keine Regelungen, die bestimmen, unter welchen Voraussetzungen und in welchen Situationen KI-Systeme zum Einsatz kommen dürfen. Dies gilt auch für die Vorschriften zu Hochrisiko-KI-Systemen, die als „Herzstück[32]" des Verordnungsentwurfs Anforderungen an die technische und organisatorische Ausgestaltung sowie die Sicherheit stellen, aber keine Rechtsgrundlagen[33] oder Ein-

26 Zu diesem Ansatz s.a. *Datenethikkommission der Bundesregierung* 2019, S. 173ff. In der Unterrichtung der Enquete-Kommission „Künstliche Intelligenz" wird ebenfalls einem chancen- und risikobasierten Ansatz das Wort geredet, BT-Drs. 19/23700, S. 490.

27 Zum risikobasierten Ansatz z.B. *Valta/Vasel*, ZRP 2021, 142 (142f.).

28 Zum Risikobegriff in der DSGVO z.B. *Schröder*, ZD 2019, 503.

29 Vgl. EG 27 S. 3 VO-E, wonach KI-Systeme hochriskant sind, wenn sie „erhebliche schädliche Auswirkungen auf die Gesundheit, die Sicherheit und die Grundrechte von Personen" haben.

30 In der Lit. wird häufig zwischen unannehmbarem, hohem, geringem und minimalem Risiko unterschieden, obwohl der verfügende Teil des VO-E ein geringes oder minimales Risiko nicht erwähnt, z.B. *Ebert/Spiecker gen. Döhmann*, NVwZ 2021, 1188 (1188); s. aber COM(2021) 206 final, S. 15.

31 *Roos/Weitz*, MMR 2021, 844 (845), die ein „spezifisches Produktsicherheitsrecht für Hochrisiko-KI-Systeme" erkennen; *Spindler*, CR 2021, 361 (364), wonach „der Vorschlag […] produktsicherheitsrechtlichen Ansätzen folgt"; *Grützmacher/Füllsack*, ITRB 2021, 159 (159) sehen „eine Art IT-bezogenes Sicherheitsrecht"; *Orssich*, EuZW 2022, 254 (256) spricht von einer „Anlehnung an Produktsicherheitsvorschriften".

32 *Roos/Weitz*, MMR 2021, 844 (844).

33 S. aber die Verarbeitungserlaubnis im Kontext der Beobachtung, Erkennung und Korrektur von Verzerrungen bei Hochrisiko-KI-Systemen gem. Art. 10 Abs. 5 VO-E (i.V.m. Art. 9 Abs. 2 lit. g DSGVO).

griffsschwellen formulieren. Auffällig ist zudem, dass der Verordnungsentwurf keine individuellen Rechte für die von dem Einsatz von KI-Systemen betroffenen (z.B. beurteilten oder gesteuerten[34]) Personen vorsieht.[35] Soweit eine Verarbeitung personenbezogener Daten stattfindet, gelten aber die Rechtsgrundlagen und Betroffenenrechte der Datenschutzgesetze (DSGVO, JI-RL).[36]

2.2.1 *Verbotene Praktiken im Bereich der KI*

Art. 5 Abs. 1 VO-E (Titel II) nennt „manipulative, ausbeuterische und soziale Kontrollpraktiken", die nach Ansicht der Kommission gegen die Werte der Union verstoßen und verboten werden sollen (EG 15 VO-E). Konkret betrifft dies das Inverkehrbringen, die Inbetriebnahme oder die Verwendung von KI-Systemen, die durch den Einsatz von Techniken der unterschwelligen Beeinflussung (lit. a) oder das Ausnutzen der Verletzlichkeit bestimmter Gruppen von Personen (lit. b) physische oder psychische Verletzungen hervorrufen können oder die von Behörden zur Bewertung oder Klassifizierung der Vertrauenswürdigkeit natürlicher Personen auf Grundlage ihres sozialen Verhaltens, persönlicher Eigenschaften oder Persönlichkeitsmerkmale verwendet werden und zu Schlechterstellung oder Benachteiligung führen können (lit. c; sog. „Social Scoring"). Auch soll die Verwendung biometrischer Echtzeit-Fernidentifizierungssysteme in öffentlich zugänglichen Räumen zu Strafverfolgungszwecken verboten werden (lit. d), wobei aber Ausnahmen vorgesehen sind.[37]

2.2.2 *Hochrisiko-KI-Systeme*

Die Art. 6 ff. VO-E (Titel III) enthalten Anforderungen an Hochrisiko-KI-Systeme. Gemeint sind KI-Systeme, die „erhebliche schädliche Auswirkungen auf die Gesundheit, die Sicherheit und die Grundrechte von Personen in der Union haben" (EG 27 S. 3 VO-E; s.a. Art. 7 Abs. 1 lit. b VO-E). Zu den Hochrisiko-KI-Systemen zählen zum einen KI-Systeme, die als Pro-

---

34 *Ebert/Spiecker gen. Döhmann*, NVwZ 2021, 1188 (1193).

35 Dazu *Ebers u.a.*, RDi 2021, 528 (537); *Bomhard/Merkle*, RDi 2021, 276 (283).

36 Zum Regelungsspielraum der EU-Mitgliedstaaten s. *Hornung*, DuD 2022 i.E.

37 Überblick z.B. bei *Ebert/Spiecker gen. Döhmann*, NVwZ 2021, 1188 (1189 f.); *Veale/Zuiderveen Borgesius*, CRi 2021, 97 (98 ff.).

dukt oder Sicherheitskomponente eines Produkts den Harmonisierungsvorschriften des Anhangs II unterfallen (z.B. Medizinprodukte oder Fahrzeuge) und einer Konformitätsbewertung durch Dritte unterzogen werden müssen (Art. 6 Abs. 1 VO-E). Zum anderen gelten die in Anhang III genannten KI-Systeme als hochriskant (Art. 6 Abs. 2 VO-E). Anhang III erfasst u.a. KI-Systeme in den Bereichen biometrische Identifizierung und Kategorisierung, Verwaltung und kritische Infrastrukturen, Bildung und Beschäftigung, Strafverfolgung, Migration und Grenzkontrolle sowie Rechtspflege. Gem. Art. 7 VO-E wird der Kommission die Befugnis übertragen, delegierte Rechtsakte zur Änderung der Liste in Anhang III zu erlassen, um Hochrisiko-KI-Systeme hinzuzufügen.

Hochrisiko-KI-Systeme müssen die Anforderungen der Art. 8 bis 15 VO-E erfüllen. Dies betrifft die Einrichtung eines Risikomanagementsystems (Art. 9 VO-E), Qualitätskriterien für Trainings-, Validierungs- und Testdatensätze (Art. 10 VO-E[38]), technische Dokumentationen (Art. 11 VO-E), automatische Aufzeichnungen bzw. Protokollierungen (Art. 12 VO-E), die Bereitstellung von Informationen für Nutzer einschließlich einer Gebrauchsanweisung (Art. 13 VO-E[39]), eine wirksame menschliche Aufsicht (Art. 14 VO-E[40]) sowie ein angemessenes Maß an Genauigkeit, Robustheit und Cybersicherheit (Art. 15 VO-E).[41] Die Erfüllung dieser Anforderungen ist durch die Anbieter (Art. 3 Nr. 2 VO-E) sicherzustellen (Art. 16 lit. a VO-E).

Als wahrscheinlich wichtigste Anforderung[42] müssen Anbieter von Hochrisiko-KI-Systemen gem. Art. 19 Abs. 1 i.V.m. Art. 16 lit. e VO-E sicherstellen, dass ihre Systeme vor dem Inverkehrbringen oder der Inbetriebnahme einer Konformitätsbewertung nach Art. 43 VO-E unterzogen werden.[43] Zudem trifft Anbieter u.a. die Pflicht, ein Qualitätsmanagement einzurichten (Art. 17 VO-E), die in Art. 11 VO-E genannte technische Do-

38 Krit. *Ebers u.a.*, RDi 2021, 528 (533) bzgl. der Anforderung, dass die Datensätze fehlerfrei sein müssen (Art. 10 Abs. 3 VO-E), was technisch unmöglich sei.

39 Krit. *Ebers u.a.*, RDi 2021, 528 (533 f.), die die Vorgaben für zu allgemein halten.

40 Krit. *Ebers u.a.*, RDi 2021, 528 (534) u.a. bzgl. der Anforderung, dass es Menschen ermöglicht werden muss, Fähigkeiten und Grenzen des Hochrisiko-KI-Systems vollständig zu verstehen, was unrealistisch sei; ebenfalls *Geminn*, ZD 2021, 354 (357).

41 Ausführlich z.B. *Spindler*, CR 2021, 361 (366 ff.); *Kalbhenn*, ZUM 2021, 663 (667 ff.).

42 *Ebert/Spiecker gen. Döhmann*, NVwZ 2021, 1188 (1191).

43 Krit. zur Ausgestaltung bei Hochrisiko-KI-Systemen nach Anhang III *Ebers u.a.*, RDi 2021, 528 (533); ausführlich zur Konformitätsbewertung *Spindler*, CR 2021, 361 (369 ff.).

kumentation zu erstellen (Art. 18 VO-E) und Korrekturmaßnahmen zu ergreifen, wenn das KI-System nicht der Verordnung entspricht (Art. 21 VO-E). Ferner müssen Anbieter gem. Art. 61 VO-E ein „Post-Market Monitoring“[44] vornehmen und schwerwiegende Vorfälle oder Fehlfunktionen melden (Art. 62 VO-E), was an die Meldepflicht gem. Art. 33 DSGVO erinnert.[45] Überdies sind Hochrisiko-KI-Systeme i.S.v. Art. 6 Abs. 2 VO-E gem. Art. 51 VO-E vor dem Inverkehrbringen oder der Inbetriebnahme vom Anbieter in einer EU-Datenbank (Art. 60 VO-E) zu registrieren.

Weit weniger Pflichten treffen die Nutzer. Sie müssen das Hochrisiko-KI-System entsprechend der beigefügten Gebrauchsanweisung verwenden (Art. 29 Abs. 1 i.V.m. Art. 13 Abs. 2 und 3 VO-E), dafür sorgen, dass die Eingabedaten mit Blick auf die Zweckbestimmung relevant sind (Art. 29 Abs. 3 VO-E), und den Betrieb anhand der Gebrauchsanweisung überwachen (Art. 29 Abs. 4 VO-E). Sie sind unter bestimmten Voraussetzungen verpflichtet, Anbieter und Händler über Risiken und Vorfälle sowie Fehlfunktionen zu informieren. Die gem. Art. 13 VO-E bereitgestellten Informationen haben sie ggf. für die Durchführung einer Datenschutz-Folgenabschätzung gem. Art. 35 DSGVO zu verwenden (Art. 29 Abs. 6 VO-E).

Pflichten treffen gem. Art. 24, 26 bis 28 ff. VO-E auch Hersteller, Einführer (Art. 3 Nr. 6 VO-E) sowie Händler (Art. 3 Nr. 7 VO-E). Für Hochrisiko-KI-Systeme im Anwendungsbereich bestimmter produktsicherheitsrechtlicher Rechtsakte (Kraftfahrzeuge, Eisenbahnen, Schiff- und Luftfahrt) gilt gem. Art. 2 Abs. 2 VO-E nur Art. 84 VO-E, der die Bewertung und Überarbeitung der vorgesehenen Verordnung regelt.[46]

2.2.3 *Transparenzpflichten*

Art. 52 VO-E (Titel IV) enthält Transparenzpflichten für KI-Systeme, die für die Interaktion mit natürlichen Personen bestimmt sind (Abs. 1), für Emotionserkennungssysteme und Systeme zur biometrischen Kategorisierung (Abs. 2) sowie für KI-Systeme, die „Deep-Fakes“ hervorbringen (Abs. 3). Dabei sind Ausnahmen im Kontext der Aufdeckung, Verhütung, Ermittlung und Verfolgung von Straftaten (Abs. 2 und 3) sowie der Meinungs-, Wissenschafts- und Kunstfreiheit (Abs. 3) vorgesehen.

---

44 *Geminn*, ZD 2021, 354 (357).

45 S. *Spindler*, CR 2021, 361 (372).

46 Zu den dahinterstehenden Konzepten des „New Legislative Framework“ und des „Old Approach“ *Spindler*, CR 2021, 361 (364); *Roos/Weitz*, MMR 2021, 844 (845).

Durch die Transparenzpflichten soll sichergestellt werden, dass Personen, die mit den genannten KI-Systemen interagieren bzw. mit „Deepfakes“ in Berührung kommen, darüber informiert werden, damit sie bewusste Entscheidungen treffen und bestimmte Situationen vermeiden können.[47] Ein Recht auf menschliche Intervention (vgl. Art. 22 Abs. 3 DSGVO) oder einen Dienst ohne KI gewährt Art. 52 VO-E nicht.[48] Sollte eines der in Art. 52 VO-E aufgeführten Systeme gleichzeitig ein Hochrisiko-KI-System sein (z.B. ein System zur Emotionserkennung, das gleichzeitig Anhang III Nr. 6 lit. b oder Nr. 7 lit. a unterfällt[49]), greifen zudem die Vorschriften in Titel III (Art. 52 Abs. 4 VO-E).

2.2.4 *Sonstige KI-Systeme*

KI-Systeme, die den eben dargestellten Vorschriften in Ermangelung eines besonderen Risikos nicht unterfallen (z.B. KI-gestützte Videospiele sowie Spamfilter[50]), können auf freiwilliger Basis Verhaltenskodizes (sog. „Codes of Conduct“) unterworfen werden (Art. 69 VO-E).[51]

2.3 *Innovationsförderung, Aufsicht, Sanktionen*

Die Art. 53 ff. VO-E (Titel V) enthalten Regelungen zur Innovationsförderung. Dies betrifft v.a. die Einrichtung von KI-Reallaboren, „um die Entwicklung und Erprobung innovativer KI-Systeme […] unter strenger Regulierungsaufsicht zu erleichtern“ (EG 71 S. 2 VO-E). Zudem sind Aufsichts- und Überwachungsstrukturen vorgesehen (Titel VI). So soll – vergleichbar dem Europäischen Datenschutzausschuss (Art. 68 ff. DSGVO) – ein Europäischer Ausschuss für künstliche Intelligenz eingerichtet werden (Art. 56 ff. VO-E). Ferner sind nationale Aufsichtsbehörden zu benennen (Art. 59 VO-E).[52] Gem. Art. 60 VO-E (Titel VII) soll die Kommission in Zusammenarbeit mit den Mitgliedstaaten eine EU-Datenbank für Hochrisiko-KI-Systeme nach Art. 6 Abs. 2 VO-E errichten und pflegen. Verstöße ge-

---

47 COM(2021) 206 final, S. 17.
48 *Spindler*, CR 2021, 361 (368 und 374), der dem krit. gegenübersteht.
49 S. *Orssich*, EuZW 2022, 254 (260).
50 *Grützmacher/Füllsack*, ITRB 2021, 159 (161).
51 Dazu *Spindler*, CR 2021, 361 (371).
52 Dazu *Spindler*, CR 2021, 361 (372).

gen die vorgesehene Verordnung sollen u.a. mit Geldbußen geahndet werden (Art. 71 f. VO-E, Titel X).

3 Biometrische Erkennung im KI-Verordnungsentwurf

In dem Verordnungsentwurf nimmt die biometrische Erkennung eine herausgehobene Stellung ein, was sich in den zahlreichen Erwähnungen im Gesetzestext (z.B. Art. 3 Nrn. 33 bis 38, Art. 5 Abs. 1 lit. d, Art. 6 Abs. 2 i.V.m. Anhang III Nr. 1, Art. 52 Abs. 2 VO-E) und in den Erwägungsgründen (EG 7, 8, 18 bis 24, 33, 64, 65, 70 VO-E) zeigt.

3.1 Biometrische Erkennung und biometrische Daten

Biometrische Erkennung ist die automatisierte Erkennung von Menschen anhand biologischer oder verhaltensbezogener Merkmale.[53] Dafür werden bestimmte – idealerweise bei jedem Menschen einzigartige – biologische (bzw. körperliche) oder verhaltenstypische Merkmale eines Menschen erfasst (z.B. Struktur der Iris oder der Papillarleisten, spezifische Merkmale des Gesichts, Eigenarten des Gangs etc.) und automatisiert mit vorab hinterlegten Merkmalssätzen (Referenzdaten) verglichen. Wird eine hohe Übereinstimmung errechnet, spricht dies dafür, dass die verglichenen Merkmalssätze zur selben Person gehören.

Ein solches Verständnis zeigt sich auch in Art. 3 Nr. 33 VO-E.[54] Demnach sind biometrische Daten mit speziellen technischen Verfahren gewonnene personenbezogene Daten zu den physischen, physiologischen oder verhaltenstypischen Merkmalen einer natürlichen Person, die die eindeutige Identifizierung dieser Person ermöglichen oder bestätigen. Auch in dieser Definition kommt zum Ausdruck, dass auf den Körper oder das Verhalten eines Menschen bezogene Merkmale genutzt werden, um den Merkmalsträger zu erkennen bzw. zu identifizieren. Von dem erforderlichen Personenbezug (Art. 4 Nr. 1 DSGVO, Art. 3 Nr. 1 JI-RL) ist bei Informationen über Merkmale, die sich auf eine natürliche Person beziehen und diese identifizierbar machen, regelmäßig auszugehen.

---

53 ISO/IEC 2382-37:2017, S. 2: „automated recognition of individuals based on their biological and behavioural characteristics", s. https://standards.iso.org/ittf/PubliclyAvailableStandards/index.html.

54 Die Vorschrift ist wortgleich mit Art. 4 Nr. 14 DSGVO, Art. 3 Nr. 13 JI-RL.

3.2 Biometrische Erkennung als verbotene Praktik

Art. 5 Abs. 1 lit. d VO-E verbietet die Verwendung biometrischer Echtzeit-Fernidentifizierungssysteme in öffentlich zugänglichen Räumen zu Strafverfolgungszwecken, nicht aber die Herstellung oder den Vertrieb solcher Systeme.

Fernidentifizierungssysteme sind KI-Systeme, die dem Zweck dienen, natürliche Personen aus der Ferne durch Abgleich biometrischer Daten mit den in einer Referenzdatenbank gespeicherten biometrischen Daten zu identifizieren, ohne dass der Nutzer des KI-Systems vorher weiß, ob die Person anwesend sein wird und identifiziert werden kann (Art. 3 Nr. 36 VO-E). Echtzeit bedeutet, dass die Erfassung biometrischer Daten, der Abgleich und die Identifizierung ohne erhebliche Verzögerung erfolgen (Art. 3 Nr. 37 VO-E). Dies umfasst „die Verwendung von ‚Live-Material' oder ‚Near-live-Material' wie Videoaufnahmen" (EG 8 S. 5 VO-E). Da die Identifizierung „aus der Ferne" möglich sein muss, werden Systeme, die einen unmittelbaren Kontakt der zu erkennenden Person zu den Sensoren des Systems erfordern (z.B. berührungsbasierende Fingerabdruckerkennungssysteme), nicht erfasst. Zu fordern ist ein gewisser Abstand. Entscheidend ist dabei aber nicht so sehr, wie viele Meter der Sensor des biometrischen Systems von der betroffenen Person entfernt ist, sondern dass die Erkennung ohne Mitwirkung – und damit ggf. auch ohne Wissen – der Person erfolgen kann, woraus sich eine besondere Belastung (z.B. die Ungewissheit, ob eine Erkennung stattgefunden hat) ergeben kann.[55]

Zu denken ist v.a. an Gesichtserkennungssysteme,[56] die es in Verbindung mit Videoüberwachung erlauben, in öffentlich zugänglichen Räumen (Art. 3 Nr. 39 VO-E) Personen auf Entfernungen von vielen Metern ohne deren Mitwirkung zu erfassen und durch einen unverzüglich stattfindenden Abgleich mit den Aufnahmen in einer Referenzdatenbank zu identifizieren. Der Einsatz solcher Systeme zu Strafverfolgungszwecken, also zur Verhütung, Ermittlung, Aufdeckung oder Verfolgung von Straftaten durch die zuständigen Behörden (Art. 3 Nrn. 41 und 40 VO-E), wurde in Deutschland bereits in Pilotprojekten erprobt (z.B. „Sicherheitsbahnhof Berlin Südkreuz").[57] Er zielt darauf ab, Personen aufzuspüren, nach denen zur Verhinderung oder Verfolgung von Straftaten gefahndet wird.

---

55 S. *Schindler*, ZD-Aktuell 2021, 05221.

56 Ggf. auch Gangerkennung, die ebenfalls auf Entfernung möglich ist.

57 Z.B. *Salzmann/Schindler*, ZD-Aktuell 2018, 06344; *Schindler*, ZD-Aktuell 2017, 05799.

Der Verordnungsentwurf enthält kein ausnahmsloses Verbot, sondern erlaubt gem. Art. 5 Abs. 1 lit. d VO-E die Verwendung in öffentlich zugänglichen Räumen zu Strafverfolgungszwecken, wenn dies „unbedingt erforderlich“ ist für die gezielte Suche nach Opfern von Straftaten oder vermissten Kindern (i), für die Abwehr konkreter, erheblicher und unmittelbarer Gefahren für das Leben oder die körperliche Unversehrtheit natürlicher Personen oder eines Terroranschlags (ii) oder für das Erkennen, Aufspüren, Identifizieren oder Verfolgen von Tätern oder Verdächtigen bestimmter schwerwiegender Straftaten (iii).

In Art. 5 Abs. 2 bis 4 VO-E finden sich weitere Anforderungen. Gem. Abs. 2 sind die der Verwendung zugrundeliegende Situation, insbesondere der drohende Schaden, wenn das System nicht eingesetzt würde, und die Folgen der Verwendung des Systems (Schwere, Wahrscheinlichkeit, Ausmaß) für die Rechte und Freiheiten betroffener Personen zu berücksichtigen. Dies läuft auf eine Verhältnismäßigkeitsprüfung hinaus.[58] Ferner werden notwendige und verhältnismäßige Schutzmaßnahmen und Bedingungen (zeitliche und räumliche Beschränkungen) gefordert. Abs. 3 verlangt zudem eine vorherige Genehmigung durch eine Justizbehörde oder eine unabhängige Verwaltungsbehörde des Mitgliedstaats, die nur erteilt werden darf, wenn der Einsatz des Systems unter Berücksichtigung von Abs. 2 für das Erreichen eines der in Abs. 1 lit. d genannten Ziele notwendig und verhältnismäßig ist. Über die Möglichkeit einer Genehmigung entscheiden die Mitgliedstaaten gem. Abs. 4 in „detaillierten nationalen Rechtsvorschriften“ (EG 22 S. 1 VO-E), die die Beantragung, Erteilung und Ausübung der Genehmigung regeln. Mithin bedarf es spezifischer gesetzlicher Rechtsgrundlagen, die sich mit den Voraussetzungen der Verwendung biometrischer Echtzeit-Identifizierungssysteme in öffentlich zugänglichen Räumen zu Strafverfolgungszwecken auseinandersetzen.

Diese Anforderungen werden z.T. als unzureichend kritisiert.[59] Es würden „Tür und Tor für eine biometrische Erkennung eröffnet“.[60] Auch dem Europäischen Datenschutzausschuss und dem Europäischen Datenschutzbeauftragten geht das Verbot nicht weit genug.[61] Dem ist zuzugeben, dass

---

58 S.a. EG 20 S. 1 VO-E, wonach sichergestellt werden soll, „dass diese Systeme verantwortungsvoll und verhältnismäßig genutzt werden“.

59 Z.B. *Spindler*, CR 2021, 361 (374), der die zahlreichen Ausnahmetatbestände kritisiert; *Ebert/Spiecker gen. Döhmann*, NVwZ 2021, 1188 (1190); *Ebers u.a.*, RDi 2021, 528 (531).

60 *Spindler*, CR 2021, 361 (365).

61 *EDSA/EDSB*, Gemeinsame Stellungnahme 5/2021; dazu auch *o.V.*, ZD-Aktuell 2021, 05266.

die Verwendung biometrischer Echtzeit-Fernidentifizierungssysteme (v.a. Gesichtserkennung) in öffentlich zugänglichen Räumen zu Strafverfolgungszwecken erhebliche Eingriffe in das Grundrecht auf informationelle Selbstbestimmung bzw. Schutz personenbezogener Daten (Art. 2 Abs. 1 i.V.m. Art. 1 Abs. 1 GG, Art. 7 und 8 GRCh,[62] Art. 8 EMRK[63])[64] hervorrufen kann, da regelmäßig zahlreiche Personen erfasst werden, die hierfür keinen Anlass gegeben haben, was Einschüchterungseffekte mit sich bringt.[65] Zudem wird mit dem Gesicht auf ein höchstpersönliches[66] Merkmal zurückgegriffen und die Erstellung von Bewegungsprofilen ermöglicht.[67] All dies kann, wie in EG 18 S. 1 VO-E dargelegt, „die Privatsphäre [besser: informationelle Selbstbestimmung] eines großen Teils der Bevölkerung" beeinträchtigen und „ein Gefühl der ständigen Überwachung" hervorrufen. Daran anknüpfend fordert eine Europäische Bürgerinitiative[68], ein Verbot „biometrischer Massenüberwachung".[69] Es ist anzunehmen, dass diese Forderung Einfluss auf den Verordnungsentwurf gehabt hat.[70]

---

62 Zum str. Verhältnis von Art. 7 zu Art. 8 GRCh z.B. Meyer/Hölscheidt/*Bernsdorff*, Art. 8 Rn. 13.

63 Zu Art. 8 EMRK als Datenschutzgrundrecht z.B. Karpenstein/Mayer/*Pätzold*, Art. 8 EMRK Rn. 28 ff.

64 Wird biometrische Erkennung durch staatliche deutsche Stellen eingesetzt, ist dies zunächst an den deutschen Grundrechten zu messen, Art. 1 Abs. 3 GG. Bei Durchführung des Rechts der Union sind gem. Art. 51 Abs. 1 S. 1 GRCh zudem europäische Grundrechte anwendbar. Da die Verarbeitung biometrischer Daten zur Bekämpfung von Straftaten in den Anwendungsbereich der JI-Richtlinie fällt (s.u.), ist von einer Durchführung des Unionsrechts auszugehen (str., z.B. Lisken/Denninger/*Müller/Schwabenbauer*, Kap. G Rn. 385 ff.). Dies würde v.a. mit Blick auf Art. 5 Abs. 1 lit. d, Abs. 2 bis 4 VO-E erst recht bei Inkrafttreten des Verordnungsentwurfs gelten. Zum schwierigen Verhältnis der deutschen und europäischen Grundrechte zueinander z.B. *Lehner*, JA 2022, 177; *Preßlein*, EuR 2021, 247. Hinzu tritt die EMRK, die bei Auslegung der deutschen und europäischen Grundrechte zu berücksichtigen ist, s. BVerfGE 111, 307 (315 ff.) u. Art. 52 Abs. 3, 53 GRCh. Der Verordnungsentwurf an sich ist als Rechtsakt der Organe der Union (grds. nur; s. aber die Solange-Rspr. des BVerfG) an der Grundrechtecharta zu messen, Art. 51 Abs. 1 S. 1 GRCh.

65 Z.B. BVerfGE 120, 378 (402) bzgl. automatisierter Kennzeichenerkennung.

66 BVerfGE 150, 244 (269) zählt das Gesicht zu den höchstpersönlichen Merkmalen.

67 Ausführlich zur rechtlichen Einordnung *Schindler* 2021.

68 *Zivilgesellschaftliche Initiative für ein Verbot biometrischer Massenüberwachung*, ABl. 2021/L 13/1.

69 S. die Website der Initiative unter https://reclaimyourface.eu/de/.

70 Politische Hintergründe vermuten auch *Ebert/Spiecker gen. Döhmann*, NVwZ 2021, 1188 (1190).

Allerdings ist auch die große Bedeutung einer effektiven Bekämpfung von Straftaten[71] zu berücksichtigen, die in bestimmten Situationen für die Verwendung biometrischer Echtzeit-Fernidentifizierungssysteme in öffentlich zugänglichen Räumen sprechen kann. Ein vollständiges Verbot ist daher nicht zielführend. Mit Blick auf die erheblichen Grundrechtseingriffe, die von biometrischen Echtzeit-Fernidentifizierungssystemen in öffentlich zugänglichen Räumen ausgehen können, müssen – unabhängig von dem Verordnungsentwurf – strenge Anforderungen erfüllt werden, um einen Einsatz zu rechtfertigen. Erforderlich ist sowohl nach deutschem als auch nach europäischem Recht eine gesetzliche Grundlage (Vorbehalt des Gesetzes),[72] die höchsten Bestimmtheit- und Verhältnismäßigkeitsanforderungen genügen muss. Dies umfasst spezifische Eingriffsschwellen, die ein angemessenes Verhältnis zwischen den verfolgten Zielen und der Schwere des Eingriffs herstellen, räumliche und zeitliche Begrenzungen, die einen flächendeckenden Einsatz verhindern, den Ausschluss oder zumindest die strenge Eingrenzung der Erstellung von Bewegungsprofilen, einen Richtervorbehalt sowie weitere technische und organisatorische Maßnahmen, um einen ausreichenden Grundrechtsschutz zu gewährleisten.[73] Dass durch Art. 5 Abs. 1 lit. d, Abs. 2 bis 4 VO-E strengere Anforderungen aufgestellt werden, ist nicht erkennbar.

Überdies sind, da bei Verwendung biometrischer Echtzeit-Fernidentifizierungssysteme personenbezogene (biometrische) Daten durch die zuständigen Behörden zum Zweck der Verhütung, Ermittlung, Aufdeckung oder Verfolgung von Straftaten verarbeitet werden, die (in nationales Recht umzusetzenden) Vorgaben der JI-Richtlinie zu beachten (Art. 2 Abs. 1 i.V.m. Art. 1 Abs. 1 JI-RL).[74] Die Regelungen in Art. 5 Abs. 1 lit. d, Abs. 2 bis 4 VO-E sollen dabei als lex specialis zu Art. 10 JI-RL, der neben Art. 8 JI-RL zusätzliche Anforderungen u.a. an die Verarbeitung biometrischer Daten (Art. 3 Nr. 13 JI-RL) stellt, verstanden werden (EG 23 VO-E). Hinsichtlich der Betroffenenrechte (zu denen der Verordnungsentwurf keine Regelungen enthält) sowie der sonstigen datenschutzrechtlichen Pflichten des Verantwortlichen gilt ebenfalls die JI-Richtlinie.

Insgesamt sind die Auswirkungen von Art. 5 Abs. 1 lit. d, Abs. 2 bis 4 VO-E auf die materiell-rechtliche Situation – zumindest in Deutschland – überschaubar. Aufgrund des Vorbehalts des Gesetzes ist die Verwendung

71 Z.B. betont BVerfGE 100, 313 (389) „die unabweisbaren Bedürfnisse einer wirksamen Strafverfolgung".

72 Auf europäischer Ebene s. Art. 52 Abs. 1 S. 1 GRCh („gesetzlich vorgesehen").

73 *Hornung/Schindler*, ZD 2017, 203 (207 f.).

74 Zum Anwendungsbereich s. *Hornung u.a.*, ZIS 2018, 566 (569 ff.).

biometrischer Echtzeit-Fernidentifizierungssysteme in öffentlich zugänglichen Räumen zu Strafverfolgungszwecken auch ohne Art. 5 Abs. 1 lit. d VO-E verboten, solange keine verfassungskonforme Rechtsgrundlage besteht, was für biometrische Gesichtserkennung in Deutschland derzeit nicht der Fall ist.[75] Die in Art. 5 Abs. 1 lit. d, Abs. 2 bis 4 VO-E aufgestellten Anforderungen gehen nicht über diejenigen hinaus, die auch nach bisher geltendem Recht zu stellen sind. Auffällig ist zudem, dass die Verwendung biometrischer Echtzeit-Fernidentifizierungssysteme in öffentlich zugänglichen Räumen nur zu Strafverfolgungszwecken verboten werden soll, nicht aber, wenn staatliche oder nichtstaatliche Stellen solche Systeme zu anderen Zwecken verwenden, obwohl dies nicht weniger stark in die Rechte betroffener Personen eingreifen kann (und eine Verwendung zu Strafverfolgungszwecken noch am ehesten zu rechtfertigen ist).[76]

3.3 *Biometrische Erkennung als Hochrisiko-KI*

Gem. Art. 6 Abs. 2 VO-E i.V.m. Anhang III Nr. 1 werden KI-Systeme, die bestimmungsgemäß für die biometrische Echtzeit-Fernidentifizierung (Art. 3 Nr. 37 VO-E) und die nachträgliche biometrische Fernidentifizierung (Art. 3 Nr. 38 VO-E) natürlicher Personen verwendet werden sollen, als Hochrisiko-KI-Systeme eingeordnet,[77] was v.a. mit möglicherweise „verzerrten Ergebnissen" aufgrund technischer Ungenauigkeiten, die eine „diskriminierende Wirkung" haben können, begründet wird (EG 33 VO-E).

Dies bedeutet zunächst, dass biometrische Echtzeit-Fernidentifizierungssysteme i.S.v. Art. 5 Abs. 1 lit. d VO-E gleichzeitig Hochrisiko-KI-Systeme sind. Anhang III Nr. 1 geht aber darüber hinaus, da keine Beschränkung auf die Verwendung in öffentlichen Räumen zu Strafverfolgungszwecken vorgesehen ist und sowohl staatliche als auch nichtstaatliche Akteure adressiert werden. Außerdem werden Systeme zur nachträglichen biometrischen Fernidentifizierung genannt. Dabei handelt es sich um Fernidentifizierungssysteme, die keine Echtzeit-Fernidentifizierungssysteme sind (Art. 3 Nr. 38 VO-E). Dies meint gem. EG 8 S. 6 und 7 VO-E Systeme, bei denen „die biometrischen Daten schon zuvor erfasst [wurden] und der Ab-

---

75 S. *Hornung/Schindler*, ZD 2017, 203 (207 f.).

76 Angesprochen auch bei *Veale/Zuiderveen Borgesius*, CRi 2021, 97 (101).

77 Ferner ist es denkbar, dass biometrische Erkennung als Sicherheitskomponente (Art. 3 Nr. 14 VO-E, z.B. zur Absicherung vor unbefugten Zugriffen) eines unter Anhang II fallenden Produkts zum Einsatz kommt und damit ebenfalls als Hochrisiko-KI einzuordnen ist.

gleich und die Identifizierung […] erst mit erheblicher Verzögerung [erfolgt]". Zu denken ist z.B. an „Bild- oder Videoaufnahmen, die von Video-Überwachungssystemen oder privaten Geräten vor der Anwendung des KI-Systems […] erzeugt wurden". In der Praxis betrifft dies u.a. Gesichtserkennungssysteme, bei denen „aus der Ferne" (Art. 3 Nr. 36 VO-E) erstellte Videoaufnahmen erst mit deutlicher zeitlicher Verzögerung (ggf. Tage oder Wochen nach der Anfertigung) ausgewertet werden. Da letztlich nahezu jedem Gesichtserkennungssystem Gesichtsbilder aus vorab angefertigten Videoaufnahmen zugeführt werden können, ist entscheidend, dass dies „bestimmungsgemäß" erfolgt (Anhang III Nr. 1). Erfasst werden etwa Gesichtserkennungssysteme, wie sie im Nachgang der Ausschreitungen während des G20-Gipfels in Hamburg zum Einsatz kamen. Zur Aufklärung begangener Straftaten hatte die Polizei in den Wochen und Monaten nach dem Gipfel mehrere Terabyte an Videodaten (polizeiliche und private Aufnahmen) in ein Gesichtserkennungssystem eingespielt und für die biometrische Suche aufbereitet. In der so geschaffenen Referenzdatenbank wurden Suchläufe mit Lichtbildaufnahmen tatverdächtiger Personen durchgeführt, um Erkenntnisse über das Vor- und Nachtatverhalten sowie weitere Straftaten dieser Personen zu gewinnen.[78]

Auf die Frage, ob und unter welchen Voraussetzungen ein Einsatz von Hochrisiko-KI-Systemen zulässig ist, geben die Art. 8 ff. VO-E keine Antwort. Sie enthalten weder Rechtsgrundlagen noch Eingriffsschwellen.[79] Maßgeblich sind somit die allgemeinen, v.a. auch datenschutzrechtlichen Vorschriften (z.B. Art. 6 und 9 DSGVO). Hinsichtlich der Anforderungen, die in dem Verordnungsentwurf an Hochrisiko-KI-Systeme gestellt werden, gelten für biometrische Fernidentifizierungssysteme einige Besonderheiten.

Art. 12 Abs. 4 VO-E sieht vor, dass die Protokollierungsfunktion in der Lage sein muss, den Zeitraum der Verwendung, die Referenzdatenbank, bestimmte Eingabedaten und die Identität der menschlichen Aufsichtspersonen festzuhalten. Art. 14 Abs. 5 VO-E bestimmt, dass das System so gestaltet sein muss, dass der Nutzer keine Maßnahmen oder Entscheidungen allein aufgrund des vom System hervorgebrachten Identifizierungsergebnisses trifft, solange dies nicht von mindestens zwei natürlichen Personen überprüft und bestätigt wurde. Diese Anforderung kann bei Echtzeit-Fer-

78 S. *Salzmann/Schindler*, ZD-Aktuell 2018, 06344. Der HmbBfDI hat die Löschung der Referenzdatenbank angeordnet. Der Bescheid wurde vom VG Hamburg (Urt. v. 23.10.2019, 17 K 203/19) aufgehoben, krit. *Mysegades*, NVwZ 2020, 852.

79 Allerdings sieht Art. 29 Abs. 4 VO-E vor, dass die Nutzer die Verwendung in bestimmten Situationen aussetzen.

nidentifizierungssystemen zu Strafverfolgungszwecken problematisch sein, wenn auf eine Identifizierung eine sofortige Reaktion angezeigt ist (z.B. bei Identifizierung eines gesuchten Terrorverdächtigen an einem belebten Ort). Für derartige Situationen sollten Ausnahmen vorgesehen werden.

Bei den in Anhang III Nrn. 2 bis 8 aufgeführten Hochrisiko-KI-Systemen sieht Art. 43 Abs. 2 VO-E ein Konformitätsbewertungsverfahren auf Grundlage interner Kontrolle gem. Anhang VI vor. Für biometrische Systeme i.S.v. Anhang III Nr. 1 bestimmt Art. 43 Abs. 1 VO-E hingegen, dass, so keine harmonisierenden Normen oder gemeinsame Spezifikationen gem. Art. 40 und 41 VO-E vorliegen, das Verfahren mit einer Zertifizierungsstelle nach Anhang VII greift.[80]

Insgesamt sind die Anforderungen an Hochrisiko-KI-Systeme zu begrüßen, auch wenn sie häufig sehr allgemein gehalten sind[81] und teilweise, gerade auch bei biometrischen Systemen, schlicht unerfüllbar scheinen (z.B. Fehlerfreiheit von Trainingsdaten gem. Art. 10 Abs. 3 VO-E[82], vollständiges Verstehen der Fähigkeiten und Grenzen gem. Art. 14 Abs. 4 lit. a VO-E[83]). Zu bedenken ist ferner, dass die nachträgliche biometrische Fernidentifizierung (Anhang III Nr. 1) zu Strafverfolgungszwecken, wenn sie auf der systematischen Auswertung umfangreicher Videoaufnahmen beruht, ähnlich schwerwiegende Grundrechtseingriffe hervorrufen kann, wie die dem Verbot gem. Art. 5 Abs. 1 lit. d VO-E unterfallende Echtzeit-Fernidentifizierung (z.B. bei Erstellung umfassender Bewegungsprofile). Durch Verzögerung der Auswertung der Aufnahmen um ein paar Stunden, kann das Verbot dem Wortlaut nach umgangen werden.[84]

3.4 Emotionserkennung und biometrische Kategorisierung

Gem. Art. 52 Abs. 2 VO-E müssen Verwender[85] eines Emotionserkennungssystems oder eines Systems zur biometrischen Kategorisierung die davon betroffenen natürlichen Personen über den Betrieb des Systems informieren. In welcher Form zu informieren ist, wird nicht näher be-

---

80 Dazu *Spindler*, CR 2021, 361 (370).

81 Z.B. *Ebers*, RDi 2021, 588 (590).

82 *Ebers u.a.*, RDi 2021, 528 (533).

83 *Ebers u.a.*, RDi 2021, 528 (534).

84 Angerissen auch bei *Veale/Zuiderveen Borgesius*, CRi 2021, 97 (101).

85 Der Begriff wird nicht definiert und nur in Art. 52 Abs. 2 VO-E genutzt. Es ist anzunehmen, dass damit der Nutzer (Art. 3 Nr. 4 VO-E: „Stelle, die ein KI-System in eigener Verantwortung verwendet“) gemeint ist.

stimmt. Hier bietet sich eine Anlehnung an Art. 12 Abs. 1 DSGVO an (klare und einfache Sprache etc.). Zu der Frage, unter welchen inhaltlichen Voraussetzungen eine Verwendung zulässig ist, verhält sich die Vorschrift ebenfalls nicht.

Emotionserkennungssysteme[86] sind KI-Systeme, die Emotionen oder Absichten natürlicher Personen auf der Grundlage ihrer biometrischen Daten feststellen oder daraus ableiten (Art. 3 Nr. 34 VO-E). Die Bezugnahme auf biometrische Daten gem. Art. 3 Nr. 33 VO-E ist unglücklich, da die Emotionserkennung nicht auf die eindeutige Identifizierung natürlicher Personen abzielt und auch nicht nachvollziehbar ist, warum bei Emotionserkennungssystemen, die nicht auf biometrische Daten zurückgreifen, keine Informationspflichten bestehen sollen, obwohl gleichfalls die Emotionen natürlicher Personen festgestellt werden.

Systeme zur biometrischen Kategorisierung sind gem. Art. 3 Nr. 35 VO-E KI-Systeme, die dem Zweck dienen, natürliche Personen auf der Grundlage ihrer biometrischen Daten bestimmten Kategorien (z.B. Geschlecht, Alter, Haarfarbe, Augenfarbe, Tätowierung, ethnische Herkunft, sexuelle oder politische Ausrichtung) zuzuordnen. Zu denken ist z.B. an eine videogestützte Alters- und Geschlechtserkennung, um Kunden auf Werbebildschirmen zielgruppengerechte Werbung vorzuspielen.[87] Unklar ist allerdings, wie anhand biometrischer Daten eine Kategorisierung nach politischer Ausrichtung erfolgen soll (s. Art. 3 Nr. 35 VO-E). Zudem stellt sich auch hier die Frage, warum nur Kategorisierungen auf Grundlage biometrischer Daten erfasst werden, zumal eine Kategorisierung z.B. nach Geschlecht, Alter sowie Haut- und Haarfarbe regelmäßig keiner Merkmale bedarf, die eine eindeutige Identifizierung i.S.v. Art. 3 Nr. 33 VO-E ermöglichen.

Bei Systemen, die für eine biometrische Kategorisierung zur Aufdeckung, Verhütung, Ermittlung und Verfolgung von Straftaten verwendet werden (etwa Alters- und Geschlechtserkennung als Hilfsmittel bei der polizeilichen Auswertung von Videoaufnahmen), besteht keine Informationspflicht (Art. 52 Abs. 2 S. 2 VO-E).

---

86 Aus technischer Sicht z.B. *Brand u.a.*, Informatik Spektrum 2012, 424.
87 S. *Wentland/Schindler*, ZD-Aktuell 2017, 05855.

4 Unzureichende Regelungskompetenz der Union

Fraglich ist, ob die Union für den Erlass der vorgenannten Regelungen überhaupt zuständig ist. In dem Bezugsvermerk und in EG 2 VO-E werden die Art. 114 und 16 AEUV als Rechtsgrundlagen angegeben. Dies ist in Teilen nicht überzeugend.

Gem. Art. 114 Abs. 1 S. 2 AEUV können Maßnahmen zur Angleichung der Rechts- und Verwaltungsvorschriften der Mitgliedstaaten getroffen werden, welche die Errichtung und das Funktionieren des Binnenmarkts zum Gegenstand haben (s. Art. 3 Abs. 3 UAbs. 1 S. 1 EUV). Der Binnenmarkt umfasst einen Raum ohne Binnengrenzen, in dem der freie Verkehr von Waren, Personen, Dienstleistungen und Kapital gewährleistet ist (Art. 26 Abs. 2 AEUV). Seine Verwirklichung erfordert die Beseitigung von Freiverkehrshindernissen und Wettbewerbsverfälschungen.[88] Ersteres erfolgt z.B. durch die Vereinheitlichung technischer Spezifikationen, um technische Handelshemmnisse abzubauen,[89] letzteres durch Angleichung nationaler Rechtsvorschriften über Produktionsbedingungen in bestimmten Wirtschaftssektoren.[90] Insgesamt stellt der Binnenmarkt „einen denkbar weiten Bezugspunkt für eine Rechtsetzungskompetenz der Union dar",[91] der das Zivil- und Handelsrecht, das besondere Verwaltungsrecht und ggf. sogar das Straf(verfahrens-)recht umfasst.[92]

Mit Blick darauf, dass KI-Systeme „problemlos in verschiedenen Bereichen der Wirtschaft und Gesellschaft, auch grenzüberschreitend, eingesetzt werden und in der gesamten Union verkehren [können]" (EG 2 S. 1 VO-E), ist es nachvollziehbar, auf Grundlage von Art. 114 AEUV eine europaweit einheitliche Regulierung von KI-Systemen anzustreben. Hierdurch können „Unterschiede, die den freien Verkehr von KI-Systemen [...] im Binnenmarkt behindern, vermieden werden" und Allgemeininteressen sowie Rechte von Personen im gesamten Binnenmarkt gleichermaßen geschützt werden (EG 2 S. 4 VO-E). Dies gilt jedenfalls insoweit, als in erster Linie technische und organisatorische Anforderungen produktsicherheitsrechtlicher Art an die Anbieter von KI-Systemen gestellt und Nutzer zur Einhaltung (Art. 29 Abs. 1 VO-E: Verwendung entsprechend der Gebrauchsanweisung) verpflichtet werden, wie dies v.a. bei der Hochrisiko-KI der Fall ist.

88 Streinz/*Schröder*, Art. 114 AEUV Rn. 18 ff.
89 Streinz/*Schröder*, Art. 114 AEUV Rn. 25.
90 Streinz/*Schröder*, Art. 114 AEUV Rn. 26.
91 Streinz/*Schröder*, Art. 114 AEUV Rn. 18.
92 Geiger u.a./*Khan*, Art. 114 AEUV Rn. 10.

An ihre Grenzen kommt die Binnenmarktkompetenz jedoch, wenn staatlichen Stellen detailliert vorgegeben wird, ob und unter welchen Voraussetzungen KI-Systeme eingesetzt werden dürfen. Besonders deutlich wird dies bei dem Verbot der Verwendung biometrischer Echtzeit-Fernidentifizierungssysteme in öffentlich zugänglichen Räumen zu Strafverfolgungszwecken (Art. 5 Abs. 1 lit. d, Abs. 2 bis 4 VO-E), das einen Binnenmarktbezug nicht erkennen lässt.[93] Insoweit besteht ein Unterschied zur Richtlinie 2006/24/EG über die Vorratsspeicherung, die, obwohl sie den Umgang mit Daten im Kontext der Ermittlung, Feststellung und Verfolgung von Straftaten betraf, auf die Binnenmarktkompetenz gestützt werden konnte, da sie im Wesentlichen die Pflicht (privater) Diensteanbieter zur Speicherung von Verkehrs- und Standortdaten regelte, nicht aber die Nutzung dieser Daten durch die zuständigen Behörden.[94]

Als Kompetenzgrundlage wird in EG 2 S. 5 VO-E ferner auf Art. 16 Abs. 2 AEUV abgestellt, soweit der Verordnungsentwurf „konkrete Vorschriften zum Schutz von Privatpersonen im Hinblick auf die Verarbeitung personenbezogener Daten enthält, mit denen v.a. die Verwendung von KI-Systemen zur biometrischen Echtzeit-Fernidentifizierung in öffentlich zugänglichen Räumen zu Strafverfolgungszwecken eingeschränkt wird". Gemeint ist erkennbar Art. 5 Abs. 1 lit. d, Abs. 2 bis 4 VO-E.

Art. 16 Abs. 2 AEUV erlaubt den Erlass von Vorschriften über den Schutz natürlicher Personen bei der Verarbeitung personenbezogener Daten durch die Mitgliedstaaten im Rahmen der Ausübung von Tätigkeiten, die in den Anwendungsbereich des Unionsrechts fallen, und über den freien Datenverkehr. KI-Systeme zur biometrischen Identifizierung und Kategorisierung i.S.d. Verordnungsentwurfs beruhen per Definition auf der Verarbeitung personenbezogener Daten (Art. 3 Nr. 33 i.V.m. Art. 3 Nrn. 35 bis 38 VO-E). Dass die Vorschriften im Verordnungsentwurf tatsächlich auf den Schutz natürlicher Personen bei Verarbeitung personenbezogener Daten abzielen, wie dies z.B. in der DSGVO oder der JI-Richtlinie der Fall ist, ist allerdings nicht ohne weiteres erkennbar. In Art. 5 Abs. 1 lit. d, Abs. 2 bis 4 VO-E finden personenbezogene Daten keine explizite Erwähnung. Die Regelungen zur Hochrisiko-KI enthalten ebenfalls so gut wie keine Vorschriften, die spezifisch auf den Umgang mit personenbezogenen Daten eingehen (s. aber Art. 10 Abs. 5 VO-E).

Vor allem aber ist fraglich, ob Art. 5 Abs. 1 lit. d, Abs. 2 bis 4 VO-E überhaupt eine Tätigkeit regelt, die in den Anwendungsbereich des Unions-

93 *Valta/Vasel*, ZRP 2021, 142 (143); krit. auch *Ebers u.a.*, RDi 2021, 528 (529).

94 Dazu EuGH, NJW 2009, 1801.

rechts i.S.v. Art. 16 Abs. 2 AEUV fällt.[95] Der Anwendungsbereich wäre jedenfalls gegeben, wenn für die geregelte Tätigkeit eine eigenständige Kompetenzgrundlage im Unionsrecht bestehen würde.[96] Eine solche ist, da es sich um Vorschriften handelt, die das innerstaatliche Polizei- und Strafverfahrensrecht betreffen,[97] nicht ersichtlich (s. Art. 2 bis 6 AEUV). Als Anknüpfungspunkt für den Anwendungsbereich des Unionsrechts kommt allenfalls der Raum der Freiheit, der Sicherheit und des Rechts in Betracht (Art. 3 Abs. 2 EUV, Art. 67 ff. i.V.m. Art. 4 Abs. 2 lit. j AEUV), der u.a. die grenzüberschreitende justizielle und polizeiliche Zusammenarbeit umfasst. Ein grenzüberschreitender Bezug ist bei Art. 5 Abs. 1 lit. d, Abs. 2 bis 4 VO-E allerdings nicht erkennbar. Vielmehr ist der rein innerstaatliche Einsatz biometrischer Echtzeit-Fernidentifizierungssysteme zu Strafverfolgungszwecken betroffen. Anders als bei der JI-Richtlinie lässt sich auch nicht argumentieren, dass in erster Linie datenschutzspezifische prozedurale und institutionelle Vorkehrungen (z.B. Betroffenenrechte, Datensicherheit etc.) geregelt sind, um bei (möglicherweise auftretenden) grenzüberschreitenden Sachverhalten ein einheitliches Datenschutzniveau zu gewährleisten, während die materiellen Vorgaben für den Einsatz auf Mindestvorgaben beschränkt sind (s. Art. 8 und 10 JI-RL).[98] Die bloße Berührung eines Zuständigkeitsbereichs der Union genügt nicht, damit Art. 5 Abs. 1 lit. d, Abs. 2 bis 4 VO-E in den Anwendungsbereich des Unionsrechts fällt.[99] Folglich fehlt es für Art. 5 Abs. 1 lit. d, Abs. 2 bis 4 VO-E an einer Regelungskompetenz der Union.[100]

5 Fazit

Der Kommission ist zuzugestehen, „dass sie einen mutigen Anlauf genommen hat, um weltweit eine der ersten Regulierungen von KI-Systemen vor-

---

95 Dass der freie Datenverkehr i.S.v. Art. 16 Abs. 2 AEUV betroffen ist, ist nicht erkennbar.

96 Lisken/Denninger/*Müller/Schwabenbauer*, Kap. G Rn. 422.

97 *Ebers u.a.*, RDi 2021, 528 (529), demnach es sich um Vorschriften handelt, „die in der Regel Teil des mitgliedstaatlichen Polizei- oder Straf(verfahrens)rechts sind“.

98 S. *Bäcker*, BT-Ausschuss-Drs. 17(4)585 B; Lisken/Denninger/*Müller/Schwabenbauer*, Kap. G Rn. 420 f.

99 S. Lisken/Denninger/*Müller/Schwabenbauer*, Kap. G Rn. 417 ff.

100 Im Ergebnis auch *Valta/Vasel*, ZRP 2021, 142 (143 f.); krit. auch *Burri/v. Bothmer* 2021, S. 6 f.

zunehmen".[101] Bei dem Verbot der Verwendung biometrischer Echtzeit-Fernidentifizierungssysteme in öffentlich zugänglichen Räumen zu Strafverfolgungszwecken gem. Art. 5 Abs. 1 lit. d VO-E drängt sich allerdings der Verdacht auf, dass es sich eher um „gegenwartsgebundene Symbolpolitik"[102] handelt, die als Reaktion auf öffentlichkeitswirksam[103] geäußerte Ängste vor einer ausufernden Massenüberwachung zu verstehen ist. Damit soll nicht in Abrede gestellt werden, dass diese Form biometrischer Erkennung schwerwiegende Grundrechtseingriffe hervorrufen und daher – wenn überhaupt – nur äußerst zurückhaltend eingesetzt werden sollte. Jedoch fällt ihre Regulierung nicht in die Kompetenz der Union, sondern zählt zum „Wesenskern staatlicher Souveränität"[104]. Zudem stellen die Art. 5 Abs. 1 lit. d, Abs. 2 bis 4 VO-E keine Anforderungen, die nicht auch aus dem deutschen Verfassungsrecht abgeleitet werden können.

Soweit biometrische Erkennung als Hochrisiko-KI einzuordnen ist, gelten die Vorgaben in Art. 6 ff. VO-E. Diese sind größtenteils allgemein formuliert und bedürfen der Konkretisierung durch die Anbieter sowie Normungsorganisationen.[105] Für biometrische Systeme i.S.v. Anhang III Nr. 1 bestehen Besonderheiten hinsichtlich der Protokollierung (Art. 12 Abs. 4 VO-E), der menschlichen Aufsicht (Art. 14 Abs. 5 VO-E) und der Konformitätsbewertung. Rechtsgrundlagen oder Eingriffsschwellen sind nicht vorgesehen.

Systeme zur Emotionserkennung und zur biometrischen Kategorisierung unterliegen gem. Art. 52 Abs. 2 VO-E Transparenzpflichten, wobei nicht nachvollziehbar ist, warum dies nur für Systeme gelten soll, die auf Grundlage biometrischer Daten funktionieren. Etwa arbeiten Streamingdienste an der Emotionserkennung anhand von Hintergrundgeräuschen oder der Spracheingabe.[106] Die Bezugnahme auf biometrische Daten sollte daher gestrichen werden, damit die Transparenzpflichten für alle KI-Systeme gelten, die Emotionen erkennen.

Insgesamt ist es zu begrüßen, dass sich die Kommission der Regulierung von KI angenommen hat. Die vorgeschlagenen Regelungen bedürfen je-

---

101 *Spindler*, CR 2021, 361 (373); deutlich negativer *Valta/Vasel*, ZRP 2021, 142 (145): „Planbarkeits-Übermut".

102 *Valta/Vasel*, ZRP 2021, 142 (143).

103 S. https://reclaimyourface.eu/de/.

104 Lisken/Denninger/*Müller/Schwabenbauer*, Kap. G Rn. 399.

105 Krit. z.B. *Ebers*, RDi 2021, 588, 590 und 596 f.; von der Notwendigkeit, die abstrakten Anforderungen zu konkretisieren, sprechen auch *Bomhard/Merkle*, RDi 2021, 276, 283.

106 *Korz u.a.* 2021, Gefühle im Patent: Emotionserkennung beim Musikstreaming.

doch an verschiedenen Stellen der Nachbesserung, die im weiteren Gesetzgebungsverfahren geleistet werden sollte.

Literatur

Internetquellen wurden am 15.08.2022 zuletzt abgerufen.

Bäcker, M., Stellungnahme zur öffentlichen Anhörung des Innenausschusses des Deutschen Bundestages am 22. Oktober 2012, 14.00 Uhr über den Entwurf einer EU-Richtlinie über die Datenverarbeitung bei Polizei und Strafjustiz vom 25. Januar 2012 [KOM(2012) 10 endg.], BT-Ausschuss-Drs. 17(4)585 B.

Bomhard, D. / Merkle, M., Europäische KI-Verordnung. Der aktuelle Kommissionsentwurf und praktische Auswirkungen, RDi 2021, 276.

Brand, M. / Klompmaker, F. / Schleining, P. / Weiß, F., Automatische Emotionserkennung. Technologien, Deutung und Anwendungen, Informatik Spektrum 2012, 424.

Burri, T. / Bothmer, F. v., The New EU Legislation on Artificial Intelligence: A Primer, 2021, https://papers.ssrn.com/sol3/papers.cfm?abstract_id=3831424.

Calliess, C. / Ruffert, M. (Hrsg.), EUV/AEUV, Das Verfassungsrecht der Europäischen Union mit Europäischer Grundrechtecharta, 6. Aufl., München 2022 (zitiert als Calliess/Ruffert/*Bearbeiter*).

Damm, R. / Hart, D., Rechtliche Regulierung riskanter Technologien. Am Beispiel der Gentechnologie nach Vorlage des Berichts der Enquete-Kommission „Chancen und Risiken der Gentechnologie", KritV 1987, 183.

Datenethikkommission der Bundesregierung, Gutachten, Berlin 2019, https://www.bmi.bund.de/SharedDocs/downloads/DE/publikationen/themen/it-digitalpolitik/gutachten-datenethikkommission.pdf?__blob=publicationFile&v=6.

Dettling, H.-U. / Krüger, S., Erste Schritte im Recht der Künstlichen Intelligenz. Entwurf der „Ethik-Leitlinien für eine vertrauenswürdige KI", MMR 2019, 211.

Ebers, M., Standardisierung Künstlicher Intelligenz und KI-Verordnungsvorschlag, RDi 2021, 588.

Ebers, M. / Hoch, V. R. S. / Rosenkranz, F. / Ruschemeier, H. / Steinrötter, B., Der Entwurf für eine EU-KI-Verordnung: Richtige Richtung mit Optimierungsbedarf. Eine kritische Bewertung durch Mitglieder der Robotics & AI Law Society (RAILS), RDi 2021, 528.

Ebert, A. / Spiecker gen. Döhmann, I., Der Kommissionsentwurf für eine KI-Verordnung der EU. Die EU als Trendsetter weltweiter KI-Regulierung, NVwZ 2021, 1188.

Europäische Kommission, Pressemitteilung v. 21.04.2021. Ein Europa für das digitale Zeitalter: Kommission schlägt neue Vorschriften und Maßnahmen für Exzellenz und Vertrauen im Bereich der künstlichen Intelligenz vor, https://ec.europa.eu/commission/presscorner/detail/de/ip_21_1682.

Europäischer Datenschutzausschuss / Europäischer Datenschutzbeauftragter, Gemeinsame Stellungnahme 5/2021 zum Vorschlag für eine Verordnung des Europäischen Parlaments und des Rates zur Festlegung harmonisierter Vorschriften für künstliche Intelligenz (Gesetz über künstliche Intelligenz) und zur Änderung bestimmter Rechtsakte der Union v. 18. Juni 2021, Brüssel 2021.

Geiger, R. / Khan, D.-E. / Kotzur, M., (Hrsg.), EUV/AEUV, 6. Aufl., München 2017 (zitiert als Geiger u.a./*Bearbeiter*).

Geminn, C., Die Regulierung Künstlicher Intelligenz. Anmerkungen zum Entwurf eines Artificial Intelligence Act, ZD 2021, 354.

Grützmacher, M. / Füllsack, A. L., Der Entwurf einer EU-KI-Verordnung. Ein erster Überblick über den Vorschlag der Kommission v. 21.4.2021, ITRB 2021, 159.

Hacker, P., Europäische und nationale Regulierung von Künstlicher Intelligenz, NJW 2020, 2142.

Herberger, M., „Künstliche Intelligenz“ und Recht. Ein Orientierungsversuch, NJW 2018, 2825.

Hochrangige Expertengruppe für Künstliche Intelligenz, Eine Definition der KI: Wichtigste Fähigkeiten und Wissenschaftsgebiete, Brüssel 2019.

Hornung, G., KI-Regulierung im Mehrebensystem. KI-Verordnungsentwurf und nationale Ergänzungen, DuD 2022 i.E.

Hornung, G. / Schindler, S., Das biometrische Auge der Polizei. Rechtsfragen des Einsatzes von Videoüberwachung mit biometrischer Gesichtserkennung, ZD 2017, 203.

Hornung, G. / Schindler, S. / Schneider, J., Die Europäisierung des strafverfahrensrechtlichen Datenschutzes. Zum Anwendungsbereich der neuen Datenschutz-Richtlinie für Polizei und Justiz, ZIS 2018, 566.

Korz, J. / Cezanne, L. / Noyan, A. / van den Heuvel, E., Gefühle im Patent: Emotionserkennung beim Musikstreaming, Themen-Blog der GI v. 21.05.2021, https://gi.de/themen/beitrag/gefuehle-im-patent-emotionserkennung-beim-musikstreaming.

Kalbhenn, J. C., Designvorgaben für Chatbots, Deepfakes und Emotionserkennungssysteme: Der Vorschlag der Europäischen Kommission zu einer KI-VO als Erweiterung der medienrechtlichen Plattformregulierung, ZUM 2021, 663.

Karpenstein, U. / Mayer, F. C. (Hrsg.), Konvention zum Schutz der Menschenrechte und Grundfreiheiten, 3. Aufl., München 2022 (zitiert als Karpenstein/Mayer/*Bearbeiter*).

Lehner, R., Deutscher und europäischer Grundrechtsschutz nach den Entscheidungen zum „Recht auf Vergessen“. Von der Alternativität zur Komplementarität?, JA 2022, 177.

Lisken, H. / Denninger, E. (Begr.), Handbuch des Polizeirechts. Gefahrenabwehr, Strafverfolgung, Rechtsschutz, hrsg. v. Bäcker, M. / Denninger, E. / Graulich, K., 7. Aufl., München 2021 (zitiert als Lisken/Denninger/*Bearbeiter*).

Merten, D. / Papier, H-J. (Hrsg.), Handbuch der Grundrechte in Deutschland und Europa, Band II, München 2006 (zitiert als Merten/Papier/*Bearbeiter*).

Meyer, J. / Hölscheidt, S. (Hrsg.), Charta der Grundrechte der Europäischen Union, 5. Aufl., Baden-Baden 2019 (zitiert als Meyer/Hölscheidt/*Bearbeiter*).

Mysegades, J., Keine staatliche Gesichtserkennung ohne Spezial-Rechtsgrundlage, NVwZ 2020, 852.

Orssich, I., Das europäische Konzept für vertrauenswürdige Künstliche Intelligenz, EuZW 2022, 254.

o.V., EDSA/EDSB: Forderung nach Verbot biometrischer Gesichtserkennung, ZD-Aktuell 2021, 05266.

Pieroth, B. / Schlink, B. / Kingreen, T. / Poscher, R., Grundrechte Staatsrecht II, 29. Aufl., Heidelberg 2013.

Plattform Industrie 4.0, Künstliche Intelligenz und Recht im Kontext von Industrie 4.0, Berlin 2019.

Preßlein, D., Grundgesetz vs. Grundrechtecharta? Zur „europäisierten Grundrechtsprüfung" des BVerfG nach den Beschlüssen zum „Recht auf Vergessen" und „Europäischer Haftbefehl III", EuR 2021, 247.

Roos, P. / Weitz, C. A., Hochrisiko-KI-Systeme im Kommissionsentwurf für eine KI-Verordnung. IT- und produktsicherheitsrechtliche Pflichten von Anbietern, Einführern, Händlern und Nutzern, MMR 2021, 844.

Salzmann, M. / Schindler, S., Polizeiliche Gesichtserkennung in Deutschland, ZD-Aktuell 2018, 06344.

Schindler, S., Biometrische Videoüberwachung. Zur Zulässigkeit biometrischer Gesichtserkennung in Verbindung mit Videoüberwachung zur Bekämpfung von Straftaten, Baden-Baden 2021.

Schindler, S., EU-Kommission: Verordnungsentwurf zur Regulierung von KI - Das Ende polizeilicher Gesichtserkennung im öffentlichen Raum?, ZD-Aktuell 2021, 05221.

Schindler, S., Künstliche Intelligenz und (Datenschutz-)Recht, ZD-Aktuell 2019, 06647.

Schindler, S., Noch einmal: Pilotprojekt zur intelligenten Videoüberwachung am Bahnhof Berlin Südkreuz, ZD-Aktuell 2017, 05799.

Schröder, M., Der risikobasierte Ansatz in der DS-GVO. Risiko oder Chance für den Datenschutz?, ZD 2019, 503.

Spindler, G., Der Vorschlag der EU-Kommission für eine Verordnung zur Regulierung der Künstlichen Intelligenz (KI-VO-E). Ansatz, Instrumente, Qualität und Kontext, CR 2021, 361.

Steege, H., Algorithmenbasierte Diskriminierung durch Einsatz von Künstlicher Intelligenz. Rechtsvergleichende Überlegungen und relevante Einsatzgebiete, MMR 2019, 715.

Streinz, R. (Hrsg.), EUV/AEUV, 3. Aufl., München 2018 (zitiert als Streinz/*Bearbeiter*).

Valta, M. / Vasel, J., Kommissionsvorschlag für eine Verordnung über Künstliche Intelligenz – Mit viel Bürokratie und wenig Risiko zum KI-Standort?, ZRP 2021, 142.

Veale, M. / Zuiderveen Borgesius, F., Demystifying the Draft EU Artificial Intelligence Act. Analysing the good, the bad, and the unclear elements of the proposed approach, Cri 2021, 97.

Wentland, K. / Schindler, S., Videogestützte Kundenanalyse zu Werbezwecken, ZD-Aktuell 2017, 05855.

Westphalen, F. v., Künstliche Intelligenz (KI) – Dateneigentum, Haftung, Bilanzierung, ZIP 2020, 737.

Digitale Subjekte in der Plattformökonomie: Datenschutz als zentrale Machtfrage

Jasmin Schreyer

Zusammenfassung

Die ‚schöne neue Welt' der digitalen Daten-*Sharing*-Ökonomie wurde durch die Enthüllungen von Snowden 2013, die der globalen Öffentlichkeit die flächendeckende Überwachung des Internets durch staatliche Geheimdienste offenlegte, entzaubert. Seitdem sind die Hoffnungen auf eine Demokratisierung durch das Internet angeschlagen. Das Internet als Herrschaftsinstrument bietet dabei nicht nur staatliche Akteur:innen, die Möglichkeit (il-)legal Daten zu sammeln, sondern auch privatwirtschaftlichen Unternehmen. Auf Servern und Datenbanken auf der ganzen Welt werden all unsere digitalen Spuren, Handlungen und Interaktionen, die auf den handelsüblichen Hard- und Software-Programmen durchgeführt werden, registriert, getrackt, gespeichert, aggregiert und ausgewertet sowie weiterverkauft. Während Plattformen verschiedenster Couleur mittels algorithmischer Infrastrukturen diese Datafizierung vorantreiben, inszenieren sich die betreibenden Organisationen als neutrale Vermittlungsinstanzen und propagieren, dass ihre Datensammlungen eine Form der ‚höheren' Intelligenz, die Wissen, Wahrheit und Objektivität generiert, liefern würden. Dazu wird nahezu jede Form von Aktivität erfasst und quantifiziert, wodurch das einzelne Subjekt als Datenwolke kategorisiert und ihr Verhalten antizipiert wird. Durch die Rekombination von Daten ergeben sich Muster, die während der Datenerfassung so nicht absehbar waren, wodurch die informationelle Selbstbestimmung gefährdet wird, da die Möglichkeit zur Verhaltensmanipulation die Selbstbestimmung untergräbt. Denn das Wissen über vergangene, gegenwärtige und zukünftige Präferenzen, Einstellungen und Verhalten, ohne auf psychologische Motivationen zurückgreifen zu müssen, allein auf Basis der Daten, führt bei den betroffenen Subjekten zu einer Internalisierung des Machtverhältnisses sowie zu einer Selbstkontrolle und proaktiven Änderung des Verhalten. Das so geschaffene digitale Panoptikum ist allgegenwärtig, dabei unsichtbar und tritt diskursiv mit Schlagworten wie Transparenz, Vernetzung und Sharing auf. Daher wird das Konzept des Datenschutzes zu einer immer zentraleren Machtfrage im 21. Jahrhundert

Die ‚schöne neue Welt' der digitalen Daten-*Sharing*-Ökonomie trackt, speichert, aggregiert und verkauft all unsere digitalen Spuren, Handlungen und Interaktionen. Die vermeintliche Neutralität von Plattformen verschiedenster Couleur, die mittels algorithmischer Infrastrukturen diese Datafizierung vorantreiben, propagieren, dass ihre Datensammlungen eine Form der ‚höheren' Intelligenz generierten, die Wissen, Wahrheit und Objektivität herstellen würden. Die Asymmetrie zwischen den Subjekten und den datensammelnden Organisationen sowie das Ausmaß, der Umfang und Zweck dieser Bemühungen wird verschleiert. Dabei ergeben sich auf der Ebene des Subjekts gravierende Veränderungen: einerseits schaffen und prägen Algorithmen eine eigene Wirklichkeit, welche die informationelle Selbstbestimmung gefährdet, da die Möglichkeit zur Verhaltensmanipulation die Selbstbestimmung untergraben kann. Die Auflösung der Privatsphäre im virtuellen Raum ist andererseits auch durch die Aggregation nicht-personenbezogener Daten bedingt, da durch Korrelation von enormen Mengen an Daten personenbezogene Daten abgeleitet werden. Das Recht auf Privatsphäre wird so sukzessive entwertet und zurückgedrängt. Dabei ist vielen Menschen Privatsphäre (sehr) wichtig, gleichzeitig müssen und wollen sie virtuell präsent sein, wodurch zum Teil keine andere Wahl bleibt, als mit den persönlichen Daten zu bezahlen, um partizipieren zu können. Das Konzept des Datenschutzes avanciert daher zu einer der zentralen Machtfragen im 21. Jahrhundert.

1. *Überwachungskapitalismus, Datafizierung und Algorithmen*

Edward Snowden legte 2013 die flächendeckende Überwachung des Internets durch staatliche Geheimdienste offen. Damit kam aber auch sukzessive ans Licht, inwieweit die Big-Tech-Unternehmen, die unser Leben durch diverse digitale Gadgets prägen, Teil dieser Überwachungsmaschinerie sind (Greenwald 2014). Die ehemals großen Hoffnungen auf eine Demokratisierung der Welt durch das Internet sind lädiert und das Internet wurde als Herrschaftsinstrument demaskiert. Doch nicht nur staatliche Akteur:innen sammeln (il-)legal Daten, um politische Repression oder den Schutz ihrer zentralen Machtinteressen auszuüben – natürlich im Dienste der allgemeinen Sicherheit (Stalder 2016) –, sondern auch immer mehr privatwirtschaftliche Unternehmen. Dabei fällt auf, dass die wertvollsten Unternehmen der Welt (die sogenannten Big-Five: Microsoft, Apple, Amazon, Alphabet (Google) & Meta (Facebook)) gleichzeitig diejenigen sind, die über besonders viele und tiefgreifende Daten über einzelne Subjekte verfügen. Denn die Nutzung ihrer Hard- und/ oder Software erzeugen immense Datensammlungen.

Auf Servern und Datenbanken auf der ganzen Welt werden all unsere digitalen Spuren, Handlungen und Interaktionen registriert, getrackt, gespeichert, aggregiert und ausgewertet sowie weiterverkauft. Das Sammeln der Daten war ursprünglich zur Verbesserung des jeweilig angewandten Dienstes gedacht. Die gesammelten Daten bestehen nach Shoshana Zuboff aus zwei Teilen: eine Datenmenge, die in direktem Bezug zur digitalen Funktion steht. Diese Datenmenge stellt nach Zuboff den ‚Rohstoff' dar, der in den „Verhaltenswert-Reinvestitionszyklus" fließt. Dieser Zyklus dient der „Verbesserung von Tempo, Genauigkeit und Relevanz" (Zuboff 2018, S. 91). Allerdings entsteht bei jeder Nutzung eine Art „Kielwelle von Kollateraldaten wie etwa Anzahl und Muster der Suchbegriffe, wie eine Suche formuliert, buchstabiert, interpunktiert ist, Verweildauer, Klickmuster, Ort usw. usf." (Zuboff 2018, S. 90). Diese Daten sind nicht notwendig für die Funktion und wurden zum Zeitpunkt der Entwicklung der digitalen Dienstleistungen zu Beginn unsortiert gespeichert. Im sogenannten ‚Überwachungskapitalismus', wie ihn Zuboff beschreibt, ist es nun jedoch genau dieser zweite, nicht notwendige Teil der Daten, der den ‚Verhaltensüberschuss', also den Mehrwert, generiert. Überwachungskapitalismus rekurriert auf die Aneignung von persönlichen Daten und menschlicher Erfahrung als Ware, woraus der Verhaltensüberschuss sowie marktfähige Produkte generiert werden. Dabei wird das erfasste Verhalten mit der Überführung in eine verwertbare Ware über mehrere Schritte tiefgreifend aufbereitet und verändert. In Anlehnung an die Informatik spricht Zuboff von einer technisch aufbereitenden ‚Rendition' der Informationen über Menschen (Voß 2020). Erst auf diesem Weg sei der Rohstoff ‚Verhalten' weiter verwendbar. Es geht nicht mehr nur um die Gewinnung und datenanalytische Aufbereitung der Information zu einzelnen Verhaltensakten und Personenmerkmalen, sondern um die Erfassung und Verarbeitung der Gesamtheit des menschlichen Lebens, um eine „Rendition des Selbst" (Zuboff 2018, S. 309). Verhaltensweisen werden so – auf Basis von Persönlichkeitsprofilen – zum Produkt.

Eine Folge davon ist eine immer engmaschigere Überwachung der Menschen, um mehr Daten und damit (vermeintlich) bessere Ergebnisse zu produzieren. Die Datensuche dringt in immer privatere Bereiche vor. Die Überwachung wird tendenziell totalitär. Die Analyse des Verhaltensüberschusses ermöglicht es menschliches Verhalten, mit stetigem Datenvolumen exakter, vorherzusagen. Dabei liefern bereits Metadaten ein sehr umfassendes Bild. Denn sie beschreiben den Kontext einer Kommunikation. Aus diesen Daten können Rückschlüsse auf das gesamte Leben, die Beziehungen und das Beziehungsverhalten gezogen werden und etwa durch einen Assoziationsgraph visualisiert werden. „Metadaten sind bei der Überwachung der gesamten Bevölkerung wesentlich aussagekräftiger, wichtiger und nützlicher“ (Zimmer 2019, 33). In Verbindung mit Text Mining generieren sie ein ‚vertieftes‘ Wissen durch die Erkennung und Verknüpfung von Mustern. Beispielsweise können so politische Einstellungen, kultureller Hintergrund und Religiosität oder die sexuelle Orientierung destilliert werden, woraus die auswertenden Organisationen eine „Echtzeit-Marktanalyse mit individueller Kundenansprache“ (Seele/ Zapf 2017, S. 119) an die Hand bekommen. Aber nicht nur können so ‚neue‘ Märkte adressiert werden, vielmehr werden auf der Basis dieser datentechnischen Aufbereitung und Analyse von Informationen Mechanismen entwickelt, die zur Steuerung von Verhalten dienen.

Um die Praxis der Analyse des Verhaltensüberschusses zu forcieren, erzeugen digitale Infrastrukturen „einen hohen Druck, ja, faktischen Zwang zur ‚Einwilligung‘“ (Roßnagel, Friedewald/ Hansen 2018, S. 4), mittels sogenannter ‚Click Warp-Verträge‘. Damit sind Nutzungsbedingungen und Datenschutzrichtlinien von digitalen Angeboten gemeint, die ohne die ‚Zustimmung‘ der Nutzer:innen nicht funktionieren. Zuboff bezeichnet dies als „privates Enteignungsrecht und spricht von einer einseitigen Beschlagnahme von Rechten ohne Einwilligung“ (Zuboff 2018, S. 94). Daraus erwachse der Überwachungskapitalismus.

Digitale Identitäten stehen somit im Zentrum von wirtschaftlichen und politischen Interessen (Strauß 2020). Die Subjektivität der Einzelnen wird quantifiziert und ist somit Ausgangspunkt der riesigen Datenerhebungsmechanismen die durch die beispielslose Durchdringung der Digitalisierung hervorgebracht wurde. Sie erfolgt im öffentlichen und halböffentlichen Raum (z.B. in Verkehrsmitteln sowie bei zunehmend eingeführten „Smart City“-Technologien, bei Behörden oder Pflegeeinrichtungen), in der Konsumsphäre (online und offline durch das Tracking innerhalb von Verkaufsräumen, wie Mensch sich dort bewegt, Angebote begutachtet usw.) wie auch bei der Erwerbsarbeit bzw. im Betrieb (bspw. durch Office 365, das Intranet oder wearables) (Voß 2020; Zimmer 2019a; Höller/ Wedde 2018). Die enormen Datensammlungen die durch die Beobachtungstechnologien entstehen, wurden nicht nur aus Sicherheitsgründen eingesetzt, vielmehr werden sie intensiv als Datenquellen genutzt. Diese Vorgänge fasst der Begriff ‚datafication‘ (van Dijck 2014).

Datafizierung beschreibt die Fähigkeit und den Prozess der Erfassung und Quantifizierung nahezu jeder Form und Aktivität in beinahe jedem Alltagsbereich als ‚totale‘ Vermessung von Individuum und Gesellschaft. Diese Durchdringung forciert die Auflösung der Grenzen zwischen privaten, öffentlichen und ökonomischen Raum. Datafizierung als Paradigma steht somit ideologisch zwischen Sozialität, Wissenschaft und Wirtschaft (van Dijck 2014; Smith 2018). Die analoge Welt wird in abzählbare Größen „übersetzt", aufgelöst in Einser und Nullen, damit sich der Computer darin „zurechtfindet" (Zimmer 2019). Während nun Plattformen verschiedenster Couleur mittels algorithmischer Infrastrukturen die Datafizierung vorantreiben, inszenieren sich dieselben Organisationen als ‚neutrale' Vermittlungsinstanzen und propagieren, dass ihre Datensammlungen eine Form der ‚höheren' Intelligenz, die Wissen, Wahrheit und Objektivität herstellen würden. Die Asymmetrie zwischen den Nutzenden und den datensammelnden Organisationen sowie das Ausmaß, der Umfang und Zweck dieser Bemühungen werden durch Zahlen und statistische Daten verdeckt, die ihren Anweisungen und Aussagen den Anstrich von Genauigkeit und Unbestechlichkeit verleihen.

Algorithmen sind die Grundlage jeglicher Suche und Information, Kommunikation und Interaktion im Internet. Algorithmen sind aber ‚nur' Handlungsvorschriften zur Lösung eines Problems. Diese Problemlösung wird in modulare Einheiten Schritt für Schritt gegliedert (Levermann 2018). Ein Algorithmus führt somit vorgefertigte Schritte mit vorhandenen oder zugeführten Daten aus, um das gewünschte Ergebnis zu produzieren. Aus kulturphilosophischer Sicht sind Algorithmen nicht durch technische Komponenten oder dem strikten Vorgehen definiert. Vielmehr ist hier der "Entdeckungs- und Verwendungszusammenhang in kulturellen, also bedeutungskonstituierenden Kontexten" (Levermann 2018, S. 33) von Interesse. Sie fungieren als Referenzsystem für soziale Organisationen und bringen durch ihre Erzeugung und Betreibung eine Eigenlogik hervor, die soziale Tatsachen generiert (Dolata 2017). Die in Algorithmen eingeschriebenen Regeln, Normen und Handlungsanleitungen wirken auf die Aktivitäten ihrer Nutzer:innen wie soziale Institutionen und strukturieren ihr Handeln so stetig mit. Algorithmen sind hochpolitisch, da sie distinkte, selektive und zunehmend personalisierte soziale Wirklichkeiten auf der Grundlage von sozialen Kriterien schaffen und verhaltensprägend wirken (Levermann 2018; König 2019).

Algorithmen erfassen somit nahezu jede Form von (digitaler) Aktivität und quantifizieren diese, wodurch das einzelne Subjekt als Datenwolke einen digitalen Schatten zugeschrieben bekommt (Nocun 2018b; Zimmer 2019b). Dieser Prozess ersetzt das ‚Wie und Warum' des Einzelnen durch das ‚Was als Das'. Das Individuum tritt sodann nur noch als Datenwolke in Erscheinung. Jedoch ist das algorithmisch generierte Abbild des digitalen Subjekts in seiner Komplexität reduziert, da nur, was ihm durch die Datenspuren seiner elektronischen Aktivitäten, Verbindungen, Transkationen und Bewegungen, seinem „digitalen Schatten“, zugeschrieben wird, erfasst werden kann (Zimmer 2019, S. 20f.). Algorithmen kategorisieren Personen. Ihr Verhalten wird dadurch antizipiert und (Vor-)Entscheidungen getroffen. Sie schaffen und prägen dadurch eine eigene Wirklichkeit und generieren soziale Bedeutung (Levermann 2018). Darüber hinaus ergeben sich durch die Rekombination von Daten Muster, die während der Datenerfassung so nicht absehbar waren. Die inhärente Möglichkeit zur Verhaltensmanipulation (Rouvroy 2013) tangiert die Selbstbestimmung, wodurch die informationelle Selbstbestimmung[1] gefährdet wird (Nassehi 2019a, 2019b). Dies ebnet den Weg hin zu einer algorithmischen Gesellschaft („algorithmic society“) (Balkin 2017), in der die Lebensführung von Individuen sowie ihren sozialen Beziehungen stark durch algorithmische Systeme vermittelt sind. Die algorithmische Gesellschaft ist ein kybernetisches Modell der Steuerung und Herrschaft mittels Datafizierung. Beachtung findet dort nur, was sich digitalisieren und messen, klassifizieren und einordnen, zahlenmäßig bewerten und skalieren lässt (Mau 2017).

2. *Digitale Subjekte, Privatsphäre und Datenschutz*

Endnutzer:innen agieren auf der Ebene der Benutzerschnittstellen, also auf einer Oberfläche technischer Artefakte und besitzen in den meisten Fällen kaum die Möglichkeit Einblicke in oder Verständnis für das was dahinter passiert zu erhalten. Die vermeintlich neutralen Plattformunternehmen nutzen dies um die Monopolisierung von Interpretationen zu forcieren (Lehtiniemi 2017). Denn algorithmische Entscheidungssysteme kategorisieren Personen um ihre Wünsche und Verhaltensweisen zu antizipieren (Katzenbach/ Ulbricht 2019). Sie treffen so für sie (Vor-)Entscheidungen und bieten Erleichterung bei der individuellen Lebensführung, indem sie Menschen die Entscheidung darüber abnehmen, was für sie am besten sei (König 2019). Die daraus resultierenden Anreiz- und Empfehlungssysteme zur Optimierung eines Entscheidungsprozess werden durch Algorithmen induziert, die wiederum durch personalisierte Wahlen auf ein Individuum zugeschnitten werden. Diese Form von ‚Dataveillance‘ (Lupton 2020; Lup-

1 Informationelle Selbstbestimmung rekurriert auf das individuelle Entscheidungsrecht, welches auf die Herausgabe und Verwendung personenbezogener Daten rekurriert (Albers 2017, S. 13). Die Informationskontrolle durch das betroffene Individuum bezieht sich theoretisch sowohl auf die Wahl und Zustimmung, welche Informationen erhoben und verbreitet werden dürfen als auch auf den Zugriff und die Korrektur dieser Daten (Hagendorff 2019, S. 27).

ton/ Michael 2017) setzt auf Big Data (Mining) als *den* ‚heiligen Gral' zur Generierung von Verhaltenswissen (van Dijck 2014). Denn nicht die Daten alleine, sondern vielmehr die Extraktion von Mustern aus den gesammelten Datenvorräten kreieren den eigentlichen Wert von Big Data.

Die destillierten Muster dienen sodann dazu durch Nudging und Nudges (Thaler/ Sunstein 2008) ein Anreizsystem als Wahlarchitektur (mittels Lob oder Tadel) für die Nutzenden zu gestalten. Nudges nutzen psychologische Mechanismen, um die Entscheidungsfindung zu steuern und treten dabei nur auf einer unterschwelligen Ebene ins Bewusstsein. Sie sollten transparent sein, jedoch sind ihre Absichten tendenziell opak (Lanzing 2019). Daher können diese auch Verhaltens- und Bewusstseinsveränderung evozieren, die so subtil sind, dass die Grenze zur Manipulation fließend ist (Lanzing 2019a; Strauß 2020). Sogenannte Hypernudges basieren auf live data streams, die mit der persönlichen Datengeschichte der Nutzer:in gekoppelt sind sowie den Abgleich mit Empfehlungen und Entscheidungen, die *Menschen wie Du* getroffen haben, wodurch ein Vergleich mit einer ganzen Population möglich wird (Lanzing 2019b). Hypernudges sind versteckt und perfekt in die digitale Umgebung eingebaut. Sie beruhen auf Scoring als einem selbstlernenden System, das auf personenbezogenen Daten zurückgreift, die Erfahrungswerte aus der Vergangenheit und Gegenwart bündelt und daraus zukünftiges Verhalten statistisch prognostiziert (Pasquale 2015). Scoring schafft Verhaltensanreize, indem vergangenes Verhalten – nach unternehmenseigenen Vorstellungen –, beispielsweise durch spieltheoretische Elemente, belohnt oder bestraft wird. Darüber hinaus verdecken sie die ökonomischen Anreize der dahinterstehenden Unternehmen.

In einer algorithmischen Gesellschaft wird vordergründig nicht gegen Widerstände gearbeitet, sondern bei den Motiven und Wünschen von Personen angesetzt, um sie mittels geeigneter Stimuli anzuleiten (Bröckling 2017, S. 179f.). Verhalten wird so nicht mittels einschränkender Vorschriften reguliert. Vielmehr wird die Entscheidungslast von einer Instanz abgenommen, die sodann vorteilhafte oder nachteilige Folgen für eine Person evoziert. Opak bleibt in diesem Prozess, mit welchem Wissen und mit welcher Autorität eine Instanz bestimmt, was für Nutzer:innen am besten ist (Bröckling 2017, S. 195). Insofern ist es von zentraler Bedeutung, welche soziale Beziehung und welche Abhängigkeiten daran gebunden sind, wenn ein Akteur für Individuen Entscheidungen strukturiert oder deren Entscheidungen trifft.

Eine algorithmische Wirklichkeit sui generis würde die informationelle Selbstbestimmung empfindlich tangieren, da die Möglichkeit zur Verhaltensmanipulation die Selbstbestimmung großflächig darin angelegt ist. Etwa, weil sich die Nutzenden überhaupt keinen „Überblick über die eigene Datenspur“ (Nocun 2018a, S. 43) mehr verschaffen können. Privatsphäre im Sinne von Privatheit ist ein mehrdeutiges Konzept, rekurriert zuvörderst auf die Kontrolle über den Zugriff auf die eigenen Informationen einer Person (Moll 2017, S. 49). Es geht also um die Kontrolle, welche Informationen aus den Datensammlungen gewonnen werden können und welche Folgen für die/den Einzelne:n daraus entstehen (Albers 2017, S. 15). Datenschutz bezieht sich jedoch nur auf die Verarbeitung personenbezogener Daten.

Die Auflösung der Privatsphäre im Sinne der informationellen Selbstbestimmung ist im virtuellen Raum aber vor allem durch die Aggregation nicht-personenbezogener Daten bedingt, da durch Korrelation von enormen Mengen an Daten personenbezogene Daten abgeleitet werden können. Die algorithmisch generierten Auswertungen erzeugen weitere Muster, die wiederum in weiteren algorithmischen Entscheidungsprozessen als Fremdzuschreibung auf das Selbst treffen (Matzner 2019, S. 68) und die Möglichkeit zur Verhaltensmanipulation beinhalten. Diese Art von „Daten-Behaviorismus“ (Rouvroy, 2013) leistet einer algorithmischen Gouvernance weiter Vorschub und das daraus resultierende digitale Panoptikum ist unsichtbar, schmerzfrei und tritt diskursiv mit Schlagworten wie Transparenz, Vernetzung und Sharing auf (Seele/ Zapf 2017). Denn das Wissen über vergangene, gegenwärtige und zukünftige Präferenzen, Einstellungen und Verhalten, ohne auf psychologische Motivationen zurückgreifen zu müssen, allein auf Basis der Daten, führt bei den betroffenen Subjekten zu einer Internalisierung des Machtverhältnisses sowie zu einer Selbstkontrolle und proaktiven Änderung des Verhalten (Foucault, 2016; Foucault 2013), wodurch die Grenze zwischen Privatem und Ökonomischem (noch weiter) verwischt wird (Kaerlein/ Bartz/ Hörl 2018).

Die Verschmelzung sozialer Lebenswelten mit digitalen Technologien findet in der digitalen Selbstvermessung einen weiteren Anknüpfungspunkt für die Datafizierung (Mau 2017; Selke 2016). Die digitale Selbstvermessung erfasst menschliches Leben in Echtzeit, indem Daten digital gesammelt, vorrätig gehalten werden und ein Deutungsangebot bereitgestellt wird. Die sogenannte quantified self community mit ihrem Slogan: ‚self-knowledge through numbers' verspricht den Nutzenden durch die Quantifizierung ihres Lebens Werkzeuge zur Verbesserung und zur Kontrolle des Selbst an die Hand zu geben (Lanzing 2019b, S. 61). Die Wirklichkeit wird so von Zahlenreihen erfasst, beschrieben und durch konkrete Entscheidungen bewertet. Beispielsweise in Bezug auf Gesundheit durch Fitness Gadgets wie Smartwatches oder sozialer Netzwerke wie strava, zuhause durch Smart Home Anwendungen, Accounts bei YouTube, Apple Music,

Spotify etc., oder unterwegs, die Selbstüberwachung im Straßenverkehr, zwecks einer günstigeren Versicherungspolice. So wird auf individueller Ebene dazu beigetragen, dass die Datenbasis des digitalen Schattens des eigenen Selbst immer präziser wird. Die vermeintliche Präzision, Eineindeutigkeit, Vereinfachung, Nachprüfbarkeit und Neutralität durch Zahlen lassen die Überwachung der eigenen Gesundheit, des Musikgeschmacks oder des Fahrstils rational und wünschenswert erscheinen, da diese zumeist mit Belohnungen (Vorteilen, Erleichterungen) einhergehen (Reichert 2017; Selke/ Klose 2016; Mämecke 2016).

Die Empfehlungen, Ratschläge und Sanktionen – positiv wie negativ – in solchen Arrangements bilden allesamt verhaltenskontrollierende und -lenkende Maßnahmen, die das Verhalten an bestimmten Normen und Zielen ausrichten. Die Quantifizierungen bringen manifeste Formen der Zuschreibung von Wertigkeit hervor. Algorithmische Prozesse bestimmen soziale Konstrukte wie Risiko, Gesundheit, Produktivität, Glaubwürdigkeit oder Popularität (Lupton 2015; Lupton/ Michael 2017). Der Umstand, dass quantifiziert wird, ist offensichtlich; opak bleibt, wie die Konstrukte operationalisiert wurden. Denn die digitale Erfassung von Daten, deren algorithmische Indikatorisierung zur Kondensierung und Extraktion von Informationen aus dem Datenpool, enthalten im Vorfeld diverse Entscheidungsschritte. Diese Vorgänge sind hochgradig selektiv und normativ. Welche Daten einbezogen werden, wie sie gewichtet und auf welche Weise sie miteinander verknüpft werden, generiert eine je spezifische Bedeutung und Komplexitätsreduktion (Mau 2017). Selbstvermesser:innen lassen es damit de facto zu, konditioniert zu werden, wobei dies allerdings nach Kriterien stattfindet, die sie nicht bestimmt haben (König 2019, 2020).

Datenschutz im Sinne des Schutzes von personenbezogenen Daten als Voraussetzung für ein autonomes Leben rückt die informationelle Selbstbestimmung in den Fokus. Die Preisgabe der Privatsphäre aufgrund der alles durchdringenden Digitalisierung wird häufig mit dem Verlust der Autonomie gleichgesetzt. Jedoch wird außer Acht gelassen, dass die überwachten Subjekte auch eine aktive Rolle bei der Überwachung spielen. Sie sind Teil der Konstruktion der Überwachungswirklichkeit, indem sie selbstverständlich – selbstzensiert – ‚gewünschtes' Verhalten antizipativ reproduzieren (Gnosa 2019; Hagendorff 2019). Die Datensammlungen von (Groß-)Unternehmen und Geheimdiensten zielen nun aber – wie oben beschrieben – nicht nur darauf ab, einzelne Subjekte zu disziplinieren, sondern ermöglichen es Verhalten vorherzusagen und zu steuern. Wohl auch deswegen geht heute kaum jemand ohne Smartphone aus dem Haus, verzichtet auf die verschiedenen Dienste von Alphabet (ehemals Google) oder auf soziale Medien aus dem Hause Meta (ehemals Facebook).

Vielmehr sind Alexa und Co. aus dem Alltag kaum mehr wegzudenken, und das trotz diverser Datenskandale in den letzten Jahren. Diskussionen über Datenschutz und Überwachung werden zudem häufig mit dem Satz: *„Ich hab´ ja nichts zu verbergen (und von daher auch nichts zu befürchten!)"* abgetan. Diese Legitimationsstrategie wurde passiv internalisiert und impliziert, dass es im Kontext der Dataveillance um *‚die Anderen'*, nicht aber um das eigene Selbst geht. Durch die Rezeption wird das Recht auf Privatsphäre sukzessive entwertet und zurückgedrängt (Smith 2018).

Trotz der (fatalistischen oder vermeintlichen) Resignation hinsichtlich des informationellen Kontrollverlusts sollten Konzepte wie die informationelle Selbstbestimmung, Privatheit und Privatsphäre sowie Datenschutzes als eine der zentralen Machtfragen im 21. Jahrhundert betrachtet werden (Zuboff 2018). Denn Privatheit und Privatsphäre changiert zwischen Autonomie und Kontrolle und konzentriert sich nicht mehr unmittelbar auf Subjekt, sondern den relationalen sozialen Raum (Stalder 2019). Die Etablierung einer ‚digitalen Souveränität' (Hartmann 2022; Pohle 2020), die das Gegenteil der beschriebenen digitalen Vulnerabilität darstellt (Biniok 2020) soll eine Möglichkeit an die Hand geben, der mehr oder weniger ‚totalen' digitalen Kontrolle der Subjekte entgegen zu wirken. Digitale Souveränität rekurriert auf die Agency als Handlungs- und Gestaltungsfähigkeit der Subjekte. Dazu ist es notwendig, eine Digitalkompetenz auf der individuellen Ebene zu etablieren, etwa durch Schulungen, aber auch durch stärkere Regulierung digitaler Dienste und Verbraucherschutz durch verbesserte Transparenz (Pohle 2020, S. 10). Wissen und Transparenz über die Erhebung, Verarbeitung und Nutzung von persönlichen Daten sowie über algorithmische Entscheidungssysteme und deren Funktionsweise öffentlich zugänglich zu machen verändert auch den Blick auf die Nutzenden. Sie sind dann nicht mehr nur die vermeintlich passiven und verwundbaren Ziele der Datafizierung. Vielmehr können sie sich organisieren, Wissen aneignen und dadurch eine Handlungsfähigkeit erlangen, die sie befähigt, den Kampf um Privatsphäre und Datenschutz für sich zu entscheiden (Lupton 2020).

Proaktiver Datenaktivismus sieht in offener/ freier Software eine Möglichkeit einen sozialen Wandel der Digitalität (Stalder 2016) zu initiieren, der die Befähigungsperspektive der Subjekte stark macht und sie zur Partizipation animiert. Proaktive Datenaktivist:innen agieren in unterschiedlichen Konstellationen und Organisationen, um die ungleiche Machtverteilung und Monopolisierung der Datenanalyse zu brechen (Lehtiniemi/ Haapoja 2020). Etwa indem sie sowohl mittels ‚open data' und freier Software gegen die „Landnahme der Algorithmen" (Mau 2017) vorgehen und aktiv und öffentlichkeitswirksam informationelle Selbstbestimmung einfordern. Sowohl gesetzlich, indem der Gesetzgeber die Gefahren, die aus der Datenverarbeitung für Subjekte hervorgehen, einhegt durch Festschreibung von Missbräuchen der Privatsphäre (Seele/Zapf 2017), als auch durch öffentlichkeitswirksame Aktionen, Aufklärung zum Selbstschutz und politische Handlungsempfehlungen (Digitalcourage 2022; Netzpolitik.org 2022).

3. Plattformbasierte Arbeitskoordination im Fahrradkurierwesen

Der Grundgedanke von digitalen Plattformkonzepten beruht u.a. auf der großflächigen, automatisierten und vernetzten Sammlung und Nutzung von (Persönlichkeits- und Meta-)Daten als Geschäftsmodell. Die digitale Plattformökonomie kann als paradigmatisch für den oben beschriebenen Überwachungskapitalismus verstanden werden. Daher soll anhand zwei konträrer Beispiele von Plattformunternehmen, die im Fahrradkurierwesen tätig sind, das Spektrum der Dataveillance zwischen kommerzieller oder aktivistischen Datennutzung beleuchtet werden. Das erste empirische Beispiel rekurriert auf ein kommerzielles Plattformunternehmen, dass sich auf die regionale, nationale und internationale Bereitstellung einer Fahrradkurierlieferflotte für Essensauslieferung spezialisiert hat und diese über ein algorithmisches Management koordiniert. Die andere empirische Fallstudie nimmt ein Fahrradkurierkollektiv in den Blick, dass sich nach eigenen Angaben von der Anreizpolitik und Disziplinierung durch automatisierte Prozesse emanzipieren will. Die Nutzung algorithmischer Infrastrukturarchitekturen zur Arbeitskoordination stellt eine verbindende Gemeinsamkeit des kommerziellen und des gemeinschaftlich geführten Kurierunternehmens dar[2].

Die Ausgestaltung der Überwachung, Verdatung und Quantifizierung des Arbeitsalltages variiert in der Praxis und ist je nach Ausrichtung des Plattformunternehmens unterschiedlich. Allerdings birgt die Datafizierung im Arbeitskontext eine Brisanz, der sich auch das gemeinschaftlich geführte Kollektiv nicht komplett entziehen kann. Vor allem in Bezug

---

2 Die vorgestellte Empirie ist im Rahmen einer qualitativen Studie im Kontext des von der Hans-Böckler-Stiftung geförderten Projekts: ‚Digitale Projektgemeinschaften als Innovationsinkubatoren' (siehe hierzu: Schreyer/ Schrape 2018; 2021; Schreyer 2019, 2020) von 2017-2020 erhoben worden. Die folgende Analyse ist zum Teil im Rahmen der Förderung der Deutschen Forschungsgemeinschaft (DFG) – Projektnummer 442171541 (DFG-Schwerpunktprogramm 2267: Digitalisierung der Arbeitswelten) – entstanden.

auf Nudges, Gamification und des Daten-Behaviourismus insgesamt lassen sich so unterschiedliche Maßnahmen zur (Selbst-)Disziplinierung und Steuerung der Mitarbeiter:innen beobachten, die wiederum unterschiedliche Reaktionen hinsichtlich Privacy- und Datenschutzkonzepte evozieren. Im Folgenden sollen daher die Spannungen, Ambivalenzen und Herausforderungen die durch die Datafizierung möglich geworden sind in den verschiedenen empirischen Ausgangssituationen vergleichend diskutiert werden.

Eine bedeutende Gemeinsamkeit der beiden doch sehr unterschiedlichen Plattformunternehmen bezieht sich auf die für die Arbeitskoordination wesentliche algorithmische Infrastruktur (van Doorn 2017; Rosenblat und Stark 2016), wodurch der Arbeitsprozess kleinteilig überwacht werden kann (Schreyer und Schrape 2021b). Der kommerzielle Kurierdienst setzt bei der Mitarbeiter:innenführung auf eine Steuerung und Herrschaft durch ein algorithmisches Management (Kellogg et al. 2020), das mittels technikvermittelter Regelsetzung und Modularisierung die Handlungsspielräume der Arbeitskräfte massiv begrenzt (Duggan et al. 2020; Schreyer 2021a). Die algorithmisch induzierte Quantifizierung der Arbeitsleistung und die lückenlose Ablaufkontrolle sowie das automatisierte Tracking sorgt für eine Reduktion der Subjektivität der Fahrer:innen des kommerziellen Lieferdienstes auf ihren Datenschatten und ermöglicht es dem algorithmischen Management eine umfassende Dataveilance zu installieren. Das so erzeugte rigide Kontrollregime erzeugt mitunter eine hohe Fluktuation im Unternehmen aber auch selbstorganisierten Widerstand seitens der Fahrer:innen (Schreyer 2021b). Während zu Beginn des selbstorganisierten Widerstandes Datenschutz kaum ein Thema war, formierte sich über den Zeitverlauf, animiert von Einzelkämpfer:innen – die juristisch gegen das Unternehmen vorgegangen waren –, auch Interessenvertreter:innen zu diesem Thema.

Das kollektiv geführte Plattformunternehmen wurde von ehemaligen Fahrer:innen des kommerziellen Lieferdienstes gegründet und verfolgt den Anspruch, aufgrund der Erfahrungen der algorithmischen Steuerung diese Art von Führung zu vermeiden. Ziel des Kollektivs ist es, einen sozialen Wandel durch den Einsatz von digitalen Technologien, die zur Partizipation und Mitbestimmung in allen geschäftlichen Bereichen befähigen, zu initiieren. Die algorithmische Infrastruktur für die Arbeitskoordination ist auch im Kollektiv zentral für den Auslieferungsprozess. Das Besondere dabei ist jedoch, dass die Software von CoopCycle, der ‚Kooperative der Kooperativen' – ein gemeinwohlorientiertes Fahrradkurier-Netzwerk – programmiert wurde und ausschließlich an demokratisch verfasste Kollektive weitergegeben wird (Schreyer/ Schrape 2021a). Das Kollektiv hat – wie alle anderen angeschlossenen Kooperativen – keine direkte Zugriffsmöglichkeit auf den Code der Software. Durch beständige Feedbackschleifen durch ein Online-Portal und Sofort-Support bei Problemen besteht jedoch die Möglichkeit die Software weiterzuentwickeln und den eigenen Bedürfnissen anzupassen.

Bei beiden Unternehmen garantieren die Algorithmen der Plattform die effiziente Gestaltung des Arbeitsablaufs. Das algorithmische Management des kommerziellen Plattformunternehmens übernimmt die gesamte Koordination und schaltet die jeweiligen Arbeitsschritte sukzessive frei. Diese Modularisierung ermöglicht eine niederschwellige Partizipation aller Beteiligten. Die damit einhergehende Standardisierung lässt sodann aber keine Abweichung von den vorgegebenen Pfaden zu (Schreyer/ Schrape 2021b). Die Fahrer:innen haben somit keine Möglichkeit in ablaufende Prozesse einzugreifen oder zu der Lösung etwaiger Probleme im Lieferablauf beizutragen (wie beispielsweise ihr qualitatives Wissen über regionale Umwelterfordernisse, da es durch das algorithmische Management nicht wahrgenommen werden kann).

Im Gegensatz zu der kooperativen Software stellt die vollautomatisierte und prozessumspannende Arbeits- und Ablaufkontrolle entlang standardisierter Kennziffern keine Kommunikations- und Feedbackschnittstellen zur Verfügung. Während die Kommunikation dort auf allen Ebenen begrenzt wird, ist im Kollektiv Kommunikation das alles übergreifende Koordinationsprinzip (Schreyer/ Schrape 2021a). Dies liegt auch in der Maxime begründet allen Mitgliedern eine selbstbestimmte Arbeit durch die Verteilung von Gestaltungsmacht zu ermöglichen. Regelsetzungen werden über Konsens (idealiter) oder Mehrheitsentscheid (realiter) hergestellt. Die alltägliche Kommunikation findet vorrangig über Onlinedienste und -plattformen (wie Slack, für die situative Abstimmung, und Zello, als Push-to-Talk-Kommunikation während des Auslieferungsprozesses) statt (Schreyer 2021c). Das Zusammenspiel aller verwendeten kommunikationstechnischen Tool sowie intensive kommunikative Abstimmungen in regelmäßigen face-to-face Plenarmeetings garantiert die Funktionsfähigkeit des Kollektivs. Sie gründet sich somit nicht allein auf die algorithmische Infrastruktur zur Arbeitskoordination, die zwar in ihrer Funktionsweise ähnlich der kommerziellen Variante ist, jedoch deutlich flexiblere Handlungsspielräume, aufgrund geringer Modularisierung, beinhaltet. Allerdings sind die kostenlosen Software-Lösungen mitunter Teil der Überwachungsunternehmen wie oben beschrieben, wodurch die Mitglieder des Kollektivs auch durch ihre Arbeit ihre Datenspur vertiefen und den Herrschaftsmodus und die daraus resultierende Asymmetrie zwischen Beobachter:innen und Beobachteten reproduzieren, ohne dies zu reflektieren.

Alle Aktivitäten der Fahrer:innen, ihre Verweildauer auf der Plattform bzw. in der Smartphone-Applikation, ihre Durchschnittsgeschwindigkeiten, ihre Reaktionszeiten und weitere Faktoren können durch die technische Infrastruktur der Plattform registriert, gespeichert und aggregiert werden (Schreyer 2020). Während der kommerzielle Anbieter die ‚Zustimmung' zu einer solchen Datenpraxis quasi mittels eines Click Warp-Vertrags bei Einstellung sowie bei der – für die Arbeit notwendigen – Nutzung der Smartphone-Applikation einholt, werden diese Funktionen in dem kooperativen Unternehmen nicht verwendet. Das bedeutet, dass die Daten nur gesammelt werden, aber durch das Kollektiv nicht abgerufen werden. Dies ist zum einen der Einsicht geschuldet, dass die Quantifizierung des Arbeitsprozesses qualitative Faktoren nicht berücksichtigen kann (wie beispielsweise einen Platten am Fahrrad oder etwa kurzfristige und notwendige Pausen aufgrund der Witterungsbedingungen). Zum anderen würde die Standardisierung der Leistung der Individualität der Arbeitenden nicht gerecht und wirke durch die Vergangenheitsfixierung in den Leistungsdaten als zusätzliche Stressquelle.

Die Datafizierung der Arbeitsleistung stellt für das algorithmische Management eine Notwendigkeit der Funktionsfähigkeit dar, da es nur auf der Basis der Quantifizierung und Kategorisierung der Fahrer:innen diese auch steuern kann. Das detaillierte Echtzeit-Tracking-System nudged die Fahrer:innen anhand von Nachrichten, die in der App während der Auslieferungsprozesses lanciert werden. Anhand von Vergleichswerten aus früheren Auslieferungsfahrten werden so Verhaltensempfehlungen abgegeben, die die eigene Leistung steigern sollen (Schreyer 2019). Darüber hinaus sind sowohl das Bonussystem, das ab einer bestimmten Anzahl von Auslieferungen einen Zusatzverdienst gewährt, als auch das Schichtbuchungssystem von den Leistungsdaten der Arbeitnehmenden abhängig. Die Leistungsprofile der Arbeitnehmer:innen bilden die Grundlage dafür, wer wann Zugang zum Schichtbuchungssystem bekommt. Werden die Daten vom algorithmischen Management als ‚schlecht' eingestuft, bedeutet dies gleichzeitig auch, dass diejenige Arbeitskraft erst später die noch verfügbaren Schichten buchen kann, wodurch unter Umständen wiederum ein finanzieller Nachteil entsteht.

Die Disziplinierung über die erhobenen Daten wird außerdem zusätzlich über die firmeninterne Veröffentlichung in Form eines monatlichen Newsletters forciert. Die grafische Aufbereitung einzelner Leistungsdaten sowie interne Bestenlisten und überregionale Rankings der Standorte sollen als Anreizsysteme die Motivation der Fahrer:innen steigern, jedoch werden dabei weder regionale Unterschiede noch divergente Bedingungen im Straßenverkehr berücksichtigt. Diese Form von Gamification wird im

Kollektiv nicht durch die verwendete algorithmische Infrastruktur induziert. Jedoch vergleichen die Fahrer:innen sich und ihre Leistungen über das soziale Netzwerk Strava zum online Tracking sportlicher Aktivitäten. Auch Strava motiviert seine Nutzer:innen etwa mit Belohnungs- und Warnsystemen. Es kreiert aus einer einsamen Übung ein spannendes Spiel, in das Freund:innen wie auch unbekannte Nutzer:innen (aufgrund von Alter, Ort, Geschlecht, ähnlicher Leistungsdaten etc.) involviert werden können (Lanzing 2019). Diese Spielelemente sind konzipiert die Nutzenden zu animieren sich stetig zu vermessen und mit anderen zu konkurrieren, um laufend Daten zu generieren. Auch hier wird mit spieltheoretischen Elementen wie Bestenliste anhand der Leistungsdaten operiert und Belohnungen wie Auszeichnungen und Abzeichen vergeben, um die Nutzer:innen zu motivieren und sie dazu anzuhalten, ihre Leistungen stetig zu protokollieren und zu verbessern.

Durch das Livetracking in Kombination mit Scoring entsteht eine detaillierte individuelle ‚Leistungsübersicht', die jede auf der Plattform registrierte Aktivität speichert. Während dies für die Fahrer:innen des kommerziellen Unternehmens bedeutet, dass auch jeder Unfall, jeder Konflikt oder jede Verspätung als Referenz für künftige Bewertungen, Disziplinierung und Steuerung hergenommen wird, trifft dies im Fall des kooperativ geführten Unternehmens nur insofern nicht ebenso zu, da es nicht unternehmensintern aufgesetzt wurde. Die Verhaltenskonditionierung erfolgt somit im Fall des Kollektivs ‚freiwillig' und unternehmensextrem. Da die Algorithmen von Strava nicht wissen können, dass die Mitglieder des Kollektivs sich im Arbeitskontext selbstvermessen und die Nudges zur Verbesserung der Leistungen animieren, kann es durchaus sein, dass die Anreize daraufhin wirken, dass die Fahrer:innen schneller und gefährlicher fahren. In beiden Fällen ermöglicht es – unabhängig von der Ausgestaltung und Konsequenzen für die digitalen Subjekte – die Sammlung, Kombination und Analyse von Daten in Echtzeit. So wird eine personalisierte Auswahl an Optionen geboten, die bereits auf Verhaltensvorhersagen basieren und so eine hohe Wahrscheinlichkeit erzielen das gewünschte Verhalten zu evozieren. Die vermeintliche Objektivität der Daten verschleiert die zugrundeliegenden Absichten (der dahinterstehenden Unternehmen). Zusätzlich bleibt unklar, wie die jeweiligen Kennziffern genau zustande kommen und welche Aussagekraft ihnen zukommt. Es zeigt sich also auch im Kollektiv, das sich von den Arbeitsbedingungen der Plattformökonomie durch die Ausgründung emanzipieren wollte, dass der Überwachungskapitalismus durch die Hintertür weiterhin zumindest indirekt relevant ist.

Während sich die Essenskurier:innen weder einen Überblick über ihre eigene Datenspur verschaffen können, noch in irgendeiner Form Kontrolle darüber ausüben können, welche Informationen erhoben und dann aus der Datensammlung mittels Muster und Cluster gewonnen werden, ist Transparenz für die Mitglieder des Kollektivs bei allen anfallenden Daten ein wichtiges Kriterium der täglichen Arbeit. Das bedeutet, dass alle Firmendaten für alle Mitglieder jederzeit offen zugänglich sind. Da es keine (formale) Hierarchie gibt und jede:r alle Aufgaben übernehmen kann, erfolgen darüber hinaus regelmäßig stattfindende Überblicksrunden aus den jeweiligen Arbeitsbereichen. Diese Transparenz sorgt dafür, dass die Mitglieder selbstbestimmt entscheiden und partizipieren können und stellt das Gegenteil der digitalen Vulnerabilität der Fahrer:innen des kommerziellen Unternehmens dar. Im Vergleich zu den kommerziellen Fahrer:innen, deren informationelle Selbstbestimmung innerhalb des Arbeitsverhältnisses massiv eingeschränkt ist, da sie bisher keinerlei Einsichtnahme, auch nicht über kollektive Interessenvertretungsstrukturen, in die Datensammlungen des algorithmischen Managements, durchsetzen konnten, zeigen sich bei den Mitgliedern der Kooperative erste Anklänge einer digitalen Souveränität. Allerdings nur in Bezug auf die verwendete algorithmische Infrastruktur zur Arbeitskoordination. Die verschiedenen kostenlosen Apps sowie die Nutzung von Strava konterkarieren jedoch die im Arbeitskoordinationskontext entstandene digitale Souveränität bzw. stehen dem diametral entgegen. Dadurch sind die Mitglieder des Kollektivs der gleichen digitalen Vulnerabilität ausgesetzt wie die Fahrer:innen des kommerziellen Lieferdienstes, jedoch ohne dies im Kollektiv kommunikativ adressieren zu können, da die Nutzung dieser Dienste aus einer finanziellen Notwendigkeit heraus als ‚alternativlos' wahrgenommen werden. An diesem Punkt zeigt sich, dass gezielte Aufklärung und Förderung von digitalem Wissen über die Datenpraxis der großen Digitalkonzerne dezidiert forciert werden muss, damit die Subjekte die informationelle Selbstbestimmung in den verschiedenen Arbeits- und Lebensräumen aktiv praktizieren (können).

4. Abschließende Betrachtung

Algorithmische Plattforminfrastrukturen vergrößern die Handlungs- und Erfahrungsspielräume und vereinfachen die Koordination und Abstimmung. Sie strukturieren und prägen individuelle, kollektive und organisationale Beziehungsmuster sowie Arbeits- und Austauschzusammenhänge und können soziale Kontrolle ausüben (Schrape 2021). Persönliche

Daten und die zugrundeliegende menschliche Erfahrung werden kommodifiziert, wenn jede Internetsuche, jeder Klick und jedes Like getrackt, gespeichert und aggregiert wird. Die Quantifizierung der Subjektivität reduziert das digitale Subjekt auf seinen Datenschatten, da technisch nur wahrgenommen werden kann, was messbar ist. Die umfassende Datafizierung generiert individuelle Persönlichkeitsprofile, kategorisiert Personen und ihr Verhalten, antizipiert deren Entscheidungen und bietet somit die Möglichkeit zur Verhaltensmanipulation. Der daraus resultierende Überwachungskapitalismus fordert die informationelle Selbstbestimmung als Preis für ‚kostenlose' Internetdienste (Zubhoff 2018). Die ungleiche Machtverteilung und die Monopolisierungstendenzen der Datenanalysen verweisen auf die Wichtigkeit der Zentralstellung von Datenschutz im 21. Jahrhundert und der Etablierung einer digitalen Souveränität. Denn das Wissen um die digitale Vulnerabilität evoziert sodann eine doppelte Verhaltensänderung: zum einen erfolgt diese proaktiv, indem die Machtverhältnisse internalisiert werden, wodurch es vermehrt zu selbstinszenierten (vermeintlich) gewünschtem Verhalten kommt. Zum anderen wird das individuelle Verhalten reaktiv durch Nudging und Hypernudges herausgefordert. Diese können unter Umständen sogar über eine Verhaltensänderung hinausreichen und eine Bewusstseinsveränderung wie auch eine Realitätsverschiebung zeitigen. Die Förderung und der Ausbau einer digitalen Kompetenz einhergehend mit einer stärkeren Regulierung von Internetunternehmen im Sinne des Verbraucherschutzes sowie eine verbesserte Transparenz könnte die Grenzverschiebung von privat-öffentlich und ökonomisch zumindest partiell rückgängig machen.

Am Beispiel des kommerziellen Auslieferungsunternehmens wurde verdeutlicht, dass die vollautomatisierte und modularisierte Arbeitskoordination die Autonomie der einzelnen Fahrer:innen deutlich einschränkt. Die Beschäftigten werden zu informationstechnisch ausgeleuchteten Ausführungsvariablen, die durch umfassende Leistungskontrollen gesteuert und diszipliniert werden. Die algorithmische Gouvernance mündet in einem Datenbehaviorismus, der vordergründig mit Anreizen und Belohnungen operiert, jedoch auch sanktioniert und bestraft. Die Arbeitnehmer:innen haben dabei keine Möglichkeit ihre Datenspur einzusehen oder zu verändern. Sie können sich noch nicht einmal sicher sein, dass ihre Daten nicht – bestenfalls in anonymisierter Form – weiterverwendet und verkauft werden.

Aber die Fahrer:innen sind nicht nur passive Rezipient:innen algorithmischer Kontrollstrategien, sondern entwickelten vielfach auch eigen- und widerständige Reaktionen. Während zu Beginn des selbstorganisierten Widerstandes Datenschutz kaum ein Thema war, forderten die Arbeitnehmer:innen zuerst vereinzelt (vor allem auf dem juristischen Weg) und sukzessive auch kollektiv ihre informationelle Selbstbestimmung zurück. Der erfolgreiche internationale selbstorganisierte Widerstand hat diverse Verbesserungen der Arbeitsbedingungen mit sich gebracht. Mitunter folgte aus der Selbstorganisationsbewegung auch die Gründung eigener Initiativen und Kollektive, wie das Beispiel des gemeinschaftlich geführten Kollektivs exemplarisch zeigt. Während das Kollektiv als gemeinschaftlich geführtes Unternehmen Hierarchien und algorithmische Disziplinierung ablehnen und Kommunikation als umfassendes Koordinationsprinzip installierten, zeigt sich jedoch auch hier, dass die überwachungskapitalistischen Unternehmen fest in den gesamten Arbeitsprozess integriert sind. Nicht nur die Koordination über die kostenlosen Apps zur Erleichterung der Kommunikation, sondern vor allem auch die freiwillige Selbstvermessung durch Strava beinhaltet die Möglichkeit der unbewussten Steuerung und Konditionierung.

Zusammenfassend kann gesagt werden, dass die Etablierung einer umfassenden digitalen Souveränität der einzelnen digitalen Subjekte weiterhin mit diversen individuellen und kollektiven Lernprozessen verbunden ist. Es ist noch ein langer Weg die digitale Vulnerabilität nicht nur sichtbar zu machen. und sie sodann sukzessive zu überwinden.

Literatur

Albers, Marion. 2017. 'Informationelle Selbstbestimmung als vielschichtiges Bündel von Rechtsbindungen und Rechtspositionen'. In *Informationelle Selbstbestimmung im digitalen Wandel*, M. Friedewald, J. Lamla, / A. Roßnagel (Hrsg.) Wiesbaden: Springer Fachmedien Wiesbaden.S. 11-35.

Balkin, Jack. 2017. 'Free Speech in the Algorithmic Society: Big Data, Private Governance, and New School Speech Regulation'. *UC Davis Law Review, Yale Law School* Public Law Research (615):1151–1209.

Biniok, Peter. 2020. 'Maschinenraum, Privatsphäre und Psychopolitik: Holistischer Datenschutz als Kombination von individueller Souveränität und kollektiver Gesetzgebung'. *Informatik Spektrum* 43(3):220–26. doi: 10.1007/s00287-020-01233-y.

van Dijck, José. 2014. 'Datafication, Dataism and Dataveillance: Big Data between Scientific Paradigm and Ideology'. *Surveillance & Society* 12(2):197-208.

Dolata, Ulrich. 2017. 'Internetkonzerne: Konzentration, Konkurrenz und Macht'. In *Kollektivität und Macht im Internet. Soziale Bewegungen – Open Source Communities – Internetkonzerne*. J-F. Schrape/ U. Dolata (Hrsg.) Wiesbaden: VS Verlag. S. 101-130.

van Doorn, Niels. 2017. 'Platform Labor: On the Gendered and Racialized Exploitation of Low-Income Service Work in the "on-Demand" Economy'. *Information, Communication & Society* 20(6):898–914. doi: 10.1080/1369118X.2017.1294194.

Duggan, James/ Ultan, Sherman/ Ronan, Carbery/ Anthony, McDonnell. 2020. 'Algorithmic Management and App-work in the Gig Economy: A Research Agenda for Employment Relations and HRM'. *Human Resource Management Journal* 30(1):114–32. doi: 10.1111/1748-8583.12258.

Foucault, Michel. 2013. *Überwachen und Strafen: die Geburt des Gefängnisses*. 16. Auflage. Frankfurt am Main: Suhrkamp.

Foucault, Michel. 2015. *Die Wahrheit und die juristischen Formen*. 1. Aufl., [Nachdr.]. Frankfurt am Main: Suhrkamp.

Gnosa, Tanja. 2019. 'MachtDaten. Strategien digitaler Verdatung aus Foucault'scher Perspektive'. In *Diskurs der Daten*. P. Stehen/ F. Liedtke (Hrsg.) De Gruyter. S. 57-76.

Greenwald, Glenn. 2014. *Die globale Überwachung: Der Fall Snowden, die amerikanischen Geheimdienste und die Folgen*. München: Droemer.

Hagendorff, Thilo. 2019. 'Resilienz und Mediennutzungsstrategien angesichts des informationellen Kontrollverlusts'. In *Diskurs der Daten*. P. Stehen/ F. Liedtke (Hrsg.) De Gruyter S. 25-40.

Hartmann, Ernst A. 2022. 'Digitale Souveränität: Soziotechnische Bewertung und Gestaltung von Anwendungen algorithmischer Systeme'. In *Digitalisierung souverän gestalten II*, E. A. Hartmann (Hrsg.) Berlin, Heidelberg: Springer Berlin Heidelberg. S. 1-13.

Holler, Heintz-Peter, and Peter Wedde. n.d. 'Die Vermessung der Belegschaft. Mining the Enterprise Social Graph'. *Report Mitbestimmungspraxis* Nr. 10:1–38.

Kaerlein, Timo, Christina Bartz, and Erich Hörl. 2018. *Smartphones als digitale Nahkörpertechnologien: zur Kybernetisierung des Alltags*. Bielefeld: transcript.

Katzenbach, Christian, and Lena Ulbricht. 2019. 'Algorithmic Governance'. *Internet Policy Review* 8(4). doi: 10.14763/2019.4.1424.

Kellogg, Katherine C., Melissa A. Valentine, and Angéle Christin. 2020. 'Algorithms at Work: The New Contested Terrain of Control'. *Academy of Management Annals* 14(1):366–410. doi: 10.5465/annals.2018.0174.

König, Pascal D. 2019. 'Die digitale Versuchung: Wie digitale Technologien die politischen Fundamente freiheitlicher Gesellschaften herausfordern'. *Politische Vierteljahresschrift* 60(3):441–59. doi: 10.1007/s11615-019-00171-z.

König, Pascal D. 2020. 'Dissecting the Algorithmic Leviathan: On the Socio-Political Anatomy of Algorithmic Governance'. *Philosophy & Technology* 33(3):467–85. doi: 10.1007/s13347-019-00363-w.

Lanzing, Marjolein. 2019. *The Transparent Self: A Normative Investigation of Changing Selves and Relationships in the Age of the Quantified Self*. Technische Universiteit Eindhoven.

Lehtiniemi, Tuuka. 2017. 'Personal Data Spaces: An Intervention in Surveillance Capitalism?' *Surveillance & Society* 15(5):629-639.

Lehtiniemi, Tuukka, and Jesse Haapoja. 2020. 'Data Agency at Stake: MyData Activism and Alternative Frames of Equal Participation'. *New Media & Society* 22(1):87–104. doi: 10.1177/1461444819861955.

Levermann, Thomas. 2018. 'Wie Algorithmen eine Kultur der Digitalität konstituieren: Über die kulturelle Wirkmacht automatisierter Handlungsanweisungen in der Infosphäre'. *Journal für Korporative Kommunikation* 2:31–42.

Lupton, Deborah. 2015. *Digital Sociology*. Abingdon, Oxon: Routledge, Taylor & Francis Group.

Lupton, Deborah. 2020. '"Not the Real Me": Social Imaginaries of Personal Data Profiling'. *Cultural Sociology* 174997552093977. doi: 10.1177/1749975520939779.

Lupton, Deborah, and Mike Michael. 2017. '"Depends on Who's Got the Data": Public Understandings of Personal Digital Dataveillance'. *Surveillance & Society* 15(2):254-268.

Mämecke, Thorben. 2016. 'Die Statistik des Selbst - Zur Gouvernementalität der (Selbst)Verdatung'. In *Lifelogging*, S. Selke (Hrsg.) Wiesbaden: Springer Fachmedien. S. 97-125.

Matzner, Tobias. 2019. 'Mediale und soziale Bedingtheit der Subjekte des Privaten – ein Versuch mit Hannah Arendt'. In *Privatsphäre 4.0*, H. Behrendt/ W. Loh/ T. Matzner/ C. Misselhorn (Hrsg). Stuttgart: J.B. Metzler. S. 55-72.

Mau, Steffen. 2017. *Das metrische Wir: Über die Quantifizierung des Sozialen*. Berlin: Suhrkamp.

Moll, Ricarda. 2017. 'Die Zukunft des Rechts auf informationelle Selbstbestimmung aus medienpsychologischer Sicht'. In *Informationelle Selbstbestimmung im digitalen Wandel*, M. Friedewald/J. Lamla/A. Roßnagel (Hrsg.). Wiesbaden: Springer Fachmedien Wiesbaden. S. 49-64.

Nassehi, Armin. 2019a. 'Die Zurichtung des Privaten: Gibt es analoge Privatheit in einer digitalen Welt?' In *Praktiken der Überwachten*, M. Stempfhuber/ E. Wagner (Hrsg.) Wiesbaden: Springer Fachmedien Wiesbaden. S. 63-77.

Nassehi, Armin. 2019b. *Muster: Theorie Der Digitalen Gesellschaft*. München: C.H. Beck.

Nocun, Katharina. 2018a. 'Datenschutz unter Druck: Fehlender Wettbewerb bei Sozialen Netzwerken als Risiko für den Verbraucherschutz'. In *Die Fortentwicklung des Datenschutzes, DuD-Fachbeiträge*, A. Roßnagel/ M. Friedewald/ M. Hansen (Hrsg.) Wiesbaden: Springer. S. 39-58.

Nocun, Katharina. 2018b. *Die Daten, die ich rief: wie wir unsere Freiheit an Großkonzerne verkaufen.*. Köln: Lübbe.

Pasquale, Frank. 2015. *The Black Box Society: The Secret Algorithms That Control Money and Information*. Cambridge: Harvard University Press.

Pohle, Julia. 2020. 'Digitale Souveränität'. In *Handbuch Digitalisierung in Staat und Verwaltung*, T. Klenk/ F. Nullmeier/ G. Wewer (Hrsg.). Wiesbaden: Springer Fachmedien Wiesbaden. S. 1-13.

Reichert, Ramón. 2017. 'Die Vermessung des Selbst'. In *Informationelle Selbstbestimmung im digitalen Wandel*, M. Friedewald/ J. Lamla/ A. Roßnagel (Hrsg.) Wiesbaden: Springer Fachmedien Wiesbaden. S. 91-107.

Rosenblat, Alex, and Luke Stark. 2016. 'Algorithmic Labor and Information Asymmetries: A Case Study of Uber's Drivers'. *International Journal of Communication* (10):3758-3784.

Roßnagel, Alexander/ Michael Friedewald/ Marit Hansen. 2018. 'Zur Fortentwicklung des Datenschutzes'. In *Die Fortentwicklung des Datenschutzes, DuD-Fachbeiträge*, dies. (Hrsg.) Wiesbaden: Springer. S. 3-14.

Rouvroy Antoinette. 2013. 'The End(s) of Critique: Data Behaviorism versus Due Process'. in *Privacy, Due Process and the Computational Turn: The Philosophy of Law Meets the Philosophy of Technology*.

Schrape, Jan-Felix. 2021. *Digitale Transformation*. Bielefeld: transcript Verlag.

Schreyer, Jasmin. 2019. *Das Phänomen Sharing Economy am Beispiel des Foodsektors*. Working Paper Nr. 145. Düsseldorf: Hans-Böckler Stiftung.

Schreyer, Jasmin. 2020. *Sharing ≠ Sharing Economy. Ausprägungen der Digitalen Sharing Economy im Lebensmittelsektor. Discussion Paper*. 03. Stuttgart.

Schreyer, Jasmin. 2021a. 'Algorithmic Management versus Organising Protest and Co-Determination? The Case of Foodora/Lieferando in Germany'. *STUDI ORGANIZZATIVI* (1):105–28. doi: 10.3280/SO2021-001005.

Schreyer, Jasmin. 2021b. 'Algorithmic Work Coordination and Workers' Voice in the COVID-19 Pandemic: The Case of Foodora/Lieferando'. *Work Organisation, Labour & Globalisation* 15(1):69–84.

Schreyer, Jasmin. 2021c. 'Soloselbständige Erwerbsarbeit in der Plattformökonomie. Am Beispiel eines selbstverwalteten Fahrradkurierunternehmens.' in *Gesellschaft unter Spannung. Verhandlungen des 40. Kongresses der Deutschen Gesellschaft für Soziologie 2020*.

Schreyer, Jasmin/ Jan-Felix Schrape. 2018. *Plattformökonomie und Erwerbsarbeit. Auswirkungen algorithmischer Arbeitskoordination - Das Beispiel Foodora*. Working Paper Nr. 87. Düsseldorf: Hans-Böckler Stiftung.

Schreyer, Jasmin/ Jan-Felix Schrape. 2021a. *Digitale Plattformen in kommerziellen und gemeinwohlorientierten Arbeitszusammenhängen*. Study Nr. 460. Düsseldorf: Hans-Böckler Stiftung.

Schreyer, Jasmin/ Jan-Felix Schrape. 2021b. 'Plattformzentrierte Arbeitskoordination im kommerziellen und kooperativen Fahrradkurierwesen'. *Arbeit* 30(4):283–306. doi: 10.1515/arbeit-2021-0020.

Seele, Peter/ Chr Lucas Zapf. 2017. *Die Rückseite der Cloud: eine Theorie des Privaten ohne Geheimnis*. Berlin: Springer.

Selke, Stefan. 2016. 'Einleitung: Lifelogging zwischen disruptiver Technologie und kulturellem Wandel'. In *Lifelogging*, S. Selke (Hrsg.). Wiesbaden: Springer Fachmedien Wiesbaden. S. 1-21.

Smith, Gavin JD. 2018. 'Data Doxa: The Affective Consequences of Data Practices'. *Big Data & Society* 5(1):205395171775155. doi: 10.1177/2053951717751551.

Stalder, Felix. 2016. *Kultur Der Digitalität*. Berlin: Suhrkamp.

Stalder, Felix. 2019. 'Autonomie und Kontrolle nach dem Ende der Privatsphäre'. In *Praktiken der Überwachten*, M. Stempfhuber/ E. Wagner (Hrsg.) Wiesbaden: Springer. S. 97-110.

Strauß, Stefan. 2020. 'Vom "Global Village" Zur "Blackbox Society"? Digitale Identitäten und politische Kommunikation in Zeiten des Überwachungskapitalismus'. *Momentum Quarterly. Zeitschrift für Sozialen Fortschritt* Vol. 9 (No. 2):85–102.

Thaler, Richard H., and Cass R. Sunstein. 2008. *Nudge: Improving Decisions about Healt, Wealt and Happiness*. New Haven: Yale University Press.

Voß, G. Günter. 2020. *Der arbeitende Nutzer: Über den Rohstoff des Überwachungskapitalismus*. Frankfurt: Campus Verlag.

Zimmer, Wolf. 2019. *Ansturm der Algorithmen: Die Verwechslung von Urteilskraft mit Berechenbarkeit*. Berlin, Heidelberg: Springer Berlin Heidelberg.

Clearview AI und die DSGVO

Matthias Marx and Alan Dahi

Zusammenfassung

Clearview AI ist eine US-amerikanische Gesichtersuchmaschine, die mehr als zwanzig Milliarden Fotos von Gesichtern im Internet gesammelt und biometrisch analysiert hat. Nutzer:innen dieser Suchmaschine können Porträtfotos hochladen und die Suchmaschine wird mitteilen, an welchen Orten im Internet das Gesicht der abgebildeten Person oder zumindest ein ähnliches Gesicht zu finden ist. Dieser Artikel zeichnet den Weg einer Beschwerde nach, die beim Hamburgischen Beauftragen für Datenschutz und Informationsfreiheit von Matthias Marx eingereicht wurde. Zudem beleuchten wir einige der rechtlichen Fragen, darunter die Anwendbarkeit der DSGVO, die Rechtmäßigkeit der Verarbeitung sowie die Handlungsmöglichkeiten der Aufsichtsbehörden. Schließlich werden Entscheidungen anderer europäischer Aufsichtsbehörden zu Clearview AI kurz vorgestellt.

1. Einleitung

Clearview AI ist eine US-amerikanische Gesichtersuchmaschine, die mehr als zwanzig Milliarden Fotos von Gesichtern im Internet gesammelt und biometrisch analysiert hat. Nutzer:innen dieser Suchmaschine können Porträtfotos hochladen und die Suchmaschine wird mitteilen, an welchen Orten im Internet das Gesicht der abgebildeten Person oder zumindest ein ähnliches Gesicht zu finden ist. Damit unterscheidet sich Clearview AI von anderen Suchmaschinen, die nur eine Suche nach optisch ähnlichen Bildern zulassen. Clearview AI nutzt biometrische Merkmale, um Gesichter wiederzuerkennen und ist so auch in der Lage Fotos zu finden, die schon älter sind, auf denen die abgebildete Person eine andere Frisur hat, geschminkt ist oder nicht frontal in die Kamera schaut.

In Clearview AIs Suchindex befinden sich auch europäische Bürger:innen, deren biometrische Daten durch die DSGVO besonderen Schutz genießen und gemäß Artikel 9 Abs. 1 einem grundsätzlichen Verarbeitungsverbot unterliegen. Nur in Ausnahmefällen können biometrische Daten verarbeitet werden, z.B. weil in die Verarbeitung eingewilligt wurde.

Dennoch hat Matthias Marx sein Gesicht in Clearview AIs Datenbank wiedergefunden, ohne jemals darin eingewilligt zu haben. Er beschwerte sich daraufhin beim Hamburgischen Beauftragten für Datenschutz und Informationsfreiheit (HmbBfDI) und konnte mit Unterstützung von der digitalen Bürgerrechts-NGO *noyb* erreichen, dass Clearview AI sein biometrisches Datum löschte.

Zwar wurde vorläufig festgestellt, dass Clearview AIs biometrische Fotodatenbank in der EU illegal ist, dennoch wurde nur eine begrenzte Löschungsanordnung, die nur den Beschwerdeführer schützt, aber nicht das Sammeln und die biometrische Verarbeitung von Fotos aller Europäer:innen verbietet, angekündigt.

In diesem Papier zeichen wir den Weg der Beschwerde nach und sprechen über mögliche weitere Schritte. Zudem beleuchten wir einige der rechtlichen Fragen, darunter die Anwendbarkeit der DSGVO, die Rechtmäßigkeit der Verarbeitung sowie die Handlungsmöglichkeiten der Aufsichtsbehörden.

Zunächst stellen wir in Abschnitt 2 Clearview AI und andere Gesichtersuchmaschinen vor. Danach geben wir in Abschnitt 3 den chronologischen Ablauf von Marx' Beschwerde wieder. In Abschnitt 4 nehmen wir eine rechtliche Einordnung vor und schließen in Abschnitt 5 mit einem Fazit.

2. *Was ist Clearview AI?*

Clearview AI ist eine US-amerikanische Gesichtersuchmaschine. Mit ihr können nicht ähnliche Bilder, sondern ähnliche Gesichter gesucht werden – auf Grundlage biometrischer Daten. Als Suchergebnisse werden Bildausschnitte mit gleichen oder ähnlichen Gesichtern präsentiert sowie die dazugehörigen URLs und Seitentitel der Fundorte im Internet. Abhängig vom Fundort können mit Hife der Suchmaschine daher nur auf Grundlage eines Fotos der Name, die Arbeitsstelle oder andere Informationen über eine Person in Erfahrung gebracht werden.

Für seinen Suchindex crawlt Clearview AI das Internet. Anfang 2020 umfasste der Suchindex 3 Milliarden Bilder (Hill 2020a), im Oktober 2021 10 Milliarden Bilder (Knight 2021) und im Februar 2022 erklärte das Unternehmen, die Größe des Index auf 100 Milliarden Bilder erhöhen zu wollen (Krempl 2022).

Die gesammelten Bilder stammen laut New York Times (Hill 2020a) u.a. von Jobbörsen, von Nachrichten- und Bildungs-Webseiten sowie aus sozialen Netzwerken wie Facebook, Youtube, Twitter und Instagram. Veröffentlichte Suchergebnisse von Clearview AI zeigen, dass auch Stockfotografie-Anbieter, die sozialen Netzwerke LinkedIn und vk.com sowie private Webseiten gecrawlt worden sind.

Clearview AI soll heute nur noch US-amerikanischen Strafverfolgungsbehörden zugänglich sein (Clearview AI, Inc. 2022). Außerdem bestehen Verträge mit dem US-Verteidigungs- und dem Innenministerium (Tech Inquiry 2022). In der Vergangenheit wurde der Dienst aber auch von Unternehmen und zu privaten Zwecken (Hill 2020b) eingesetzt. Ein Datenleck zeigt, dass die Gesichtersuchmaschine auch in mehr als fünfzehn europäischen Staaten eingesetzt wurde (Mac et al 2021).

3. *Chronologischer Ablauf*

In diesem Abschnitt beschreiben wir den Ablauf des Verfahrens in chronologischer Reihenfolge. Zunächst berichten wir von Matthias Marx' Auskunftsersuchen an Clearview AI. Anschließend zeichnen wir den Weg von Marx' Beschwerde bis zur Entscheidung des HmbBfDI, an Clearview AI heranzutreten, nach. Danach berichten wir vom weiteren Verlauf des Verfahrens bis heute.

3.1 *Das Auskunftsersuchen*

Am 18.01.2020 wurde Clearview AI mit der Veröffentlichung eines Artikels in der New York Times der breiten Öffentlichkeit bekannt (Hill 2020a). Zwei Tage später, am 20.01.2020, machte Matthias Marx von seinem Auskunftsrecht nach Art. 15 DSGVO Gebrauch. Er fragte Clearview AI per E-Mail u.a. nach einer Kopie seiner Daten, nach den Verarbeitungszwecken und Kategorien der betroffenen personenbezogenen Daten und hängte der E-Mail ein Foto seines Gesichts an.

Am 29.01.2020 bat Clearview AI darum, ein Foto sowie eine Ausweiskopie einzureichen. Damit wolle Clearview AI Marx' Identität bestätigten, um sich vor betrügerischen Auskunftsverlangen schützen. Auf diese Bitte hat Matthias Marx jedoch nicht reagiert.

Dessen ungeachtet hat Clearview AI das Auskunftsersuchen am 18.02.2020 in Teilen beantwortet (siehe Abb. 1). Clearview AI hat einen Bericht angefertigt, der die Suchergebnisse für das übermittelte Bild sowie die Webseiten-Titel und URLs der Fundorte zeigt. Beide Suchtreffer zeigen tatsächlich Matthias Marx. Die gefundenen Bilder stammen von einer Stockfoto-Webseite.

Face Search Results

Report prepared Feb 18, 2020

In order to complete your request, we have generated this report containing Clearview search results for the image that you shared with us, which is labelled "Original Search Image" below. Search result images are enumerated with corresponding public web page titles and URLs below.

Image Index

1. Students Henning Stock Photos & Students Henning Stock Images - Alamy. *https://www.alamy.com/stock-photo/students-henning.html*

2. (FILE) An archive photo dated 28 November 2012 shows students Henning Stock Photo: 52583329 - Alamy. *https://www.alamy.com/stock-photo-filean-archive-photo-dated-28-november-2012-shows-students-henning-52583329.html*

Abbildung 1: Clearview AIs erste Antwort auf Marx' Auskunftsersuchen.

Mit seiner Antwort hat Clearview AI auch mitgeteilt, dass die Bilder, die Marx zur Bearbeitung der Anfrage bereitgestellt hatte, gelöscht worden seien. Dennoch – und ohne erneute Anfrage – wurde Marx' Auskunftsersuchen am 19.05.2020 erneut beantwortet. Das Suchbild war offenbar nicht gelöscht worden (siehe Abb. 2). Diese zweite Antwort zeigt die beiden Treffer vom ersten Mal sowie acht weitere Bilder, die nicht Matthias Marx zeigen.

3.2 Die Beschwerde

Noch am Tag der ersten Antwort, am 18.02.2020, beschwerte sich Marx elektronisch beim HmbBfDI. In seiner Beschwerde merkte er an, dass Clearview AI seine biometrischen Daten ohne seine Zustimmung verarbeitet und dass das Auskunftsersuchen nur unvollständig beantwortet worden ist.

Am 05.03.2020 antwortete der HmbBfDI. Nach Prüfung des Anliegens war die Behörde zu dem Ergebnis gekommen, dass die Anwendbarkeit der DSGVO und damit die Zuständigkeit des HmbBfDI nicht eröffnet sei. Da Clearview AI keine Niederlassung in Europa unterhalte, käme lediglich die Anwendbarkeit des Art. 3 Abs. 2 DSGVO in Betracht. Jedoch richte Clearview AI sich nicht an europäische Nutzer:innen. Auch würde Clearview AI kein Verhalten von Personen, die sich in der Europäischen Union aufhal-

Face Search Results

Report prepared May 18, 2020

Disclaimer: In order to complete your request, we have generated this report containing Clearview search results for the image that you shared with us, which is labelled "Original Search Image" below. Search result images are enumerated with corresponding public web page titles and URLs below.

Image Index

1. Students Henning Stock Photos & Students Henning Stock Images - Alamy. *https://www.alamy.com/stock-photo/students-henning.html*
2. (FILE) An archive photo dated 28 November 2012 shows students Henning Stock Photo: 52583329 - Alamy. *https://www.alamy.com/stock-photo-filean-archive-photo-dated-28-november-2012-shows-students-henning-52583329.html*
3. [redacted]s profile photo. *https://vk.com/*[redacted]
4. [redacted]s profile photo. *https://vk.com*[redacted]
5. [redacted]s profile photo. *https://vk.com/*[redacted]
6. [redacted]s profile. *https://www.beautiful-instagram.club*[redacted]
7. [redacted]s profile photo. *https://vk.com/*[redacted]

Abbildung 2: Clearview AIs zweite Antwort auf Marx' Auskunftsersuchen (Ausschnitt). Nur zwei von zehn Suchergebnissen zeigen tatsächlich sein Gesicht.

ten, beobachten. Weiterhin seien der Behörde keine Fälle bekannt, in denen Clearview AI in der EU eingesetzt wurde. Außerdem würden die USA keinem Recht eines Mitgliedsstaates aufgrund völkerrechtlicher Verpflichtungen unterliegen.

Am gleichen Tag noch erwiderte Marx, dass Clearview AI offensichtlich beabsichtigen würde, Dienstleistungen in der EU anzubieten oder dies bereits tut. So wurden auf Clearview AIs Webseite *Privacy Request Forms* für Einwohner:innen der EU, des Vereinigten Königreichs und der Schweiz angeboten. Das dazugehörige Formular wurde durch eine Firma mit Sitz in Barcelona, Spanien bereitgestellt. Auch in Clearview AIs Datenschutzhinweisen wurde darauf hingewiesen, dass Einwohner:innen des Europäischen Wirtschaftsraums sich bei ihrer jeweiligen Datenschutzbehörde beschweren oder diese bei Streitigkeiten im Zusammenhang mit der Verarbeitung personenbezogener Daten durch Clearview AI kontaktieren können. Weiterhin wies Marx darauf hin, dass Medienberichten zu Folge diverse, auch europäische Polizeibehörden, bereits einen Clearview AI-Zugang hätten.

Am 20.03.2020 teilte der HmbBfDI mit, dass sie sich nun doch entschlossen hätten, an Clearview AI heranzutreten. Dazu haben sie am 19.03.2020 zunächst 14 allgemeine, von Marx' Fall weitgehend unabhängige Fragen an das Unternehmen übermittelt. Über diese Entscheidung berichtete am 25.03.2020 der Spiegel (Beuth 2020). Am gleichen Tag bot *noyb* Unterstützung in dem Fall an.

3.3 Unterstützung durch noyb

Am 15.04.2020 antwortete Clearview AI auf das erste Schreiben des HmbBfDI. Die 14 Fragen wurden nicht im Einzelnen beantwortet. Stattdessen teilte die Firma mit, dass alle europäischen Nutzer:innen des Dienstes gesperrt worden seien und es keine zahlenden Kund:innen aus der EU gäbe. Betroffene Personen in der EU würde die Firma keine Waren oder Dienstleistungen anbieten, ihr Verhalten würden sie nicht beobachten. Außerdem wurde hervorgehoben, dass Clearview AIs Antwort kein Anerkernntnis der Zuständigkeit darstellen und lediglich als Zeichen ihres guten Willens erfolgen würde.

Am 17.04.2020 übermittelte *noyb* eine Stellungnahme zu der Anwendbarkeit der DSGVO auf die Datenverarbeitung durch Clearview AI an den HmbBfDI.

Da Clearview AIs Antwort einige Fragen offen ließ und neue Fragen aufkamen, hat der HmbBfDI am 26.05.2020 einen weiteren Fragenkatalog mit 17 Fragenkomplexen an Clearview AI übermittelt und darum gebeten, im Einzelnen auf die Fragen einzugehen. Dieses Schreiben wurde am 23.07.2020 wieder oberflächlich durch Clearview AI beantwortet. Der HmbBfDI hätte keine Zuständigkeit über Clearview AI, daher würden sie von der Beantwortung weiterer Fragen absehen.

Als Reaktion auf diese Antwort erließ der HmbfDI am 13.08.2020 einen Auskunftsheranziehungsbescheid (HmbBfDI 2020). Mit diesem wurde Clearview AI aufgefordert, bis zum 14.09.2020 auf 17 Fragenkomplexe zu antworten. Für jeden Fall der Nichterteilung einer Auskunft wurde ein Zwangsgeld in Höhe von 10.000,00 EUR angedroht. Auf diesen Bescheid antwortete Clearview AI am 14.09.2020. In seiner Antwort äußerte sich Clearview AI zu jedem Fragenkomplex. Außerdem brachte Clearview AI Bedenken zur Anwendbarkeit der DSGVO an.

Zu den Ausführungen Clearview AIs nahm *noyb* am 16.10.2020 Stellung. In einem zweiten Schreiben ergänzte *noyb* am 07.12.2020 Ausführungen bezüglich der Kompetenzen der Aufsichtsbehörden.

Im Rahmen einer Anhörung vor Erlass einer Anordnung wurde Clearview AI am 27.01.2021 durch den HmbBfDI informiert, dass ein Verwaltungsverfahren eingeleitet wurde, mit dem Ziel Clearview AI anzuweisen, den Hashwert zu löschen und die Löschung zu bestätigen (HmbBfDI 2021). Am 12.02.2021 wurde bestätigt, dass Clearview AI den biometrischen Hashwert zur Person des Beschwerdeführers, Herrn Matthias Marx, gelöscht habe.

3.4 Neues Auskunftsverlangen

Am 23.02.2021 hat Matthias Marx ein weiteres Auskunftsverlangen an Clearview AI übermittelt. Dazu hat er eine andere E-Mail-Adresse als zuvor genutzt. Diese Anfrage wurde am 08.03.2021 von Clearview AI damit beantwortet, dass er bereits am 18.05.2020 eine Auskunft erhalten habe, sein Gesicht de-identifiziert worden sei und keine Clearview AI vorliegenden biometrischen Informationen mit dem von Marx bereitgestellten Bild übereinstimmen würden.

Zu dieser Antwort übermittelte *noyb* am 11.07.2021 eine Stellungnahme an den HmbBfDI. Darin stellten wir die Frage, wie Clearview AI das neue Auskunftsverlangen (vom 23.02.2021) mit dem ersten Auskunftsverlangen (vom 20.01.2020) verknüpfen konnte, wenn keine biometrischen Daten mehr vorliegen und die Anfrage von einer anderen E-Mail-Adresse aus gestellt wurde.

Daraufhin stellte der HmbBfDI am 03.09.2021 weitere Fragen an Clearview AI, welche am 30.09.2021 beantwortet wurden. Clearview AI erklärte, dass der für frühere Anträge des Beschwerdeführers zuständige Mitarbeiter sein Foto bei der Bearbeitung wiedererkannt hätte.

Mit Stand vom März 2022 ist das Verfahren noch nicht abgeschlossen.

3.5 Europäische Kunden

Vor dem Hintergrund der Frage, ob die DSGVO anwendbar sei, kam auch die Frage auf, ob Clearview AI Kunden in der Europäischen Union hat. Dazu stellten bereits im Januar 2020 Abgeordnete des Europäischen Parlaments drei parlamentarische Anfragen zur schriftlichen Beantwortung an die Europäische Kommission (Kouloglou 2020; Veld et al 2020; Vollath 2020). Die Abgeordneten fragten,

- ob der Kommission Anwendungsfälle von Clearview AI in Europa bekannt sind,
- ob Clearview AI auch Bilder von Bürgern in der EU erfasst,
- ob die Nutzung der Anwendung mit den Rechtsvorschriften der EU zum Datenschutz und zur Privatsphäre und den einschlägigen Abkommen zwischen der EU und den USA über die Zusammenarbeit im Bereich der Strafverfolgung vereinbar ist und
- wie die Kommission die Grundrechte der Europäischen Bürgerinnen und Bürger im Falle eines Auftretens solcher Gesichtersuchmaschinen auf dem europäischen Markt zu schützen plant.

Bevor diese Fragen im Juni und Juli 2020 beantwortet wurden, berichteten Medien im Februar 2020, dass Clearview AI weltweit mehr als 2200 Kunden hatte, einschließlich Strafverfolgungsverhörden, Unternehmen und Privatpersonen. Den Berichten zu Folge gab es in mehr als fünfzehn europäischen Ländern Kunden (Haskins et al 2020; Mac et al 2020).

Im Zeitraum März bis Juni 2020 wurden in einigen europäischen Ländern weitere parlamentarische Anfragen gestellt, dazu kamen Informationsfreiheitsanfragen und Anfragen durch Medien:

- Dänemark: Nach einer parlamentarischen Anfrage teilt das Justizministerium mit, dass die Polizei an einer Demonstration von Clearview AI teilnahm und Kontaktinformationen hinterließ. Die Polizei soll die Gesichtersuchmaschine nicht eingesetzt haben (Justizministerium des Königreichs Dänemark 2020).
- Deutschland: Nach einer Informationsfreiheitsanfrage teilt das Innenministerium mit, dass über einen Kontakt der Bundesregierung mit Clearview AI nichts bekannt sei (Bundesministerium des Innern, für Bau und Heimat 2020).
- Griechenland: Auf eine Anfrage der Bürgerrechtsorganisation Homo Digitalis antwortet die Polizei, dass sie Clearview AI nicht nutzen würden (Homo Digitalis 2020).
- Italien: Auf eine Informationsfreiheitsanfrage der Bürgerrechtsorganisation Hermes Center antwortet das Innenministerium, dass sie Clearview AI nicht gekauft hätten und kein Kontakt zwischen Unternehmen und Ministerium bestehen würde.
- Niederlande: Auf eine parlamentarische Anfrage antwortet das Ministerium für Justiz und Sicherheit, dass nicht bekannt sei, dass öffentliche Einrichtungen Clearview AI nutzen oder in der Vergangenheit einge-

setzt haben (Ministerium für Justiz und Sicherheit der Niederlande 2020).
- Schweden: Medienberichten zu Folge hat die schwedische Polizei Clearview AI genutzt (Pettersson and Carlén 2020).[1]
- Slovenien: Der Bürgerrechtsorganisation Državljan D wurde von Innen- und Verteidigungsministerium mitgeteilt, dass sie nicht mit Clearview AI kooperieren würden.
- Vereinigtes Königreich: Auf eine parlamentarische Anfrage antwortete die Innenministerin, dass es keine Verträge mit Clearview AI gäbe (Britisches Innenministerium 2020).

Im Juni und Juli 2020 teilte die Kommission schließlich mit, dass ihr keine Informationen über eine Verwendung von Clearview AI durch Strafverfolgungsbehörden in der EU und die Erfassung von Daten von europäischen Bürgerinnen und Bürgern vorlägen (Kouloglou 2020; Veld et al 2020; Vollath 2020). Am 03.09.2020 zeigten sich Abgeordnete des Europäischen Paralments verärgert über die in ihren Augen unzureichenden Antworten der Kommission. Zu dem Zeitpunkt der Antworten war bereits öffentlich über verschiedene Anwendungen von Clearview AI in der EU und über betroffene EU-Bürger:innen berichtet worden (Stolton 2020).

Im August 2021 veröffentlichte BuzzFeed News einen weiteren Artikel über Clearview AI, in dem u.a. die Anzahl der von verschiedenen Behörden bis zum Februar 2020 durchgeführten Suchen veröffentlicht wurden. Die Zahlen zeigen, dass Clearview AI u.a. in Dänemark, Italien, den Niederlanden, Schweden, Slovenien und im Vereinigten Königreich eingesetzt worden war (Mac et al 2021). Diese Zahlen stehen zum Teil im Widerspruch zu Antworten auf die oben aufgeführten Anfragen.

---

1 Zwischenzeitlich hat die schwedische Aufsichtsbehörde IMY die Verwendung von Clearview AI durch die schwedische Polizei untersucht und am 10.02.2021 u.a. entschieden, dass die Polizei Clearview AI widerrechtlich verwendet hat: https://www.imy.se/globalassets/dokument/beslut/beslut-tillsyn-polismyndigheten-cvai.pdf

4. Rechtliche Einordnung

Datenschutzrechtlich sind insbesondere zwei Fragen zu erörtern:

1. Erfasst die DSGVO überhaupt die Verarbeitungsprozesse Clearview AIs?
2. Falls ja, kann sich Clearview auf eine Rechtsgrundlage berufen, um die Fotos zu verarbeiten?

4.1 (Räumliche) Anwendbarkeit der DSGVO

Ob die Verarbeitungsprozesse Clearview AIs von der DSGVO erfasst werden, hängt davon ab, ob sowohl der sachliche und der räumliche Anwendungsbereich der DSGVO eröffnet sind .

Der sachliche Anwendungsbereich ist eröffnet, weil die Erfassung von Profilfotos und deren anschließende biometrische Verarbeitung eine automatisierte Verarbeitung personenbezogener Daten darstellt und keine der ausgeklammerten Bereiche einschlägig ist . Dieser Punkt wurde auch nicht von Clearview AI problematisiert.

Clearview AI verneinte jedoch den räumlichen Anwendungsbereich nach Artikel 3 Abs. 2 DSGVO. Gemäß Artikel 3 Abs. 2 DSGVO ist die DSGVO anwendbar, wenn zwar keine Niederlassung in der Union gegeben ist, aber

- wenn die Datenverarbeitung im Zusammenhang damit steht
  a) betroffenen Personen in der Union Waren oder Dienstleistungen anzubieten, unabhängig davon, ob von diesen betroffenen Personen eine Zahlung zu leisten ist;
  b) das Verhalten betroffener Personen zu beobachten, soweit ihr Verhalten in der Union erfolgt.

Nach eigenen Angaben bietet Clearview AI seine Dienste nicht direkt betroffenen Personen an.

Die DSGVO verlangt jedoch nur eine Datenverarbeitung, die im Zusammenhang mit dem Angebot von Waren oder Dienstleistungen an betroffene Personen in der Union steht. Folglich wäre es für die räumliche Anwendbarkeit ausreichend, wenn Clearview AI Kunden hätte, die Waren oder Dienstleistungen an betroffene Personen in der EU anböten und diese Kunden in diesem Zusammenhang die Dienste von Clearview AI in Anspruch nähmen.

Zwar gibt es Indizen, dass Kunden von Clearview AI Waren oder Dienstleistungen an betroffene Personen in der EU anbieten (vgl. oben Punkt 2.5), aber Clearview AI bestreitet die Behauptung.

Dennoch, die DSGVO greift auch unabhängig vom Vorliegen eines Angebots von Waren oder Dienstleistungen an betroffene Personen in der EU nach Artikel 3 Abs. 2 lit. a) gemäß Artikel 3 Abs. 2 lit. b) DSGVO) auch dann,

> wenn die Verarbeitung im Zusammenhang damit steht, (...) b) das Verhalten betroffener Personen zu beobachten, soweit ihr Verhalten in der Union erfolgt.

Clearview AI argumentierte, dass der Dienst für die Beobachtung des Verhaltens betroffener Personen im Sinne des Artikel 3 Abs. 2 lit. b) DSGVO nicht geeignet sei. Eine Beobachtung im Sinne der DSGVO sei nur gegeben, wenn die Beobachtung einer Überwachung des Verhaltens einer Person gleichkomme.

Dieses Verständnis werde von der französischen und der englischen Sprachversion der DSGVO unterstützt (*monitor* bzw. *au suivi du comportement*) sowie von einigen Kommentaren (Simitis/Hornung/Spiecker gen. Döhmann (2019), Art. 3 Rn. 57: „Eine objektiv lediglich punktuelle Erfassung eines Zustands ist nicht ausreichend"; Ehmann/Selmayr/Zerdick(2018), Art. 3 Rn. 20: „Daraus wird deutlich, dass unter einem 'Beobachten' nicht bloß punktuelle Maßnahmen zu verstehen sind, sondern die Verarbeitungstätigkeit ihrer Intensität nach vielmehr einer 'Überwachung' gleich kommen muss.")

Die Aktivitäten Clearview AIs kämen keiner Überwachung gleich, weil das Unternehmen nur Schnappschüsse zur Verfügung stelle und damit nur Momentaufnahmen. Eine Momentaufnahme könne aber keine Beobachtung sein. Zudem sei die Suche mit Clearview AI eher mit einer Google-Suche anhand eines Namens zu vergleichen, welche wohl unzweifelhaft nicht als Beobachtung zu klassifizierung sei.

Das Problem liegt darin, dass die DSGVO den Begriff Beobachtung nicht definiert und es keine höchstrichterliche Klarstellung gibt. Als Richtschnur für die Auslegung des Begriffs kann aber Erwägungsgrund 24 S. 2 DSGVO herangezogen werden, welcher als Beispiel für eine Beobachtung das Nachvollziehen der Internetaktivitäten von betroffenen Personen nennt.

Eben jenes Beispiel wird von Clearview AI unter Verweis auf *Zerdick* herangezogen, um zu argumentieren, dass die Verarbeitungstätigkeit in ihrer Intensität einer Überwachung gleichkommen muss, ohne aber diesen Begriff selbst näher zu bestimmen.

Unserer Ansicht nach deutet das Beispiel jedoch eher darauf hin, dass die Verarbeitung Informationen über die Tätigkeit / das Verhalten der beobachteten Person liefern muss – und tatsächlich wird dieses Verständnis wohl von *Zerdick* geteilt, wenn er in der Verwendung von Gefällt mir-Schaltflächen eine Überwachung sieht. Entsprechend verlangt auch *Hornung* keine systematische Überwachung, sondern nur das zielgerichtete Erfassen von Verhalten.

Zu beachten ist, dass Clearview AI keine Suchmaschine für ein bestimmtes, einzelnes Foto ist. Nachdem Clearview AI ein Foto erfasst hat, wird mit dem berechneten biometrischen Profil des Fotos ein Index-ähnlicher Hash erzeugt. Dieser Wert erlaubt es Clearview AI, verschiedene Fotos miteinander zu vergleichen und, sofern die jeweiligen Werte (d.h. im Endeffekt die Profilbilder) eine gewisse Ähnlichkeitsschwelle erreichen, zu verknüpfen. Damit können verschiedene Bilder einer Person eben dieser Person zugeschreiben werden, ohne dass die eigentliche Identität der Person notwendigerweise bekannt ist. Darüber hinaus kann der Kontext der Bilder (z.B. URL, Namen der Bilddatei, das Foto selbst) weitere personenbezogene Daten offenbaren, welche auf das Verhalten der betroffenen Personen schließen lassen.

Wir argumentierten, dass eine Anzahl verknüpfter Fotos, auch wenn die Fotos für sich genommen jeweils Schnappschüsse sind, nichts anderes als eine Beobachtung der abgebildeten Person ist. Als grober Vergleich dienen Filmaufnahmen, wie z.B. von Überwachungskameras, welche nichts anderes als eine Serie statischer Einzelbilder und damit aneinander gereihte Momentaufnahmen sind.

Denn Artikel 3 Abs. 2 lit. b) DSGVO ist weder vom Wortlaut noch vom Sinn zu entnehmen, dass erst ab einer gewissen Anzahl von aneinandergereihten Schnappschüssen oder Momentaufnahmen eine Anwendbarkeit der DSGVO vorgesehen ist. Tatsächlich kann sogar ein einziges Foto in gewissen Situationen eine Beobachtung darstellen, z.B. wenn das aufgenommene Foto zeigt, wer durch eine Tür schreitet oder dass sich ein Paar dort küsst und wenn es letztlich darauf ankommt, diese Informationen den Fotos zu entnehmen.

Dabei ist unerheblich, ob die Auswertung von Aufzeichnungen in Echtzeit oder nachträglich erfolgt, weil auch durch nachträgliche Auswertungen ein Bild der beobachteten Person entstehen kann.

Des Weiteren kann eine Beobachtung auch spärlich über längere Zeiträume erfolgen. Doping-Tests alle 6 Monate oder jährliche medizinische Untersuchungen sind Beispiele für Aktivitäten, die trotz größeren Zeitintervallen durchaus Informationen über das Verhalten einer Person liefern.

Auch der Vergleich mit einer Textsuche nach einem Namen bei Google hinkt, weil Clearview AI als Suchparameter ein biometrisches Datum verwendet. Dieses biometrische Datum ist der Natur nach eindeutig und soll ausschließlich Ergebnisse der gesuchten Person liefern. Eine Suche nach einem Namen kann regelmäßig auch Ergebnisse liefern, die nichts mit der Person zu tun haben, während eine Suche mit dem biometrischen Profil einer Person nur das Gesicht dieser Person und die verknüpften Quelldaten liefern soll.

Schließlich ist zu berücksichtigen, dass Artikel 3 Abs. 2 lit. b) DSGVO, ebenso wie Artikel 3 Abs. 2 lit. a) DSGVO, wegen der Formulierung „im Zusammenhang steht“ einen durchaus weiten Anwendungsbereich eröffnet.

Folglich kann selbst eine entsprechende (ggf. nur geplante) nachgelagerte Verarbeitung die Einordnung der ersten Stufe als „Beobachtung” beeinflussen, sofern die nachgelagerte Verarbeitung eine Beobachtung umfasst (vgl. Gola DS-GVO/Piltz, Art. 3 Rn. 33; Kühling/Buchner/KlarArt. 3 Rn. 91, 92).

In diesem Sinne erklärt Erwägungsgrund 24 S. 2 DSGVO (eigene Hervorhebung):

> Ob eine Verarbeitungstätigkeit der Beobachtung des Verhaltens von betroffenen Personen gilt, sollte daran festgemacht werden, ob ihre Internetaktivitäten nachvollzogen werden, *einschließlich der möglichen nachfolgenden Verwendung von Techniken zur Verarbeitung personenbezogener Daten*.

Berücksichtigt man die Kunden von Clearview AI und die Zwecke, für die der Dienst beworben wird, ist zusätzlich zur vorliegenden Beobachtung unmittelbar durch Clearview AI von einer nachgelagerten Beobachtung durch die Kunden auszugehen.

4.2 Fehlende Rechtsgrundlage

Weil der Anwendungsbereich der DSGVO zu bejahen war, wurde im nächsten Schritt untersucht, ob sich Clearview AI auf eine Rechtsgrundlage für die durchgeführten Verarbeitungen stützen kann, um diese zu rechtfertigen. Die DSGVO sieht vor, dass jede Verarbeitung eine eigene Rechtsgrundlage bzw. Ausnahme eines Verarbeitungsverbots bedarf.

Clearview AI äußerte sich gegenüber dem HmbBfDI im Rahmen des Verfahrens zu keiner Zeit klar zur Rechtmäßigkeit seines Dienstes – ggf. weil es schon die Anwendbarkeit der DSGVO verneinte.

Die relevanten Verarbeitungsprozesse Clearview Ais können auf den ersten Blick grob in zwei Ebenen aufgeteilt werden: i) Zunächst das Erfassen und Speichern der öffentlich zugänglichen Fotos. Ii) Die anschließende biometrische Verarbeitung der erfassten Fotos, damit sie zur eindeutigen Identifizierung einer Person verwendet werden können.

Allerdings werden die jeweiligen Ebenen von einem einzigen Zweck (im Sinne der Zweckbindung nach Artikel 5 Abs. 1 lit. B) i.V.m. Artikel 6 Abs. 4 DSGVO) derart umklammert, dass eine isolierte Betrachtung widersinnig wäre. Jede Ebene zielt auf das Betreiben eines biometrischen Foto-Suchdienstes für Gesichter ab.

Daher sind die beiden Ebenen im Rahmen der Rechtmäßigkeitserröterung als eine einzige Verarbeitungstätigkeit zu betrachten.

Diese umfasst auch die Verarbeitung biometrischer Daten. Die DSGVO definiert biometrische Daten in Artikel 4 Nr. 14 DSGVO als

> mit speziellen technischen Verfahren gewonnene personenbezogene Daten zu den physischen, physiologischen oder verhaltenstypischen Merkmalen einer natürlichen Person, die die eindeutige Identifizierung dieser natürlichen Person ermöglichen oder bestätigen, wie Gesichtsbilder oder daktyloskopische Daten.

Als sog. besondere Kategorie personenbezogener Daten unterliegt deren Verarbeitung zur eindeutigen Identifizierung einer natürlichen Person dem grundsätzlichen Verarbeitungsverbot des Artikel 9 Abs. 1 DSGVO.

Nur wenn eine der Ausnahmen in Artikel 9 Abs. 2 DSGVO vorliegt, dürfen biometrische Daten zur eindeutigen Identifizierung einer betroffenen Person verarbeitet werden.

Eine Ausnahme nach Artikel 9 Abs. 2 DSGVO muss dabei wohl stets zusätzlich zu einer Rechtsgrundlage nach Artikel 6 Abs. 1 DSGVO vorliegen (vgl. DSGVO, Erwägungsgrund 51 S. 5; BeckOK DatenschutzR/Albers/VeitDS- GVO Art. 9 Rn. 11).

Rechtsgrundlage nach Artikel 6 Abs. 1 DSGVO. Als Rechtsgrundlage nach Artikel 6 Abs. 1 DSGVO kommt nur berechtigtes Interesse gemäß Artikel 6 Abs. 2 lit. F) DSGVO in Betracht. Danach muss die Verarbeitung zur Wahrung der berechtigten Interessen des Verantwortlichen oder eines Dritten erforderlich sein und die Interessen oder Rechte der betroffenen Person dürfen dieses Interesse nicht überwiegen.

Weder Clearview AI noch dessen Kunden als Dritte haben ein berechtigtes Interesse, auf welches sie sich berufen können.

Das fehlende relevante Interesse von Clearview AI. Clearview AI hat an der Verarbeitung ein lediglich kommerzielles Interesse, d.h. die Erbringung einer Dienstleistung mit Gewinnerzielungsabsicht.

Gewinn an sich kann aber niemals ein zu berücksichtigendes Interesse sein, weil grundsätzlich jedes betriebswirtschaftliche Unternehmen eine Einkünfteerzielungsabsicht hat und letzlich jede Verarbeitungstätigkeit auf diese Absicht zurückgeführt werden kann (vgl. auch EuGH, C-131/12 Google Spain SL, Google Inc. V Agencia Española de Protección de Datos (AEPD) und Mario Costeja González [2014] ECLI:EU:C:2014:317, Rn. 81).

Daher muss ein zu allgemeines Interesse im Lichte der Zweckbindung nach Artikel 5 Abs. 1 lit. B) DSGVO weiter konkretisiert werden. Dieser Konkretisierungsgedanke lässt sich indirekt der Regelung des Artikel 21 Abs. 2 DSGVO zu Direktwerbung entnehmen, denn das Interesse eines Verantwortlichen an Direktwerbung ist letzlich grundsätzlich das der Einkünfteerzielung.

Ein konkreteres Interesse als das der Gewinnerzielung ist für Clearview AI nicht ersichtlich.

Das fehlende relevante Interesse von Dritten. Das berechtigte Interesse der Dritten, die Clearview Ais Dienste in Anspruch nehmen, ist die Identifizierung von Personen und das Erlangen von Informationen über diese, z.B. zur Aufklärung von Straftaten.

Nimmt man aber den wohl häufigsten Clearview-Kunden, eine Strafverfolgungsbehörde, schreibt Artikel 6 Abs. 1 DSGVO ausdrücklich vor, dass die Rechtsgrundlage der berechtigten Interessen nicht für die von Behörden in Erfüllung ihrer Aufgaben vorgenommene Verarbeitung [gilt]. Weil diese Art der Kunden sich nicht auf die Rechtsgrundlage berechtigte Interessen stützen kann, wäre es widersprüchlich, wenn sich der Verantwortliche der vorgelagerten Verarbeitung auf die berechtigten Interessen dieser bestimmten nachgelagerten Stellen berufen könnte.

Bei privaten Unternehmen und Einzelpersonen als Kunden bzw. Dritte ist das Interesse ebenfalls die Identifizierung von Personen und das Erlangen von Informationen über diese zu einem näher zu bestimmenden Zweck – und im Vergleich zu Behörden können sich diese auch prinzipiell auf berechtigte Interessen berufen.

Das Interesse ist aber rein abstrakter Natur, denn die gesamte Verarbeitung durch Clearview AI, von der ursprünglichen Erfassung und Speicherung bis zur biometrischen Verarbeitung der Fotos, erfolgt regelmäßig bevor der Dienst von einem bestimmten Kunden in Anspruch genommen wird. Welcher konkrete Nutzen aus der Verarbeitung gezogen wird, ist daher zunächst unbekannt. Ein Kunde wird den Dienst verwenden, um sich zu vergewissern, dass krankgeschriebene Mitarbeiter sich nicht tätsächlich am Strand vergnügen und Selfies posten. Ein anderer Kunde wird den Dienst verwenden, um sich über Bewerber:innen zu informieren.

Damit aber sozusagen nicht auf Vorrat (in gedanklicher Anlehnung am Konzept der Vorratsdatenspeicherung) verarbeitet werden kann, muss das Interesse zum Zeitpunkt der Verarbeitung entstanden und vorhanden sein (…) und zu diesem Zeitpunkt nicht hypothetisch sein (EuGH, C708/18 TK [2019] EU:C:2019:1064, Rn. 44; vgl. auch BeckOK DatenschutzR/Albers/Veit DSGVO Art. 6 Rn. 68).

Daher kann sich Clearview AI nicht auf berechtigte Interessen für die Verarbeitung berufen.

Obgleich folglich keine Rechtsgrundlage nach Artikel 6 Abs. 1 DSGVO vorliegt, untersuchen wir der Vollständigkeit halber, ob eine Ausnahme nach Artikel 9 Abs. 2 DSGVO vorliegen könnte.

Ausnahme nach Artikel 9 Abs. 2 DSGVO. Mangels einer ausdrücklichen Einwilligung gemäß Artikel 9 Abs. 2 lit. a) DSGVO in die gegenständliche Verarbeitung kommt als mögliche Ausnahme vom Verbot der Verarbeitung besonderer Kategorien personenbezogener Daten grundsätzlich nur Artikel 9 Abs. 2 lit. e) DSGVO in Betracht, d.h. die Verarbeitung müsste sich auf Daten beziehen, welche die betroffene Person offensichtlich öffentlich gemacht hat.

Die Fotos, die Clearview AI verarbeitet, müssten daher i) von der jeweiligen betroffenen Person offensichtlich öffentlich und zusätzlich ii) für den jeweiligen Zweck der beabsichtigten Verarbeitung durch Clearview AI öffentlich gemacht worden sein. Keines dieser Elemente ist zu bejahen.

Offensichtlich öffentlich gemacht. Im Sinne des Grundsatzes der Rechenschaftspflicht nach Artikel 5 Abs. 2 DSGVO obliegt es dem Verantwortlichen nachzuweisen, dass die zu verarbeitenden Daten *durch die betroffene Person* offensichtlich öffentlich gemacht wurden. Das ist nicht möglich, weil in den allermeisten Fällen nicht ersichtlich ist, ob die abgebildete Person die Fotos selber veröffentlicht hat oder ob die Fotos gegen ihren Willen von einem Dritten veröffentlicht wurd–n - wie auch vorliegend im konkreten Fall. Die Fotos von Marx wurden zwar auf einer Stockfotografie-Webseite gefunden, wurden aber gegen seinen Willen dort hochgeladen.

Veröffentlichung für den Zweck der Verarbeitung. Zudem muss das relevante personenbezogene Datum gerade zu dem bestimmten Zweck der intendierten Verarbeitung öffentlich gemacht worden sein, um dem Grundsatz der Zweckbindung nach Artikel 5 Abs. 1 lit. b) DSGVO zu entsprechen.

Tatbestandlich manifestiert sich dies in dem Erfordernis der offensichtlichen Veröffentlichung, denn jede bewusste Veröffentlichung erfolgt zu einem bestimmten Zweck.

Für eine betroffene Person ist es oft nicht möglich, überhaupt zu erahnen, welche Schlussfolgerungen oder Informationen die Öffentlichkeit (sprich ein potentieller Verantwortlicher) durch eine Verarbeitung ihrer personenbezogenen Daten ziehen kann oder wird.

Veröffentlicht eine betroffene Person auf ihrer Kanzleiwebseite ein Profilfoto von sich, ist der intendierte Zweck der Förderung der anwaltlichen Tätigkeit.

Dass der benachbarte Supermarkt über Videoüberwachung Fotos von seinen Kunden aufnimmt, diese bei Clearview AI hochlädt, damit die Kunden ggf. persönlich begrüßt werden können, war nicht vom Zweck der ursprünglichen Veröffentlichung umfasst. Ebenso wäre die Verarbeitung des Fotos durch die benachbarte Apotheke zum Angebot einer Dermatitissalbe zweckfremd. Die jeweiligen Zwecke der Veröffentlichung und der anschließenden Verarbeitungen fallen auseinander.

Die ursprüngliche Zweckbestimmung muss sich daher in der anschließenden Zweckbindung nach Artikel 5 Abs. 1 lit. b) DSGVO des Verantwortlichen spiegeln, damit es zu keinem Zweckbruch zwischen den beiden Verarbeitungstätigkeiten kommt. Dass die beiden Verarbeitungen im Zusammenhang stehen, ergibt sich auch daraus, dass die spätere Verarbeitung ohne die erste (veröffentlichende) Verarbeitung nicht erfolgen kann.

4.3 Weitere Aspekte

Sperrliste. Clearview AI bietet eine Sperrliste im Sinne eines Opt-Out von seinen Suchergebnissen an. Die Sperrliste verwendet den biometrischen Hashwert der betroffenen Person, um diese von den Suchergebnissen zu filtern. Das bedeutet aber auch, dass die personenbezogenen Daten der betroffenen Person weiterhin verarbeitet werden, sowohl Fotos als auch der biometrische Hashwert. Die betroffene Person ist gewissermaßen in einer Zwickmühle: obwohl die zugrundeliegende Verarbeitung durch Clearview AI rechtswidrig ist, soll die betroffene Person eine Einwilligung erteilen, damit sie auf eine Sperrliste kommt.

Durchsetzung. Clearview AI hat keine Niederlassung innerhalb der EU. Wie in allen anderen Rechtsbereichen ist die Frage der Zuständigkeit und der Rechtsprechung vom Problem der faktischen Vollstreckung zu trennen. Eine Entscheidung gegen einen Verantwortlichen ohne Niederlassung oder vollstreckbarem Vermögen in der EU ist u.U. schlicht faktisch nicht durchsetzbar. Dies ist jedoch auch aus allen anderen Rechtsbereichen bekannt (Flucht des Schuldners) und sollte den Rechtsstaat nicht darin hindern, eine Entscheidung zu erlassen. Die Extraterritorialität der

DSGVO durch Artikel 3 Abs. 2 DSGVO ist weithin anerkannt und schließt die Verpflichtung zur Einhaltung der Grundsätze der DSGVO für Verantwortliche ohne Niederlassung in der EU, wie Clearview AI, nicht aus.

4.5 Situation in anderen EU-Mitgliedstaaten und dem Vereinigten Königreich

In Frankreich, dem Vereinigten Königreich und Italien hat es in parallel zu Marx Fall gelagerten Fällen schon (vorläufige) aufsichtsbehördliche Entscheidungen zu Clearview AI gegeben.

Frankreich. Die französische Aufsichtsbehörde *Commission nationale de l'informatique et des libertés* (CNIL) hat am 26.11.2021 in ihrer Entscheidung MED 2021-134 (MDMM211166) Clearview AI die weitere Verarbeitung personsonenbezogener Daten von betroffenen Personen in Frankreich untersagt und Clearview AI aufgefordert, dem Recht auf Löschung betroffener Personen nachzukommen (CNIL 2021a; b).

Hinsichtlich der Frage der Beobachtung hat sie ausgeführt (CNIL 2021b, eigene Übersetzung):

> Ein solches Suchergebnis ermöglicht es auch, das Verhalten einer Person im Internet zu identifizieren, indem die Informationen, die diese Person online gestellt hat, sowie ihr Kontext, analysiert werden. Tatsächlich ist schon das Einstellen von Fotos an sich ein Verhalten der jeweiligen Person, das die Entscheidung der Person darüber widerspiegelt, in welchem Umfang sie Elemente ihres Privat- oder Berufslebens preisgeben möchte. Daher sollte davon ausgegangen werden, dass das mit einem Foto verknüpfte Suchergebnis zumindest teilweise als ein Verhaltensprofil der betroffenen Person zu betrachten ist, da es zahlreiche Informationen über diese Person und insbesondere ihr Verhalten enthält. Selbst wenn man davon ausgeht, dass der eigentliche Zweck der Verarbeitung nicht die Verhaltensüberwachung ist, beinhalten die Mittel, die für das biometrische Identifizierungssystem von Clearview eingesetzt werden, die Erstellung eines solchen Profils, und die Verarbeitung kann somit als mit der Beobachtung des Verhaltens im Zusammenhang stehend angesehen werden.

Vereinigtes Königreich. Am 29.11.2021 hat die *Information Commissioner's Office* (ICO), die zuständige Aufsichtsbehörde für Datenschutz im Vereinigten Königreich, nach einer gemeinsamen Untersuchung mit der australischen Aufsichtsbehörde *Office of the Australian Information Commissioner* (OAIC), ihre Absicht bekannt gegeben, Clearview AI auf Grund von Verstößen gegen die UK-DSGVO eine Geldbuße zu verhängen (ICO 2021).

Die ICO ist zu der vorläufigen Auffassung gelangt, dass Clearview AI Inc. in mehrfacher Hinsicht gegen die britischen Datenschutzgesetze verstoßen hat, unter anderem dadurch, dass:

- die Daten von Personen im Vereinigten Königreich nicht in einer Art und Weise verarbeitet werde, die sie wahrscheinlich erwarten können oder die fair ist;
- kein Verfahren eingerichtet ist, um die Speicherung der Daten auf unbestimmte Zeit zu verhindern;
- eine Rechtsgrundlage für die Erhebung der Daten fehlt;
- die höheren Datenschutzstandards für biometrische Daten (die nach der Datenschutz-Grundverordnung und der britischen Datenschutzverordnung als besondere personenbezogene Daten eingestuft werden) nicht eingehalten werden;
- Personen im Vereinigten Königreich nicht darüber informiert werden, was mit ihren Daten geschieht, und
- zusätzliche personenbezogene Daten, einschließlich Fotos, verlangt werden, was Personen, die der Verarbeitung ihrer Daten widersprechen wollen, davon abschrecken könnte."'

Italien. Am 10.02.2022 hat die italienische Aufsichtsbehörde *Garante per la protezione dei dati personali* (Garante) gegen Clearview AI eine Geldbuße von 20 Millionen Euro verhangen und das Unternehmen angewiesen, sämtliche personenbezogene Daten, inkl. der biometrischen Daten, von betroffenen Personen in Italien zu löschen sowie einen Vertreter in der Union nach Artikel 27 DSGVO zu benennen (Garante 2022).

Exkurs: Einheitliche Entscheidungen. Vor dem Hintergrund der jeweiligen nationalen Entscheidungen kommt zwangsläufig die Frage auf, ob eine nationale Behörde nicht ein europaweites Verarbeitungsverbot hinsichtlich der Verarbeitungstätigkeiten von Clearview AI aussprechen dürfte oder wie zumindest einheitliche Entscheidungen erreicht werden könnten. In diesem Exkurs soll die Thematik kurz angerissen werden.

Wegen des völkerrechtlichen Souveränitätsprinzips erstreckt sich die Staatsgewalt grundsätzlich nur auf das eigene Hoheitsgebiet. Demnach könnte eine nationale Behörde kein europaweites Verbot erlassen. Im Unionsrechtsraum sind jedoch transnationale Verwaltungsakte, d.h. Entscheidungen einer nationalen Behörde, die unionsweit Geltung entfalten, bekannt. In der Regel vollziehen Mitgliedstaaten dabei Europarecht (vgl. allgemein zum Thema: Danwitz (2008S. 609 ff.); Danninger (2019S. 15 f.)).

Solche Entscheidungen werden grundsätzlich im Rahmen der sog. Verwaltungskooperation (vgl. zur Verwaltungskooperation: Danwitz (2008S. 609 ff.)) getroffen. Mit diesen Kooperationspflichten „soll ausgeglichen werden, dass das Verwaltungshandeln entgegen dem völkerrechtlich geltenden Territorialprinzip nicht auf das Gebiet des Erlassstaates beschränkt ist, sondern in der gesamten Union Geltung erlangt" (siehe Danwitz (2008S. 630), der im Übrigen auch Bereiche nennt, in denen transnationale Verwaltungsakte auch ohne vorhergehende Kooperation erlassen werden können).

Es ist nicht auszuschließen, dass auch die DSGVO mit dem Kooperationsmechanismus in Kapitel VII transnationale Verwaltungsakte ermöglicht. Auf jeden Fall könnten Aufsichtsbehörden gemeinsame Maßnahmen nach Art. 62 Abs. 1 DSGVO ergreifen, um eine gewisse Einheitlichkeit der Entscheidungen herbeizuführen.

5. Fazit

Zunächst ist festzustellen, dass das Verfahren in Hamburg zu lange andauert. Seit dem ersten Auskunftsersuchen bis zur Löschung des Hashwertes ist mehr als ein Jahr vergangen. Nun, nach mehr als zwei Jahren, ist das Verfahren noch immer nicht abgeschlossen.

Zwar dauern Beschwerden bei den Aufsichtsbehörden in der Regel sehr lange (noyb 2022), in der Zwischenzeit konnten die ICO im Vereinigten Königreich, die CNIL in Frankreich und die Garante in Italien Beschwerden zu Clearview AI in kürzerer Zeit (vorläufig) abschließen, obwohl Hamburg ursprünglich eine europäische Vorreiterrolle innehatte.

Erfreulich an den (vorläufigen) Entscheidungen ist jedoch, dass diese trotz der Schwierigkeit der Durchsetzung getroffen wurden.

Zum Teil lehnen Aufsichtsbehörden leider die Untersuchung von Beschwerden ab, in denen der Verantwortliche außerhalb des europäischen Wirtschaftsraums sitzt und keine lokale Niederlassung hat, obwohl die DSGVO auf den Sachverhalt klar Anwendung findet. Begründet wird dies mit der Unmöglichkeit, eine Entscheidung tatsächlich durchzusetzen (noyb 2021).

Abgesehen von der fraglichen Rechtmäßigkeit eines solchen Vorgehens wird dabei verkannt, dass insbesondere Verbotsanordnungen und Geldbußen durchaus eine beachtliche Wirkung entfalten können. Kein Verantwortlicher mit Sitz in der Union wird nun vernünftigerweise das Risiko eingehen, die offensichtlich rechtswidrigen Dienste von Clearview AI in Anspruch zu nehmen. Ebenso wird kein europäischer Auftragsverarbeiter, auch mit Blick auf seine Hinweispflicht auf widerrechtliche Verarbeitungen aus Artikel 28 Abs. 3 lit. h) zweiter Absatz DSGVO, für Clearview AI tätig werden. Trotz der zahnlos erscheinenden Anordnungen ist der europäische Markt für Clearview AI gesperrt.

Solche Anordnungen gegenüber Verantwortlichen mit alleinigem Sitz im außereuropäischen Ausland können zudem etwaige potentielle europäische Nachahmer oder gegenwärtige Mitbewerber abschrecken sowie zukünftige Verfahren vereinfachen, weil die rechtlichen Fragen schon erörtert wurden.

Dass die Möglichkeit des Zugriffs abschreckt, zeigt sich an dem Dienst PimEyes, eine weitere Gesichtersuchmaschine, die grundsätzlich wie Clearview AI funktioniert: Das Internet wird im großen Stil nach Gesichtsbildern gecrawlt, gefundene Gesichter werden biometrisch verarbeitet und durchsuchbar gemacht. Im Gegensatz zu Clearview AI ist PimEyes für die Allgemeinheit zugänglich und hat europäische Kunden. Das Unternehmen saß zunächst in Wrocław, Polen (Laufer and Meineck 2020). Matthias Marx hat sich am 31.07.2020 über PimEyes beim HmbBfDI beschwert und auch dieses Verfahren wurde bis heute nicht abgeschlossen. Anfang September, womöglich wegen dieser und weiterer Beschwerden, hat sich PimEyes nämlich auf die Seychellen umfirmiert. Die Behörden in Hamburg und Polen stellt das vor das gleiche Problem der Durchsetzungen wie bei Clearview AI. Dabei gibt es Anzeichen, dass die beiden Gründer sich noch in Polen aufhalten und dort weitere Unternehmen in der gleichen Branche gegründet haben.[2]

Die DSGVO ermöglicht jedoch nicht nur Beschwerden vor Aufsichtsbehörden. Betroffene Personen können gemäß Artikel 82 Abs. 1, Abs. 6 DSGVO i.V.m. Artikel 79 Abs. 2 DSGVO dem jeweiligen nationalen Recht regelmäßig auch vor Zivilgerichten auf Schadensersatz klagen. Bei einem Verantwortlichen mit Sitz in den USA, je nach Bundesstaat, könnte u.U. nach dem *Uniform Foreign-Country Money Judgments Recognition Act* vollstreckt werden (vgl. allgemein *Restatement (Third) of Foreign Relations Law of the United States* § 428; für den Bundesstaat Delaware: 10 Del. C. §§ 4801 et seqq). Die Erörterung des Problems der Durchsetzbarkeit sprengt jedoch den Rahmen dieses Beitrags.

2 siehe https://publicmirror.com/ und https://nitter.net/henkvaness/status/1453723583616716810

Literatur

Alle Online-Quellen zuletzt aufgerufen am: 16.03.2022

Beuth, Patrick (2020): Hamburgs Datenschützer leitet Prüfverfahren gegen Clearview ein. *Der Spiegel (online)* vom 25. März 2020. URL: https://www.spiegel.de/netzwelt/web/clearview-hamburgs-datenschuetzer-leitet-pruefverfahren-ein-a-0ec1870d-c2a5-4ea1-807b-ac5c385ae165

Britisches Innenministerium (4. März 2020): Written question for Home Office, UIN 25178. URL: https://questions-statements.parliament.uk/written-questions/detail/2020-03-04/25178

Bundesministerium des Innern, für Bau und Heimat (2020): Antwort auf FragDenStaat-Anfrage 188977. URL: https://fragdenstaat.de/a/188977

Clearview AI, Inc. (2022): Clearview AI Principles. URL: https://www.clearview.ai/principles

CNIL (2021a): Facial recognition: the CNIL orders CLEARVIEW AI to stop reusing photographs available on the Internet. URL: https://www.cnil.fr/en/facial-recognition-cnil- orders-clearview-ai-stop-reusing-photographs-available-internet

CNIL (2021b): Décision n° MED-2021-134 du 26 novembre 2021 mettant en demeure la société CLEARVIEW AI (No. MDMM211166). URL: https://www.legifrance.gouv.fr/ cnil/id/CNILTEXT000044499030

Danninger, Christoph (2019): *Transnationale Verwaltungsakte*. Dissertation, Universität Wien. URL: http://othes.univie.ac.at/58397/1/61401.pdf.

von Danwitz, Thomas (2008): *Europäisches Verwaltungsrecht*. Berlin: Springer.

HmbBfDI (Der Hamburgische Beauftragte für Datenschutz und Informationsfreiheit) (2020): Auskunftsheranziehungsbescheid vom 13.08.2020, 2020. URL: https://fragdenstaat.de/a/195578

– (2021): Anhörung vor Erlass einer Anordnung. URL: https://noyb.eu/sites/default/files/2021-01/545_2020_ Anhörung_CVAI_DE_Redacted.pdf (last accessed 16 March 2022).

Ehmann, Eugen; Selmayr, Martin und Zerdick, Thomas (2018): *Kommentar Datenschutz-Grundverordnung: DS-GVO*, 2. Auflage. München: C.H.Beck.

Garante (2022): Ordinanza ingiunzione nei confronti di Clearview AI10 febbraio 2022 [9751362]. URL: https://www.garanteprivacy.it/web/guest/home/docweb/-/docweb-display/ docweb/9751362.

Gola, Peter (2018): *Kommentar Datenschutz-Grundverordnung: DS-GVO*, 2. Auflage. München: C.H.Beck.

Haskins, Caroline; Mac, Ryan und McDonald, Logan (2020): Clearview AI Wants To Sell Its Facial Recognition Software To Authoritarian Regimes Around The World. *BuzzFeed News* vom 6. Februar 2020. URL: https://www.buzzfeednews.com/article/carolinehaskins1/clearview-ai-facial-recognition-authoritarian-regimes-22

Hill, Kashmir (2020a) The Secretive Company That Might End Privacy as We Know It. *The New York Times* vom 18. Januar 2020. URL: https://www.nytimes.com/2020/01/18/technology/clearview-privacy-facial-recognition.html

Hill, Kashmir (2020b): Before Clearview Became a Police Tool, It Was a Secret Plaything of the Rich. *The New York Times* vom 05. März 2020. URL: https://www.nytimes.com/2020/03/05/technology/ clearview-investors.html

Homo Digitalis (2020): EL.AS. apantáei gia tis fímes synergasías me tin CLEARVIEW AI. URL: https://www.homodigitalis.gr/posts/6765.

ICO (Information Commissioner's Office) (29 November 2021): ICO issues provisional view to fine Clearview AI Inc over £17 million. URL: https://ico.org.uk/about-the-ico/media-centre/news-and-blogs/2021/11/ico-issues-provisional-view-to-fine-clearview-ai-inc-over-17-million/

Justizministerium des Königreichs Dänemark (3. April 2020): Besvarelse af Spørgsmål nr. 998 (Alm. del) fra Folketingets Retsudvalg (Antwort auf die Anfrage 998 (Tagung) des Rechtsausschusses des Folketing). URL: https://www.ft.dk/samling/20191/almdel/reu/spm/998/svar/ 1648801/2174301.pdf

Knight, Will (2021): Clearview AI Has New Tools to Identify You in Photos. *WIRED* vom 4. Oktober 2021. URL: https://www.wired.com/story/clearview-ai-new-tools-identify-you-photos/.

Kouloglou, Stelios (2020): Clearview AI, privacy and data protection breaches. Question for written answer E-000491/2020 to the Commission. URL: https://www.europarl.europa.eu/doceo/document/E-9-2020-000491_EN.html.

Krempl, Stefan (2022): Überwachung: Clearview will Datenbank mit 100 Milliarden Gesichtsfotos füllen. *heise online* vom 17. Februar 2022. URL: https://www.heise.de/-6491056.

Kühling, Jürgen und Benedikt Buchner (2020): *Kommentar Datenschutz-Grundverordnung, Bundesdatenschutzgesetz: DS-GVO/BDSG*, 3. Auflage. München: C.H.Beck.

Laufer, Daniel und Meineck, Sebastian (10. Juli 2020): Eine polnische Firma schafft gerade unsere Anonymität ab. *netzpolitik.org*. URL: https://netzpolitik.org/2020/gesichter-suchmaschine-pimeyes-schafft-anonymitaet-ab/.

Mac, Ryan; Haskins, Caroline und McDonald, Logan (2020): Clearview's Facial Recognition App Has Been Used By The Justice Department, ICE, Macy's, Walmart, And The NBA. *BuzzFeed News* vom 27. Februar 2020. URL: https://www.buzzfeednews.com/article/ryanmac/clearview-ai-fbi-ice-global-law-enforcement.

Mac, Ryan; Haskins, Caroline und Pequeño, Antonio IV (2021): Police In At Least 24 Countries Have Used Clearview AI. Find Out Which Ones Here. *BuzzFeed News* vom 25. Juli 2021. URL: https://www. buzzfeednews.com/article/ryanmac/clearview-ai-international-search-table.

Ministerium für Justiz und Sicherheit der Niederlande (5. März 2020): Antwort auf parlamentarische Anfrage 2020Z04331. URL: https://zoek.officielebekendmakingen.nl/kv-tk-2020Z04331.

Noyb - Europäisches Zentrum für digitale Rechte (25. Januar 2021): Luxemburgs Datenschutzbehörde weigert sich, US-Unternehmen die Zähne zu zeigen. URL: https://noyb.eu/de/luxemburgs-datenschutzbehoerde-weigert-sich-us-unternehmen-die-zaehne-zu-zeigen

(23. Januar 2022): Europäischer Datenschutztag: 41 Jahre Datenschutz am Papier?!. URL: https://noyb.eu/de/europaeischer-datenschutztag-41-jahre-datenschutz-am-papier

Grill Pettersson, Mikael und Carlén, Linnea (11. März 2020): Polisen: Utsatt barn kunde identifieras med hjälp av omdiskuterade AI-tjänsten. *Sveriges Television*. URL: https://www.svt.se/nyheter/inrikes/polisen-utsatt-barn-identifierades-med-hjalp-av-clearview-ai

Simitis, Spiros; Hornung, Gerrit und Spieker genannt Döhmann, Indra (2019): *Kommentar Datenschutzrecht (DSGVO mit BDSG)*. Baden-Baden: Nomos.

Stolton, Samuel (2020): MEPs furious over Commission's ambiguity on Clearview AI scandal. *Eurcativ* vom 3. September 2020. URL: https://www.euractiv.com/section/data-protection/news/meps-furious-over-commissions-ambiguity-on-clearview-ai-scandal/.

Tech Inquiry (2022): Clearview AI, Inc., US Federal Contracts. URL: https://techinquiry.org/ explorer/vendor/clearviewai,inc./

Veit, Raoul-Darius und Albers, Marion (2021): Kommentierung der Art. 6 und 9 DS-GVO, in: Wolff, Heinrich Amadeus und Brink, Stefan (Hrsg.), *Datenschutzrecht, Beck'scher Online-Kommentar*, 27. Auflage. München: C. H. Beck. https://beck-online.beck.de/?typ=reference&y=400&w=BeckOKDatenS

in 't Veld, Sophie; Moritz Körner, Šimečka, Michal; Keller, Fabienne; Oetjen, Jan-Christoph; Donáth, Anna Júlia; Pagazaurtundúa, Maite; Chastel, Olivier (28. Januar 2020): Clearview. Question for written answer E-000507/2020 to the Commission. URL: https://www.europarl.europa.eu/doceo/document/E-9-2020-000491_EN.html

Verordnung (EU) 2016/679 des Europäischen Parlaments und des Rates vom 27. April 2016 zum Schutz natürlicher Personen bei der Verarbeitung personenbezogener Daten, zum freien Datenverkehr und zur Aufhebung der Richtlinie 95/46/EG (Datenschutz-Grundverordnung). *Amtsblatt der Europäischen Union* L 119 (04. Mai 2016): p. 1-88.

Vollath, Bettina (2020): Gesichtserkennung in Europa. Anfrage zur schriftlichen Beantwortung E-000383/2020 an die Kommission. URL: https://www.europarl.europa.eu/doceo/document/E-9-2020-000383_DE.html.

Sozialkreditdossiers in der Tradition staatlicher Personenakten in China: zunehmende Transparenz durch rechtliche Einbettung?[1]

Marianne von Blomberg und Hannah Klöber

Zusammenfassung

Dieser Beitrag untersucht personenbezogene Sozialkreditdossiers in China unter dem Gesichtspunkt der Transparenz. Der Plan für das Sozialkreditsystem (SKS) sieht unter anderem vor, dass digitale Sozialkreditdossiers für natürliche Personen auf zentraler Ebene angelegt und darin behördliche Informationen über ordnungs- und gesetzeswidriges Verhalten gespeichert werden. Diese Technik stellt die jüngste Inkarnation einer langen Tradition staatlich geführter Personenakten in China dar. Anders als andere Dossiersysteme, insbesondere der in den Anfangsjahren der Kommunistischen Partei Chinas (KPCh) geschaffenen geheimen Dang'an, sollen Sozialkreditdossiers transparent, den betroffenen Personen zugänglich und von ihnen korrigierbar sein. Ist diese Ambition auch rechtlich untermauert und unterscheidet das SKS damit fundamental von vorherigen Dossiersystemen? Dieser Beitrag zeigt die historischen Wurzeln personenbezogener Dossiers in China auf und kontrastiert diese mit der Entwicklung der Sozialkreditdossiers. Er analysiert anschließend den aktuellen Rechtsrahmen in Hinblick auf die Bemühungen um Transparenz im SKS. Eine wachsende Anzahl von lokalen und sektoralen Verordnungen regulieren die Verwaltung personenbezogener Sozialkreditinformationen. Ihre Vielfältigkeit und die nicht standardisierte Sammlung und Verarbeitung von Informationen unter Einbeziehung verschiedener Akteure erschwert das Einsehen und die Korrektur der Dossiers. Um dem Anspruch der Transparenz gerecht zu werden bedarf es einer Vereinheitlichung des rechtlichen Rahmens des SKS und einer eindeutigen Definition von „Sozialkredit". Dieser jedoch steht der Nutzen einer flexiblen Definition für die SKS-Entwickler entgegen.

---

1 Diese Studie wurde von der Fritz-Thyssen-Stiftung gefördert (Projekt 10.19.2.003RE).

1. Einleitung

Außerhalb von China hat der Begriff „Sozialkredit" in den letzten Jahren eine Eigendynamik gewonnen: Memes und Onlinekommentare drohen scherzend mit dem Abzug von „Punkten vom Sozialkreditkonto" und journalistische Berichterstattung bedient sich der Analogie zum chinesischen SKS um lokale Fragen zu Datenschutz, staatlichem Machtmissbrauch und Überwachung greifbar zu machen. Das eingängige Bild des zentralstaatlichen Social Scoring wurde sogar zum Antagonisten in einer europäischen KI-Strategie.[2] Dieser Beitrag nimmt das tatsächliche SKS in den Blick, wie es von der chinesischen Regierung seit Anfang der 2000er Jahre entwickelt wird. Dieses erstellt soweit bekannt nicht, wie häufig berichtet, auf zentraler Ebene einen Score für jede Person.

Stattdessen existieren viele lokale Pilotprojekte, weshalb zunehmend von SKS im Plural gesprochen wird.[3] Die Technik, die allen staatlichen Pilotprojekten sowie dem zentralen Plan zugrunde liegt sind Sozialkreditdossiers.[4] Staatlich verwaltete Dossiers für Individuen haben in China eine lange Tradition. Sie waren in der planwirtschaftlich organisierten Volksrepublik und in der Kaiserzeit für die betroffenen Personen nicht einsehbar und stellten somit ein Instrument der Kontrolle dar. Sozialkreditdossiers brechen mit dieser Tradition, indem sie den betroffenen Personen Einsicht gewähren und diese in die Korrektur der Dossiers einbeziehen sollen. Kann aber der geltende rechtliche Rahmen diesen Ansprüchen gerecht werden? Der Aufbau des SKS sieht vor, alle natürlichen und rechtlichen Personen („Sozialkreditsubjekte") mit einer einheitlichen Sozialkreditidentifikationsnummer zu versehen, unter der Behörden aller Zuständigkeiten und Ebenen ausgewählte Informationen über die jeweiligen Personen sammeln und an eine zentrale Plattform weitergeben.[5] Diese untersteht

---

2 Europäische Kommission: Vorschlag für eine Verordnung des Europäischen Parlamentes und des Rates zur Festlegung harmonisierter Vorschriften für künstliche Intelligenz (Gesetz über künstliche Intelligenz) und zur Änderung bestimmter Rechtsakte der Union, 2021.

3 Liu 2019.

4 Je nach Bereich werden verschiedene Begriffe verwendet (诚信档案，信用档案，信用记录), hier zusammenfassend als „Sozialkreditdossiers" bezeichnet. Sie sind abzugrenzen von den Eintragungen im Bonitätsinformationsregister unter der Zentralbank (中国人民银行征信中心), welches lediglich finanzielle Informationen über Personen enthalten.

5 Staatsrat der Volksrepublik China (VRC): Abriss der Planung für den Aufbau des Sozialkreditsystems in den Jahren 2014–2020 (社会信用体系建设规划纲要（2014—2020 年)) (Planungsabriss); Schaefer und Yin, 2019, S. 9.

der Staatlichen Kommission für Entwicklung und Reform (SKER) und verfügte 2019 über Informationen von nahezu 50 nationalen Behörden sowie Behörden auf Provinz- und Städteebene.[6] Sozialkreditdossiers für natürliche Personen machen dabei Schätzungen nach 20% der gesamten Sammlung von Dossiers im SKS aus.[7] Je nach Sektor werden Behörden und (in China dem Staat sehr nahestehende) Industrieverbände in die Pflicht genommen, Dossiers in ihrem jeweiligen Zuständigkeitsbereich zu erstellen, und die entsprechenden Informationen zusammen zu führen.[8] Für die nationale Ebene wird dies ausgeführt in der *Leitansicht zur Stärkung des Aufbaus eines persönlichen Vertrauenswürdigkeitssystems*[9] und ist ebenfalls in lokalen Implementierungsdokumenten[10] wiederzufinden. Die Erstellung von Sozialkreditdossiers findet sich auch als Kriterium für Städte, um den Titel der *Musterstadt im Aufbau des SKS* zu ergattern.[11]

Im Gegensatz zu der Vielzahl meist kurzlebiger Experimente können Sozialkreditdossiers als unumstößlicher Teil der Infrastruktur des werdenden SKS verstanden werden. Als Nexus aller behördlich bekannten Informationen über Personen stellen sie ein machtvolles Instrument für die „Regulierung nach Vertrauenswürdigkeit“ (信用监管) dar, die durch das SKS aufgebaut werden soll. Diese sieht die Dossiers unter anderem als Entscheidungsgrundlage behördlicher Leistungsverwaltung vor.[12] Jiang zieht eine Verbindung zwischen den Sozialkreditdossiers und der ihnen historisch vorangehenden Dossiersystemen für Individuen: „Anders als das unter Mao initiierte, mystische Personaldossiersystem gibt sich das SKS [...] oft einen Anstrich besserer Transparenz [...]"[13]. Auf Jiangs Arbeit

6 Han 2019, S. 2.

7 Schaefer und Yin, 2019, S. 10.

8 Siehe am umfassendsten die Aufgabenverteilung zum Planungsabriss: Staatsrat der VRC: Abriss der Planung für den Aufbau des Sozialkreditsystems in den Jahren 2014–2020 - Aufgabenverteilung (社会信用体系建设规划纲要 2014-2020 年任务分工), 14.06.2014.

9 Büro des Staatsrates der VRC: Leitansicht zur Stärkung des Aufbaus eines persönlichen Vertrauenswürdigkeitssystems (加强个人诚信体系建设的指导意见), 30.12.2016.

10 Bspw. Stadt Dingxi: Implementierungsplan zur Stärkung des Aufbaus eines persönlichen Vertrauenswürdigkeitssystems in der Stadt Dingxi in der Provinz Gansu (甘肃省定西市加强个人诚信体系建设实施方案), 10.8.2018.

11 Bspw. Kleine Leitungsgruppe für den Aufbau des SKS der Stadt Zhengzhou: Zur Erlassung des Arbeitsplans für die Prüfung und Annahme der zweiten Gruppe von Musterstädten für den SKS Aufbau (关于印发【关于迎接第二批社会信用体系建设示范城市审验收工作方案】的通知), 14.12.2018.

12 Siehe bspw. Meng 2021.

13 Jiang 2020, S. 96.

aufbauend unternimmt dieser Beitrag eine erste Untersuchung zur Transparenz des SKS anhand von Sozialkreditdossiers. Dabei liegt der Fokus, entsprechend unserem Interesse an Datenschutzaspekten, auf Sozialkreditinformationen zu natürlichen Personen.

Dieser Beitrag vertritt die These, dass die Sozialkreditdossiers sich durch ihren Anspruch auf Transparenz und Korrigierbarkeit von ihren Vorgängersystemen unterscheiden, diesem Anspruch jedoch in der Umsetzung nicht vollends gerecht werden. Hierfür beschreibt er zunächst kurz die historischen Vorbilder in Kaiserzeit und Kommunismus bis zur Reform- und Öffnungsära (Abschnitt 2). Im Anschluss daran beleuchtet er die Geschichte und Debatte um lokale Pilotprojekte mit persönlichen Dossiers, und schließlich das daraus entwickelte heutige Konzept der Sozialkreditdossiers, wie es aus Regierungspapieren hervorgeht (Abschnitt 3). Im nächsten Schritt prüfen wir, inwiefern der Staat seine darin enthaltenen Versprechen bezüglich der Transparenz des SKS für Individuen rechtlich absichert (Abschnitt 4). Es folgt ein abschließender Vergleich von SKS und Dang'an (Abschnitt 5) und ein Ausblick (Abschnitt 6).

2. *Dossiers in China von Kaiserzeit bis Kommunismus*

Die Erstellung von Personaldossiers durch den Staat in China geht zurück auf die Westliche Zhou-Dynastie (1045-771 v. Chr.), in der der Kaiserhof begann, für die Auswahl von Kandidaten für staatliche Ämter wie Beamte und Militäroffiziere Dossiers zu führen.[14] Die Praxis wurde im Laufe der Jahrhunderte verfeinert, in der Qing-Dynastie beschrieben die Dossiers Ethik, Talente und Gewissenhaftigkeit auf einer detaillierten Bewertungsskala.[15] Nach ihrer Machtergreifung erstellte die Kommunistische Partei Chinas ein Dossiersystem,[16] das häufig schlicht als Dang'an (档案) bezeichnet wird - wörtlich übersetzt: Akten. Am treffendsten lässt es sich als planwirtschaftliche Personalverwaltung beschreiben, in der der einzige Arbeitgeber der Staat ist.

Das Dang'an sah in den Gründungsjahren der Volksrepublik China (VRC) zunächst lediglich vor, Aufzeichnungen über Parteimitglieder zu führen, um die „politische Reinheit der Kader" zu gewährleisten.[17] Auf

14 Jiang 2020, S. 94.
15 Li und Wang 1990, S. 45.
16 Jiang 2020, S. 95.
17 Zentralkomitee der KPCh: Anweisungen des Zentralausschusses für die Prüfung von Kadern (中央关于审查干部问题的指示), 1.8.1940.

dem ersten Nationalen Symposium über die Kaderarbeit 1956 wurde die auf politische Loyalität ausgerichtete Technik auf alle im staatlichen Sektor Tätige - also nahezu alle Arbeitskräfte sowie Studierende - ausgeweitet. In einem Papierumschlag aufbewahrt, auf dem der Nachname und das Aktenzeichen vermerkt waren, begleitete ein Dossier sein Subjekt zu jeder neuen Arbeitsstelle und wurde von der jeweiligen Personalabteilung verwaltet und vor den sie betreffenden Personen geheim gehalten. Ohne das eigene Dossier konnte eine neue Stelle nicht angetreten werden.[18] Das Informationsspektrum der Dossiers war breit und umfasste Angaben über Familie, Bildung und Berufshistorie, politische Aktivitäten, Verfehlungen und Auszeichnungen.[19] Obgleich im Zuge der Kulturrevolution ein Großteil der Dossiers zerstört oder je nach ideologischen Schwankungen der Zeit geändert oder ergänzt wurde, spielten sie bis in die 1980er eine wichtige Rolle in politischen Kampagnen.[20]

Mit der Reform- und Öffnungspolitik erließ die Staatliche Archivverwaltung gemeinsam mit den jeweils zuständigen Ministerien formale Regeln für die Administration von Dang'an-Dossiers. Die geschaffenen Regeln verhelfen dem Dang'an jedoch kaum zu mehr Transparenz. So enthält beispielsweise die im Jahr 1992 erlassene *Verordnung über die Führung der Archive von Unternehmensangestellten*[21] zwar eine Liste von Materialien, die in die Akten einzubeziehen sind. Doch diese bleibt sehr vage und ist nicht abschließend. Andererseits machen die Regeln die Geheimhaltung der Akten gegenüber den sie betreffenden Personen explizit. Die o. g. *Verordnung* legt in § 17 Nr. 4 nieder: „Niemand darf die Akten von sich selbst und seinen Angehörigen (einschließlich Eltern, Ehegatten, Kindern, Geschwistern usw.) einsehen oder ausleihen."[22]

Die Dang'an-Dossiers für Arbeitnehmer[23] verloren mit dem Aufblühen der Marktwirtschaft und dem damit einhergehenden Rückzug des Staates als alleinigem Arbeitgeber an Bedeutung. Während die Dossiers theoretisch den von ihnen beschatteten Individuen auch in private Unternehmen

18 Wang 1998, S. 118.
19 Yang 2011, S. 508.
20 Guo 2021, S. 82.
21 Ministerium für Arbeit und die Staatliche Archivverwaltung: Verordnung über die Führung der Archive von Unternehmensangestellten (企业职工档案管理工作规定), 9.6.1992.
22 Ebd.
23 Zur besseren Lesbarkeit verwendet dieser Beitrag nur das generische Maskulinum.

folgten, hatten letztere keinen Anreiz, diese zu verwalten.[24] Dennoch kam es vor, dass Jobmöglichkeiten aufgrund von in Dossiers enthaltenen Fehlinformationen versagt wurden.[25] Betroffene deckten dies häufig erst auf, nachdem sie eine Reihe von unerklärlichen Absagen von Arbeitgebern erhielten und es ihnen gelang, sich über Kontakte Einblick in die eigenen Akten zu verschaffen.[26] Eine Rechtsauslegung des Obersten Volksgerichtes zeigt, dass Dang'an-Dossiers auch weiterhin in der Privatwirtschaft Einfluss nahmen: Sie stellt klar, dass Gerichte Fälle von Arbeitnehmern annehmen sollen, die eine Entschädigung von Arbeitgebern für den Verlust ihrer Dossiers verlangen.[27]

3. *Das SKS und seine Dossiers*

3.1. *Entwicklung eines Kreditsystems mit Besonderheiten*

Seine Wurzeln hat das SKS in dem Bestreben der chinesischen Regierung, ein traditionelles Bonitätsprüfungssystem für finanzielle Kreditwürdigkeit zu schaffen.[28] In den ersten Jahren der Reform- und Öffnungspolitik stieg die Nachfrage nach Krediten und stellte den Mangel an hierfür notwendigen Kredithistorien und anderen Sicherheiten heraus.[29] Zugleich wurde der Markt in seiner Funktionsfähigkeit durch regelmäßige Vertragsverletzungen, nicht durchsetzbare Gerichtsentscheidungen, sowie Betrug, Verletzungen des geistigen Eigentums und andere Wirtschaftsdelikte beeinträchtigt, gegen die schwache Behörden kaum vorgehen konnten. Im Jahr 1999 begann ein entsprechendes Forschungsprojekt unter der Chinesischen Akademie für Sozialwissenschaften, dessen sich der Staatsrat kurze Zeit später annehmen sollte. Ziel war es, ein Kreditsystem zu schaffen, das nicht nur das Problem fehlender Kreditauskunfteien lösen, sondern darüber hinaus auch zur besseren Durchsetzung von Verträgen und ge-

24 Yang 2011, S. 518.
25 Siehe bspw. Hille 2009.
26 Siehe bspw. Hille 2009.
27 Oberstes Volksgericht: Erwiderung zur Frage der Zulässigkeit von Klagen von Parteien gegen ihren ehemaligen Arbeitgeber auf die Neuausstellung und Entschädigung für von letzterem verlorene Personenakten (关于人事档案被原单位丢失后当事人起诉原用人单位补办人事档案并赔偿经济损失是否受理的复函), 13.6.2006.
28 Dai 2019, S. 1469.
29 Lin 2012, S. 1.

setzlichen Normen beitragen sollte.[30] Der Schlüssel hierzu war Informationsarbeit über „Kreditwürdigkeit im weiteren Sinne" (广义征信).[31] Diese erweiterte Kreditwürdigkeit sollte nicht nur anhand von Finanzhistorien, sondern auch unter Einbeziehung der Einhaltung von Gesetzen und Verträgen evaluiert werden. Entsprechend geht der Begriff Sozialkredit über Kreditwürdigkeit im engeren Sinne hinaus, die sich lediglich auf finanzielle Faktoren bezieht und versucht die zukünftige Zahlungsfähigkeit vorherzusagen.[32] Nach dem erweiterten Verständnis von Kredit könnten beispielsweise finanziell kreditwürdigen Bewerbern Kredite versagt werden, etwa weil sie alkoholisiert Auto gefahren sind, Steuern nicht gezahlt haben oder Gerichtsurteilen nicht nachgekommen sind.[33] Die Idee versprach das Problem fehlender Kredithistorien zu lösen, da diese durch andere Informationen substituiert werden konnten. In diesem Zusammenhang wurde erstmals der Begriff des SKS anstelle des vorherigen „Staatlichen Kreditmanagementsystems" verwendet. Der anschließende erste *Beschluss zum Aufbau eines Sozialkreditsystems*[34] im Jahr 2003 legte zudem fest, dass das Kreditsystem den Behörden auch als Regulierungswerkzeug zur Verfügung gestellt werden sollte.

Später wurde das ursprüngliche Ziel des SKS, wirtschaftliches Wachstum zu unterstützen dahingehend erweitert, auch gesellschaftliche Entwicklungen zu beeinflussen. So hat das heutige SKS eine allgemeine Steigerung der Vertrauenswürdigkeit in der chinesischen Gesellschaft zum Ziel.[35] Premierminister Wen Jiabao hob hervor, es ginge um die „Schaffung eines Systems sozialer Normen, das Ehrlichkeit und Vertrauenswürdigkeit betont", dies sei „nicht nur eine grundlegende Maßnahme zur Errichtung einer neuen sozialistischen Marktwirtschaftsordnung, sondern

---

30 Lin 2002, S. 2.

31 Lin 2011, S. 4.

32 Lin 2021; Dai 2019, S. 1472.

33 Wu und Wang 2017, S. 3.

34 Büro der Nationalen Leitungsgruppe zur Korrektur und Regulierung der Marktwirtschaftsordnung: Abriss eines Sozialkreditsystems (社会信用体系纲要), verfasst auf dem Symposium für den Aufbau von Sozialkredit, organisiert von der SKER und dem Informationsverband China, 13.5.2003. Siehe auch: Zentralkomitee der KPCh: Beschluss über mehrere Fragen zur Verbesserung der sozialistischen Marktwirtschaft (中共中央关于完善社会主义市场经济体制若干问题的决定), 14.10.2003.

35 Planungsabriss.

auch eine unabdingbare Voraussetzung für die Förderung der gesellschaftlichen Zivilisierung."[36]

Im Sinne dieser moralischen Dimension des SKS begannen lokale Regierungen mit der Verwendung von personenbezogen Dossiers zu experimentieren. Das Modell der Gemeinde Suining sah vor, alle Anwohner zunächst mit einer Höchstpunktzahl zu versehen, und für Verstöße gegen die erlassenen städtischen Regeln Punkte abzuziehen.[37] Das Projekt scheiterte unter einer Welle öffentlicher Kritik, welche die mangelnde Autorität der lokalen Beamten im Alleingang Kategorien für moralisches Verhalten zu schaffen hervorhob, und die schlechte Umsetzung der Beschwerdekanäle angriff.[38] Im Jahr 2012 wurde auf der jährlichen Sitzung des Zentralkomitees der KPCh vorgeschlagen, Tugenddossiers für alle Bürger einzuführen, und das Beschämen dieser gezielt einzusetzen.[39] Der Vorschlag erfuhr starken öffentlichen Widerstand. Fragen wurden laut, wer über Tugendhaftigkeit entscheide, ob Bürger auch entsprechend Tugenddossiers für Politiker anlegen könnten, welche Implikationen dies für Privatheit habe, und wer die Sicherheit solcher Dossiers gegen Hackerangriffe gewährleisten solle.[40] Die Diskussion zeigte vor allem die Sorge der Bürger vor der Machtlosigkeit gegenüber den eigenen Akten.

Die Debatte resultierte in einigen deutlichen Erklärungen staatlicher Stellen und staatsnaher Wissenschaftler, dass das SKS kein Tugenddossiersystem sei.[41] Wichtige Unterschiede seien, dass Sozialkreditinformationen den sie betreffenden Personen zugänglich seien, andere Personen sie nur mit Genehmigung der betroffenen Personen einsehen können sollten und staatliche Stellen nur im Rahmen ihrer verwaltungsrechtlichen Zuständigkeiten auf sie zugreifen könnten.[42] Es wurde weiterhin argumentiert, dass nicht jegliche Missachtung gesellschaftlicher Normen in die Dossiers einfließen solle, sondern lediglich sogenanntes „vertrauensbrechendes " Ver-

36 Handelsministerium Nachrichten: Rede von Zhang Zhigang, Direktor des Büros der Staatlichen Leitungsgruppe für die Berichtigung und Standardisierung der Marktwirtschaftlichen Ordnung und Vize-Handelsministers, anlässlich des „Hochrangigen Seminars über Chinas transnationale Operationen und Kreditmanagement" (全国整顿和规范市场经济秩序领导小组办公室主任、商务部副部长张志刚在“中国跨国经营与信用管理高层研讨会”上的讲话), 19.9.2003.

37 Tengxun Pinglun 2010.

38 Von Blomberg 2020, S. 124.

39 Fu 2016.

40 Zusammengefasst bei Jiang 2020.

41 Wang 2021.

42 Yuandian Credit 2017.

halten. Dies umfasse nur die Nichterfüllung vertraglicher oder gesetzlicher Pflichten.[43]

Diese Debatte bewirkte zum einen, dass Strafen, die auf Grundlage von negativen Eintragungen in Dossiers vorgenommen wurden, weitgehend aus Pilotprojekten verschwanden. Auch auf zentralstaatlicher Ebene ist die Bewertung und Zusammenführung von behördlichen Informationen über natürliche Personen als „Sozialkreditinformationen"[44] in entsprechenden Dossiers nicht mit Sanktionen, Belohnungen, oder Reputationseffekten verbunden.[45] Hier zeigt sich ein deutlicher Unterschied zur Handhabung von Sozialkreditdossiers juristischer Personen, die schon durch mehr Öffentlichkeit dem Ansehen der Betroffenen schaden können.

Zum anderen hat die Debatte die politischen Anforderungen an die Transparenz der SKS-Infrastruktur erhöht. So legten spätere Projekte mit personenbezogenen Dossiers im Sinne des SKS einen deutlichen Fokus auf Möglichkeiten der Partizipation für Betroffene. In ländlichen Gegenden gewann das Konzept der „Tugendbanken" an Popularität, auf deren Konten Dorfbewohner Punkte für sittliches Verhalten sammeln und anschließend für günstige Kredite lokaler Banken, ÖPNV-Gutscheine sowie Gebrauchsgegenstände wie Waschmittel und Handtücher eintauschen konnten.[46] Dort wurden Beschwerdewege durch Apps[47] und designierte Schalter[48] vorgesehen, sowie Möglichkeiten für Betroffene an der Erstellung und Erneuerung der Bewertungskriterien teilzuhaben.[49]

---

43 Luo 2018; Li 2020.

44 Das SKS kennt zwei Formen von Sozialkreditinformationen: öffentliche [= staatliche] Kreditinformationen (公共信用信息), welche von Behörden stammen, und Marktkreditinformationen (市场信用信息), welche von privaten Marktakteuren erhoben werden. Da sich dieser Beitrag nur mit ersteren befasst und der Begriff „öffentliche Kreditinformationen" den falschen Eindruck erwecken könnte, diese Informationen seien der Öffentlichkeit zugänglich, wird hier der Begriff „Sozialkreditinformationen" einheitlich für von Behörden erhobene Informationen verwendet.

45 Bei der häufig als Beleg für die Sanktionen des SKS angeführten Flugverbotsliste handelt es sich um das Verzeichnis des Obersten Volksgerichtes über Urteilssäumige, das zur Vollstreckung gerichtlicher Entscheidungen Konsumrestriktionen vorsieht. Dieses Verzeichnis ist für sich stehend kein Dossier, sondern lediglich ggf. eine Informationsquelle für Sozialkreditdossiers.

46 Yan 2019.

47 Ningbo Wenming Netz 2021.

48 Im Zuge von Feldforschung erlangte Informationsmaterialien über die Tugendbank in Yangqiao, Provinz Zhejiang, bei den Autoren hinterlegt.

49 Bspw. Kou und Ma 2020.

Zudem wurde die moralische Erziehungsdimension des SKS weitgehend von der Erstellung von Sozialkreditdossiers getrennt: Während Kampagnen im Namen des SKS weiterhin moralisches Verhalten propagieren,[50] und obgleich einige lokale Projekte mit der Sammlung von verschiedenen Daten über moralisches Handeln experimentieren, handelt es sich bei den Informationen, die laut zentralem Plan als Sozialkreditinformationen gelten, um behördliche oder gerichtliche Entscheidungen mit gesetzlicher Grundlage (Verwaltungsstrafen, Lizenzen, behördliche schwarze Listen, Vollstreckungsbeschlüsse, Qualifikationen zur Ausübung bestimmter Berufe, etc.).[51] Dadurch gewinnen die Sozialkreditdossiers an Transparenz. Der Ausschluss von Informationen ohne gesetzliche Grundlage schafft jedoch noch keine Klarheit darüber, welche Informationen mit gesetzlicher Grundlage als „sozialkreditrelevant" deklariert werden können und somit in Zukunft in die Dossiers eingehen könnten.

3.2. Inhalt der Sozialkreditdossiers

Obwohl von Regierungsseite der Anspruch besteht, das SKS nach rechtsstaatlichen Prinzipien aufzubauen, existiert bisher keine einheitliche Definition von „Sozialkreditwürdigkeit". Die Inhalte der Sozialkreditdossiers richten sich nach Sozialkreditinformationskatalogen, die von den jeweils zuständigen Industrieverbänden oder (lokalen) Behörden erstellt und veröffentlicht werden. Diese tragen somit maßgeblich zur Auswahl der Vergehen, die „vertrauens-/ kreditrelevant" sind, bei. Anfang 2022 erließen die SKER und die Zentralbank einen Katalog zulässiger Sozialkreditinformationen und erklärten alle hiervon abweichenden bereits existierenden Kataloge für nichtig.[52] Auch dieser nationale Katalog lässt jedoch in Bezug auf das Format der zu sammelnden Daten und dahingehend, welche Informationen ausgeschlossen werden, viele Frage offen.

Daneben haben Volkskongresse (Parlamente) auf Provinzebene bereits Sozialkreditgesetze erlassen, die bezüglich der zu sammelnden Informationen klare Grenzen aufzeigen. So ist unter anderem die Sammlung von biometrischen Daten, Fingerabdrücken, Informationen über Religionszu-

---

50 Bspw. Beijing Caijing Pindao 2020.

51 SKER und die Zentrale Volksbank: Grundlegender nationaler Katalog für öffentliche [=staatliche] Kreditinformationen (2021 Ausgabe) (全国公共信用信息基础目录（2021 年版）), 31.12.2021.

52 Ebd.

gehörigkeiten und Krankheitshistorien verboten.[53] Diese Regelungen gelten jedoch häufig nicht für staatliche Akteure.[54] Eine Annäherung an eine Definition findet sich in dem - rechtlich nicht verbindlichen - *Allgemeinen Vokabular für Kredit*[55], welches die Staatliche Behörde für Marktregulierung und die Staatliche Standardisierungsverwaltung 2018 herausgaben. Darin wird Kredit als die Bereitschaft und Fähigkeit eines Individuums oder einer Organisation, seinen/ihren Verpflichtungen nachzukommen, definiert.[56] Zu diesen Verpflichtungen gehören die soziale Verantwortung, die durch Gesetze, Vorschriften und verbindliche Normen, Vertragsbedingungen und andere vertragliche Vereinbarungen festgelegt ist, sowie „angemessene Erwartungen der Gesellschaft".[57] Der letzte Punkt nimmt dieser Definition jegliche Klarheit. Es wird weiter ausgeführt, dass die Bedeutung von (sozialem) Kredit im wirtschaftlichen Bereich mit traditionellem Kredit gleichzusetzen sei, im sozialen Bereich jedoch nicht.[58] Es bleibt daher fraglich, was genau Kredit im sozialen Bereich umfasst.

Die offene Definition kommt dem experimentellen Charakter des SKS gelegen, da sie es ermöglicht, künftig mit „alternativen Kreditinformationen", die beispielsweise aus den ergiebigen Datenökosystemen von Chinas Plattformunternehmen oder lokalen Experimenten wie etwa den Tugendbanken stammen können, zu experimentieren. Das Fehlen einer abschließenden Definition wird daher von manchen Beobachtern als absichtlicher strategischer Zug beschrieben, um Sozialkreditdossiers nicht vor potenziellen Informationsquellen zu verschließen.[59] So kristallisierte sich in den letzten Jahren die Ambition der Regierung heraus, auch die umfangreichen Datenmengen privater Unternehmen einzubeziehen. Versuche, die Daten von Alibaba, Tencent und anderer großer chinesischer Plattform-

53 Siehe bspw. § 16 Ständiger Ausschuss des Volkskongresses der Stadt Tianjin: Bestimmungen der Stadt Tianjin zu Sozialkredit (天津市社会信用条例), 1.12.2020 (Tianjiner Bestimmungen).

54 Anzumerken ist, dass abgesehen von nationalen Gesetzen einige lokale Verwaltungsmethodendokumente solche Verbote beinhalten. Siehe bspw. § 14 Volksregierung der Stadt Shanghai: Shanghaier Methode über die Verwaltung des Sammelns und Nutzens öffentlich-rechtlicher Sozialkreditinformationen (上海市公共信用信息归集和使用管理办法), 30.12.2015, in der Fassung vom 4.1.2018 (ÖS-KIM Shanghai).

55 Staatsverwaltung für Markregulierung: Allgemeines Vokabular für Kredit (信用基本术语), 7.6.2018.

56 Art. 2.1 Allgemeines Vokabular für Kredit.

57 Ausführung 1 zu Art. 2.1 Allgemeines Vokabular für Kredit.

58 Ausführung 2 zu Art. 2.1 Allgemeines Vokabular für Kredit.

59 Chen und Cheung 2021, S. 30.

unternehmen für das SKS nutzbar zu machen sind spätestens seit der gezielten Zusammenführung der personenbezogenen Kreditauskunfteien als Teilhaber eines Tochterunternehmens der Zentralbank[60] deutlich. Ein Versuch Alibabas, unter Verweis auf Datenschutzgesetze die Übertragung von Daten an die Zentralbank zu verweigern,[61] scheiterte.[62] Es bleibt abzuwarten, ob sich der staatliche Druck auf die Herausgabe von kommerziellen Kreditinformationen als erfolgreich erweisen wird.

4. *Datenschutz im SKS: Rechtsrahmen für Transparenz und Korrektur von Sozialkreditinformationen*

Festzuhalten ist, dass das SKS wie das Dang'an eine Regulierungsform durch die Technik der Dossierführung darstellt. Wie aus der obigen Betrachtung ihrer Entwicklungskontexte hervorgeht, unterscheiden sie sich jedoch in ihrer jeweiligen Zielsetzung: Als Personalverwaltung in der planwirtschaftlichen Volksrepublik beabsichtigte das Dang'an die soziale wie auch geografische Mobilität betroffener Personen zu kontrollieren, während das SKS in erster Linie dem sich gerade öffnenden Markt zur Selbstregulierung verhelfen sollte. Es konzentrierte sich zunächst auf juristische Personen und wurde erst später auch mit Bestrafungsmechanismen versehen. Anders als das Dang'an nutzt das SKS dabei bewusst die Möglichkeiten der rechtlichen Regulierung, um die Richtigkeit der enthaltenen Informationen sicherzustellen. Im Folgenden untersuchen wir, inwiefern der Transparenzanspruch des SKS sich im Rechtsrahmen manifestiert.

Vorab ist festzuhalten, dass Sozialkreditinformationen über juristische Personen relativ einfach für die Öffentlichkeit über nationale und lokale Internetportale zugänglich sind.[63] Entsprechende Portale für Individuen hingegen sind deutlich schwieriger zu finden. Da bislang auf nationaler Ebene kein einheitlicher Mechanismus für die Einsicht von Sozialkreditinformationen existiert, hängt es von den lokalen Behörden ab, ob Sozialkreditinformationen den betroffenen Personen tatsächlich zugänglich sind. In Shanghai beispielsweise kann bei einem städtischen „Servicezentrum für Sozialkreditinformationen" ein Antrag auf Einsicht oder Korrektur

60 Yang und Liu 2019.

61 Yu 2021.

62 Yang 2021.

63 Es existieren verschiedene Portale auf nationaler und lokaler Ebene, bspw. http://bj.gsxt.gov.cn/index.html.

gestellt werden.[64] Nicht überall sind derartige Mechanismen vorhanden und öffentlich bekannt. Der im Folgenden betrachtete rechtliche Rahmen gibt Anhaltspunkte über die künftige Entwicklung von Möglichkeiten für betroffene Personen, ihre Akten einzusehen und korrigieren zu lassen.

Aussagen über den angestrebten Schutzstandard für betroffene Personen im SKS finden sich zunächst in Strategiepapieren des Staatsrats. Diese sind zwar rechtlich nicht verbindlich, haben jedoch eine wichtige Leitfunktion für künftige Gesetzgebung und die Auslegung von Normen mit SKS-Bezug. Der Planungsabriss betont die Relevanz korrekter Daten und fordert, dass jede Abteilung gewährleisten soll, dass Kreditdaten objektiv, wahr und genau sind, und rechtzeitig aktualisiert werden.[65] Zudem soll ein einheitliches Rechtssystem für den Schutz der Rechtsinteressen von Kreditsubjekten geschaffen werden, das Schutz bei Rechtsverletzungen bietet, sowie Widersprüche, Beschwerdemanagement und Haftungsfragen abdeckt.[66] Obwohl einheitliche Gesetze und Standards geschaffen werden sollen, wird betont, dass jeder Handlungsträger eigene angepasste Schutzmechanismen für das Sozialkreditsystem aufzubauen habe.

Eine Konkretisierung dieses Schutzmechanismus findet sich in der *Leitansicht zur Einrichtung und Verbesserung des Systems gemeinsamer Anreize für Vertrauenswürdigkeit und gemeinsamer Bestrafung für Unzuverlässigkeit und Beschleunigung der Förderung des Aufbaus gesellschaftlicher Integrität,*[67] der später für natürliche Personen spezifiziert wurde.[68] Demnach hat eine Abteilung, die fehlerhafte Informationen findet, die Pflicht sich unverzüglich zwecks Überprüfung an den Bereitsteller der Informationen zu wenden.[69] Im Falle der Fehlerhaftigkeit ist die Information zeitnah zu korrigieren.[70] Die Rechte von Sozialkreditsubjekten sollen weiterhin geschützt werden

64 Credit China Shanghai 2022.

65 Art. 5 II Planungsabriss.

66 Art. 5 II, IV Planungsabriss.

67 Staatsrat der VRC: Leitansicht zur Einrichtung und Verbesserung des Systems gemeinsamer Anreize für Vertrauenswürdigkeit und gemeinsamer Bestrafung für Unzuverlässigkeit und Beschleunigung der Förderung des Aufbaus gesellschaftlicher Integrität (关于建立完善守信联合激励和失信联合惩戒制度加快推进社会诚信建设的指导意见), 30.5.2016 (Leitansicht für ein verbundenes Durchsetzungssystem).

68 Art. 3 II, 4, 7 Zentralbüro des Staatsrates der VRC: Leitansicht zur Stärkung des Aufbaus eines personenbezogenen Vertrauenssystems (关于加强个人诚信体系建设的指导意见), 23.12.2016.

69 Art. 22 Leitansicht für ein verbundenes Durchsetzungssystem.

70 Art. 22 Leitansicht für ein verbundenes Durchsetzungssystem.

durch die Möglichkeiten des Verwaltungswiderspruchs, Verwaltungsklagen und anderer Methoden.

4.1. Datenschutz im öffentlichen Recht der Volksrepublik China

Die Gesetzeslage hat sich in den letzten zehn Jahren rasant entwickelt. Noch im Jahr 2016 fand sich Datenschutz in China lediglich sektorspezifisch im Privatrecht.[71] Fünf Jahre später erließ der Nationale Volkskongress das erste nationale Datenschutzgesetz [72] (DSG), das erstmals auch Regelungen für staatliche Akteure trifft. Das neue Gesetz schließt sich einem Trend an, auch im Verwaltungsrecht immer mehr Anforderungen an den Datenschutz zu stellen.[73] Dabei ist eine einheitliche Regelung sowohl privater als auch öffentlicher Akteure nicht ohne Komplikationen. Die Datenverarbeitung durch Private stützt sich auf eine Vielzahl von Rechtsgrundlagen (häufig auf Einwilligung), während Verwaltungsorgane als Grundlage ihres Handelns vornehmlich Vorgaben des Verwaltungsrechts ausführen.[74] Auch aus dem Zweck der Verarbeitung ergeben sich andere Ergebnisse bei der Abwägung der betroffenen Rechte, da Private üblicherweise Daten für kommerzielle Zwecke verarbeiten, der Staat dies aber zur Erfüllung seiner öffentlichen Aufgaben tut.[75]

Aufgrund der engen Verbindung der Datenverarbeitung durch Staatsorgane mit der Erfüllung ihrer öffentlich-rechtlichen Funktion ist der Datenschutz ihnen gegenüber aber auch begrenzt. Es gibt zwei Arten von Fehlern, die in Bezug auf Datenrichtigkeit vorkommen können: tatsächliche und rechtliche. Tatsächliche Fehler sind solche bei denen die Daten nicht korrekt, vollständig, oder aktuell sind. Solche Fehler rühren von Nachlässigkeit beim Verarbeiten der Daten her und sind genuine Datenschutzprobleme. Rechtliche Fehler dagegen sind solche, die das verwaltungsrechtliche Verfahren betreffen, z.B. falsche Rechtsanwendung, wie Ermessensüberschreitung. Solche Fehler können nicht über Datenschutzinstrumente behoben werden, sondern müssen sich nach dem allgemeinen verwaltungsrechtlichen Verfahren richten. Die Einordnung von Sozialkre-

71 De Hert und Papakonstantinou 2015, S. 5.

72 Datenschutzgesetz der VRC (中华人民共和国个人信息保护法), erlassen am 20.8.2021.

73 Horsley 2021.

74 Cheng 2020, S. 6.

75 Ebd.

dit in die Instrumentarien des Verwaltungsrechts ist noch unklar,[76] dies wirkt sich unabhängig vom Datenschutz negativ auf den Schutz der betroffenen Personen aus.

Die Volksrepublik hat zwar ein Verwaltungsstrafgesetz und ein Verwaltungsprozessgesetz (VPG),[77] jedoch kein allgemeines Verwaltungsverfahrensgesetz. Das bedeutet, dass Verwaltungshandeln nur dann klaren Verfahrensregeln unterliegt, wenn es eine Verwaltungsstrafe darstellt. Die Vorgaben für anderweitige Verwaltungstätigkeit sind in spezialgesetzlichen Regelungen zu suchen. Das seit November 2021 geltende DSG soll den Ausgleich zwischen Nutzungsinteressen und dem Schutz der Rechte betroffener Personen bei der Verarbeitung von Daten gewährleisten.[78] Dies ist auch einschlägig für Staatsorgane,[79] und für solche Organisationen, die durch Gesetz dazu ermächtigt sind, verwaltungsrechtliche Funktionen auszuführen.[80] Es handelt sich um ein Rahmengesetz, das die Materie weder detailliert noch abschließend regelt,[81] sondern Prinzipien erlässt, die weiterer Ausführung bedürfen. Aufgrund seiner hohen Stellung in der Gesetzeshierarchie sind zuvor erlassene niedrigere Bestimmungen an den festgesetzten Prinzipien zu messen.

Dies betrifft vor allem die *Bestimmung über die Veröffentlichung von Regierungsinformationen*[82] (BVR). Mit dem Ziel, die Arbeit der öffentlichen Verwaltung transparenter und für die Öffentlichkeit überprüfbar zu machen, legt sie Regeln nieder, nach denen Verwaltungsinformationen für Bürger zugänglich zu machen sind.[83] In ihren Anwendungsbereich fallen alle Informationen, die von Verwaltungsbehörden im Rahmen ihrer administrativen Tätigkeit in jeglicher Form aufgenommen oder vorgehalten werden[84] oder von solchen Organisationen, die ermächtigt sind Verwaltungstätigkeiten auszuführen.[85] Dies deckt auch personenbezogene Sozialkreditinformationen ab.

---

76 Dai 2019, S. 1489.

77 Verwaltungsprozessgesetz der VRC (中华人民共和国行政诉讼法(2017 修正), erlassen am 4.4.1989, in der Fassung vom 27.6.17.

78 § 1 DSG.

79 § 33 DSG.

80 § 37 DSG.

81 Lee, Shi u.a. 2021.

82 Bestimmung über die Veröffentlichung von Regierungsinformationen (中华人民共和国政府信息公开条例(2019 修订)), erlassen vom Staatsrat der VRC, erlassen am 17.1.2007, in der Fassung vom 3.4.2019.

83 § 1 BVR.

84 § 2 BVR.

85 § 54 BVR.

Spezifische Ausgestaltungen der SKS-Strategiepapiere finden sich zudem in diversen auf Provinzebene erlassenen Gesetzen, aber auch in Verordnungen nationaler Behörden, und in vielen Spezialgesetzen zu Sozialkreditinformationen.[86] Ein nationales SKS-Gesetz ist antizipiert[87] und wird sich der Gesetzgebungstradition der Volksrepublik nach sehr wahrscheinlich an den lokalen Gesetzen orientieren. Als die einflussreichste unter den Provinzbestimmungen wird die Gesetzgebung der Stadt Shanghai eingeschätzt. Entsprechend ihrer Vorbildfunktion für die Gesetze aller anderen Provinzen betrachtet die folgende Untersuchung exemplarisch die *Bestimmung der Stadt Shanghai zu Sozialkreditinformationen*[88] (SKIB Shanghai), und die kurze Zeit später erlassene *Methode über die Verwaltung des Sammelns und Nutzens öffentlich-rechtlicher Sozialkreditinformationen.*

4.2. Pflichten für Datenverarbeiter

Datenverarbeitende Behörden unterliegen zweierlei Sorgfaltspflichten, dem Prinzip der Datenrichtigkeit und Informationspflichten.

Das Prinzip der Datenrichtigkeit ist in § 8 DSG, § 6 BRV und in den Shanghaier Regelungen[89] niedergelegt. Laut § 8 DSG soll bei der Verarbeitung personenbezogener Daten deren Richtigkeit sichergestellt werden, um negative Effekte für betroffene Personen zu vermeiden, die durch Unrichtigkeit oder Unvollständigkeit entstehen können. Nach der BVR müssen Informationen, die veröffentlicht werden, richtig sein,[90] und fortlaufend gepflegt und aktualisiert werden.[91] Auch die Shanghaier Bestimmung nimmt die Aktualität der Daten in den Fokus.[92] Für den Fall, dass eine Behörde Informationen von einer anderen Behörde erhält, muss sie laut BVR sicherstellen, dass die ursprünglichen Informationen richtig und widerspruchsfrei sind.[93]

---

86 Eine Übersicht über die Sozialkreditgesetze verschiedener Provinzen auf dem Stand von Juli 2021 findet sich unter https://mp.weixin.qq.com/s/zgLvdSWPRwbWoRj48MU55w.

87 Wang 2020, S. 89.

88 Bestimmung der Stadt Shanghai zu Sozialkreditinformationen (上海市社会信用条例), erlassen vom Ständigen Ausschuss des 14. Städtischen Volkskongresses der Stadt Shanghai, 23.6.2017.

89 § 11 SKIB Shanghai, § 3 ÖSKIM Shanghai.

90 § 6 I BVR.

91 § 4 II Nr. 2 BVR.

92 § 3 ÖSKIM Shanghai.

93 § 11 I BVR.

Im internationalen Vergleich allgemeiner Datenschutzprinzipien weist Roos daraufhin, dass für die Richtigkeit der Daten auch deren Repräsentativität einzubeziehen ist.[94] Dies ist im Kontext von Datenprofilen besonders relevant, da eine verzerrte Darstellung für Individuen zu Nachteilen führen kann.[95] Entsprechend der vermehrten kommerziellen Verwendung von Datenprofilen hat dieser Gedanke im Privatrecht in China bereits Eingang gefunden,[96] ist jedoch bislang nicht für staatliche Akteure beschlossen. Inwiefern Sozialkreditdossiers als Datenprofile reguliert werden, bleibt abzuwarten.

Neben dem Prinzip der Datenrichtigkeit sind datenverarbeitende Stellen zur Benachrichtigung der betroffenen Personen verpflichtet. Dies ist das Schlüsselelement ohne das betroffene Personen ihrer Rechte nicht ausüben können. Nach § 17 DSG müssen Datenverarbeiter ihren Namen und Kontaktdaten,[97] sowie die Rechte der Betroffenen und die Prozedur für deren Ausübung mitteilen.[98] Die Rechtsgrundlage der Datenverarbeitung muss nicht genannt werden. Für den Fall, dass bereits gesammelte Daten weitergegeben werden, ist eine erneute Mitteilung erforderlich.[99] Es ist unklar, inwieweit dies auf Staatsorgane anzuwenden ist, da der Wortlaut der Vorschrift von erneuter Einwilligung spricht, die für staatliche Datenverarbeitung nicht Voraussetzung ist. Bei strenger Lesart könnte man annehmen, dass beim Sammeln von Daten in einer zentralen SKS-Akte fortlaufend notifiziert werden müsste.

Das DSG sieht jedoch vor, dass auf die Mitteilung verzichtet werden kann, wenn Gesetze und Bestimmungen Vertraulichkeit anordnen oder dass die Mitteilung nicht notwendig ist.[100] Wann die Notwendigkeit per Bestimmung ausgeschlossen werden kann, wird im Gesetz nicht näher definiert, was einen Spielraum für Missbrauch eröffnet. Die Ausnahme wird spezifisch für Staatsorgane wiederholt, die auch dann auf eine Mitteilung verzichten können, wenn sie dies an der Erfüllung ihrer gesetzlich

94 Roos 2006, S. 114.

95 Solove 2002, S. 1188, 1189.

96 § 17 II Staatliches Internet-Informationsbüro, Ministerium für Industrie und Informationstechnologie, Ministerium für öffentliche Sicherheit und der Staatlichen Verwaltung für Marktregulierung: Bestimmungen zur Verwaltung von Algorithmenempfehlungen für Internet-Informationsdienste (互联网信息服务算法推荐管理规定), , 31.12.2021.

97 § 17 I Nr. 1 DSG.

98 § 17 I Nr. 3 DSG.

99 § 23 DSG.

100 § 18 I DSG.

festgelegten Aufgaben hindern würde.[101] Auch diese Ausnahme könnte sehr weit verstanden werden, da ständige Notifikation vermehrten Verwaltungsaufwand bedeuten würde.

4.3. Rechte der betroffenen Personen

Neben den Pflichten der Datenverarbeiter stehen Teilhaberechte betroffener Personen. Diese Rechte ermöglichen es Subjekten Kontrolle über ihre Daten auszuüben, indem sie diese zur Korrektur eigener Informationen ermächtigen.[102] Sie können dazu beitragen, den Effekt schwach ausgeprägter Sorgfaltspflichten für Datenverarbeiter abzumildern.[103] Das chinesische Recht kennt ein Recht darauf, von der Verarbeitung eigener Daten zu erfahren, ein Recht auf Auskunft und ein Recht auf Korrektur.

Zwar ist die Rechtslage bezüglich der Notifizierung wie oben dargelegt unsicher, davon unabhängig haben betroffene Personen laut DSG das Recht zu erfahren, ob ihre Daten verarbeitet werden.[104] Weiterhin steht ihnen das Recht zu, auf ihre Daten zuzugreifen.[105] Adressat einer Anfrage auf Offenlegung personenbezogener Verwaltungsinformationen nach der BVR ist die Behörde, die die Daten abgespeichert hat.[106] Im Fall einer Ablehnung ist diese zu begründen.[107] Liegt die angefragte Information oder deren Korrektur nicht im Kompetenzbereich der Behörde, hat diese eine Begründung zu liefern und wenn möglich dem Antragsteller die Kontaktdaten der verantwortliche Behörde zukommen zu lassen.[108] Die Beantwortung von Anfragen soll prinzipiell unentgeltlich erfolgen.[109] Für Shanghai wird spezifiziert, dass entsprechende Anträge zweimal im Jahr ohne Gebühren gestellt werden können.[110] Nach Eingang eines Antrags muss der Datenverarbeiter unverzüglich reagieren.[111] Die Shanghaier Bestimmungen sehen eine Verwarnung für Behörden vor, die Personen keinen Ein-

101 § 35 DSG.
102 Pernot-Leplay 2020, S. 63.
103 Greenleaf 2016, S. 5.
104 § 44 DSG, § 34 I SKIB Shanghai.
105 § 45 I DSG, § 27 BVR.
106 § 10 I BVR.
107 § 36 III BVR.
108 §§ 36 V, 41 BVR.
109 § 42 I BVR.
110 § 34 II SKIB Shanghai.
111 § 45 II DSG.

blick in ihre Akten gewähren.[112] Problematisch ist jedoch, dass bei Entfall der Notifizierungspflicht durch den Datenverarbeiter gemäß § 18 I DSG oder § 35 DSG auch das Recht auf Zugriff entfällt.[113] Ausnahmen vom Zugriffsrecht gibt es auch in der BVR für den Fall, dass die angefragte Information nach dem Gesetz als Staatsgeheimnis gilt, wenn dies durch Verwaltungsgesetze oder -bestimmungen verboten ist oder wenn die Veröffentlichung die nationale, öffentliche oder wirtschaftliche Sicherheit oder die gesellschaftliche Stabilität schädigen würde.[114] Diese Ausnahmen unterliegen keiner Abwägung[115] und sind somit eine potentielle Missbrauchsquelle.

Bei Fehlerhaftigkeit der Sozialkreditinformationen haben betroffene Personen ein Recht auf Korrektur oder Ergänzung der jeweiligen Informationen.[116] Die Bearbeitungsfristen hierfür sind in Shanghai sehr kurz gehalten (zwischen fünf und sieben Werktage je nach Herkunft der Information).[117] Informationen, die sich im Verifizierungsprozess befinden, müssen als solche gekennzeichnet werden.[118] Falls die Richtigkeit nicht abschließend geklärt werden kann, bleibt diese Kennzeichnung über Unschlüssigkeit in der Akte.[119] Die Beweislast bezüglich der Richtigkeit der Daten liegt laut DSG beim Verarbeiter.[120] Als nationales Gesetz müsste diese Regelung der BVR[121] und der Shanghaier Bestimmung[122] vorgehen, die die Beweislast anders verteilten.

4.4. Durchsetzungsmöglichkeiten

Klagen sind im Datenschutz allgemein selten, dies ist auch in China der Fall.[123] In einer der ersten als erfolgreich gewerteten datenschutzrechtli-

112 § 50 II, 17 I, II SKIB Shanghai.
113 § 45 I DSG.
114 § 14 BVR.
115 Chen 2015, S. 268.
116 § 46 I DSG, § 41 BVR, § 36 SKIB Shanghai.
117 § 36 SKIB Shanghai.
118 § 30 I ÖSKIM Shanghai.
119 § 30 I ÖSKIM Shanghai.
120 Zhang und Yin 2020.
121 § 10 I BVR.
122 § 28 Nr. 1 ÖSKIM Shanghai.
123 Yang und Liu 2021, S. 50. Dies ist unter anderem auf die schlechte Greifbarkeit von Datenschutzverletzungen zurückzuführen. Hohe Strafgelder sind im DSG wie auch in der Datenschutzgrundverordnung (DSGVO) das Hauptinstrument

chen Klagen hatte ein Zoobesucher die Nutzung von Gesichtserkennungstechnologie am Eingang angefochten. [124] Die Gerichte wichen in beiden Instanzen der Frage möglicher verletzter Datenschutzrechte aus und behandelten stattdessen den Vertragsstreit als zentrales Anliegen.[125] Klagen gegen Staatsorgane haben zudem in China noch immer wenig Aussicht auf Erfolg.[126] Zu diesem bereits prozessunfreundlichen Klima kommt hinzu, dass die Stellung von Sozialkredit im Verwaltungsrecht bisher unklar ist.[127] Es sind kaum Fälle bekannt, in denen Bürger im Zusammenhang mit dem SKS geklagt haben; die existierenden Fälle befassen sich in erster Linie mit für Vertrauensbrüche verhängten Disziplinarmaßnahmen, statt mit Fragen der Datensammlung oder -verarbeitung.[128] Neben einem gerichtlichen Vorgehen besteht die Möglichkeit eines Verwaltungswiderspruchs bei der nächsthöheren Behörde oder bei designierten Verwaltungswiderspruchsorganen. Dieser Beschwerdeweg gewinnt an Popularität und ist gebührenfrei.[129] Entscheidungen werden nicht systematisch veröffentlicht, doch Statistiken zeigen eine Erfolgsquote von knapp 20%.[130] Im Jahr 2019 betrafen 10% der Verwaltungswidersprüche Anträge auf Zugang zu Regierungsinformationen.[131] Es folgen einige Überlegungen über die generelle Zulässigkeit von datenschutzrechtlichen Klagen im Rahmen fehlerhafter Sozialkreditinformationen.

Gemäß § 2 VPG können Bürger gegen behördliches Handeln klagen, wenn dieses sie in ihren rechtmäßigen Rechten und Interessen verletzt hat. § 12 VPG stellt jedoch klar, dass das Enumerationsprinzip gilt und Klagen nur für bestimmte Handlungsformen möglich sind. Es gibt eine Auffangklausel, falls eine Behörde die Persönlichkeitsrechte, Eigentumsrechte oder anderen rechtmäßigen Rechte und Interessen eines Bürgers in sonstiger Weise verletzt hat.[132] Die Zurückhaltung des rechtswissenschaftlichen Diskurses bezüglich derartiger Auffangklauseln lässt jedoch darauf schließen, dass diese von Gerichten kaum angewendet werden.

---

der Durchsetzung. Das DSG sieht auch eine Eintragung in das Kreditdossier von Datenverarbeitern als Strafe für die Verletzung des DSG vor (§ 67 DSG).

124 Ye 2021.

125 Ye 2021.

126 He 2018, S. 141.

127 Dai 2019, S. 1489.

128 Peng 2021, S. 172.

129 He 2014, S. 256.

130 He 2018, S. 186, 187.

131 China Law Yearbook, S. 1318.

132 § 12 Nr. 12 VPG.

Das VPG ermächtigt darüber hinaus „andere Gesetze und Bestimmungen" Klagemöglichkeiten zu begründen.[133] Hiervon macht das DSG aber keinen Gebrauch. Die BVR eröffnet eine Zuständigkeit für den Fall, dass eine Behörde die rechtmäßigen Rechte und Interessen von betroffenen Personen während der Veröffentlichungsarbeit von Regierungsinformationen verletzt hat. Es ist anzunehmen, dass die Missachtung der oben beschriebenen Auskunfts- und Korrekturrechte die Verletzung rechtlich geschützter Interessen darstellt.

Gemäß § 26 VPG ist die Beklagte diejenige Behörde, die die Verwaltungshandlung vorgenommen hat. Die Wahl des richtigen Beklagten ist bei mehrstufiger Datenverarbeitung, wie sie im SKS häufig Praxis ist, kompliziert. Die klagende Partei muss vorausahnen, an welcher Stelle der Fehler in Bezug auf ihre Daten passiert ist. Die Wahl des falschen Beklagten kann zur Abweisung des Verfahrens führen[134] und ist ein typisches Problem in Fällen um Sozialkreditinformationen.[135] Ein weiteres Problem stellt der Nachweis der Rechtsverletzung dar.[136] Auch existieren rechtsfreie Räume im Zusammenhang mit Sozialkreditinformationen von Personen, die Petitionen gestellt haben und bei denen Verfahren häufig abgewiesen werden unter Hinweis darauf, dass in Bezug auf Petitionen generell kein Rechtsweg gegeben sei.[137] Schwierigkeiten können auch entstehen, wenn der handelnde Akteur formal keine Behörde ist, sondern lediglich Verwaltungsaufgaben wahrnimmt.[138] Im Ergebnis besteht ein generelles Haftungsproblem, da viele verschiedene öffentliche Akteure Daten sammeln, ihr jeweiliges Verhalten jedoch einem späteren Verarbeiter nicht zugerechnet werden kann.[139]

---

133 § 12 II VPG.

134 Oberstes Volksgericht: Interpretation der Anwendung des Verwaltungsprozessgesetzes der VRC (关于适用《中华人民共和国行政诉讼法》的解释), 2.6.2018.

135 Siehe etwa Verwaltungsverfügung Nr. 132 des Mittleren Volksgerichtes der Stadt Nanchong, vom 27.7.2018 ((2018)行政裁定川 13 行终 132 号).

136 Peng 2021, S. 178.

137 Siehe bspw. Verwaltungsverfügung Nr. 1518 des Hohen Volksgerichtes der Provinz Jiangsu, vom 5. 11.2019 (2019 苏行终 1518 号); Verwaltungsverfügung Nr. 42 des Hohen Volksgerichtes der Provinz Liaoning, vom 25. 4.2018 (2018 辽 05 行终 42 号).

138 So wurde eine Klage mit SKS-Bezug gegen die China Railway Company abgewiesen unter Hinweis darauf, dass diese keine zulässige Klägerin im Verwaltungsverfahren sei, obwohl sie gemäß § 3 II Eisenbahngesetz der VRC (中华人民共和国铁路法), erlassen am 7.9.1990, zur Ausführung von Verwaltungsaufgaben ermächtigt ist, Verwaltungsverfügung des Ersten Mittleres Volksgericht der Stadt Beijing vom 9.10.2019, ((2019 ）京 01 行终 954 号).

139 Peng 2021, S. 178.

Schließlich wird es für den Schutz der Informationssubjekte als problematisch angesehen, dass es keine zentrale Datenschutzbehörde gibt.[140] Die Gesetzgebung auf Provinzebene und darunter sieht teilweise die Einrichtung von eigenen Stellen für die Handhabung von Sozialkreditinformationen vor,[141] diese haben jedoch nicht den spezifischen Charakter einer Datenschutzbehörde. Es bleibt abzuwarten, inwiefern deren Arbeit einen Beitrag zu Transparenz und Korrekturmöglichkeiten für betroffene Personen leistet.

5. Das SKS im Vergleich mit traditionellen Dossiers – Kontinuität oder Bruch?

Sind Sozialkreditdossiers der Versuch einer Fortführung des Dang'an unter neuem Namen? Festzuhalten ist, dass die beiden Systeme formal nicht miteinander verbunden sind. Angesichts der offensichtlichen funktionalen Überschneidungen der beiden verweist die Literatur über das SKS trotzdem häufig auf das Dang'an als historischen Vorgänger.[142] Jiang etwa widmet ihre Analyse der Wurzeln des SKS hauptsächlich dem Dang'an.[143]

Wie das Dang'an hat das SKS unter anderem die Funktion, Entscheidungsträgern notwendige Informationen über die betroffenen Personen bereitzustellen. Das SKS ist insofern ein Nachfolger des Dang'an als dass es Personalentscheidungen zu beeinflussen sucht. Jedoch hat das SKS einen wesentlich breiteren Fokus und bezieht auch Unternehmen und andere Organisationen als Informationssubjekte ein.

Unterschiede ergeben sich auch bezüglich der einfließenden Informationen. Das Dang'an ist mit seinen politischen Wurzeln stark von subjektiven Eindrücken und persönlichen Bewertungen geprägt. Es ist unklar, was in die Akten aufgenommen wird und was noch immer darin enthalten ist. Sozialkreditdossiers hingegen werden offiziell nur mit formalen behördlichen oder gerichtlichen Informationen gefüllt. Allerdings liegt auch im SKS bislang keine einheitliche Definition über Sozialkredit vor. In Abwesenheit eines nationalen Gesetzes koexistieren eine Vielzahl von Standards und Regularien der verschiedenen involvierten staatlichen Akteure wie

140 Yang und Liu 2021, S. 65.

141 Bspw. § 7 Tianjiner Bestimmungen: Institution zum Management von öffentlichen Kreditinformationen [Sozialkreditinformationen] (公共信用管理机构); § 11 SKIB Shanghai Servicezentrum für öffentliche Kreditinformationen [Sozialkreditinformationen] (市公共信用信息服务中心).

142 Bspw. Creemers 2017.

143 Jiang 2020.

der SKER, der Zentralbank, den lokalen Regierungen und der Staatlichen Behörde für Marktregulierung. Entsprechend ist weiterhin offen, welche Daten in die Dossiers eingehen können. Während das Dang'an keine Standards für die Inhalte seiner Dossiers zugänglich macht, bietet das SKS eine Vielzahl von entsprechenden Regularien. Intransparenz im SKS entsteht überraschenderweise durch die undurchsichtige Fülle an Dokumenten. Im Ergebnis sind beide Dossiersysteme somit hinsichtlich ihrer Sammlung von Informationen nicht abschließend einschätzbar.

Mit Blick auf Datenschutz liegt der grundlegende Unterschied zwischen dem Dang'an und dem SKS darin, dass Sozialkreditdossiers prinzipiell - so zumindest intendiert - einsehbar und korrigierbar sind. Im SKS steht Regulierung statt Kontrolle im Vordergrund. Es gilt der Grundsatz, dass das Sammeln negativer Informationen einer gesetzlichen Grundlage bedarf.[144] Strategiepapiere zum SKS sowie lokale Gesetzgebung gehen auf datenschutzrechtliche Fragen ein.[145] Wie in Teil 4 aufgezeigt, ist dies jedoch in der Realität noch nicht optimal umgesetzt. Zwar existiert ein rechtlicher Rahmen mit Sorgfaltspflichten für datensammelnde Staatsorgane und Auskunfts- und Korrekturrechte der Sozialkreditsubjekte, doch die schiere Masse an verschiedenen Regularien macht das System intransparent.

Zuletzt sei hier eine interessante Verbindung beider Systeme erwähnt: Beobachter des Dang'an sprechen sich zunehmend für eine SKS-basierte Reform aus. Im Zuge dessen wurde vorgeschlagen, Sozialkreditinformationen in die Dang'an-Dossiers zu integrieren, um letzteren zu mehr Objektivität zu verhelfen.[146] So könne sich das Dang'an von seinen politischen Wurzeln lösen und „politische Akten in Talentakten umgewandelt werden"[147]. Das Dang'an könne dem Vorbild des SKS auch in Sachen Transparenz folgen und seine Akten für die betroffenen Personen zugänglich machen.[148] Guo etwa argumentiert mit Referenz zum Transparenzgedanken des SKS, dass die Geheimhaltung der Dang'an- Dossiers vor den sie betreffenden Subjekten nicht mit dem Auskunftsrecht vereinbar sei.[149] Sie würde Arbeitgebern ungerechtfertigte Kontrollmöglichkeiten an die Hand

144 Generalbüro des Staatsrates der VRC: Leitansicht zur weiteren Verbesserung des Systems für Restriktion von Unzuverlässigkeit und des Aufbaus eines langfristig wirksamen Integritätsmechanismus (国务院办公厅关于进一步完善失信约束制度构建诚信建设长效机制的指导意见), 7.12.2020.

145 Bspw. Art. 22 Leitansicht für ein verbundenes Durchsetzungssystem.

146 Lu 2006, S. 7.

147 Wang und Zhang 2010.

148 Wang und Zhang 2010.

149 Guo 2018, S. 84.

geben.[150] Eine Öffnung gewährleiste auch eine breitere Überprüfbarkeit der Richtigkeit der in den Dang'an enthaltenen Informationen.[151] Ungeachtet zahlreicher Anregungen schlägt jedoch auch die jüngste Runde von Dang'an-Reformen keine offizielle Brücke zum SKS.[152] Die Verbindung der beiden bleibt, soweit öffentlich bekannt, lediglich theoretisch. Die Abwesenheit jeglicher Erwähnungen des alten Dang'an in SKS-Dokumenten spricht jedoch weniger für eine Unvereinbarkeit der beiden, als für die Intention der KPCh, die Reputation des SKS nicht durch das häufig in Kritik geratene, veraltete Dang'an zu gefährden.

6. *Ausblick*

Sozialkreditdossiers für natürliche Personen stehen in China in einer langen Tradition staatlich geführter Akten, welche über Vertrauenswürdigkeit nach jeweils geltenden ideologischen Maßstäben Auskunft geben. Erstmals wird mit dem SKS ein staatliches Dossiersystem einem rechtlichen Rahmen unterstellt. Dieser Wendepunkt ist der wirtschaftlichen Öffnung und der damit einhergehenden Notwendigkeit, Kreditauskunfteien einerseits und behördliche Regulierung andererseits auszubauen, zuzuschreiben. Dreh- und Angelpunkt der Anwendung von Dossiers zu Regulierungs- statt Kontrollzwecken ist ihre Transparenz für die sie betreffenden Personen. Dies bedeutet eine Abkehr vom kommunistischen Dang'an, da die betroffenen Personen als Hüter der Richtigkeit der Informationen eingespannt werden sollen. Der Ausbau entsprechender rechtlicher Infrastruktur zur Absicherung dieses Vorhabens bleibt jedoch bislang hinter den verkündeten Ambitionen zurück. Datenverarbeiter sind zwar dazu verpflichtet, für die Richtigkeit ihrer Daten Sorge zu tragen, doch fehlt eine verbindliche Einbeziehung der betroffenen Personen. Notifizierungspflichten über die Sammlung und Verwendung personenbezogener Daten

---

150 Lu 2006.

151 Guo 2021, S. 83.

152 Ersichtlich aus Organisationsabteilung des Zentralkomitees der KPCh, Ministerium für Humanressourcen und soziale Sicherheit und fünf weitere Ministerien: Bekanntmachung über die weitere Stärkung des Personalaktenverwaltungsdienstes für mobiles Personal (关于进一步加强流动人员人事档案管理服务工作的通知), 10.12.2014; Generalbüro des Ministeriums für Humanressourcen und soziale Sicherheit: Bekanntmachung über die Vereinfachung und Optimierung von Personalaktenverwaltungsdiensten für mobiles Personal (关于简化优化流动人员人事档案管理服务的通知), 25.5.2016.

sind vor allem im neuen DSG kodifiziert, doch sie enthalten großzügige Ausnahmeregelungen für staatliche Akteure. Betroffene Personen haben laut DSG grundsätzlich zwar das Recht, von der Verarbeitung ihrer Daten zu erfahren, sowie ein Recht auf Zugriff und Korrektur dieser Daten. Problematisch ist jedoch, dass erst die Notifizierung über die Datenverarbeitung Betroffene in die Lage versetzt, von diesen Rechten Gebrauch zu machen. Spezifische Gesetze zu Sozialkreditinformationen finden sich bislang nur auf Ebene der Provinzen und darunter. In Abwesenheit eines nationalen Gesetzes zum SKS ist die Ausgestaltung der Rechte von Sozialkreditsubjekten hauptsächlich von diesen lokalen Bestimmungen abhängig. Sie bieten den bislang stärksten Rahmen für die Einsehbarkeit und Korrekturmöglichkeiten von Sozialkreditdossiers für natürliche Personen. Während eine Beurteilung der Durchsetzungsmöglichkeiten für die bestehenden Rechte zu diesem Zeitpunkt kaum möglich ist, ist festzuhalten, dass Klagen im Bereich des Datenschutzes gegen Staatsorgane in China mit großen Hürden verbunden sind. Der Weg des Verwaltungswiderspruchs scheint aussichtsreicher, vor allem an Orten, an denen lokale Bestimmungen die Einrichtung von Zentren für die Verwaltung von Sozialkreditinformationen vorsehen. In jedem Fall besteht die Problematik uneinheitlicher Schutzstandards unter einem nur allgemeine Prinzipien vorgebenden DSG.

Eine bemerkenswerte Parallele zwischen dem Dang'an und dem SKS besteht darin, dass auch im SKS nicht genau eingegrenzt ist, welche Informationen in die Dossiers einfließen sollen. Während ersteres sich weiterhin in einer rechtlichen Grauzone ohne detaillierte Regelungen bewegt, wird das SKS von einer wachsenden Anzahl von sich teilweise widersprechenden Gesetzen und Verwaltungsvorschriften verschiedener Gesetzgeber, Ministerien und lokalen Behörden ausgestaltet. Intransparenz besteht somit in beiden Systemen: Im Dang'an durch das Fehlen von Regelungen, im SKS durch eine unübersichtliche Vielzahl dieser. Die Betrachtung der Entstehung beider Dossiersysteme zeigt, dass sich das SKS insofern abhebt, als dass es nicht durch in der Vergangenheit festgelegte politische Ansprüche und Strukturen eingeschränkt ist, sondern als Prestigeprojekt im Namen von Reformen der Zentralregierung erhebliche Ressourcen und Innovationsmöglichkeiten genießt. Dies, sowie der Nutzen, der sich für den Staat daraus ergibt, wenn privat initiierte Korrekturen für die Qualität der Sozialkreditinformationsdatenbank sorgen, deutet darauf hin, dass das SKS die rechtliche Einbettung seines Transparenzanspruch und dessen Implementierung in Zukunft weiter vorantreiben wird.

Datenschutz in China hat sich in den letzten Jahren stark entwickelt, auch gegenüber Staatsorganen. Dai sieht die Entwicklungen um das SKS als Chance für den Datenschutz, da es Diskussion anrege und somit langfristig zu einem besseren Schutzniveau führen könne.[153] Die Erfindung der Kategorie „Sozialkreditinformationen"[154] und die damit verbundene Sammlung, Speicherung und Weitergabe von personenbezogenen Informationen seitens Behörden ist jedoch nicht nur ein Entwicklungsmotor, sondern auch die bislang größte Herausforderung für den Datenschutz im öffentlichen Recht. Mit Blick auf die künftige Entwicklung des SKS ist anzumerken, dass die vielerorts antizipierte Eingrenzung der Definition von Sozialkredit nicht allein zu besserem Schutz für die betroffenen Personen beiträgt: Die Rhetorik um „Vertrauenswürdigkeit" deutet darauf hin, dass die Informationen auch zu Bewertungen weiterverarbeitet werden sollen. Dies ist vielerorts für juristische Personen bereits Praxis.[155] Die Problematik einer möglichen aus dem Kontext genommenen Evaluation von Personen seitens staatlicher Stellen besteht auch bei einer genauen Beschränkung der Informationsquellen.[156] Hier zeigen sich Parallelen zu Entwicklungen in anderen digitalisierungsambitionierten Staaten, welche unter Zusammenführung von Informationen verschiedener Behörden Datenprofile erstellen. Es bleibt abzuwarten, ob die Einbeziehung betroffener Personen in die Richtigkeit von staatlich erstellten Datenprofilen sich auch auf durch anschließende Datenverarbeitung geschaffene Bewertungen erstrecken wird – wie die DSGVO umfasst auch das chinesische DSG nicht Entscheidungen, die als Konsequenzen von Datenverarbeitung getroffen werden.

Literatur

Bi, Honghai (2020): Old Regulatory Wine in a New Bottle of Technology - a Critical Analysis of China's Social Credit System. *University of Pennsylvania Asian Law Review*, 16(2), S. 282–327.

Beijing Caijing Pindao (30.10.2020): Das neue Peking nach dem Erlass der „Bestimmungen zur Förderung zivilisierten Verhaltens der Stadt Peking" durch „Ehrliches Peking" (《诚信北京》20201019 《北京市文明行为促进条例》实施后的新北京), Website des Büros für Wirtschaft und Informationstechnologie der Stadt Peking, http://creditbj.jxj.beijing.gov.cn/credit-portal/article/detail/5934.

---

153 Dai 2018, S. 42, 43.

154 Zhang 2020, S. 574.

155 Etwa in der Provinz Zhejiang: Lin und Milhaupt 2021.

156 Chen und Cheung 2021, S. 16.

Von Blomberg, Marianne (2020): The Social Credit System and China's Rule of Law. In: O. Everling (Hrsg.) *Social Credit Rating*, Springer, Wiesbaden, S. 111–137.

Büro der Nationalen Leitungsgruppe zur Korrektur und Regulierung der Marktwirtschaftsordnung: Abriss eines Sozialkreditsystems (社会信用体系纲要), verfasst auf dem Symposium für den Aufbau von Sozialkredit, organisiert von der SKER und dem Informationsverband China, 13.05.2003.

Chen, Yongxi (2015): Privacy and Freedom of Information in China. *European Data Protection Law Review*, 4, S. 265–276.

Chen, Yongxi und Cheung, Anne, S. Y. (2021): "From Datafication to Data State – Making Sense of China's Social Credit System and Its Implications", *Law & Social Inquiry*, first view: 1–35, URL: https://doi.org/10.1017/lsi.2021.56.

Cheng, Xiao 程啸 (2020): Über die Art der Rechte und Interessen an personenbezogenen Daten im chinesischen Zivilgesetzbuch (论我国民法典中个人信息权益的性质). *Journal of Law and Politics (政治与法律)*, 8, S. 2–14.

Credit China Shanghai. URL: https://credit.fgw.sh.gov.cn/xzzx/.

Creemers, Rogier (2017): China's Social Credit System: An Evolving Practice of Control, SSRN, URL: https://papers.ssrn.com/sol3/papers.cfm?abstract_id=3175792.

Dai, Xin (2018): Toward a Reputation State: The Social Credit System Project of China, SSRN, URL: https://papers.ssrn.com/sol3/papers.cfm?abstract_id=3193577.

Dai, Xin 戴昕 (2019): Die Gesamtperspektive des Aufbaus des Sozialkreditsystems, der Dezentralisierung des Rechtsstaats, der Konzentration der Tugendherrschaft und der Stärkung der Regulierung verstehen (理解社会信用体系建设的整体视角，法治分散、德治集中与规制强化). *Peking University Law Journal (中外法学)*, 31(6), S. 1469–1491.

Europäische Kommission (21.4.2021): Vorschlag für eine Verordnung des Europäischen Parlamentes und des Rates zur Festlegung harmonisierter Vorschriften für künstliche Intelligenz (Gesetz über künstliche Intelligenz) und zur Änderung bestimmter Rechtsakte der Union, COM/2021/206 final, URL: https://eur-lex.europa.eu/legal-content/EN/TXT/?qid=1623335154975&uri=CELEX%3A52021PC0206.

Fu, Weigang 傅蔚冈 (21. 4.2016): Die Ausweitung der Bonitätsprüfung oder ihre Transformation in „Tugendakten" ("征信"扩大化，或变身"道德档案"), *China Times*, URL: http://news.sina.com.cn/zhiku/zkcg/2016-04-21/doc-ifxrpvcy4271519.shtml.

Generalbüro des Ministeriums für Humanressourcen und soziale Sicherheit: Bekanntmachung über die Vereinfachung und Optimierung von Personalaktenverwaltungsdiensten für mobiles Personal (关于简化优化流动人员人事档案管理服务的通知), 25.5.2016.

Generalbüro des Staatsrates der VRC: Leitansicht zur Stärkung des Aufbaus eines persönlichen Vertrauenswürdigkeitssystems (加强个人诚信体系建设的指导意见), 30.12.2016.

Generalbüro des Staatsrates der VRC: Leitansicht zur weiteren Verbesserung des Systems für Restriktion von Unzuverlässigkeit und des Aufbaus eines langfristig wirksamen Integritätsmechanismus (国务院办公厅关于进一步完善失信约束制度构建诚信建设长效机制的指导意见), 7.12.2020.

Graham Greenleaf (2016): China's New Cybersecurity Law–Also a Data Privacy Law? SSRN, URL: https://papers.ssrn.com/sol3/papers.cfm?abstract_id=2958658.

Guo, Xu 郭旭 (2021): Forschung über Probleme der Vertraulichkeit und des Auskunftsrechts bei Kaderpersonalakten (干部人事档案的保密性与知情权问题研究). *Inside and Outside Lantai (兰台内外)*, 5, S. 82–82.

Han, Jiaping 韩家平 (2019): Überlegungen und Anregungen zur Beschleunigung der Sozialkreditgesetzgebung (关于加快社会信用立法的思考与建议). *Credit Reference (征信)*, No. 5, S. 1–6.

Handelsministerium Nachrichten (19.9.2003): Rede von Zhang Zhigang, Direktor des Büros der Staatlichen Leitungsgruppe für die Berichtigung und Standardisierung der Marktwirtschaftlichen Ordnung und Vize-Handelsminister, anlässlich des „Hochrangigen Seminars über Chinas transnationale Operationen und Kreditmanagement" (全国整顿和规范市场经济秩序领导小组办公室主任、商务部副部长张志刚在"中国跨国经营与信用管理高层研讨会"上的讲话), URL: http://bgt.mofcom.gov.cn/aarticle/c/d/200309/20030900128212.html.

He, Haibo (2018): How Much Progress Can Legislation Bring? The 2014 Amendment of the Administrative Litigation Law of PRC. *University of Pennsylvania Asian Law Review*, Vol. 13, S. 137–190.

He, Xin (2014): Administrative Reconsideration's Erosion of Administrative Litigation in China. *The Chinese Journal of Comparative Law*, 2(2), S. 252–269.

De Hert, Paul und Papakonstantinou, Vagelis (2015): The Data Protection Regime in China, In-depth Analysis for the LIBE Committee Commissioned by the European Parliament's Policy Department for Citizens' Rights and Constitutional Affairs, URL: https://www.europarl.europa.eu/RegData/etudes/IDAN/2015/536472/IPOL_IDA(2015)536472_EN.pdf.

Hille, Kathrin (5.9.2009): China's Lost Files. *Financial Times*, URL: https://www.ft.com/content/b5194a40-997d-11de-ab8c-00144feabdc0.

Horsley, Jamie P. (26.1.2021): How Will China's Privacy Law Apply to the Chinese State?. *New America*, URL: https://www.newamerica.org/cybersecurity-initiative/digichina/blog/how-will-chinas-privacy-law-apply-to-the-chinese-state/.

Jiang, Min (2020): A Brief Prehistory of China's Social Credit System. *Academic Journal Communication and the Public*, 5(3-4), S. 93–98.

Kleine Leitungsgruppe für den Aufbau des SKS der Stadt Zhengzhou: Zur Erlassung des Arbeitsplans für die Prüfung und Annahme der zweiten Gruppe von Musterstädten für den SKS Aufbau (关于印发【关于迎接第二批社会信用体系建设示范城市审验收工作方案】的通知), 14.12.2018.

Kou, Chunting 寇春婷 und Ma, Xiaoying 马筱颖 (2020): „Tugendbanken" erneuern die ländliche Tugendverwaltung und fördern die Wiederbelebung des ländlichen Raums - die Erfahrung von Shuiquan in der ländlichen Tugendverwaltung ("道德银行"创新乡村德治促进乡村振兴 ——乡村治理的"水泉经验"). *Minxin (民心)*, 8, S. 60–61.

Law Yearbook of China (中国法律年鉴), 2020, The Press of China Law Yearbook (中国法律年鉴社会), Beijing.

Lee, Alexa; Shi, Mingli; Chen, Qiheng; Webster, Graham; Horsley, Jamie; Schaefer, Kendra und Creemers, Rogier (15.9.2021): Seven Major Changes in China's Finalized Personal Information Protection Law. *Digichina*, URL: https://digichina.stanford.edu/news/seven-major-changes-chinas-finalized-personal-information-protection-law.

Li, Meng 李孟 (30.6.2020): Den Wandel von Kreditdossiers zu Tugenddossiers stoppen, die lokale Gesetzgebung in Nanjing vermeidet den Missbrauch des Kreditsystems (防止信用档案变道德档案 南京地方立法避免滥用信用机制), *Sohu*, URL: https://www.sohu.com/a/404930968_393779?_f=index_pagefocus_3&_trans_=000014_bdss_dkgyx.

Li, Quanxiang 李全祥 und Wang, Tielian 王铁莲 (1990): Eine Untersuchung der-Personalarchive des alten Chinas (我国古代人事档案考), *Archives Science Bulletin (档案学通讯)*, 5/1990, S. 43–49.

Lin, Junyue 林钧跃 (2002) Die Herkunft und Innovationen der Theorie des Sozialkreditsystems (社会信用体系理论的传承脉络与创新), *Credit Reference (征信)*, 1/2002, S. 1–12.

Lin, Junyue 林钧跃 (2011) Das Sozialkreditsystem: Chinas Modell zur effizienten Einrichtung eines Kreditsystems (社会信用体系:中国高效建立征信系统的模式). *Credit Reference (征信)*, 2/2011, S. 1–7.

Lin, Junyue 林钧跃 (2012) Die Wurzeln der Theorie des Sozialkreditsystems (社会信用体系理论的传承脉络). *Credit Reference (征信)*, 1/2012, S. 1–12.

Lin, Junyue 林钧跃 (24.5.2021): Über die Definition von Sozialkredit (论信用信息的界定). *Credit China*, URL: https://www.creditchina.gov.cn/home/lfyj/202105/t20210524_235409.html.

Lin, Lauren Yu-Hsin und Milhaupt, Curtis (2021): China's Corporate Social Credit System and the Dawn of Surveillance State Capitalism. *SSRN*, URL: https://doi.org/10.2139/ssrn.3933134.

Liu, Chuncheng (2019): Multiple Social Credit Systems in China. Economic Sociology: *The European Electronic Newsletter*, 21(1), S. 22–32.

Lu, Jianxiang 陆建香 (2006): Über personenbezogene Dang'an und personenbezogene Kreditakten (论人事档案与个人信用档案). *Lantai World (兰台世界)*, 7, S. 7–8.

Luo, Peixin 罗培新 (2018): Eindämmung der Staatsmacht und Schutz von Privatinteressen: Zur Sozialkreditgesetzgebung (遏制公权与保护私益：社会信用立法论略), *Tribune of Political Science and Law (政法论坛)*, 6/2018, S.

Meng, Rong 孟融 (2021): Von Governance zum persönlichen Schutz: Die Übertragung der Informationsnutzungslogik des Sozialkreditsystems – Vor dem Hintergrund der Erlassung des Gesetzes zum Schutz persönlicher Informationen (国家治理到个人保护：社会信用体系的信息利用逻辑传递—以《个人信息保护法》出台为背景), Journal of Beijing Administration Institute (北京行政学院学报), 5/2021, S. 27-35.

Ministerium für Arbeit und die Staatliche Archivverwaltung: Verordnung über die Führung der Archive von Unternehmensangestellten (企业职工档案管理工作规定), 9.6.1992.

Ningbo Wenming Netz (19.4.2021): Yuyao in Ningbo baut die Version 3.0 der „Tugendbank" und gewährt Kredite in Höhe von 4,5 Milliarden RMB (宁波余姚打造"道德银行"3.0 版，发放贷款 45 亿元), URL: http://nb.wenming.cn/wmjj/202104/t20210419_7069155.shtml.

Oberstes Volksgericht: Erwiderung zur Frage der Zulässigkeit von Klagen von Parteien gegen ihren ehemaligen Arbeitgeber auf die Neuausstellung und Entschädigung für von letzterem verlorene Personenakten (关于人事档案被原单位丢失后当事人起诉原用人单位补办人事档案并赔偿经济损失是否受理的复函), 13.6.2006.

Oberstes Volksgericht: Interpretation der Anwendung des Verwaltungsprozessgesetztes der VRC (关于适用《中华人民共和国行政诉讼法》的解释), erlassen am 2.6.2018.

Organisationsabteilung des Zentralkomitees der KPCh, Ministerium für Humanressourcen und soziale Sicherheit und fünf weitere Ministerien: Bekanntmachung über die weitere Stärkung des Personalaktenverwaltungsdienstes für mobiles Personal (关于进一步加强流动人员人事档案管理服务工作的通知), 10.12.2014.

Pernot-Leplay, Emmanuel (2020): China's Approach on Data Privacy Law: A Third Way Between the U.S. and the E.U.?. *Penn State Journal of Law & International Affairs*, 8(1), S. 49–71.

Peng, Chun 彭錞 (2021): Herausforderungen und Lösungsansätze für Rechtsschutz durch Verwaltungsklagen gegen verbundene Strafen wegen Vertrauensverlust (失信联合惩戒行政诉讼救济困境及出路). *Oriental Law (东方法学)*, S. 171–186.

Regierung der Stadt Dingxi: Implementierungsplan zur Stärkung des Aufbaus eines persönlichen Vertrauenswürdigkeitssystems (甘肃省定西市加强个人诚信体系建设实施方案), 10.8.2018.

Roos, Anneliese (2006): Core Principles of Data Protection Law. *The Comparative and International Law Journal of Southern Africa*, 39(1), S. 102–130.

Schaefer, Kendra und Yin, Ether (2019): Understanding China's Social Credit System–A Big-Picture Look at Social Credit as it Applies to Citizens, Businesses and Government, URL: https://socialcredit.triviumchina.com/wp-content/uploads/2019/09/Understanding-Chinas-Social-Credit-System-Trivium-China-20190923.pdf.

SKER und die Zentrale Volksbank: Grundlegender nationaler Katalog für öffentliche [=staatliche] Kreditinformationen (2021 Ausgabe) (全国公共信用信息基础目录（2021 年版), 31.12.2021.

Solove, Daniel J. (2002): Access and Aggregation: Public Records, Privacy and the Constitution. *Minnesota Law Review*, 86, S. 1137–1218.

Staatsrat der VRC: Abriss der Planung für den Aufbau des Sozialkreditsystems in den Jahren 2014–2020 - Aufgabenverteilung (社会信用体系建设规划纲要 2014-2020 年 任务分工), 14.06.2014.

Staatsrat der VRC: Leitansicht zur Einrichtung und Verbesserung des Systems gemeinsamer Anreize für Vertrauenswürdigkeit und gemeinsamer Bestrafung für Unzuverlässigkeit und Beschleunigung der Förderung des Aufbaus gesellschaftlicher Integrität (关于建立完善守信联合激励和失信联合惩戒制度加快推进社会诚信建设的指导意见), 30.5. 2016.

Staatsverwaltung für Markregulierung: Allgemeines Vokabular für Kredit (信用 基本术语), 7. 6.2018, URL: http://down.foodmate.net/standard/sort/3/53957.html.

Sui, Ning 苏宁 (2020): Chinas grundlegende Erfahrungen mit dem Aufbau eines Kreditsystems (我国征信体系建设的基本经验), *China Finance* (*中国金融*), Z1, S. 45–47.

Tengxun Pinglun (4.4.2010) Hauptinhalt der Probemethode zum Management des Volkskredits des Kreises Suining (睢宁县大众信用管理试行办法主要内容), URL: https://view.news.qq.com/a/20100404/000008.htm.

Wang, Fei-Ling (1998): *From Family to Market: Labor Allocation in Contemporary China*, Rowman & Littlefield.

Wang, Hui 王辉 (16.6. 2021): Die drei Dimenstionen begreifen und die Institutionalisierung der Integritätskonstruktion fördern (把握好三个维度 推进诚信建设制度化), *China Jiangxi Net*, URL: https://www.163.com/dy/article/GF1M5J6J05508T15.html.

Wang, Le 王乐 und Zhang, Hao 张浩 (2010): Eine kurze Abhandlung über die Reform der „Kreditisierung" der Personalaktenverwaltung (略论人事档案管理信用化改革). *Archives Science Study* (*档案学研究*), 3/2010, S. 91–93.Wang, Wei 王伟 (2020): A Study on the Typological Regulation of the Dishonesty Punishment. In: Everling, Oliver (Hrsg.) *Social Credit Rating*. Springer, Wiesbaden. S. 89–109.

Wu, Jingmei 吴晶妹 und Wang, Yinxu 王银旭 (2017): Eine vorläufige Studie zur umfassenden Charakterisierung des persönlichen Kredits auf der Grundlage der Integrität – Aus der Perspektive der dreidimensionalen Kredittheorie der WU (以诚信度为基础的个人信用全面刻画初探——基于 WU's 三维信用论视角), *Modern Management Science* (*现代管理科学*) 12/2017, S. 3–5.

Yan, Sophia (2.6.2019): The Village Testing China's Social Credit System: Driven by Big Data, its Citizens Earn a Star Rating. *South China Morning Post*, URL: https://www.scmp.com/magazines/post-magazine/long-reads/article/3012574/village-testing-chinas-social-credit-system.

Yang, Fan 杨帆 und Liu, Ye 刘业 (2021): Der kombinierte Pfad von öffentlichem und privatem Recht beim Schutz personenbezogener Informationen: Chinas Rechtspraxis und Anregungen aus der EU und den USA (个人信息保护的"公私并行"路径: 我国法律实践及欧美启示). *Journal of International Economic Law* (*国际经济法学刊*), 2, S. 48–70.

Yang, Jie (2011): The Politics of the Dang'an: Spectralization, Spatialization, and Neoliberal Governmentality in China. *Anthropological Quarterly*, 84(2), S. 507–533.

Yang, Jing (22.9.2021): Ant to Fully Share Consumer Credit Data with China's Government. The Wall Street Journal, URL: https://www.wsj.com/articles/ant-to-fully-share-consumer-credit-data-with-chinas-government-11632310975.

Yang, Yuan und Liu, Nian (19.9.2019): Alibaba and Tencent refuse to hand loans data to Beijing. *Financial Times*, URL: https://www.ft.com/content/93451b98-da12-11e9-8f9b-77216ebe1f17.

Ye, Yuan (26.4.2021): A Professor, a Zoo, and the Future of Facial Recognition in China. *Sixthtone*, URL: https://www.sixthtone.com/news/1007300/a-professor%2C-a-zoo%2C-and-the-future-of-facial-recognition-in-china.

Yu, Su (2.3.2021): Jack Ma's Ant Defies Pressure from Beijing to Share More Customer Data. *Financial Times*, URL: https://www.ft.com/content/1651bc67-4112-4ce5-bf7a-d4ad7039e7c7.

Yuandian Credit (17.5. 2017): Luo Peixin: Fragen und Antworten zur Gesetzgebung zu Sozialkredit (罗培新：有关社会信用立法的问答). *Sohu*, URL: https://www.sohu.com/a/141216029_777813.

Zentralkomittee der KPCh: Anweisungen des Zentralausschusses für die Prüfung von Kadern (中央关于审查干部问题的指示), 1.8.1940.

Zentralkomitee der KPCh: Beschluss über mehrere Fragen zur Verbesserung der sozialistischen Marktwirtschaft (中共中央关于完善社会主义市场经济体制若干问题的决定), 14.10.2003.

Zentralbüro des Staatsrates der VRC: Leitansicht zur Stärkung des Aufbaus eines personenbezogenen Vertrauenssystems (关于加强个人诚信体系建设的指导意见), 23.12.2016.

Zhang, Chenchen (2020): Governing (Through) Trustworthiness: Technologies of Power and Subjectification in China's Social Credit System. *Critical Asian Studies*, 52(4), S. 565–588.

Zhang, Gil und Yin, Kate (26.10.2020): A Look at China's Draft of Personal Information Protection Law, *Privacy Tracker*, URL: https://iapp.org/news/a/a-look-at-chinas-draft-of-personal-data-protection-law/.

Zhang, Xiuqing 张秀青 (2006) Die Umgestaltung der Verwaltung traditioneller Personalakten aus der Perspektive des Sozialkreditsystemaufbaus (从社会信用体系建设看传统人事档案管理的转型). *Lantai Welt (兰台世界)*, 20/2006, S. 36-37.

Alle angegebenen Webseiten wurden zuletzt am 28.2.2022 besucht.

Teil III
Künstliche Intelligenz und Nutzendenverhalten

Privacy als Paradox? Rechtliche Implikationen verhaltenspsychologischer Erkenntnisse

Hannah Ruschemeier

Zusammenfassung

Das Privacy Paradoxon beschreibt das Phänomen, dass Menschen nach außen bekunden, ihre Privatsphäre und Datenschutz besonders zu wertschätzen, dieser Selbsteinschätzung aber keine Taten folgen lassen. Ihre innere Einstellung divergiert von ihren tatsächlichen Verhaltensweisen: Der betonten Wichtigkeit von Privatheit zum Trotz geben viele Personen niedrigschwellig oder gar anlasslos höchstpersönliche Informationen über sich Preis. Diese Diskrepanz zwischen Selbsteinschätzung und realem Verhalten kann vom Recht nicht unbeachtet bleiben, insbesondere in Bereichen von KI und Datenschutz, in denen über verschiedenste Regulierungsformen diskutiert wird. Das Privacy Paradox muss kein Paradoxon bleiben. Privatheit als Konzept in der Vorstellung vieler Menschen kann unendlich viele Facetten abdecken, die sich nur teilweise oder auch gar nicht mit konkreten persönlichen Verhaltensweisen überschneiden. Das Recht reflektiert diese realen Voraussetzungen von Privatheit bisher unzureichend, wie das Beispiel der datenschutzrechtlichen Einwilligung zeigt. Das Privacy Paradox verstärkt die Forderungen nach einer anderen Ausrichtung des Datenschutzes von einem höchstpersönlichen Gut hin zu kollektiven Auswirkungen und institutioneller Verantwortung.

1. *Problemaufriss*

Der Streit um Daten und Datennutzung ist eine der zentralen Machtfragen unseres Jahrhunderts. Datenschutz und Datennutzungsrechte stehen in komplexen Spannungsverhältnissen zueinander. Digitaler Privatheitsschutz und Datenschutz als Konzept sind kontroverse, politisierte Themenfelder. Auf der individuellen Ebene von Nutzer:innen hat sich Privatheitsschutz durch Datenschutz zudem zunehmend zu einer unlösbaren Aufgabe entwickelt: Die Verbreitung persönlicher Informationen erscheint nicht mehr kontrollierbar. Das ist vor allem dann problematisch, wenn diese Preisgabe und Verarbeitung persönlicher Daten nicht mehr der autonomen Entscheidung der Betroffenen entsprechen. Die Annahme ist naheliegend, insbesondere in dem durch informationelle Machtasymmetrien und Vormachtstellung einzelner globaler Unternehmen geprägten digitalen Raum des Internets. Der Allgemeinplatz, dass Datenschutz nicht Daten, sondern Personen schützt, gerät aus dem Fokus.[1] Denn Privatheits- und Datenschutz wird oft als innovationshindernd, paternalistisch und ineffektiv wahrgenommen. Auch das so genannte *Privacy Paradox* scheint mit einer Argumentationsstruktur für effektiveren Schutz zu brechen. Menschen verhalten sich höchst widersprüchlich was den Schutz ihrer Privatsphäre betrifft: sie folgen schlicht nicht ihren eigenen, zumindest kommunizierten Präferenzen. Das *Privacy Paradox* ist damit ein relevantes und juristisch lohnenswertes Beispiel, um die Reflektion menschlichen Verhaltens durch Recht zu untersuchen. Der Beitrag skizziert Definition, Grundlagen, und Konsequenzen des Privacy Paradox aus rechtswissenschaftlicher Perspektive und entwirft Vorschläge für Reaktionen des Rechts.

Das *Privacy Paradox* beschreibt das Phänomen, dass Menschen nach außen bekunden, ihre Privatheit und den Schutz ihrer persönlichen Daten besonders zu wertschätzen, dieser Selbsteinschätzung aber keine Taten folgen lassen.[2] Ihre innere Einstellung divergiert von ihren tatsächlichen Verhaltensweisen: Der betonten Wichtigkeit von Privatheit zum Trotz geben viele Personen niedrigschwellig oder gar anlasslos höchstpersönliche Informationen über sich preis – das erscheint widersprüchlich. Das Credo, dass Privatsphäre schützenswert ist und vor allem akzessorisch an-

---

1 *von Lewinski*, Die Matrix des Datenschutzes, 2014, S. 4.

2 Kompakter Überblick bei: *Øverby*, in: Jajodia/Samarati/Yung (Hrsg.), Encyclopedia of Cryptography, Security and Privacy, 2019, S. 1- 2. Empirische Analysen bei *Acquisti/Grossklags* IEEE Secur. Privacy Mag. 3 (2005), 26 ff.; *Barth/Jong* Telematics and Informatics 34 (2017), 1038 ff.; *Norberg/Horne et al.* Journal of Consumer Affairs 41 (2007), 100; *Spiekermann/Grossklags et al.*, in: Proceedings of the 3rd ACM conference on Electronic Commerce - EC '01, 2001; *Taddicken* J Comput-Mediat Comm 19 (2014), 248 ff.; *Turow/Hennessy* New Media & Society 9 (2007), 300 ff.; *Wirth/Maier et al.* INTR 32 (2022), 24 ff. Literatur Review bspw. bei: *Gerber/Gerber et al.* Computers & Security 77 (2018), 226 ff.; *Kokolakis* Computers & Security 64 (2017), 122 ff. Aus rechtlicher Sicht: ; *Hermstrüwer*, Informationelle Selbstgefährdung, 2015, S. 232 ff.; *Solove* The George Washington Law Review 89 (2021), 1 ff.; *Waldman* Current Opinion in Psychology 31 (2020), 105 ff. Aus psychologischer Perspektive bspw.: *Dienlin*, in: Specht-Riemenschneider/Werry/Werry (Hrsg.), Datenrecht in der Digitalisierung, 2020, S. 305 ff. Kommunikationswissenschaftliche Einordnung: *Barnes*, A privacy paradox: Social networking in the United States, https://firstmonday.org/article/view/1394/1312; *Taddicken* J Comput-Mediat Comm 19 (2014), 248.

dere Rechtsgüter schützt,[3] scheint nicht mehr zu greifen. Die Divergenz zwischen inneren Einstellungen und Verhaltensweisen ist zunächst nichts Ungewöhnliches, sondern ein allbekanntes Alltagsphänomen. Das Privacy Paradox ist ebenfalls ein leicht erklärbares Verhaltensmuster, aber andererseits eine akademische Fragestellung, welche vielfach und interdisziplinär untersucht wird, jedoch immer noch umstritten ist.[4]

In Bezug auf Privatheit und rechtliche Regulierung ist das Privacy Paradox auch deshalb interessant, da Privatheitsschutz, grundrechtlich im Recht auf informationelle Selbstbestimmung verankert, als Ausfluss persönlicher Autonomie angesehen wird.[5] Dazu gehört auch, auf eben diese Privatheit zu verzichten.[6]

Muss das Recht dennoch die Menschen „vor sich selbst" schützen? Rechtliche Regulierung kann neben dem – online in großen Teilen versagenden individuellen Selbstschutz und der ebenfalls nicht sehr erfolgreichen Selbstregulierung der Industrie – ein Schutz- und Ermöglichungsmechanismus sein. Oder ist ein Regulierungsansatz, der wie im Datenschutzrecht den individuellen Rechtsgüterschutz abstrakt sehr stark betont, aber erheblichen Vollzugsdefiziten unterliegt, deshalb grundlegend falsch? Sollte Privatheit als Rechtsgut allgemein überdacht werden?

Meine Ausgangsthese ist, dass Privatheitsschutz durch Datenschutz erstrebenswert ist, auch wenn einzelne Personen sich nicht privatheitsschützend verhalten oder gar gegenläufige Präferenzen äußern; das vermeintliche Paradoxon der Privatheit ist hierfür kein Gegenargument.

2. *Grundlagen des Privacy Paradoxes*

Die Grundlagen des *Privacy Paradox* setzen sich aus dem theoretischen Verständnis von Privatheit (2.1) und der empirischen Erforschung von Verhalten zusammen (2.2), das im vermeintlichen Widerspruch zur Vorstellung von Privatheit steht.

---

3 dazu eingehend: *Britz*, in: Hoffmann-Riem/Brandt (Hrsg.), Offene Rechtswissenschaft, 2010, S. 561, 569 ff.

4 systematische Literaturauswertung z.B. bei *Gerber/Gerber et al.* Computers & Security 77 (2018), 226 ff.

5 BVerfGE 61, 1 (42); 78, 77 (84); 103, 21 (33); statt aller: *Kunig/Kämmerer*, in: Münch/Kunig (Hrsg.), , 7. Aufl. 2021, Art. 2 GG, Rn. 80. Umfassend zum Autonomiekonzept des Art. 2 I GG: *Britz*, Freie Entfaltung durch Selbstdarstellung, 2007, S. 16.

6 Umfassend: *Hermstrüwer* (Fn. 2), S. 31 ff.

2.1 *Konzeption von Privatheit und Datenschutz im Kontext des Privacy Paradoxes*

Privatheit[7] ist seit Jahrhunderten ein kontroverses Thema und wurde bereits lange vor dem Siegeszug digitaler Technologien diskutiert.[8] Grundsätzlich zielt Privatheit im Verständnis des Selbstbestimmungsrechts darauf ab, Menschen Autonomie zu ermöglichen und zu sichern.[9] Deshalb ist die Idee einer universellen Definition von Privatheit auch nicht realisierbar, da sie letztlich in der individuellen autonomen Entscheidung der einzelnen Person wurzelt.[10]

Juristisch betrachtet ist Privatheit ein unbestimmter Rechtsbegriff, der nicht explizit von Gesetzen definiert oder benannt wird.[11] Privatheit ist gewinnbringend aus rechtswissenschaftlicher Perspektive vor allem im Hinblick auf normative Konsequenzen zu beurteilen. Ein rechtlicher He-

---

7 Privatheit nach deutschen Rechtsverständnis sowie das Verständnis von Privatsphäre nach der Rechtsprechung des BVerfG sind nicht exakt deckungsgleich mit dem weiteren Begriff des Konzepts „Privacy“, das auch in den englischsprachigen Abhandlungen zum Privacy Paradox thematisiert sind. Für die juristische Perspektive sind die Maßstäbe des jeweils relevanten Rechtsverständnisses des konkreten Regulierungskontextes besonders relevant.

8 *Øverby*, in: Jajodia/Samarati/Yung (Fn. 2), S. 1; Siehe nur: The Right to Privacy *Warren/Brandeis* Harvard Law Review 4 (1890), 193 (205) bereits mit dem Bezug zu persönlichen Daten ohne von Daten zu sprechen „The principle which protects personal writings and all other personal productions, not against theft and physical appropriation, but against publication in any form, is in reality not the principle of private property, but that of an inviolate personality“.

9 *Britz*, in: Hoffmann-Riem/Brandt (Fn. 3), S. 561, 569. Zu weiteren Zwecken und Formen von Privatheit: *Eichenhofer*, e-Privacy, 2021, S. 38 ff.

10 Grob lassen sich zwei Strömungen in der Forschung zur Privatsphäre identifizieren: Einmal wird Privatsphäre als Frage gesellschaftlicher und persönlicher Art begriffen *Bennett*, Privacy in the Political System: Perspectives from Political Science and Economics, 1995 revised 2001) und einmal als Zustand, der sich vor allem durch Freiheit von Kontrolle und Überwachung auszeichnet (*Westin* Columbia Law Review 66 (1966), 1003 ff.). Überblick zu verschiedenen Theorien der Privatheit bei: *Eichenhofer* (Fn. 9), S. 25 ff. Eingehende rechtliche Analyse bei: *Gusy* Jahrbuch des öffentlichen Rechts der Gegenwart. Neue Folge (JöR) 70 (2022), 415 ff.
Acquisti/Brandimarte et al. Science (New York, N.Y.) 347 (2015), 509 (512) geben zudem einen interessanten Kurzabriss über die Grundlagen der Privatheit bis hin zu Referenzen in der Bibel.

11 Zu Privatheit als Rechtsbegriff: *Roßnagel/Geminn* JZ 70 (2015), 703 ff. *Gusy* Jahrbuch des öffentlichen Rechts der Gegenwart. Neue Folge (JöR) 70 (2022), 415, 416 f. betont das Erfordernis der Begründung einer Schutzbedürftigkeit von Privatheit durch andere Disziplinen.

bel für die Umsetzung ist das Datenschutzrecht, denn dieses zielt durch den Schutz personenbezogener Daten *auch* auf Privatheitsschutz. Privatheitsschutz und Datenschutz sind nicht deckungsgleich, haben aber viele Überschneidungspunkte.[12] Datenschutz ist kein Selbstzweck, sondern wurzelt, ebenso wie Privatheit, im Autonomieschutz.[13] Diese Differenzierung und gleichzeitige Rückführbarkeit auf gemeinsame Schutzgüter ist auch in den Rechtsgrundlagen reflektiert. Sowohl das Recht auf informationelle Selbstbestimmung als auch das Recht auf Datenschutz in der Charta der Grundrechte der Europäischen Union zielen auf den Schutz autonomer Entscheidungen von Individuen über ihre persönlichen Daten ab.[14] Die Verfügungsgewalt über persönliche Daten kann den Schutz von Privatheit ermöglichen. Datenschutz hängt deshalb eng mit dem Verständnis von Privatheit und Privatheitsschutz zusammen.

Der Schutz von Privatheit dient in erster Linie der Bewahrung persönlicher Entscheidungsfreiräume, wobei die Funktionen vielfältig sind. Viele Konzeptionen von Privatheit fußten auf einer Trennung verschiedener Sphären, einem räumlich geprägten Verständnis von Öffentlichkeit und privaten Raum.[15] Das Private findet danach „hinter verschlossenen Türen“ statt, durch die Fenster des eigenen Hauses sollte niemand schauen dürfen. Die dazu konträre öffentliche Sphäre war außerhalb dieses privaten Raumes angesiedelt, dadurch aber auch klar erkennbar. Die digitale Transformation verändert das Verständnis von Privatheit, die Vorstellung von individueller Kontrolle des Zugangs zu persönlichen Informationen ist letztlich überholt.[16] Denn digitale, online-basierte Anwendungen brechen mit dem Verständnis der Abgrenzung durch Räumlichkeit, da sie durch ihre Konzeption selbst entgrenzend wirken.

Bis heute werden diverse Konzepte von Privatheit diskutiert[17], welche die Entwicklungen von Privatheit in unterschiedlichen Kontexten beleuch-

---

12 Datenschutz ist nicht gleichzusetzen mit Privatheitsschutz. Nach dem Grundgesetz bspw. zielen auch andere Grundrechte als das Recht auf informationelle Selbstbestimmung auf den Schutz der Privatsphäre, z.B. Art. 13 GG. Auf unionsrechtlicher Ebene unterscheidet die GrCh zwischen Art. 7, dem Recht auf Privatsphäre, und Art. 8, dem Recht auf Datenschutz. Zu den Unterschieden zwischen Datenschutz und Privatheit: *Eichenhofer* (Fn. 9), S. 52 ff.

13 Zum funktionalen Wert von Privatheit als Sicherung der Autonomie: *Sandfuchs*, Privatheit wider Willen?, 2015 S. 8 ff.

14 Statt vieler: *Bretthauer*, in: Specht-Riemenschneider/Mantz (Hrsg.), Handbuch europäisches und deutsches Datenschutzrecht, 2019, Rn. 13 ff.;

15 *von Lewinski* (Fn. 1), S. 29 ff. zu physischen, logischen und sozialen Räumen.

16 *Leopold*, in: Piallat (Hrsg.), Der Wert der Digitalisierung, 2021, S. 167

17 Vgl. nur zur Public Privacy: *Stahl* Moral Philosophy and Politics 7 (2020), 73.

ten. Privatheit entfaltet auch eine gesellschaftliche, demokratietheoretische Dimension[18], die dafürspricht, auch Datenschutz nicht nur aus individueller Perspektive zu betrachten.[19]

Die meisten Autor:innen stimmen darin überein, dass Privatheit durch quantitative Datenanalysen in digitalen Kontexten gefährdet ist und daraus negative Konsequenzen für den ökonomischen und sozialen Zugang von Bürger:innen und deren gesellschaftliche Teilhabe folgen.[20] Andere hingegen meinen, dass nicht die gefährdete individuelle Privatheit problematisch ist, sondern fehlende Sicherheit und Sanktionen.[21] Die Verfügbarkeit von Informationen sei kein Problem, sondern ihr Missbrauch. Überwachung durch Staat und Wirtschaft seien kein Grund zur Beunruhigung. Denn es gäbe keine Anhaltspunkte dafür, dass Menschen weniger frei seien, wenn sie weniger Privatsphäre hätten.[22] Diese Ansicht gewichtet den Aspekt zu gering, dass die eigene Entscheidung darüber, welche Informationen preisgegeben werden, der autonome Akt ist und nicht die daraus folgenden Konsequenzen. Für die Folgen von Privatheitsverletzungen können auch der generelle Missbrauch wirtschaftlicher oder politischer Macht verantwortlich gemacht werden. Diese Faktoren beziehen sich aber auf die mittelbaren Folgen und nicht auf die Entscheidung des Individuums. Die Konsequenzen aus Privatheitsschutz sind auch nicht zwingende Geheimhaltung und Intransparenz auf allen Ebenen, sondern Entscheidungsalternativen über Informationspreisgabe.

Eine abschließende Klärung des Begriffs der Privatheit ist nicht erforderlich, um Grundlagen für die rechtliche Handhabung daraus abzuleiten.[23] Unzweifelhaft begegnet der Schutz von Privatheit in digitalen und vernetzten Umgebungen neuen individuellen und gesellschaftlichen Herausforde-

---

18 Vgl. nur: *Eichenhofer* (Fn. 9), S. 46; *Seubert* Datenschutz und Datensicherheit - DuD 36 (2012), 100 (101 f.).

19 Dazu unten D.

20 Bspw. die Beiträge in Hoffmann-Riem (Hrsg.), Big Data - Regulative Herausforderungen, 2018. Dazu auch Mühlhoff, S. 41 in diesem Band.

21 Vgl. *Belliger/Krieger*, in: dies. (Hrsg.), Network Publicy Governance, 2018, S. 45, 50.

22 *Belliger/Krieger*, in: dies. (Fn. 21), S. 45, 55. Zu Post-Privacy: *Ganz*, Die Netzbewegung, 2018, S. 235 ff.; *Gruschke*, in: Kappes/Krone/Novy (Hrsg.), Medienwandel kompakt 2011 - 2013: Netzveröffentlichungen zu Medienökonomie, Medienpolitik & Journalismus, 2014, S. 79, 81 ff.; *Hagendorff*, in: Behrendt/Loh/Matzner et al. (Hrsg.), Privatsphäre 4.0: Eine Neuverortung des Privaten im Zeitalter der Digitalisierung, 2019, S. 91, 96 ff.

23 *Schwichtenberg*, Datenschutz in drei Stufen: Ein Auslegungsmodell am Beispiel des vernetzten Automobils, 2018, S. 16.

rungen; schon deshalb, da bei allen Onlineaktivitäten z.B. auch ohne bewusste Preisgabe von Informationen Meta- und Nutzungsdaten generiert werden. Zudem werden behaviorale und psychologische Prozesse gezielt genutzt, um die Preisgabe persönlicher Informationen zu befördern.[24] Grundlegende Informationsasymmetrien können verhindern, dass das eigene Verhalten überhaupt den geäußerten Präferenzen angepasst werden kann.[25]

2.2 *Empirische Grundlagen: Privacy Calculus oder Privacy Paradox?*

Grundlage des *Privacy Paradox* ist auch das Verständnis darüber, was Menschen motiviert und wie sie Entscheidungen treffen, d.h. was leitend für menschliches Verhalten ist.[26] Dabei können persönliche Daten selbst freigegeben werden, oder es werden schlicht keine Maßnahmen getroffen, die persönlichen Daten zu schützen – was oft zwei Seiten derselben Medaille sind.

Zur Erklärung des *Privacy Paradox* werden unterschiedliche Theorien diskutiert.[27] Die Argumentationsstränge unterscheiden sich vor allem darin, wie viel Rationalität den Entscheidungsträger:innen zugesprochen wird: entweder richtet sich das Verhalten nach einer Gegenüberstellung von Risiken und Vorteilen[28] oder es erfolgt schlicht keine Risikoevaluation.[29] Ob sich die sich von der Selbsteinschätzung divergierenden Verhaltensweisen durch rationale Kosten-Nutzen-Abwägung (2.2.1), oder Impulsivität und Irrationalität (2.2.2) begründen lassen, ist umstritten.[30] Zudem sind Resignation und gewolltes Unwissen (2.2.3), Beeinflussung und Ma-

---

24 *Acquisti/Brandimarte et al.* Science (New York, N.Y.) 347 (2015), 509 (512); *Masur* M&K Medien & Kommunikationswissenschaft 66 (2018), 446 (447).

25 Nicht einmal die Nutzung eines sozialen Netzwerks ist Voraussetzung; auch über Nichtnutzer:innen können Daten gesammelt werden: *Garcia* Science advances 3 (2017), e1701172.

26 *Gerber/Volkamer et al.*, in: Dialogmarketing Perspektiven 2016/2017: Tagungsband 11. wissenschaftlicher interdisziplinärer Kongress für Dialogmarketing, 2017, S. 139 f.

27 *Barth/Jong* Telematics and Informatics 34 (2017), 1038 ff. identifizieren 35 verschiedene Theorien, die das Privacy Paradox jeweils unterschiedlich erläutern. Übersicht auch bei *Gerber/Gerber et al.* Computers & Security 77 (2018), 226 ff.

28 *Barth/Jong* Telematics and Informatics 34 (2017), 1038 (1045 ff.).

29 *Barth/Jong* Telematics and Informatics 34 (2017), 1038 (1048 ff.).

30 Dazu: *Arpetti/Delmastro* Journal of Industrial and Business Economics 48 (2021), 505 ff.

nipulation (2.2.4) sowie informationelle Asymmetrien und Kontextabhängigkeit (2.2.5) zu beachten.

2.2.1 *Ausfluss rationaler Entscheidung*

Die Idee des *Privacy Calculus* beruht auf der *rational-choice theory* und geht davon aus, dass Personen eine Kosten-Nutzen-Analyse vornehmen, bevor sie persönliche Informationen offenlegen.[31] Die ökonomische Theorie beurteilt diese Einschätzung von Personen als handlungsleitend.[32] Danach geben Konsument:innen dann persönliche Daten preis, wenn sie davon ausgehen, dass der erwartete Nutzen die Risiken übersteigt.[33] Dieser kann in monetären (Rabatte, Gutschein), persönlichen (Anpassung, Individualisierung) oder sozialen Faktoren (Zugehörigkeit bei sozialen Netzwerken, Aufbau von Sozialkapital)[34] bestehen. Ziel ist es daher nicht, stets möglichst hohen Privatheitsschutz herzustellen, sondern dass eine Balance gefunden wird und Daten bereitgestellt werden, wenn es sich für die Person lohnt.[35]

Der *Privacy Calculus* hat allerdings keine Erklärung für die Preisgabe persönlicher Daten, wenn schlicht keine Vorteile bestehen, diese nicht erkennbar oder nur geringwertig sind. Denn wenn der Schutz personenbezogener Daten einen vergleichsweise hohen Stellenwert genießt, wäre nach dem Rationalitätsmodell eine Datenpreisgabe nur bei erheblichen Vorteilen zu erwarten.[36] Diese Erwartungen werden nicht durch das tat-

---

31 *Laufer/Wolfe* Journal of Social Issues 33 (1977), 22 ff.; *Dienlin/Metzger J.M.* Journal of Computer-Mediated Communication,, 368 ff.; *Wisniewski/Page*, in: Knijnenburg/Page/Wisniewski et al. (Hrsg.), Modern Socio-Technical Perspectives on Privacy, 2022, S. 15, 18 ff.

32 *Culnan/Armstrong* Organization Science 10 (1999), 104 ff.

33 Überblick verschiedener Theorien zur Risikowahrnehmung bei: *Gerber/Volkamer et al.*, in: Dialogmarketing Perspektiven 2016/2017: Tagungsband 11. wissenschaftlicher interdisziplinärer Kongress für Dialogmarketing, 2017, S. 139, 152 f.

34 *Holland* Widener Law Journal 19 (2010), 893 (913).

35 *Waldman* Current Opinion in Psychology 31 (2020), 105 (108) hält das Modell für untauglich im Kontext von Privatheit.

36 *Bunnenberg*, Privates Datenschutzrecht, 2020, S. 100 auch mit Bezug zu kollektiven Auswirkungen, wonach das Einwilligungsmodell auf kollektiver Ebene nach Rationalitätsgesichtspunkten solange ein hohes Datenschutzniveau gewährleisten kann, als Privatheit gesamtgesellschaftlich hoch geschätzt wird.

sächliche Verhalten von Verbraucher:innen bestätigt, insbesondere im Onlinebereich bzgl. Konsum[37]und in sozialen Netzwerken.[38]

2.2.2 *Verzerrte Risikoabwägung*

Zahlreiche verhaltenspsychologische Studien haben aufgezeigt, dass Menschen sich nicht stets rational verhalten, sondern Verhaltensanomalien auftreten.[39] Diese Urteilsfehler führen dazu, dass Informationen falsch eingeschätzt oder nicht korrekt verarbeitet werden. Es ist nicht möglich, stets alle Argumente und Informationen objektiv korrekt zu verarbeiten und danach zu entscheiden. Komplexere Risikoabwägungen sind für Menschen schwierig zu vollziehen; um Entscheidungen zu treffen, nutzen wir einfache Entscheidungsregeln, sog. Heuristiken.[40]. Diese sind Ausfluss einer begrenzten Rationalität, denn viele Personen tendieren dazu, Risiken, die mit positiv konnotierten Dingen verknüpft sind zu unterschätzen und gleichzeitig zu überschätzen, wenn sie mit Sachverhalten oder Dingen verknüpft sind, die sie nicht mögen.[41] Auch besteht eher die Bereitschaft, sogar sensible Informationen gegen Vergütung preiszugeben als diese gegen anfallende Kosten zu schützen.[42] Die zeitliche Dimension bzgl. der Schadenswahrscheinlichkeit kommt hinzu: Privatheit wird in *konkreten* Entscheidungssituationen ein sehr geringer Stellenwert beigemessen, selbst wenn der Preisgabe ein extrem geringer Nutzen gegenübersteht – dadurch wird eine Delegation der Kosten in die Zukunft ermöglicht.[43] Diese hyperbolische Diskontierung beschreibt, dass die zukünftigen Kosten den

---

37 *Beresford/Kübler et al.* Economics Letters 117 (2012), 25 ff., die in einem Feld Experiment nachgewiesen haben, dass eine umfangreiche Datenerhebung eines Onlineshops als einziger Unterschied zu einem Vergleichsangebot keinen Einfluss auf die Kaufentscheidung hat.

38 Acquisti/Gross, in: Danezis/Golle, Privacy enhancing technologies, S. 36 ff.

39 Vgl. *Englerth/Towfigh*, in: Towfigh/Petersen (Hrsg.), Ökonomische Methoden im Recht, 2. Auflage 2017, S. 237, Rn. 503 ff.; *Jolls/Sunstein et al.* Stanford Law Review 50 (1998), 1471 (1477).

40 Grundlegend: *Tversky/Kahneman* Science 185 (1974), 1124 ff.

41 „Affektheuristik“, *Slovic, P., Finucane, M., Peters, E., & MacGregor, D.*, in: Gilovich/Griffin/Kahneman (Hrsg.), Heuristics and biases, 2002, S. 397 ff.

42 *Grossklags/Acquisti*, When 25 Cents is Too Much: An Experiment on Willingness-To-Sell and Willingness-To-Protect Personal Information, 7.6.2007.

43 *Müller/Flender et al.*, in: Internet Privacy, 2012, S. 143, 179.

Vorteilen der gegenwärtigen Nutzung überproportional unterliegen.[44] Im digitalen Bereich stellt sich die Problematik von unterschätzten Risiken und impulsivem Handeln (z.B. Clickbait[45]) in besonderem Maße. Danach läge also kein Widerspruch zwischen Selbsteinschätzung und Handeln vor, sondern eine verzerrte bzw. fehlerhafte handlungsleitende Risikoeinschätzung.[46]

2.2.3 *Resignation und gewolltes Unwissen*

Online basierte Warenkäufe und Dienstleistungen sowie *smart wearables* sind inzwischen so alltäglich geworden, dass die meisten Menschen diese Angebote auch wahrnehmen, wenn sie nur ein geringes Vertrauenslevel haben, es also „gar nicht so genau wissen wollen".[47] Neben dem praktisch unüberwindbaren Aufwand, stets die privatheitsfreundlichste Einstellung zu wählen[48] besteht ein Wissensdefizit, welches sich gerade im Internet multipliziert. Dauerhaft informierte Entscheidungen über die tausenden involvierten Webseiten unterschiedlicher Firmen, Apps und ihren Modalitäten der Datenverarbeitung zu treffen, kann durch Einzelpersonen nicht erreicht werden. Versuche des Privatheitsschutzes enden deshalb auch oft in Resignation. Wenn Nutzer:innen ständig selbst entscheiden müssen, ob ihre Daten verarbeitet werden dürfen, führt dies nicht in wenigen Fällen zu einer „Consent-Fatigue" und wahllosen Klicks, um weiter fortfahren zu können.[49] In diese Richtung zielen auch die Erklärungen der Konsistenztheorien, z.B. wenn online die Dissonanz zwischen allgemeinen

---

44 *Grossklags/Acquisti*, Losses, gains, and hyperbolic discounting: An experimental approach to information security attitudes and behavior, 2003S. 15; *Müller/Flender et al.*, in: (Fn. 43), S. 143, 179.

45 Übersicht und psychologische Analyse bei: *Mayer*, in: Appel (Hrsg.), Die Psychologie des Postfaktischen: Über Fake News, „Lügenpresse", Clickbait & Co, 2020, S. 67 ff.

46 *Holland* Widener Law Journal 19 (2010), 893 (906 ff.).

47 Eine Studie aus dem Jahr 2008 hat eine Studie für die USA berechnet, dass bei durchschnittlicher Internetnutzung 76 Tage pro Jahr erforderlich wären, um alle Datenschutzerklärungen zu lesen. Dabei würden Opportunitätskosten von 781 Milliarden Dollar entstehen: *McDonald/Cranor* I/S: A Journal of Law and Policy for the Information Society 2008, 543 (564).

48 Zur mandated choice: *Martini/Weinzierl* RW 2019, 287 (290 ff.).

49 Vgl. *Vidhani/Banahatti et al.* CSI Transactions on ICT 9 (2021), 185 (190).

Bedenken und situativen Hinweisreizen zugunsten letzterer aufgelöst wird und damit z.B. die Bedeutung einer Datenschutzrichtlinie ignoriert wird.[50]

2.2.4 *Beeinflussung und Manipulation*

Die rechtlichen Implikationen von Nudging und „Dark" Patterns werden kontrovers diskutiert.[51] Sowohl Nudging zugunsten der Nutzer:inneninteressen z.B. zur Wahl einer datenschutzrechtlichen Voreinstellung als auch Beeinflussung entgegen deren eigentlichen Interessen („Dark" Patterns) nutzen Verhaltensanomalien gezielt aus. Mechanismen und Gestaltungen, die Nutzer:innen keine echte Wahlmöglichkeit eröffnen, z.B. die Auswahl datenschutzfreundlicher Einstellungen erschweren oder Widerspruchsmöglichkeiten nicht auffindbar in Webseiten verstecken, sind ein weiterer Umstand, der bei der Bewertung des Widerspruchs zwischen geäußerten Präferenzen zu Privatheit und tatsächlichem Verhalten berücksichtigt werden sollte.[52]

2.2.5 *Informationelle Asymmetrie und Kontextabhängigkeit*

Das Privacy Paradox kann als Ausfluss fehlender bzw. begrenzter Rationalität gedeutet werden. Menschen werden von systematischen Verhaltensanomalien, sozialen Normen und Emotionen, persönlicher Erfahrung, Netzwerkeffekten und Persönlichkeitszügen beeinflusst.[53] Einige sind der Auffassung, dass sich die wahren Präferenzen der Verbraucher:innen nur in ihrem Verhalten widerspiegeln,[54] z.T. werden die Studien zum *Privacy Paradox* deshalb methodisch kritisiert.[55] Aus rechtlicher Perspektive lässt sich die Frage darauf zuspitzen, ob schutzbezogene Vorgaben sich an der

---

50 *Gerber/Volkamer et al.*, in: (Fn. 33), S. 139,156 f.

51 *Ettig*, in: Taeger/Gabel (Hrsg.), , 4., völlig neu bearbeitete und wesentlich erweiterte Auflage 2022, § 25 TTDSG, Rn. 30 m.w.N.; *Weinzierl* NVwZ-Extra 2020, 1 ff.

52 *Waldman* Current Opinion in Psychology 31 (2020), 105 ff.

53 Überblick zu Verhaltensheuristiken und kognitivem Bias bei: *Gerber/Volkamer et al.*, in: (Fn. 33), S. 139, 148.

54 Dazu *Hermstrüwer* (Fn. 2), S. 233.

55 *Bunnenberg* (Fn. 36), S. 103; *Kokolakis* Computers & Security 64 (2017), 122 (130) regt an, dass Studien zum Privacy Paradox weniger auf Selbstberichten in Umfragen als auf Verhaltensanalysen beruhen sollten.

Selbsteinschätzung und ggf. auch den Wünschen der betroffenen Gruppe oder nach deren Verhalten orientieren sollten.

Hierbei ist wichtig, dass die Kontextabhängigkeit insbesondere bei Entscheidungen von Verbraucher:innen eine besondere Rolle spielt. Präferenzen werden schon deshalb nicht stets konsistent sein können, da die Situationen der Präferenzkundgabe und der tatsächlichen Datenfreigabe im digitalen Raum nicht deckungsgleich sind. Generelle Bedenken sind nicht mit situativen Bedenken gleichzusetzen. Die Absicht, sich selbst privatheitsschützend zu verhalten, kann mit situativen Problemen in Konflikt geraten und durch fehlendes Wissen, fehlende technische Expertise oder mangels Alternativen verstärkt werden.[56] Es kommt deshalb darauf an, welche Daten wem gegenüber offenbart werden. Auch die Persönlichkeitsmerkmale der Nutzer:innen können eine entscheidende Rolle spielen.[57] Unabhängig von den verschiedenen Theorien zu handlungsleitenden Faktoren besteht im digitalen Raum ein erhebliches Ungleichgewicht zwischen Nutzer:innen und Anbieter:innen digitaler Produkte. Deshalb ist eine rationale Entscheidungsfindung aufgrund unvollständiger Informationen, höchst komplexen Verarbeitungsvorgängen und Unkenntnis über die Datenverarbeitungen erheblich erschwert.

Rechtlich entscheidend für eine Einordnung des Privacy Paradoxes sind zudem die abstrakte Erkennbarkeit und das Verständnis darüber, welche Daten überhaupt wem gegenüber preisgegeben werden. Informationelle Asymmetrien und das systemische Ungleichgewicht zwischen Verbraucher:innen und Firmen bspw. im Kontext von Onlinedienstleistungen müssen bei der Bewertung des Verhaltens berücksichtigt werden.[58]

3. *Rechtliche Implikationen des Privacy Paradox*

Dass sich die Selbsteinschätzung nicht oder nur geringfügig im Verhalten von Nutzer:innen niederschlägt, führt zu der Frage, mit welchen Verhaltensannahmen Schutz durch Recht operiert und wie sich diese auf rechtliche Vorgaben auswirken. Das *Privacy Paradox* beschreibt damit im digitalen Bereich wohl vor allem ein Problem der mangelnden Informationsgrundlage und die erschwerte Möglichkeit rationaler Entscheidungen.

---

56 *Gerber/Volkamer et al.*, in: (Fn. 33), S. 139, 155.

57 *Wirth/Maier et al.* INTR 32 (2022), 24 ff. zu „Laziness“ als Erklärung für das Privacy Paradox.

58 *Arpetti/Delmastro* Journal of Industrial and Business Economics 48 (2021), 505 (515).

Das Recht reflektiert diese realen Voraussetzungen von Privatheit bisher unzureichend, wie die Beispiele der datenschutzrechtlichen Einwilligung und des Wettbewerbsrechts zeigen.

3.1 *Datenschutzrecht: Einwilligung als untaugliches rechtliches Instrument im digitalen Raum*

Die DSGVO fordert stets eine Rechtsgrundlage für die Verarbeitung personenbezogener Daten nach der Grundregel des Art. 6 Abs. 1 DSGVO. Praktisch höchst relevant ist die zweckgebundene Einwilligungserklärung der von der Datenverarbeitung betroffenen Person nach Art. 6 Abs. 1 UAbs. 1 lit. a) DSGVO. Im digitalen Raum wird von dieser Ermächtigung zur Datenverarbeitung flächendeckend Gebrauch gemacht (Cookie-Banner, die bei jedem Webseitenbesuch über die Verarbeitung personenbezogener Daten informieren und dazu entsprechende Einwilligungen erfordern)[59] Die Kritik am Instrument der Einwilligung bleibt nicht auf die DSGVO beschränkt: Auch das TTDSG in Umsetzung der e-Privacy-Richtlinie[60] setzt in § 25 auf die Einwilligung als zentrales Instrument bei der Regulierung von Cookies und Tracking, wobei dort aber dieselben Anforderungen wie nach Art. 4 Nr. 11 DSGVO gelten.[61]

Die datenschutzrechtliche Einwilligung wird durch das *Privacy Paradox* weiter entwertet. Denn dass Personen in digitalen, durch Algorithmen kreierten oder gesteuerten Kontexten eine tatsächlich freie und vor allem informierte Entscheidung über die Zustimmung zur Verarbeitung ihrer persönlichen Daten treffen, kann nur schwer angenommen werden. Die Einwilligung geht, wie die *Rational Choice Theory*, von einer informierten Entscheidung aus.[62] Rational kalkulierte Kosten-Nutzen-Analysen sind bei Informationsasymmetrien aber in vielen Fällen nicht möglich. Nutzer:innen müssten umfassend unsichere, kaum greifbare und durch kom-

59 Vgl. nur EuGH, Urteil vom 1.10.2019 – C-673/17 – Planet-49 zur aktiven Einwilligungspflicht bei Cookiebannern.

60 RL 2022/58/EG.

61 Zur möglichen Ausgestaltung in der e-Privacy Verordnung, inbs. zur Frage der verpflichtenden Einwilligung (Cookie-Wall): *Schuhmacher/Sydow et al.* MMR 2021, 603 (608). Auch der Entwurf der e-Privacy Verordnung hält an der Einwilligung fest, COM 2017/010 final.

62 „informierte Einwilligung als Fiktion" m.w.N. *Kutscha*, in: Roßnagel/Friedewald/Hansen (Hrsg.), Die Fortentwicklung des Datenschutzes: Zwischen Systemgestaltung und Selbstregulierung, 2018, S. 123, 127; *Holland* Widener Law Journal 19 (2010), 893 (908).

plexe Prozesse entstehende Folgen ihrer Entscheidung berücksichtigen.[63] Eine vollständig rationale Entscheidung wird umso unwahrscheinlicher, je komplexer und unübersichtlicher der zu entscheidende Sachverhalt und die daraus folgenden Konsequenzen sind, z.B. auch die Auswirkung der eigenen Datenfreigabe auf andere Personen.[64]

Die Komplexität und Quantität der Datenverarbeitung wird durch transparenzsteigernde Maßnahmen wie Bildsymbole und *privacy agents*[65] auch nur bedingt reduziert, sondern vor allem verlagert. Denn auch eine gut illustrierte Datenschutzerklärung, die u.U. mehrere dutzend Verarbeiter:innen und Zwecke umfasst, wird wieder unübersichtlich. Auch Einwilligungsmanagementsysteme (Personal Information Management Systems – PIMS), müssen für eine informierte Nutzer:innenentscheidung über alle möglichen Folgen der Datenverarbeitungsvorgänge, z.B. des Trackings, informieren.[66] Dies erfordert einen erheblichen Detailgrad , der sich konträr zu dem abstrakt-generellen Ansatz solcher stellvertretenden Systeme verhält.[67]

Das *Privacy Paradox* spricht deshalb für eine Untauglichkeit der Einwilligung bei den großen social-media- und anderen Plattformen, im Onlineshopping und -dienstleistungsbereich und allen digitalen Umgebungen, die weitreichende quantitative Datenanalysen für und über Dritte ermöglichen.[68] Daneben spielen sozialer Druck und Monopolstellungen eine Rolle. Dadurch produzierte Informationsasymmetrien verhindern, dass eine informierte Entscheidung getroffen werden kann, weil z.B. die Konsequenzen der eigenen Datenpreisgabe für andere Nutzer:innen gar nicht bekannt ist. Somit kann das eigene Verhalten auch nicht adäquat den geäußerten Präferenzen angepasst werden.

Zudem ist die Einschätzung der Privatheitsrelevanz und damit die informierte Einwilligung praktisch gesehen auch deshalb erschwert, weil Maßstäbe zur Bewertung fehlen. Bei monetär-basierten Austauschgeschäften ist eine größere Vergleichbarkeit gegeben: Ein teureres Produkt verspricht, vereinfacht gesagt, oft eine höhere Qualität. Bei der Inanspruch-

---

63 *Hermstrüwer* (Fn. 2), S. 227 f.

64 Dazu *Mühlhoff*, S. 43 in diesem Band.

65 siehe dazu auch § 26 TTDSG.

66 *Botta* MMR 2021, 946 (948 f.).

67 *Botta* MMR 2021, 946 (949).

68 vgl. *Holland* Widener Law Journal 19 (2010), 893 (903). Dies gilt auch für smart wearables wie smart watches und andere Mobilgeräte, die sehr viele Daten verarbeiten und vor allem untereinander vernetzt sind. *Mühlhoff*, S. 44 f. in diesem Band.

nahme vermeintlich kostenloser Dienste gibt es hingegen keine Preisvergleichbarkeit. Verstärkt wird diese durch eine die Monopolstellung der globalen Plattformbetreiber, da es bereits an unterschiedlichen Angeboten fehlt. Es gibt beispielsweise keine Möglichkeit Google kostenpflichtig zu nutzen, ohne dass Daten gesammelt werden. Auch lassen die Anbieter:innen keine Verhandlungen über die Nutzungsbedingungen zu, auch wenn diese offenkundig rechtswidrig sind.

Das gängige Bild, wonach Vebraucher:innen mit ihren Daten „bezahlen"[69], trägt deshalb nicht.[70] Es besteht kein vergleichbares Bewusstsein über die Modalitäten der Datenverarbeitung wie bei der monetären Bezahlung über einen bestimmten Betrag, weil die „Kosten" der Daten nicht sichtbar sind. Unternehmen verarbeiten Daten auf unterschiedliche Weise, weshalb aus Perspektive der Verbraucher:innen eine Einschätzung, die mit einer einheitlichen Währung vergleichbar wäre, nicht möglich ist.[71] Digitale Dienstleistungen sind deshalb näher an Vertrauensgütern, deren Wirkung weder vor noch nach dem Bezug valide eingeschätzt werden kann, ähnlich wie andere Bereiche in denen Expertise erforderlich ist, z.B. im medizinischen Sektor.[72] Solange Menschen Onlinedienste nutzen, online mit anderen interagieren oder staatliche Leistungen in Anspruch nehmen werden zudem stets neue Daten erzeugt, die dann keine begrenzte oder erschöpfliche Ressource mehr darstellen.[73]

Aus einer ökonomischen Perspektive stellt sich die Frage, ob digitale Märkte mit ihren jetzigen Angeboten die Privatsphäre-Präferenzen von Nutzer:innen erfüllen oder ob ein Marktversagen vorliegt. Dies führt zu Datenschutz als Wettbewerbsfaktor[74] und zum Verbraucher:innenschutz.

---

69 Zu Daten als Gegenleistung im Kontext des Schuldrechts: *Hacker* ZfPW 2019, 148 ff.; *Lohsse/Schulze et al.*, in: dies. (Hrsg.), Data as counter-performance - contract law 2.0?, 2020, S. 9 ff. *Scheibenpflug*, Personenbezogene Daten als Gegenleistung, 2022. Zur Einwilligung im Schuldrecht: *Riehm*, in: Specht-Riemenschneider/Buchner/Heinze et al. (Hrsg.), Festschrift für Jürgen Taeger, 2020, S. 55, 64 ff.

70 *Strandburg* University of Chicago Legal Forum 2013 (2015), 95 (130 ff.).

71 Vgl. *Grothe*, Datenmacht in der kartellrechtlichen Missbrauchskontrolle, 2019, S. 96. Die Annahme, dass Verbraucher:innen davon profitieren, dass ihnen personalisierte Werbung angezeigt wird, überzeugt hingegen auch vor dem Hintergrund des Privacy Paradoxs nicht. Denn die Personalisierung beruht auf der Verarbeitung personenbezogener bzw. gruppenbezogener Daten, widerspricht dann zumindest dem erwünschten Zustand des höheren Privatheitsschutzes.

72 *Strandburg* University of Chicago Legal Forum 2013 (2015), 95 (132).

73 *Grothe* (Fn. 71), S. 53.

74 Dazu auch: *Blankertz*, in: Selbstbestimmung, Privatheit und Datenschutz, 2022, S. 11 ff.

3.2 Wettbewerb und Verbraucherschutz

Privatheitsschutz durch Datenschutz kann theoretisch ein relevanter Wettbewerbsfaktor sein.[75] Durch das fehlende privatheitsschützende Verhalten der Nutzer:innen hat sich ein hohes Datenschutzniveau aber bisher kaum praktisch auf die Marktstellung von Unternehmen auswirken können: datensparsame Angebote haben sich trotz eines höheren Datenschutzniveaus nicht flächendeckend gegenüber datenintensiven Unternehmen und Angeboten durchsetzen können.[76] Bisher ist damit allein die Datenmacht bzw. der Datenbestand selbst ein positiver Wettbewerbsfaktor.[77]

Große Datenmengen, konzentriert bei wenigen Unternehmen, können den Wettbewerb hingegen negativ beeinflussen und ggf. auch Missbrauch fördern.[78] Das Privacy Paradox verstärkt diesen Effekt noch, wenn die Wahl der Verbraucher:innen nicht auf datenschützende Angebote fällt.[79] Fraglich ist aber, ob Verbraucher:innen überhaupt noch eine echte Wahl haben.[80] Durch die Konzentration auf Plattformen (insbesondere in sozialen Netzwerken) ist eine Abhilfe durch Wettbewerb schwierig.[81] Gerade dort, wo es um Vernetzung und Austausch geht, profitieren Anbieter:innen von Diensten mit besonders vielen Nutzer:innen; eine größere Anzahl an Alternativen ist gerade nicht gewünscht, sondern andernfalls eine alternative Konzentration.[82] Für Verbraucher:innen bestehen damit hohe Kosten, wenn sie sich über die Vor- und Nachteile informieren wollen. Lock-In- und Netzwerkeffekte erschweren einen Wechsel und damit ebenfalls eine andere Nachfrage.[83]

---

75 *Grothe* (Fn. 71), S. 60.

76 *Karaboga M./Martin et al.*, in: Roßnagel/Friedewald (Hrsg.), Die Zukunft von Privatheit und Selbstbestimmung, 2022, S. 49, 69 f.; *Körber* NZKart 2016, 303 (305).

77 Auf die Einzelheiten der wettbewerbsrechtlichen Implikationen kann hier nicht weiter eingegangen werden, aus der Rspr. vgl. nur BGHZ 226, 67 = GRUR 202, 1318 ff. zum missbräuchlichen Ausnutzen einer marktbeherrschenden Stellung durch Facebook.

78 *Grothe* (Fn. 71), S. 61; 67 ff.

79 Dies soll allerdings den Marktfunktionen selbst nicht entgegen stehen: *Weisser*, Datenbasierte Märkte im Kartellrecht, 2021, S. 108.

80 *Nocun*, in: Roßnagel/Friedewald/Hansen (Hrsg.), Die Fortentwicklung des Datenschutzes: Zwischen Systemgestaltung und Selbstregulierung, 2018, S. 39, 42.

81 *Kutscha*, in: Roßnagel/Friedewald/Hansen (Fn. 62), S. 123, 128.

82 Weiterführend: *Weisser* (Fn. 80), S. 253.

83 *Nocun*, in: Roßnagel/Friedewald/Hansen (Fn. 81), S. 39, 55.

3.3 *Argument gegen Regulierung?*

Aus dem *Privacy Paradox* wird zum Teil gefolgert, dass Privatheitsschutz von der überwiegenden Mehrheit nicht gewünscht wird, Privatheit ein überholtes Rechtsgut sei und die rechtliche Regulierung mit dem Schutzziel Privatheit, insbesondere durch Datenschutzrecht, ins Leere laufe. Dies fügt sich in eine generelle Kritik an Privatheitsschutz ein, wonach die Instrumente des Datenschutzes den Herausforderungen der digitalen Transformation nicht mehr gewachsen seien; rechtliche Regulierung sei stets zu spät oder ausgeschlossen. Andere sehen die digitale Transformation als zwingende Entwicklung, die unumkehrbaren systemischen Logiken folgt. Entscheidend für Legitimität und Akzeptanz sei allein das Funktionieren digitaler Technik.[84]

Die Einwände tragen aus verschiedenen Gründen nicht, denn die Entscheidungsfindung von Individuen ist von zahlreichen Faktoren abhängig, die im Kontext von privatheitsrelevantem Verhalten z.T. verzerrt oder nicht gegeben sind. Unvollständige oder asymmetrische Informationen führen dazu, dass viele Personen sich den mit ihrem Verhalten verbundenen Datenanalysen nicht bewusst sind, aber dennoch der Datenweitergabe an Dritte zustimmen.[85] Durch die Unmöglichkeit eines monetären Referenzpunktes für die eigenen Daten wird die Einschätzung von „Leistung und Gegenleistung" zusätzlich erschwert. [86] Bereits die Unterscheidung zwischen Metadaten, Nutzungsdaten und selbst freigegebenen persönlichen Daten (self-disclosure) spielt eine entscheidende Rolle. Denn die verschiedenen Arten von Daten sind unterschiedlich kontrollierbar. Es geht eben nicht nur darum, keine sensiblen persönlichen Informationen auf sozialen Netzwerken zu posten, sondern es werden Daten durch die schlichte Nutzung verarbeitet und neue Daten entstehen durch den Vorgang der Kommunikation an sich.[87] Die Verarbeitung von Meta- und Nutzungsdaten hat mit der rechtlichen Idee der autonomen Entscheidung des Individuums über persönliche Informationen nicht mehr viel gemein, da sie individuelle Eigenschaften und Verhaltensweisen ebenso offenlegen können.

---

84 *Leopold*, in: Piallat (Fn. 16), S. 167, 170.

85 *Arpetti/Delmastro* Journal of Industrial and Business Economics 48 (2021), 505 (511).

86 *Arpetti/Delmastro* Journal of Industrial and Business Economics 48 (2021), 505 (507).

87 Zum Real-Time Bidding: *Herbrich/Niekrenz* CR 2021, 129

Diese Diskrepanz zwischen Selbsteinschätzung und realem Verhalten sollte vom Recht nicht unbeachtet bleiben, entscheidend ist aber die Frage der Konsequenz. Zum einen legt das *Privacy Paradox* das Dilemma offen, dass die Einschätzung und das tatsächliche Verhalten von Menschen stets kontextabhängig zu betrachten sind, Kontextverlust aber gerade das Ziel von quantitativer Datenverarbeitung ist, weil gerade eine multifunktionale Verwendung angestrebt wird. Als tragfähiges Argument gegen Regulierung, Daten- und Privatheitsschutz taugt das *Privacy Paradox* deshalb nicht. Das *Privacy Paradox* spricht nicht gegen eine Regulierung, sondern nur dafür, dass die bisherigen Mechanismen unzureichend sind. Denn gegen die Straßenverkehrsordnung (StVO) spricht auch nicht, dass sich viele Menschen nicht an Verkehrsregeln halten, das Erfordernis für die Regelungen der StVO ist, dass viele Menschen am Verkehr teilnehmen. Dies ist auf den Daten- und Privatheitsschutz im digitalen Zeitalter übertragbar.[88]

3.4. *Privacy Paradox als Mythos?*

Die Kritik am *Privacy Paradox* zielt primär auf unzutreffende Grundannahmen aufgrund der bereits geschilderten Gegebenheiten in digitalen Sphären. Verhaltenspsychologische Implikationen sollten nicht generell-abstrakt, sondern kontextualisiert betrachtet werden. Das *Privacy Paradox* hingegen sei ein Mythos.[89]

Das *Privacy Paradox* ist weder Mythos noch ein tatsächliches Paradox, sondern ein Dilemma. Es illustriert, parallel zu vielen rechtlichen Vorgaben, dass im digitalen Bereich immer noch aufgrund unzutreffender Grundannahmen operiert wird, die im analogen Bereich effektiv sein mögen, aber in online-basierten Umgebungen ins Leere laufen.

Es gibt inzwischen immer weniger Möglichkeiten online aktiv zu sein, ohne Daten mit den global führenden Onlineunternehmen zu teilen. Alternativangebote z.B. zu Googles Suchmaschine, haben sich zwar gehalten, sind aber Nischenprodukte geblieben. Zudem wird die Onlinepräsenz immer mehr mit sozialem Kapital verbunden. Technologien wie biome-

---

88 Zum Datenschutz als Kommunikationsordnung: *Roßnagel*, Datenschutz in einem informatisierten Alltag, 2007.

89 *Solove* The George Washington Law Review 89 (2021), 1 ff. „Relikt der Vergangenheit“ *Dienlin*, The psychology of privacy: Analyzing processes of media use and interpersonal communication, 2017, S. 78. Hingegen Forderung nach mehr Forschung, um Kausalbeziehungen aufzudecken: *Dienlin/Masur et al.* New Media & Society 2021, 1 (18).

trische Gesichtserkennung in Echtzeit bieten den Menschen gar nicht die Möglichkeit, Privatheit überhaupt paradox erscheinen zu lassen – sie haben schlicht keine Wahl solchen Maßnahmen, wenn sie bspw. auf öffentlichen Plätzen angewendet werden, zu entgehen. Für Widersprüche zwischen Selbsteinschätzung und Verhalten bleibt dann kein Raum mehr. Selbiges gilt für das omnipräsente Tracking als unwissentliche Speicherung von Daten in digitalen Umgebungen, was zu einer Intransparenz gegenüber den Folgen des eigenen Handelns führt, da keine Nachvollziehbarkeit mehr gegeben ist, und Verhaltensmanipulationen ermöglicht werden.

Die Grundannahme des *Privacy Paradox*, dass es Ausdruck der eigenen Autonomie ist, Daten selbst preiszugeben, setzt reale und effektive Entscheidungsmöglichkeiten voraus. Um entscheiden zu können, sind Alternativen und Informationen erforderlich. Die Funktionsweise der prädiktiven Analytik führt dazu, dass Verhaltensweisen und Charakteristiken von Personen dauerhaft prognostiziert werden. Die Verletzung der Privatsphäre erfolgt dann nicht durch die gezielte Zweckentfremdung oder Entwendung vorhandener Daten, sondern dadurch, dass sensible Informationen vorhergesagt werden.[90] Die Privatsphäre wird nicht durch die Preisgabe, sondern durch die Entstehung neuer Daten verletzt: durch die Prognose bestimmter Verhaltensweisen aus einem kollektiven Datenpool.[91] Selbst wenn der eigenen Datenverarbeitung widersprochen wird, kann die kollektive Datenanalyse Rückschlüsse auf die eigene Person zulassen. Damit haben es Bürger:innen sowohl bei staatlichen als auch bei privaten prädiktiven Analysen nicht mehr selbst in der Hand, durch eigenes Verhalten einer Erfassung und digitalen Datenverarbeitung zu entgehen.[92] Dies führt ebenfalls dazu, dass bereits keine Divergenz zwischen Selbsteinschätzung und Verhalten entstehen kann, da die Privatheitsverletzung bereits vor dem tatsächlichen Verhalten stattfindet.[93]

---

90 Dazu *Mühlhoff*, S. 40 ff. in diesem Band.

91 Zum Konzept der prädiktiven Privatheit bereits auch: *Mühlhoff* Ethics Inf Technol 2021, 675.

92 *Hermstrüwer*, in: Hoffmann-Riem (Hrsg.), Big Data - Regulative Herausforderungen, 2018, S. 99, 100 f. ordnet dies als Marktversagen ein.

93 *Mühlhoff* Ethics Inf Technol 2021, 675 (679).

4. Reaktionen des Rechts: Privacy kein Paradox

Das *Privacy Paradox* ist ein Anwendungsfall für Grundfragen der Verhaltensannahmen im Recht und durch Recht.[94] Rechtswissenschaft betrachtet menschliches Verhalten nicht voraussetzungslos, sondern unter dem Blickwinkel einer Norm, weshalb auch kein rechtswissenschaftliches Verhaltensmodell existiert.[95] Die Diskussion effizienter rechtlicher Regulierungen setzt unter anderem voraus, dass zutreffende Annahmen über menschliches Verhalten gemacht werden müssen.

Als Strategien gegen das Privacy Paradox wird die verstärkte Nutzbarkeit von Wissen, insbesondere auch von prozeduralem Wissen, keine Pathologisierung von Onlineverhalten sowie anwendungsbezogene Strategien im Umgang mit Internetangeboten diskutiert.[96]

Das größte Problem sind aber weiterhin solche Daten, die Personen ohnehin nicht kontrollieren können. Dagegen schafft das Bewusstsein darüber, an welchen Stellen persönliche Informationen generiert und verarbeitet werden nur bedingt Abhilfe, wenn dies ohnehin Dauerzustand ist. Die Schaffung von mehr Wissen hilft Ausflüssen wie dem Real-Time Bidding[97] nicht ab und führt ohne reale Handlungsmöglichkeiten zur Resignation. Dass digitale Umgebungen inzwischen wichtige Infrastrukturen sind, entkräftet das Argument einer individuellen Entscheidung, diese Dienste nicht zu nutzen. Der gesellschaftliche Aspekt des sozialen Kapitals und der Auswirkungen digitaler Anwendungen spricht gegen die schlichte Ablehnung der Nutzung datenintensiver Dienste in der Verantwortung des Einzelnen. Entsprechend ist eine institutionelle oder systemisch Regulierung auch erforderlich, die bspw. durch Zertifizierung, datenschutzfreundliche Entscheidungen erleichtert.

Privatheit als Konzept in der Vorstellung vieler Menschen kann unendlich viele Facetten abdecken, die sich nur teilweise oder auch gar nicht mit konkreten persönlichen Verhaltensweisen überschneiden. Der Schluss von menschlichem Verhalten als nach außen gerichtetem Akt auf innere

---

94 eingehend dazu bspw.: *van Aaken*, in: Führ/Bizer/Feindt (Hrsg.), Menschenbilder und Verhaltensmodelle in der wissenschaftlichen Politikberatung, 2007, S. 70 ff.; *Lepsius*, in: Führ/Bizer/Feindt (Hrsg.), Menschenbilder und Verhaltensmodelle in der wissenschaftlichen Politikberatung, 2007, S. 168 ff.; Towfigh/Petersen (Hrsg.), Ökonomische Methoden im Recht, , 2. Aufl., 2017, § 8 Verhaltensökonomik, S. 237 ff.;

95 *Lepsius*, in: Führ/Bizer/Feindt (Fn. 95), S. 168, 169.

96 *Gerber/Volkamer et al.*, in: (Fn. 33), S. 139, 158 ff.

97 *Herbrich/Niekrenz* CR 2021, 129 ff.

Einstellungen wie das Verständnis von Privatheit muss kritisch hinterfragt werden. Das *Privacy Paradox* illustriert diese verschiedenen Probleme von Privatheitsschutz in digitalen Kontexten.

Maßstab für die Regulierung im Datenschutzrecht kann deshalb nicht nur sein, dass Nutzer:innenverhalten zu untersuchen, sondern zu klären, welche Normen und Erwartungen durch die Datenverarbeitung verletzt werden. Vielmehr sollte Regulierung sich auch auf die andere Seite der Datennutzung konzentrieren und nicht alles in Nutzer:innenhand legen.

Transparenz wird oft angeführt, z.B. wenn es um Datenschutzerklärungen geht. Transparenz allein ist nicht ausreichend, es braucht Verständlichkeit und freie Wahl mehrerer Optionen. Mehr Entscheidungsoptionen führen nicht automatisch zu mehr Kontrolle. Nur wenn auch tatsächlich vollständige Informationen als Entscheidungsgrundlage vorliegen, ist die kalkulierte „informationelle Selbstgefährdung“[98] Ausdruck der individuellen Autonomie. Eine umfassende Transparenz und Offenlegung über alle relevanten Faktoren erreichen allein noch keine informierte Entscheidung. Im Kontext von Onlinediensten erscheint dies ohnehin illusorisch, da die Vorgänge der Datenverarbeitung schlicht zu komplex sind. Die Menge an Informationen würde nicht zu tatsächlichem Verständnis führen, sondern ins nächste Paradox: nach dem „transparency paradox“ wird zwar Transparenz durch detaillierte Aufklärung erzeugt, die Quantität der Informationen erschwert aber den Blick auf das Wesentliche.

Es sollte deshalb **generelle Ziele** des Privatheitsschutzes geben, der möglicherweise nicht nur als subjektives Recht zu konstruieren ist. Das kann auf Tatbestands- oder Vollzugsebene passieren, wie durch privacy by default and by design, Art. 25 ff. DSGVO. Situationsspezifische Besonderheiten sind zu berücksichtigen, z.B. durch besondere Darlegungspflichten in der konkreten Transaktion. Die europäische Verbandsklagerichtlinie hat zudem bspw. erstmals über Art. 80 DSGVO hinaus explizite kollektive Rechtsschutzmöglichkeiten gegen Datenschutzverstöße eingeführt.[99]

Zudem ist das Credo **der rein individuellen Risikobewertung** in digitalen Kontexten nicht ausreichend. Das Internet führt zwangsläufig zu einem Kontrollverlust über die eigene Selbstdarstellung, da es keinen zumutbaren Überblick mehr über die personenbezogenen gespeicherten

98 *Eichenhofer* (Fn. 9), S. 98; *Hermstrüwer* (Fn. 2).

99 RL 2020/1828, Anhang I (56) nennt die DSGVO als Anwendungsbereich. Zum kollektiven Rechtsschutz und strategischer Prozessführung gegen Datenschutzkonzerne: *Ruschemeier* MMR 2021, 942 ff.

Daten gibt. Dem wirken Entwicklungen wie das „Recht auf Vergessen“[100] oder dem „Right to reasonable inferences“[101] nur sehr punktuell entgegen und setzen vor allem die Kenntnis der Datenspeicherung voraus. Neben individuellen Faktoren sind **systemische Gegebenheiten,** wie faktische Monopolstellungen großer Digitalkonzerne in bestimmten Bereichen der Sozialen Medien oder Messengerdienste, relevante Einflüsse. Rechtliche Regulierungsansätze sollten systemische Risiken und die Strukturen von Datenverarbeitung, -übermittlung und -bereitstellung stärker in den Blick nehmen anstatt den Privatheitsschutz als rein subjektive Angelegenheit des jeweiligen Verarbeitungsvorgangs zu begreifen. In einigen Bereichen, wie z.B. bei Kindern, sollte die Einwilligung als Rechtmäßigkeit der Datenverarbeitung ausgeschlossen sein.[102] Zudem sollte erwogen werden, die Einwilligung in Situationen, in denen sie offensichtlich ihren Zweck nicht erfüllt (Beispiel: Cookie-Banner) unter erhöhte Rechtmäßigkeitsanforderungen zu stellen, wie eine Evaluation der tatsächlichen Wahrnehmung und Verarbeitung der Informationen durch vorgegebene Zeiten zur Anzeige der Einwilligungserklärung oder Kontrollfragen, die sich auf das Verständnis beziehen. Dadurch wird die Einwilligung im Massengeschäft unattraktiv und Anbieter:innen wären angehalten, sich z.B. um eine Zertifizierung zu bemühen.

Vermeintliche Regulierungen von Technik allein sind nicht zielführend, tatsächlich adressieren diese ohnehin die rechtsrelevanten Auswirkungen von Technik. Zukünftige Regelwerke sollten den Einfluss auf Privatheit individuell und in der Breite stärker in den Blick nehmen. Dazu gehört es auch, sozialwissenschaftliche und psychologische Implikationen stärker zu reflektieren.[103] Konkrete datenschutzrelevante Anwendungsszenarien, insbesondere bei der Verhaltensbeeinflussung oder -steuerung können risikobasiert klassifiziert werden. In diese Richtung deutet auch der Vorschlag der Europäischen Kommission zum Artificial Intelligence Act, der allerdings in der jetzigen Fassung zu weitreichende Ausnahmen für bestimmte KI-Anwendungsszenarien vorsieht, welche grundrechtlich problematisch sind.[104] Bestimmte, besonders privatheitsgefährdende Praktiken,

100 EuGH, Urteil vom 13.5.2014 – C-131/12 = CELEX 62012CJ0131. Der EuGH verwendet den Begriff „Recht auf Vergessenwerden“.

101 *Wachter/Mittelstadt* Columbia Business Law Review 2019, 1 ff.

102 *Roßnagel/Geminn*, Datenschutz-Grundverordnung verbessern, 2020, S. 118.

103 Dazu auch *Martini/Weinzierl* RW 2019, 287 ff. Zu den sozio-technischen Aspekten: *Mühlhoff* New Media & Society 22 (2020), 1868.

104 COM/2021/206 final.

wie z.B. KI-basierte Echtzeitgesichtserkennung oder andere biometrische Analysen sollten mit Verboten belegt werden.[105]

5. Conclusio

Das sogenannte *Privacy Paradox* ist kein Paradox, sondern ein Dilemma, welches durch digitale Umgebungen, Techniken und ihre Strukturen bedingt ist, auf die Einzelpersonen keinen oder nur wenig Einfluss haben. *Privacy by default and by design*[106] sind ergänzende, verheißungsvolle technische Lösungen, müssten aber konkretisiert und durchsetzbar gemacht werden. Das *Privacy-Dilemma* lässt sich durch den Abbau asymmetrischer Machtstrukturen zumindest abschwächen, bspw.. wenn die Gruppe der Verbraucher:innen eine tatsächliche Kalkulation aufgrund einer vollständigen Informationsgrundlage und daraus abgeleiteten informierten Risikoeinschätzung treffen kann, durch institutionelle Unterstützung, wie z.B. Zertifizierung. Letztlich sollte der Fokus auf kollektive Aspekte von Privatheit und Datenschutz gelenkt werden, um die Konzentration auf die Verantwortlichkeit des Individuums aufzulösen und dadurch schließlich auch das *Privacy Paradox*.[107] Das Ziel, Machtasymmetrien auszugleichen, ist keine paternalistische Bevormundung, sondern die notwendige Schaffung eines Freiheitsraumes. Ein anderer Weg ist es, anonyme Kommunikationsräume für die breite Nutzung zu popularisieren. Eine vollständige Ökonomisierung oder Tokenisierung aller Güter und damit auch der persönlichen Daten, über die Nutzer:innen ihre Daten dann an Anbieter:innen im Web 3.0 verkaufen können, wird hingegen das Problem der Machtasymmetrie nicht lösen, sondern reproduzieren.

Literatur

Acquisti, A./*Grossklags*, J., Privacy and rationality in individual decision making, IEEE Secur. Privacy Mag. 3 (2005), S. 26–33.

---

105 *Ebers/Hoch et al.* RDi 2021, 528 (530 ff.). Der Entwurf der KI-Verordnung umfasst allerdings nur sehr enge Anwendungsbereiche, z.B. ist das Verbot des „social scorings“ in Art. 5 Abs. 1 c) auf staatliche Stellen begrenzt.

106 *Rubinstein* Berkeley Technology Law Journal 26 (2011), 1409 (1414 ff.)

107 Vgl. nur *Ben-Shahar* Journal of Legal Analysis 11 (2019), 104 (107 ff.)

Acquisti, Alessandro/*Brandimarte*, Laura/*Loewenstein*, George, Privacy and human behavior in the age of information, Science (New York, N.Y.) 347 (2015), S. 509–514.

Arpetti, Jacopo/*Delmastro*, Marco, The privacy paradox: a challenge to decision theory?, Journal of Industrial and Business Economics 48 (2021), S. 505–525.

Barth, Susanne/*Jong*, Menno D.T. de, The privacy paradox – Investigating discrepancies between expressed privacy concerns and actual online behavior – A systematic literature review, Telematics and Informatics 34 (2017), S. 1038–1058.

Belliger, Andréa/*Krieger*, The Privacy Paradox, in: Belliger, Andréa/Krieger, David J. (Hrsg.), Network Publicy Governance, 2018, S. 45–76.

Bennett, Colin J., Privacy in the Political System: Perspectives from Political Science and Economics 1995, revised 2001.

Ben-Shahar, Omri, Data Pollution, Journal of Legal Analysis 11 (2019), S. 104–159.

Beresford, Alastair R./*Kübler*, Dorothea/*Preibusch*, Sören, Unwillingness to pay for privacy: A field experiment, Economics Letters 117 (2012), S. 25–27.

Bretthauer, Sebastian, § 2 Verfassungsrechtliche Grundlagen, Europäisches und nationales Recht, in: Specht-Riemenschneider, Louisa/Mantz, Reto (Hrsg.), Handbuch europäisches und deutsches Datenschutzrecht, Bereichsspezifischer Datenschutz in Privatwirtschaft und öffentlichem Sektor, München, 2019.

Britz, Gabriele, Freie Entfaltung durch Selbstdarstellung, Eine Rekonstruktion des allgemeinen Persönlichkeitsrechts aus Art. 2 I GG, Tübingen 2007.

dies., Informationelle Selbstbestimmung zwischen rechtswissenschaftlicher Grundsatzkritik und Beharren des Bundesverfassungsgerichts, in: Hoffmann-Riem, Wolfgang (Hrsg.), Offene Rechtswissenschaft, Tübingen 2010, S. 561-596.

Bunnenberg, Jan Niklas, Privates Datenschutzrecht, Über Privatautonomie im Datenschutzrecht - unter besonderer Berücksichtigung der Einwilligung und ihrer vertraglichen Kopplung nach Art. 7 Abs. 4 DS-GVO, Baden-Baden 2020.

Culnan, Mary J./*Armstrong*, Pamela K., Information Privacy Concerns, Procedural Fairness, and Impersonal Trust: An Empirical Investigation, Organization Science 10 (1999), S. 104–115.

Dienlin, Tobias, The psychology of privacy: Analyzing processes of media use and interpersonal communication 2017. *ders*., Das Privacy Paradox aus psychologischer Perspektive, in: Specht-Riemenschneider, Louisa/Werry, Nikola/Werry, Susanne (Hrsg.), Datenrecht in der Digitalisierung, Berlin, 2020, S. 305–323.

Dienlin, Tobias/*Masur*, Philipp K./*Trepte*, Sabine, A longitudinal analysis of the privacy paradox, New Media & Society 2021, S. 1–22.

Dienlin, Tobias/*Metzger J.M.*, An extended privacy calculus model for SNSs—Analyzing self-disclosure and privacy behaviors in a representative U.S. sample, Journal of Computer-Mediated Communication,, S. 368–383.

Ebers, Martin/*Hoch*, Veronica/*Rosenkranz*, Frank/*Ruschemeier*, Hannah/*Steinrötter*, Björn, Der Entwurf für eine EU-KI-Verordnung: Richtige Richtung mit Optimierungsbedarf, RDi 2021, S. 528–537.

Eichenhofer, Johannes, e-Privacy, Theorie und Dogmatik eines europäischen Privatheitsschutzes im Internet-Zeitalter, Tübingen 2021.

Englerth, Markus/*Towfigh*, Emanuel V., § 8 Verhaltensökonomik, in: Towfigh, Emanuel V./Petersen, Niels (Hrsg.), Ökonomische Methoden im Recht, Eine Einführung für Juristen. 2. Auflage, Tübingen, 2017, S. 237–274.

Führ, Martin/*Bizer*, Kilian/*Feindt*, Peter H. (Hrsg.), Menschenbilder und Verhaltensmodelle in der wissenschaftlichen Politikberatung, Möglichkeiten und Grenzen interdisziplinärer Verständigung, Baden-Baden 2007.

Ganz, Kathrin, Die Netzbewegung, Subjektpositionen im politischen Diskurs der digitalen Gesellschaft, Leverkusen 2018.

Garcia, David, Leaking privacy and shadow profiles in online social networks, Science Advances 2017, e1701172.

Gerber, Nina/*Gerber*, Paul/*Volkamer*, Melanie, Explaining the privacy paradox: A systematic review of literature investigating privacy attitude and behavior, Computers & Security 77 (2018), S. 226–261.

Gerber, Paul/*Volkamer*, Melanie/*Gerber*, Nina, Das Privacy-Paradoxon - Ein Erklärungsversuch und Handlungsempfehlungen, in: Dialogmarketing Perspektiven 2016/2017: Tagungsband 11. wissenschaftlicher interdisziplinärer Kongress für Dialogmarketing, , Wiesbaden, 2017, S. 139–167.

Gilovich, Thomas/*Griffin*, Dale W./*Kahneman*, Daniel (Hrsg.), Heuristics and biases, The psychology of intuitive judgment, Cambridge 2002.

Grothe, Nela, Datenmacht in der kartellrechtlichen Missbrauchskontrolle, Baden-Baden 2019.

Gruschke, Daniel, Über Post-Privacy, in: Kappes, Christoph/Krone, Jan/Novy, Leonard (Hrsg.), Medienwandel kompakt 2011 - 2013: Netzveröffentlichungen zu Medienökonomie, Medienpolitik & Journalismus, Wiesbaden, 2014, S. 79–85.

Gusy, Christoph, Was schützt Privatheit?, in: Jahrbuch des öffentlichen Rechts der Gegenwart. Neue Folge 70 (2022), S. 415-451.

Hacker, Philipp, Daten als Gegenleistung, Rechtsgeschäfte im Spannungsfeld von DS-GVO und allgemeinem Vertragsrecht, ZfPW 2019, S. 148–197.

Hagendorff, Thilo, Post-Privacy oder der Verlust der Informationskontrolle, in: Behrendt, Hauke/Loh, Wulf/Matzner, Tobias u. a. (Hrsg.), Privatsphäre 4.0: Eine Neuverortung des Privaten im Zeitalter der Digitalisierung, Stuttgart, 2019, S. 91–106.

Herbrich, Tilman/*Niekrenz*, Elisabeth, Privacy Litigation Against Real-Time Bidding, CR 2021, S. 129–141.

Hermstrüwer, Yoan, Informationelle Selbstgefährdung, Tübingen 2015.

ders., Die Regulierung prädiktiver Analytik: eine juristisch-verhaltenswissenschaftliche Skizze, in: Hoffmann-Riem, Wolfgang (Hrsg.), Big Data – Regulative Herausforderungen, Baden-Baden 2018.

Holland, Brian H., "Privacy Paradox 2.0," Widener Law Journal 19, no. 3 (2010), S. 893-932.

Jajodia, Sushil/*Samarati*, Pierangela/*Yung*, Moti (Hrsg.), Encyclopedia of Cryptography, Security and Privacy, Berlin, Heidelberg 2019.

Jolls, Christine/*Sunstein*, Cass/*Thaler*, Richard H., A Behavioral Approach to Law and Economics, Stanford Law Review 50 (1998), S. 1471–1489.

Kappes, Christoph/*Krone*, Jan/*Novy*, Leonard (Hrsg.), Medienwandel kompakt 2011 - 2013: Netzveröffentlichungen zu Medienökonomie, Medienpolitik & Journalismus, Wiesbaden 2014.

Kokolakis, Spyros, Privacy attitudes and privacy behaviour: A review of current research on the privacy paradox phenomenon, Computers & Security 64 (2017), S. 122–134.

Körber, Torsten, „Ist Wissen Marktmacht?" Überlegungen zum Verhältnis von Datenschutz, „Datenmacht" und Kartellrecht - Teil 1, NZKart 2016, S. 303–310.

Kutscha, Martin, Schutzpflicht des Staates für die informationelle Selbstbestimmung?, in: Roßnagel, Alexander/Friedewald, Michael/Hansen, Marit (Hrsg.), Die Fortentwicklung des Datenschutzes: Zwischen Systemgestaltung und Selbstregulierung, Wiesbaden, 2018, S. 123–137.

Laufer, Robert S./*Wolfe*, Maxine, Privacy as a Concept and a Social Issue: A Multidimensional Developmental Theory, Journal of Social Issues 33 (1977), S. 22–42.

Leopold, Nils, Privatheit, in: Piallat, Chris (Hrsg.), Der Wert der Digitalisierung, 2021, S. 167–186.

Lepsius, Oliver, Menschenbilder und Verhaltensmodelle – Ergebnisse aus der Perspektive der Rechtswissenschaft, in: Führ, Martin/Bizer, Kilian/Feindt, Peter H. (Hrsg.), Menschenbilder und Verhaltensmodelle in der wissenschaftlichen Politikberatung, , Möglichkeiten und Grenzen interdisziplinärer Verständigung, Baden-Baden, 2007, S. 168–179.

Lohsse, Sebastian/*Schulze*, Reiner/*Staudenmayer*, Dirk, Data as Counter-Performance – Contract Law 2.0? An Introduction, in: Lohsse, Sebastian/Schulze, Reiner/Staudenmayer, Dirk (Hrsg.), Data as counter-performance - contract law 2.0?, , Münster Colloquia on EU Law and the Digital Economy V, Baden-Baden, London, 2020, S. 9–22.

Martini, Mario/*Weinzierl*, Quirin, Mandated Choice: der Zwang zur Entscheidung auf dem Prüfstand von Privacy by Default (Art. 25 Abs. 2 S. 1 DSGVO), RW 2019, S. 287–316.

Masur, Philipp K., Mehr als Bewusstsein für Privatheitsrisiken. Eine Rekonzeptualisierung der Online- Privatheitskompetenz als Kombination aus Wissen, Fähig- und Fertigkeiten, M&K Medien & Kommunikationswissenschaft 66 (2018), S. 446–465.

Mayer, Fabian, Wie viel wissen Sie wirklich über Clickbait? – 7 überraschende Fakten, von denen Sie so noch nie gehört haben!, in: Appel, Markus (Hrsg.), Die Psychologie des Postfaktischen: Über Fake News, „Lügenpresse", Clickbait & Co, , Berlin, Heidelberg, 2020, S. 67–79.

McDonald, Aleecia M.; *Cranor*; Lorrie Faith, The Cost of Reading Privacy Policies, I/S: A Journal of Law and Policy for the Information Society 2008, S. 543-568.

Mühlhoff, Rainer, Predictive privacy: towards an applied ethics of data analytics, Ethics Inf Technol 2021, S. 675-690.

Münch, Ingo von/*Kunig*, Philip (Hrsg.), Grundgesetz Kommentar, 7. Aufl., München 2021.

Nocun, Katharina, Datenschutz unter Druck: Fehlender Wettbewerb bei sozialen Netzwerken als Risiko für den Verbraucherschutz, in: Roßnagel, Alexander/Friedewald, Michael/Hansen, Marit (Hrsg.), Die Fortentwicklung des Datenschutzes: Zwischen Systemgestaltung und Selbstregulierung, Wiesbaden, 2018, S. 39–58.

Norberg, Patricia./*Horne*, Daniel/*Horne*, David, The Privacy Paradox: Personal Information Disclosure Intentions versus Behaviors, Journal of Consumer Affairs 41 (2007), S. 100–126.

Øverby, Harald, The Privacy Paradox, in: Jajodia, Sushil/Samarati, Pierangela/Yung, Moti (Hrsg.), Encyclopedia of Cryptography, Security and Privacy, Berlin, Heidelberg, 2019, S. 1–2.

Riehm, Thomas, Daten als Gegenleistung?, in: Specht-Riemenschneider, Louisa/Buchner, Benedikt/Heinze, Christian u. a. (Hrsg.), Festschrift für Jürgen Taeger, IT-Recht in Wissenschaft und Praxis, Frankfurt am Main, 2020, S. 55–77.

Rubinstein, Ira S., Regulating Privacy by Design, Berkeley Technology Law Journal 26 (2011), S. 1409–1456.

Ruschemeier, Hannah, Kollektiver Rechtsschutz und strategische Prozessführung gegen Digitalkonzerne. Viele Davids gegen Goliath?, MMR 2021, S. 942–946.

Sandfuchs, Barbara, Privatheit wider Willen?, Verhinderung informationeller Preisgabe im Internet nach deutschem und US-amerikanischem Verfassungsrecht, Tübingen 2015.

Scheibenpflug, Andreas, Personenbezogene Daten als Gegenleistung. Ein Beitrag zur rechtlichen Einordnung datengetriebener Austauschverhältnisse, Berlin 2022.

Schuhmacher, Pascal/*Sydow*, Lennart/*Schönfeld*, Max von, Cookie Compliance, quo vadis? Datenschutzrechtliche Perspektiven für den Einsatz von Cookies und Webtracking nach TTDSG und ePrivacy-VO, MMR 2021, S. 603–609.

Schwichtenberg, Simon, Datenschutz in drei Stufen: Ein Auslegungsmodell am Beispiel des vernetzten Automobils, Wiesbaden 2018.

Slovic, P., Finucane, M., Peters, E., & MacGregor, D., The Affect Heuristic, in: Gilovich, Thomas/Griffin, Dale W./Kahneman, Daniel (Hrsg.), Heuristics and biases, The psychology of intuitive judgment, Cambridge, 2002, S. 397–420.

Solove, Daniel J., The Myth of the Privacy ParadoxThe George Washington Law Review 89 (2021), S. 1–51.

Spiekermann, Sarah/*Grossklags*, Jens/*Berendt*, Bettina, E-privacy in 2nd generation E-commerce, in: Proceedings of the 3rd ACM conference on Electronic Commerce - EC ,01, 2001.

Stahl, Titus, Privacy in Public: A Democratic Defense, Moral Philosophy and Politics 7 (2020), S. 73–96.

Strandburg, Katherine, Free Fall: The Online Market‘s Consumer Preference Disconnect, University of Chicago Legal Forum 2013 (2015), https://chicagounbound.uchicago.edu/uclf/vol2013/iss1/5.

Taddicken, Monika, The 'Privacy Paradox' in the Social Web: The Impact of Privacy Concerns, Individual Characteristics, and the Perceived Social Relevance on Different Forms of Self-Disclosure, J Comput-Mediat Comm 19 (2014), S. 248–273.

Taeger, Jürgen/*Gabel*, Detlev (Hrsg.), DSGVO - BDSG - TTDSG, Kommentar, 4. Auflage, Frankfurt am Main 2022.

Towfigh, Emanuel V./*Petersen*, Niels (Hrsg.), Ökonomische Methoden im Recht, Eine Einführung für Juristen, 2. Auflage, Tübingen 2017.

Turow, Joseph/*Hennessy*, Michael, Internet privacy and institutional trust, New Media & Society 9 (2007), S. 300–318.

Tversky, Amos/*Kahneman*, Daniel, Judgment under Uncertainty: Heuristics and Biases, Science 185 (1974), S. 1124–1131.

van Aaken, Anne, Recht und Realanalyse – welches Modell menschlichen Verhaltens braucht die Rechtswissenschaft?, in: Führ, Martin/Bizer, Kilian/Feindt, Peter H. (Hrsg.), Menschenbilder und Verhaltensmodelle in der wissenschaftlichen Politikberatung, , Möglichkeiten und Grenzen interdisziplinärer Verständigung, Baden-Baden, 2007, S. 70–95.

Vidhani, Kumar/*Banahatti*, Vijayanand/*Lodha*, Sachin, Challenges in enabling privacy self management, CSI Transactions on ICT 9 (2021), S. 185–191.

von Lewinski, Kai, Die Matrix des Datenschutzes, Tübingen 2014.

Waldman, Ari Ezra, Cognitive biases, dark patterns, and the ‚privacy paradox', Current Opinion in Psychology 31 (2020), S. 105–109.

Warren, Samuel D./*Brandeis*, Louis D., The Right to Privacy Harvard Law Review 4 (1890), S. 193–220.

Weinzierl, Quirin, Dark Patterns als Herausforderung für das Recht Rechtlicher Schutz vor der Ausnutzung von Verhaltensanomalien, NVwZ-Extra 2020, S. 1–11.

Weisser, Kim Josefine, Datenbasierte Märkte im Kartellrecht, Eine Untersuchung zu Marktbegriff, Marktabgrenzung und Marktmacht, Berlin 2021.

Westin, Alan F., Science, Privacy and Freedom: Issues and Proposals for the 1970's., Part I - The Current Impact of Surveillance on Privacy, Columbia Law Review 66 (1966), S. 1003–1050.

Wirth, Jakob/*Maier*, Christian/*Laumer*, Sven/*Weitzel*, Tim, Laziness as an explanation for the privacy paradox: a longitudinal empirical investigation, INTR 32 (2022), S. 24–54.

Wisniewski, Pamela; *Page*, Xinru, Privacy Theories and Frameworks, in: Knijnenburg, Bart P.; Page, Xinru; Wisniewski, Pamela; Lipford, Heather Richter; Proferes, Nicholas; Romano, Jennifer, Modern Socio-Technical Perspectives on Privacy, Cham 2022.

Welche Rolle spielen Privacy und Security bei der Messenger-Nutzung und -Wechsel arabischsprachiger Nutzer:innen

Leen Al Kallaa, Konstantin Fischer, Annalina Buckmann, Franziska Herbert und Martin Degeling

Zusammenfassung

Instant Messenger gehören zu den am häufigsten installierten und genutzten Apps auf modernen Smartphones. Die Wahl des Messengers ist daher aus Datenschutz- wie Datensicherheitssicht brisant. Im Alltag der Nutzenden spielen diese Aspekte allerdings häufig nur eine nachgelagerte Rolle. Anfang 2021 waren die Datennutzungspraktiken von Facebook und WhatsApp im Rahmen einer Änderung der Datenschutzerklärung in den Fokus der Öffentlichkeit geraten. Im Rahmen einer fragebogenbasierten Online-Studie haben wir untersucht, welchen Wert Datenschutz bei der Auswahl von Messenger hat und wie sich die Aufmerksamkeit um diese Frage bei Whatsapp auf das Nutzungs- und insbesondere Wechselverhalten ausgewirkt hat. Der Fokus unserer Untersuchung liegt auf arabischsprachige Nutzer:innen in Deutschland, die in vorherigen Studien unterrepräsentiert sind. Unsere Studie zeigt, dass eine Mehrheit das die Änderung der Nutzungbedingungen von Whatsapp nicht wahrgenommen hat. Nur 8 % der Befragten gaben an den Messenger wechseln und Whatsapp nicht weiter nutzen zu wollen. Gleichzeitig hatten über 10 % in den vergangenen Monaten einen weiteren Messenger installiert. Insgesamt bestätigt unsere Studie Ergebnisse aus vorherigen Arbeiten wie etwa, dass die Gründe für die Nicht-Nutzung von sichereren Messenger unter anderem in der Fragmentierung der Nutzergruppen liegt. Bei der Wahl eines Messengers steht an erster Stelle die Frage, wie viele Bekannte man damit erreichen kann.

1. Einleitung

Instant Messenger gehören zu den am häufigsten genutzten Apps auf modernen Smartphones. Sie unterstützen die multimediale Kommunikation durch Text, Bild und Video und erlauben auch Audio- und Videogespräche zwischen Einzelpersonen und in Gruppen. Bei ihrer Nutzung fallen (Meta-)Daten an, die umfangreiche personenbezogene Daten enthalten und zum Profiling genutzt werden können. Die Wahl des Messengers ist also aus Datenschutz- wie Datensicherheitssicht brisant. Sogar die marktführenden Apps aus dem Facebook-Konzern, WhatsApp und Facebook Messenger, bieten teilweise Sicherheitsfeatures wie Ende-zu-Ende-Verschlüsselung, räumen aber gleichzeitig Facebook weitreichende Rechte bei der Auswertung der Daten ein.

Im Alltag vieler Nutzenden spielen diese Aspekte allerdings häufig nur eine nachgelagerte Rolle. Zwar gibt es eine Reihe Messenger, die besonderen Wert auf Datenschutz und Datensicherheit legen, wie Threema oder Signal. Jedoch zweifeln Nutzer:innen teilweise grundsätzlich daran, dass Verschlüsselung sie schützen kann (Dechand et al. 2019). Im Frühjahr 2021 waren die Datennutzungspraktiken von Facebook im Rahmen einer Änderung der Datenschutzerklärung in den Fokus der Öffentlichkeit geraten. In den Medien wurde ausführlich berichtet, sodass Facebook mehrfach zusätzliche Erklärungen veröffentlichte und die Umsetzung der neuen Richtlinien verschob (Mehner 2021). Zusätzlich hat WhatsApp ein neues Pop-up-Fenster entworfen, das die Aktualisierung der AGB verständlicher erklärt. Für Nutzer:innen aus der EU waren die Änderungen überwiegend redaktionell (Whatsapp 2021). Für Nutzer:innen in Ländern außerhalb der EU enthielten die neuen Klauseln zusätzliche Möglichkeiten, die Daten von verschiedenen Diensten des Mutterkonzerns (heute Meta) zusammenzuführen.

Parallel zur Diskussion um die Datenschutzerklärung von WhatsApp stiegen die Nutzer:innenzahlen bei anderen Messengern wie Signal (Tremmel 2021). Auch Threema und Telegram meldeten steigende Nutzer:innenzahlen, obwohl es sich bei Threema um einen kostenpflichtigen Dienst handelt und Telegram über keine automatische Ende-zu-Ende-Verschlüsselung verfügt (Abu-Salma, Krol et al. 2017).

Um besser zu verstehen, welchen Wert Datenschutz bei der Auswahl von Messenger-Apps hat, und wie sich die Aufmerksamkeit um diese Frage bei WhatsApp auf das Nutzungs- und insbesondere Wechselverhalten ausgewirkt hat, haben wir eine fragebogenbasierte Online-Studie durchgeführt.

Vorherige Befragungen fanden mit Fokus auf Nutzer:innen in bestimmten Ländern statt.[1] Der Fokus unserer Untersuchung liegt auf arabischspra-

---

1 Vgl. etwa Akgul et al. (2006) und Luca et al. (2016) für die USA; Abu-Salma, Sasse et al. (2017) und Abu-Salma et al. (2018) für UK; Dechand et al. (2019) und Schreiner and Hess (2015) für Deutschland; McKenna et al. (2021) für Finnland und Zengyan et al. (2009) für China.

chigen Nutzer:innen in Deutschland, die in vorherigen Studien bisher nicht untersucht wurden. Unsere Annahme hierbei ist, dass das Nutzungsverhalten von Diaspora-Gemeinschaften auch durch Diskurse und Praktiken in den jeweiligen Herkunftsländern geprägt wird. Vorherige Befragungen haben sich zudem immer auf hypothetische Szenarien zum Wechsel bezogen. Ausgangspunkt dieser Untersuchung ist die (negative) mediale Aufmerksamkeit um die geänderten Nutzungsbedingungen von WhatsApp im Frühjahr 2021. In dieser Arbeit präsentieren wir die Ergebnisse einer Online-Befragung von 212 Nutzer:innen die im April 2021 durchgeführt wurde. Die Teilnehmer:innen beantworteten Fragen zu Smartphone- und Messengernutzung, zur Möglichkeit und Gründen des Messengerwechsels, sowie Erfahrungen mit Überredungsversuchen.

Die Ergebnisse zeigen, dass etwa die Hälfte (46 %) der Nutzenden die Informationen zur Änderung der Nutzungsbedingungen wahrgenommen hat. Der Anteil ist innerhalb der kleinen Gruppe (8 %) derjenigen, die gewechselt hat, nur unwesentlich größer. Das Gründe der arabischsprachiger Nutzer:innen WhatsApp weiter zu verwenden unterscheidet sich darüber hinaus nicht von anderen Populationen. Wesentlicher Grund zum Verbleib ist die hohe Verbreitung unter Bekannten (96 %), hier spielt auch der Kontakt mit Familienangehörigen und Freund:innen in anderen Ländern eine Rolle. Höchste Zustimmung unter den Wechselnden fanden Aussagen zur möglichen Überwachung durch den Facebook-Konzern. Unsere Ergebnisse bestätigen, dass Datenschutz und Datensicherheit bei der Entscheidung für oder gegen einen Messenger eine, wenn auch untergeordnete Rolle spielen, wesentlich für die Wechselbereitschaft sind die bestehende Netzwerke und Wechselkosten. Die negative Medienaufmerksamkeit für die Änderung der Nutzungsbedingungen von WhatsApp hat zu keiner Änderung geführt.

2. *Stand der Forschung*

In verschiedenen Forschungsarbeiten wurde bereits untersucht, welche Faktoren die Wahl von Kommunikationswerkzeugen beeinflussen.

Zengyan et al. (2009) untersuchten 2009 welche Faktoren den Wechsel zwischen Sozialen Netzwerken beeinflussen. Die Ergebnisse zeigen, dass Unzufriedenheit mit den Regularien *(PushFaktor)* eines Sozialen Netzwerks und der Empfehlungen von Freunden und Bekannten *(Pull Faktor)* den größten Einfluss auf die Wechselbereitschaft der Nutzer:innen haben.

Mit der selben Methodik untersuchten McKenna et al. (2021) das Wechselverhalten bei Messaging-Apps und zeigten, dass drei Faktoren von besonderer Bedeutung für die Nutzer:innen sind: Der Kontext der Kommunikation (z.B. Nachrichten am Arbeitsplatz, private Nutzung), der Inhaltstyp (Bild-, Audio oder Textnachrichten), sowie weitere Features der Applikation (u.A. Verschlüsselung, Kosten, Durchsuchbarkeit).

Luca et al. (2016) zeigten, dass unabhängig von der technischen Expertise der Nutzer:innen Datenschutz- und Sicherheitsaspekte nur eine untergeordnete Rolle bei der Wahl von Messengeranwendungen spielen. In ihrer Studie ist der Einfluss von anderen Nutzer:innen (Peers) der wichtigste Faktor.

Von Kulyk et al. (2020) wurde gezeigt, dass Nutzer:innen das Sicherheitsniveau eines Tools anhand von Unternehmensmarke und -größe (Trust) bewerten, und nicht anhand der eingesetzten Sicherheitsmaßnahmen.

Es gibt eine Vielzahl an Arbeiten, die sich mit dem Verständnis der Nutzenden von Ende-zu-Ende (E2E)-Verschlüsselung beschäftigen (Abu-Salma et al. 2018; Akgul et al. 2006; Dechand et al. 2019; Gerber et al. 2018). Auch beim Einsatz von E2E-Verschlüsselung fühlen sich die Nutzer:innen unsicher und glauben, dass die Regierung oder kompetente Hacker:innen ihre Kommunikation mitlesen können.

Abu-Salma, Sasse et al. (2017) untersuchten 2017 im Rahmen einer Interviewstudie welche Faktoren die Nutzung von sicheren Kommunikationstools beeinflussen. Sie stellten fest, dass Nutzer:innen häufig nicht verstehen, was der Zweck von E2E-Verschlüsselung ist und falsche Vorstellungen von sicherer Kommunikation haben. Für die Wahl von Messenger-Diensten sind häufig Merkmale wie Größe der Nutzer:innenbasis, Servicequalität und Kosten des Dienstes wichtiger als Sicherheitskriterien.

Aufbauend auf den vorherigen Arbeiten ist das Ziel der vorliegenden Studie zu verstehen,

- inwiefern die von Zengyan et al.. ermittelte Unzufriedenheit mit den Regularien eines Dienstes, im konkreten Fall der Änderung der WhatsApp-Datenschutzrichtlinie, tatsächlich die Wechselbereitschaft fördert und
- ob die übrigen Einflussfaktoren sich in der Gruppe der arabischsprachigen Nutzer:innen ebenso zeigen.

3. Studiendesign

Im Folgenden wird die Entwicklung des Fragebogens und dessen Aufbau beschrieben. Der Fragebogen besteht, abhängig von den gegebenen Antworten, aus drei oder vier Teilen, die die aktuelle Messengernutzung sowie die Wechselwilligkeit bzw. Gründe für den Wechsel oder Nicht-Wechsel betreffen. Zudem werden demografische Daten abgefragt. Der Fragebogen wurde von den Autor:innen auf Englisch entwickelt und anschließend ins Arabische übersetzt.

3.1 *Smartphone- und Messengernutzung*

Im ersten Teil wurden die Teilnehmer:innen gefragt, welches Betriebssystem sie benutzen und welche Messenger seit wann und wie oft verwendet werden. Dieser Teil enthielt zusätzlich eine Fünf-Punkte-Likert-Skala-Frage ("stimme voll zu" bis "stimme gar nicht zu") zu möglichen Gründen der Messengernutzung, z. B. zur Studiums- oder Arbeitskoordination, für Einszu-eins-Kommunikation oder solche in Gruppen.

3.2 *Untersuchung zum Wechsel des Messengers*

Der zweite Teil der Umfrage beschäftigt sich mit Fragen zum Wechsel des Messengers und gegebenenfalls der Gründe für den Wechsel. Unter anderem wurden die Teilnehmer:innen gefragt, ob sie die Nachricht zu den neuen Nutzungsbedingungen von WhatsApp bemerkt haben.

Falls die Teilnehmer:in angaben, den Messenger nicht gewechselt zu haben, folgten fünf Aussagen zu möglichen Gründen gegen einen Messengerwechsel, wie zum Beispiel: "Die meisten meiner Freund:innen benutzen WhatsApp." Die Zustimmung/Ablehnung wurde mit einer Fünf-Punkte-Likert-Skala abgefragt.

Falls die Teilnehmer:innen angaben, den Messenger gewechselt zu haben, bestand der folgende Block aus Fragen zum derzeitigen Haupt-Messenger. Die Liste enthielt acht bekannte Messenger-Apps und solche, die in den Vorabinterviews erwähnt wurden. Ein freies Eingabefeld erlaubte es, zusätzliche Messenger zu nennen. Falls die Teilnehmer:innen hauptsächlich Facebook-Messenger oder Telegram für ihre Kommunikation nutzten, wurden sie gefragt, ob sie den geheimen Chat-Modus verwenden. Darauf folgend sollten 18 Aussagen über mögliche Gründe zum Wechsel zu einer anderen Messenger-App auf einer Likert-Skala bewertet werden. Mit vier Aussagen wurde abgefragt, was vor der Installation einer anderen Messenger-App unternommen wurde, etwa um sich über Alternativen zu informieren. Anschließend wurde abgefragt, ob die Teilnehmer:innen versucht haben, ihre Kontakte zu überzeugen, ebenfalls zu der anderen App zu wechseln. Abhängig von der Antwort wurde weiter gefragt, wie diese Überzeugungsarbeit aussah und ob sie erfolgreich war. Die Fragengruppe zum Messengerwechsel schloss mit Fragen zur Nachhaltigkeit des Wechsels. Etwa dazu ob WhatsApp gelöscht wurde oder andere Maßnahmen ergriffen wurden, um einen bestimmten Messenger häufiger zu nutzen.

3.3 Pretest

Die Entwicklung des Fragebogens wurde begleitet von 15 Interviews mit deutsch- und englischsprachigen Nutzer:innen, welche bereits einen zweiten Messenger installiert hatten und nutzten, oder von WhatsApp komplett auf einen anderen Messenger gewechselt waren. Zu diesem Zweck wurde ein Interviewleitfaden benutzt, welcher offene Fragen zur Messengernutzung und zu Gründen für einen Wechsel bzw. Nicht-Wechsel enthielt. Abhängig von den Antworten wurden Nachfragen zu möglichen Anstrengungen, andere Kontakte zu einem Messengerwechsel zu überzeugen, gestellt. Die offenen Interviews dauerten jeweils 30-45 Minuten. Die Inhalte der Interviews erlaubten uns Antwortmöglichkeiten zu Gründen für und gegen einen Messengerwechsel für den Fragebogen zu formulieren. Nach der Übersetzung wurde die arabischsprachige Version mit drei Signal-Nutzer:innen getestet. Die Online-Umfrage wurde mithilfe des Onlinebefragungstool *SoSci-Survey* erstellt.

Mitte April 2021 wurde der Link zur Umfrage per Messenger und E-Mail an persönliche Kontakte der Autor:innen geschickt, mit der Bitte, ihn vor allem unter arabischsprachigen Nutzer:innen in Deutschland zu verbreiten (Schneeball-Sampling). Der Befragungszeitraum betrug eine Woche. Insgesamt nahmen 212 arabischsprachige Personen an der Befragung teil.

3.4 Ethik

Das Einverständnis aller Teilnehmenden der Pretests und Interviews wurde vor dem Start der Aufnahmen eingeholt.

Dem Fragebogen war eine Informationsseite vorangestellt, die über Zweck und Dauer des Fragebogens sowie Betroffenenrechte aufklärte. Es wurde auch darauf hingewiesen, dass die Teilnahme zu jedem Zeitpunkt abgebrochen werden kann. Alle Fragen außer den offenen Eingabefeldern mussten beantwortet werden, jedoch bot jede Frage die Antwortmöglichkeit "Ich möchte diese Frage nicht beantworten." Mit dem Start der Umfrage willigten die Teilnehmenden in die Datenerhebung ein.

4. Ergebnisse

Im folgenden Abschnitt werden die Ergebnisse der Befragung zusammengefasst. Der Fokus liegt auf der Darstellung der Gründe, die gegen und für einen Messengerwechsel sprechen. Von den 212 befragten gaben 18 Teilnehmer:innen einen weiteren Messenger installiert zu haben. Diesen wurden zusätzliche Fragen zum Wechsel gestellt. Insgesamt zeigt sich, dass die Berichterstattung um die neuen Nutzungsbedingungen nur eine untergeordnete Rolle spielt, Privatheits- und Sicherheitsaspekte allen Befragten zwar wichtig sind, das Benutzen einer Messenger-App aber vor allem davon abhängt, dass Freund:innen und Bekannte diese auch nutzen.

4.1 Datenaufbereitung

Die Umfrage wurde am 13. April 2021 veröffentlicht. Es wurden 212 Fragebögen innerhalb einer Woche vollständig ausgefüllt von denen 208 valide und auswertbar waren. Die Bearbeitungsdauer des Fragebogens betrug im Durchschnitt 4 Minuten und 30 Sekunden, entsprechend der Mindestbearbeitungsdauer der Pretests. Bei Likert-Skala-Fragen wurden Mittelwert, Median und Standardabweichung errechnet, wobei "stimme voll zu" mit 1 und "stimme gar nicht zu" mit 5 bewertet wurde. In der Darstellung der Ergebnisse wurden die Antworten teilweise gruppiert, um die Auswertung zu vereinfachen. Dabei wurden jeweils die Optionen "stimme voll zu" und "stimme zu" sowie "stimme gar nicht zu" und "stimme nicht zu" summiert. Die Option "weder noch" wurde als unentschieden interpretiert. Da nur ein geringer Teil der Befragten tatsächlich den Messenger gewechselt hat konnte keine weitergehenden statistischen Hypothesentests durchgeführt werden. Die Ergebnisse sind daher überwiegend deskriptiv dargestellt.

4.2 Demografische Daten

In Tabelle 1 und 2 werden die demografischen Daten der Teilnehmer:innen zusammengefasst. Die Mehrheit der Teilnehmer:innen war weiblich (54 %) und jünger als 45 Jahre (96 %).

Die Teilnehmer:innen hatten überwiegend einen hohen formalen Bildungsgrad (39 % mit Hochschulabschluss und weitere 24 % gaben bei der offenen Frage zu ihrem Fachgebiet an, dass sie einen Bachelorabschluss anstreben). 17 Teilnehmer:innen (8 %) gaben an, dass sie IT-Sicherheit studieren oder studiert haben. Unter den Teilnehmer:innen befanden sich aber auch Ärzt:innen, Apotheker:innen, Ingenieur:innen und Architekt:innen. Die höhere Bildung der Teilnehmenden lässt sich auf das Schneeball-Sampling zurückführen. Es liegen keine genauen Daten zum Einschätzen der Repräsentativität der Daten vor. Zum Vergleich wurden Informationen aus dem Statistikportal des Bundes für in Deutschland lebende Menschen mit einer Staatsangehörigkeit von Ländern, in denen arabisch Amtssprache ist, herangezogen. Hier zeigt sich, dass in unserer Stichprobe der Anteil sich weiblich identifizierender und jüngerer Personen größer ist als in der Vergleichsgruppe[2].

Tabelle 1: Demografische Daten der Teilnehmenden (n = 208).

Geschlecht		Alter	
Weiblich	54 %	bis 18	5 %
Männlich	45 %	18-24	47 %
Nicht binär	0 %	25-34	39 %
Keine Angabe	1 %	35-44	5 %
		45-54	1 %
		55-64	2 %

Tabelle 2: Höchster Bildungsabschluss der Teilnehmenden (n = 208).

Bildung	
Keine Schulbildung abgeschlossen	3 %
Abitur	45 %
Ausbildung	7 %
Universitätsabschluss	39 %
Andere	4 %
Keine Angabe	1 %

2 Vergleichsdaten des statistischen Bundesamtes, abrufbar unter https://www-genesis.destatis.de/genesis//online/?operation=table&code=12411-0009; letzter Zugriff 10.05.2022

Abbildung 1: Benutzte Betriebssysteme (n = 208).

4.3 Smartphone- und Messengernutzung

Im Folgenden werden die Ergebnisse des ersten Teils der Umfrage über die allgemeine Nutzung von Messengern dargestellt.

Abbildung 1 zeigt, dass die Mehrheit der Teilnehmer:innen Android (56 %) benutzte, mit einer geringen Differenz zur Menge der IOS-Nutzer:innen (42 %).

Im Vergleich zum Marktanteil der Betriebssysteme in Deutschland, der mit 69 % Android und 30,0 % iOS angegeben wird[3], liegt die Nutzung von iOS bei den Teilnehmenden deutlich darüber.

Abbildung 2 zeigt, dass *WhatsApp* von fast allen Teilnehmer:innen seit mehr als 12 Monaten benutzt (96 %) wird. Nur 2 % der Teilnehmer:innen hatten WhatsApp kürzlich neu installiert. *Signal* wurde im Vergleich dazu nur von 15 % benutzt, davon benutzte die große Mehrheit den Messenger mehr als einen, aber weniger als sechs Monate, dies wurde also vermutlich durch die neuen Nutzungsbedingungen von WhatsApp angeregt. Nur 5 % aller Teilnehmer:innen benutzten Signal seit mehr als sechs Monaten. Weiter verbreitet war die Nutzung von Telegram. 61 % gaben an, diesen Messenger zu nutzen, bei 45 % aller Teilnehmenden lag die Installation bereits mehr als 12 Monate zurück. Der *Facebook-Messenger* wurde von 87 % der Teilnehmer:innen seit mehr als 12 Monaten verwendet. Nur 2 % hatten Facebook-Messenger erst vor kurzem installiert. Insgesamt 29 % der Teilnehmer:innen verwendeten *iMessage* seit mehr als sechs Monaten und nur 1 % verwendete es seit mehr als einem Monat. *Viber* wurde von 19 % der Teilnehmer:innen seit mehr als sechs Monaten benutzt. In den Vorabinterviews wurde zudem der Messenger *Imo* von arabischsprachigen Nut-

3 Siehe https://de.statista.com/statistik/daten/studie/256790/umfrage/marktanteile-von-android-und-ios-am-smartphone-absatz-in-deutschland/ Zugriff 25.02.2022

zer:innen erwähnt. 27 % benutzten ihn seit mehr als sechs Monaten und 2 % nutzten ihn seit kurzer Zeit.

Viber und *Imo* sind in Deutschland weniger verbreitete Messaging-Anwendungen, haben global aber nach Eigenangaben jeweils mehr als 200 Mio. Nutzer:innen. In den Interviews gaben Teilnehmer:innen an, dass sie *Imo* verwenden, um mit ihren Verwandten in anderen Ländern zu kommunizieren, weil die Qualität der Videoanrufe besser sei als bei anderen Apps, oder weil andere Apps in diesen Ländern blockiert seien. Allerdings bieten diese Apps keinen Schutz etwa durch E2E-Verschlüsselung oder Möglichkeiten, Internetblockaden zu umgehen. Beide Apps sind bereits 2016 zusammen mit anderen Messengern in einigen Ländern blockiert worden (Kelly et al. 2016).

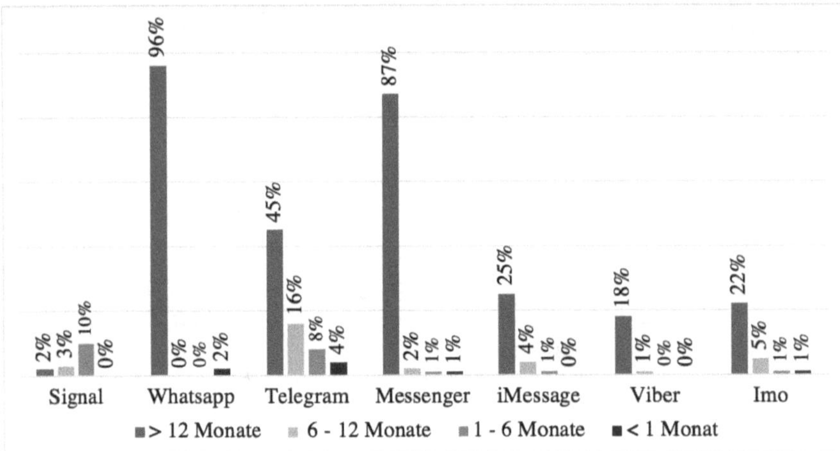

Abbildung 2: Wie lange wird der jeweilige Messenger bereits benutzt? (n = 208).

Abbildung 3 zeigt, wie oft die Messenger von den Teilnehmer:innen verwendet wurden. Alle nutzten *WhatsApp* täglich, wobei 43 % den Messenger mehrere Male pro Stunde nutzten, was zeigt, dass *WhatsApp* eine wesentliche Rolle im Alltag der Teilnehmer:innen spielt. *Facebook-Messenger* wird von 35 % der Befragten täglich genutzt, 26 % nutzten ihn einmal pro Woche und 26 % weniger als einmal pro Woche. An dritter Stelle liegt *Telegram* mit 14 % täglicher Nutzung und 21 % der Befragten, die Telegram wöchentlich nutzen. *Signal* wurde von den meisten Teilnehmenden weniger als einmal pro Woche verwendet (10 %). Nur 2 % nutzten ihn mehrmals am Tag. Ähnlich sieht das Nutzungsverhalten von *Imo* aus: 12 % gaben an, *Imo* weniger als einmal pro Woche zu nutzen, allerdings nutzten

10 % ihn einmal pro Woche genutzt, und 2 % nutzen *Imo* mehrmals am Tag. Dies lässt sich möglicherweise durch die gezielte Nutzung für Videoanrufe erklären.

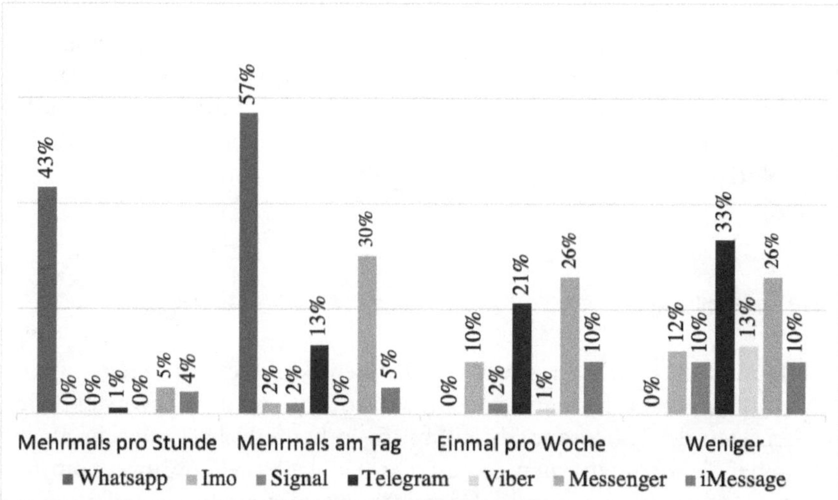

Abbildung 3: Angaben, wie oft die unterschiedlichen Messenger genutzt werden (n = 208).

Tabelle 3: Wie oft werden die unterschiedlichen Messenger benutzt? (n = 208).

	zustimmend	widersprechend	unentschieden	Mittelwert	Median	Standardabweichung
Kommunikation mit Bekannten	94 %	4 %	2 %	1,57	1	0,78
Gruppenchats	75 %	8 %	17 %	2,18	2	0,86
Geschäftliche Nutzung	61 %	17 %	22 %	2,47	2	0,93
Private Nutzung	91 %	3 %	6 %	1,7	2	0,73
Zum Lernen	84 %	7 %	9 %	1,88	2	0,9

Tabelle 3 veranschaulicht die Angaben der Teilnehmer:innen über die Gründe für die Nutzung von Messenger-Apps. Die größte Zustimmung mit 94 % fand die Aussage “Ich verwende Messenger-Apps hauptsächlich, um Textnachrichten an Personen zu senden, die ich kenne." Der Median für diese Aussage betrug 1 (stimme voll zu). Eine ähnliche Zustimmungsrate (91 %) hatte die Aussage "Ich benutze Messenger-Apps hauptsächlich für die private Kommunikation." 75 % gaben an, die Apps außerdem für Gruppenkommunikation zu nutzen. Die geschäftliche Nutzung ist für die Teilnehmenden weniger relevant, 17 % der Teilnehmer:innen haben der Aussagen widersprochen, dass sie "Messenger-Apps hauptsächlich für Geschäftskommunikation" verwenden. Aufgrund des hohen Anteils Studierender unter unseren Teilnehmenden messen wir eine zu erwartende höhere Nutzung der Messenger zur "Lernkommunikation" (84 % Zustimmung).

4.4 Untersuchung zum Wechsel von WhatsApp zu anderen Messengern

Abbildung 4 fasst die Angaben der Teilnehmer:innen zur Frage zusammen, ob sie die Informationen von *WhatsApp* zu den bevorstehenden Änderungen der Datenschutzbestimmungen bemerkt haben. Mehr als die Hälfte der Teilnehmer:innen gab an, dass sie das Pop-Up wahrgenommen haben, das für eine Zeit auf der Übersichtsseite der App als Band angezeigt wurde, bis die neuen Bedingungen von den Nutzenden akzeptiert wurden.

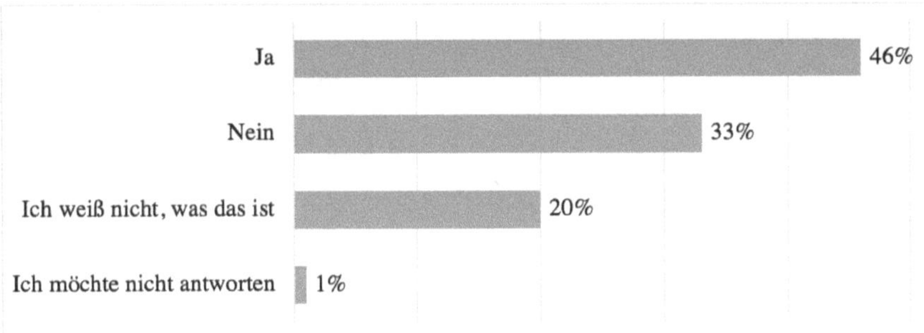

Abbildung 4: Wahrnehmung des Pop-Ups von WhatsApp durch die Nutzenden (n = 208).

Auf die Frage, ob sie bisher von *WhatsApp* zu einem anderen Messenger gewechselt sind oder planen zu wechseln, antworteten 8 % mit "Ja." Ein ähnlich großer Anteil (7 %) gab an, sich über die Frage noch keine Gedanken gemacht zu haben (siehe Abbildung 5).

Bei den Wechsler:innen und Wechselwilligen gab eine knappe Mehrheit (53 %) an, das Pop-Up bemerkt zu haben. Der Wert liegt höher als bei der Gesamtheit der Befragten, ein statistisch signifikanter Zusammenhang konnte zwischen diesen Positionen allerdings nicht festgestellt werden.

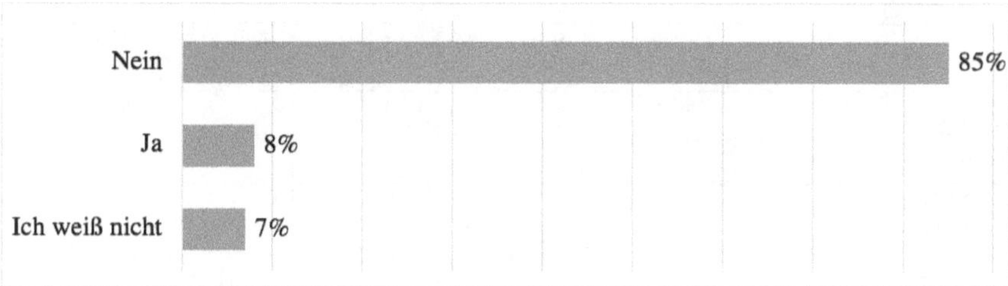

Abbildung 5: Absicht der Nutzer von WhatsApp zu einem anderen Messenger zu wechseln (n = 208).

Tabelle 4 zeigt die Auffassungen der Teilnehmer:innen zu fünf verschiedenen Aussagen über mögliche Gründe zu ihrem Verbleib bei *WhatsApp*. Die Nutzung von *WhatsApp* durch eine Mehrheit der Freund:innen/Kontakte erfuhr die größte Zustimmung (96 %, Median 1). Gleichzeitig haben nur 40 % Vertrauen in *WhatsApp*. Eine Zustimmungsrate von 71 % hatte die Aussage "Ich sehe keinen Grund, warum ich meine Kommunikation von *WhatsApp* auf eine andere App umstellen sollte." Dabei gibt es eine signifikant positive Korrelation zwischen dieser Aussage und dem Vertrauen in *WhatsApp* ($p < 0{,}01$, $r = 0{,}52$). Teilnehmer:innen, die keinen Grund für einen Wechsel sehen, vertrauten *WhatsApp* mehr, als andere. Die Nutzung von Gruppenchats ist für Teilnehmer:innen ein weiterer Grund, WhatsApp weiter zu nutzen (64 % Zustimmung), wobei dieser Wert deutlich unter dem der direkten Kommunikation liegt. Etwas mehr als die Hälfte (55 %) der Teilnehmer:innen, die nicht planen zu wechseln, stimmte der Aussage zu "keine sensiblen Daten auf WhatsApp" zu teilen. Dieses Item wurde auf Basis von Forschungsliteratur (Abu-Salma et al. 2018) die zeigt, dass Nutzer:innen häufig angeben, keine sensiblen oder wichtigen Daten auf Online-Tools zu teilen, weil sie überhaupt kein Vertrauen in Online-Kommunikation haben.

Die Teilnehmer:innen hatten die Möglichkeit, ihre eigenen Gründe zum Verbleib bei *WhatsApp* in einem offenen Eingabefeld zu nennen. Tabelle 5 listet die Angaben der Teilnehmer:innen nach der Kodierung in elf verschiedene Kategorien. Die Kodierung wurde durch die Erstautorin durchgeführt. Am häufigsten (38 %) wurde Bequemlichkeit und der hohe

Aufwand, den ein Wechsel mit sich bringt, als Grund für den Verbleib genannt. Die große Nutzer:innenbasis von *WhatsApp* war der am zweit häufigsten genannte Grund (16 %).

Tabelle 4: Angaben über ihre Gründe zum Verbleib bei WhatsApp (n = 191).

	zustimmend	widersprechend	unentschieden	Mittelwert	Median	Standardabweichung
Verwendung durch Peers	96 %	2 %	2 %	1,5	1	0,67
Kein Grund für Wechsel	71 %	8 %	20 %	2,15	2	0,92
Vertrauen in WhatsApp	40 %	20 %	39 %	2,74	3	0,95
Verwendung durch Gruppen	64 %	20 %	15 %	2,41	2	1,11
Keine sens. Daten	55 %	17 %	28 %	2,48	2	1,01

Tabelle 1.5: Gründe zum Verblieb bei WhatsApp aus dem Eingabefeld (n = 27).

Klarstellungen von WhatsApp zum Datenschutz	6 %
Keine wichtige Daten, die gestohlen werden können	6 %
Features von WhatApp	9 %
Bequemlichkeit	38 %
große Nutzer:innenbasis	16 %

4.5 WhatsApp-Alternative

Abbildung 6 zeigt, zu welchen Messengern die Teilnehmer:innen gewechselt sind. Die Mehrheit der 18 Wechselnden nutzt nun *Telegram* (8, 44 %) und *Facebook-Messenger* (4, 22 %). Da Telegram und der Facebook Messenger optional einen "secret chat" Modus anbieten, welcher potentiell positiven Einfluss auf die Privatheit der Nutzer:innen haben könnte, befragten wir die Teilnehmer:innen zusätzlich nach der Nutzung dieses "secret chat" Modus, wenn sie angaben Telegram oder den Facebook Messenger zu verwenden. Keine:r der Befragten antwortete hier mit "Ja." Neun (75 %) verneinten die Frage oder gaben an, nicht zu wissen was das sei (3). Nur vier Befragte (22 %) sind zu *Signal* gewechselt. Bezüglich der demografischen

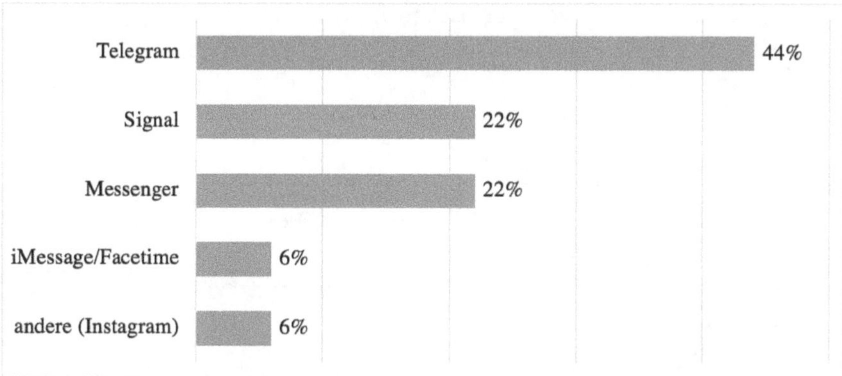

Abbildung 6: Messenger, zu dem die Teilnehmer:innen gewechselt sind (n = 18).

Daten wie Alter und Bildungsniveau unterscheiden sich die Wechselnden nicht deutlich von der Gesamtheit der Befragten.

In einer 5-Punkte-Likert-Matrix konnten unsere Teilnehmenden ihre Zustimmung zu verschiedenen Aussagen angeben. Die Frage enthielt 18 Aussagen über mögliche Gründe zum Wechsel weg von *WhatsApp*. Diese wurden in die drei Kategorien “Sicherheitssorgen,” “Peer- und Medieneinfluss” und “Features” unterteilt.

Tabelle 6 gibt einen Überblick über die Zustimmung der Teilnehmenden zu verschiedenen Antwortmöglichkeiten zum Thema Sicherheit und Privatsphäre. Die höchste Zustimmungsrate (83 %) erhielt die Aussage “Ich möchte nicht, dass Facebook meine Nachrichten ausspioniert.” Gleichzeitig befürchten 72 % “dass [ihre] persönlichen Daten nicht sicher sind, wenn [sie] WhatsApp verwende[n].” Der Aussage "’Ich möchte nicht, dass Facebook weiß, wem ich schreibe, anhand meiner Metadaten"’ stimmten 78 % zu und wurde nur von 6 % widersprochen.

Die Hälfte der Teilnehmer:innen informierte sich bei Bekannten, bevor sie die App wechselten. Und sie nehmen an, dass “die andere App [...] persönliche Daten nicht [verwendet]” (72 %) und “mehr Sicherheit bietet als WhatsApp” (67 %). Es ist bemerkenswert, dass zwei der Teilnehmer:innen von *WhatsApp* gewechselt sind, obwohl sie den Aussagen zur Sicherheit der neuen App widersprochen haben, jeweils 17 % und 22 % konnten sich bei den Aussagen nicht entscheiden.

Aussagen, die auf eine Ablehnung der neuen Datenschutzbestimmungen von *WhatsApp* und Facebook hinweisen, erhalten ebenfalls eine hohe Zustimmung (61 %). Drei Teilnehmende widersprachen dieser Aussage, haben also unabhängig von der Änderung der Nutzungsbedingungen gewechselt.

Tabelle 6: Teilnehmerangaben über ihre Gründe zum Wechsel von WhatsApp in der Kategorie "Sicherheitssorgen" (n = 18).

	zustimmend	Widersprechend	unentschieden	Mittelwert	Median	Standardabweichung
Ich fragte die Person, der ich in techn. Angelegenheiten vertraue, ob ich wechseln sollte	50 %	17 %	33 %	2,56	2,5	0,92
Ich möchte nicht, dass Facebook meine Nachrichten ausspioniert	83 %	6 %	11 %	1,83	2	0,86
Ich möchte nicht, dass Facebook weiß, wem ich schreibe, anhand meiner Metadaten	78 %	6 %	17 %	1,83	2	0,92
Die andere App bietet mehr Sicherheit als WhatsApp	67 %	11 %	22 %	2,06	2	1,06
Ich weiß nicht, was der Grund ist	22 %	44 %	33 %	3,33	3	1,41
WhatsApp ändert seine Datenschutzerklärung auf eine Weise, die ich nicht gut heiße	61 %	17 %	22 %	2,28	2	1,07
Die Nutzungsbedingungen von Facebook wurden geändert	61 %	11 %	28 %	2,28	2	0,96

Tabelle 7 zeigt die Angaben der Teilnehmer:innen über ihre Gründe zum Wechsel, der durch Einfluss von Freund:innen oder Massenmedien angeregt wurde. Im Allgemeinen hat diese Kategorie keine hohe Zustimmungsrate. Die drei Aussagen "Die meisten meiner Freunde benutzen diese andere App," "Ich musste jemandem schreiben, der WhatsApp nicht verwendet" und "Die Person, der ich in technischen Angelegenheiten vertraue, sagte mir, dass ich wechseln sollte" haben dieselbe Zustimmungsrate (44 %) und zeigen den direkten Einfluss von Freund:innen auf das Wechselverhalten. Nur ein geringer Anteil (17 %, n=3) hat das Gefühl, dass "alle wechseln." Die größte Zustimmungsrate hat die Aussage "Ich habe einen Nachrichtenartikel gelesen" mit 56 % und einen Median von 2 ("stimme zu").

Tabelle 7: Teilnehmerangaben über ihre Gründe zum Wechsel von WhatsApp unter der Kategorie "Peer- und Massenmedieneinfluss" (n = 18).

	zustimmend	Widersprechend	unentschieden	Mittelwert	Median	Standardabweichung
Die meisten meiner Freunde benutzen diese andere App	44 %	44 %	11 %	2,89	3	1,13
Ich musste jemandem schreiben, der WhatsApp nicht verwende	44 %	33 %	22 %	2,78	3	1,06
Die Person, der ich in technischen Angelegenheiten vertraue,sagte mir, dass ich wechseln sollte	44 %	22 %	33 %	2,78	3	1,17
Ich habe einen Nachrichtenartikel gelesen	56 %	28 %	17 %	2,61	2	1,04
Alle Leute wechseln von WhatsApp	17 %	33 %	50 %	3,17	3	0,92

In Tabelle 8 werden die Angaben der Teilnehmer:innen über die drei Aussagen, die in Bezug zur Servicequalität des Messengers und seinen Features stehen, zusammengefasst. Weder eine besondere Funktion, noch die Erwartung von Werbung oder zusätzlichen Kosten zeigen sich hier als von der Mehrheit angegebenen Gründe für einen Wechsel.

Tabelle 8: Angaben über ihre Gründe zum Wechsel von WhatsApp unter der Kategorie "Features" (n = 18).

	zustimmend	Widersprechend	unentschieden	Mittelwert	Median	Standardabweichung
Die andere App bietet eine spezielle Funktion	44 %	11 %	44 %	2,56	3	0,86
Ich habe gehört, dass WhatsApp in Zukunft Werbung zeigen wird	44 %	33 %	22 %	2,83	3	1,15
Ich habe gehört, dass WhatsApp nicht kostenfrei bleiben wird	33 %	44 %	22 %	3,06	3	1,16

4.6 Verhalten vor dem Wechsel weg von WhatApp

In Tabelle 9 werden die Antworten zu Recherche über alternative Apps zusammengefasst. Eine knappe Mehrheit (56 %) fand nur die Aussage "Ich habe einige Artikel darüber recherchiert, welche Messenger-Apps am Besten zum Datenschutz geeignet sind" gefolgt von 44 % für die Aussage "Ich habe durch Zufall einen Artikel über bessere Alternativen zu WhatsApp gehört oder gelesen." Die Aussagen, die auf einen eigene Recherche der Befragten hinweisen, liegen dabei vor jenen, bei denen Informationen von Freund:innen oder die Kosten einer App eine besondere Rolle spielen.

Tabelle 9: Angaben darüber, wo Informationen über alternativen Apps bezogen wurden (n = 18).

	zustimmend	Widersprechend	unentschieden	Mittelwert	Median	Standardabweichung
Freund:in mit Expertise	39 %	39 %	22 %	3	3	1,08
Freund:in mit Expertise	44 %	33 %	22 %	2,89	3	1,08
Kostenlose App	28 %	44 %	28 %	3,22	3	0,94
Eigene Recherche	56 %	33 %	11 %	2,72	2	1,18

4.7 Weitere Gründe für die Installation eines neuen Messengers

Tabelle 10 veranschaulicht die Angaben der Teilnehmer:innen über die konkreten Gründe, die sie zum Installieren des neuen Messengers bewegt haben. Da der vorherige Block bereits gezeigt hat, dass die meisten der 18 Wechsler:innen selbst Alternativen recherchiert haben, findet keine der Aussage eine mehrheitliche Zustimmung. Beim Vergleich der Angaben zur Aussage "Ein:e Freund:in sagte es mir" mit denen zur Aussage "Ein sachkundiger Freund empfiehlt es" ist zu sehen, dass die Meinung von Expert:innen einen höheren Einfluss hat. Die geringste Zustimmung hat die Aussage "Weil ein Social-Media-Influencer es empfohlen hat."

Tabelle 10: Angaben zu weiteren Gründen für die Installation eines neuen Messengers (n = 18).

Empfehlung durch Freund:in	22 %	33 %	44 %	3,11	3	0,76
Empfehlung durch sachkundige:n Freund:in	39 %	33 %	28 %	2,94	3	0,87
Verpflichtung durch Arbeitgebern	28 %	44 %	28 %	3,11	3	1,13
Verschiebung eines Gruppenchats	28 %	44 %	28 %	3,06	3	1,21
Durch Artikel überzeugt	33 %	44 %	22 %	3,11	3	0,9
Influencer:in	6 %	72 %	22 %	3,78	4	0,94

4.8 Überzeugung von Freunden:innen und Bekannten zum Wechsel

Nur ein Drittel der Wechsler:innen hat versucht, Freund:innen und Bekannte dazu zu überreden, ebenfalls eine neue Messenger-App zu installieren. Dies war zu erwarten, da die Mehrheit keine spezifischen Gründe für den Wechsel nennen konnte. Alle Teilnehmer:innen haben mit ihren Freund:innen persönlich über die Messengernutzung gesprochen, aber nur die Hälfte gab an, aktive Überzeugungsarbeit versucht zu haben. Datenschutzargumente wurden von zwei Teilnehmenden angeführt, eine Person gab an, individuelle Nachrichten geschickt zu haben und eine weitere hat die Einladefunktion der App genutzt. In den Vorabinterviews gaben die Befragten an, sich zu scheuen, im weiteren Umfeld für eine bestimmte App zu werben und vor allem enge Freund:innen oder Familienmitglieder dazu einzuladen.

Die Teilnehmer:innen wurden zusätzlich gefragt, wie viele Personen sie versucht haben zu überzeugen. Der Mittelwert lag bei 10,83 Personen mit einem Minimum von 2 und einem Maximum von 40 Personen.

Abbildung 7 fasst die Selbsteinschätzung der Teilnehmer:innen zum Erfolg ihrer Überzeugungsversuche zusammen. Bis auf eine Person gaben alle an, einige bis alle kontaktierten Personen überzeugt zu haben.

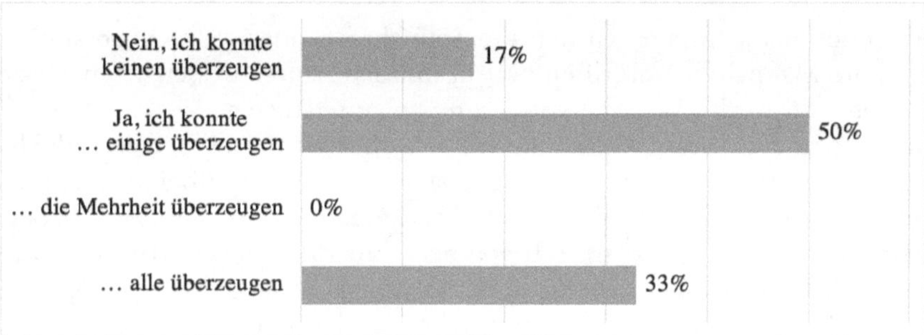

Abbildung 7: Erfolgsquote der Überzeugungsversuche (n = 6).

4.9 Teilnehmer:innen, die WhatsApp gelöscht haben

Abschließend wurden die Teilnehmer:innen gefragt, ob sie nach ihrem Wechsel *WhatsApp* gelöscht haben (siehe Abbildung 8). Eine Person stimmte zu und zwei Weitere gaben an dies zu planen. Um weiter mit Freund:innen und Bekannten in Kontakt bleiben zu können, lassen die meisten Teilnehmenden *WhatsApp* trotz alternativer Apps installiert. In

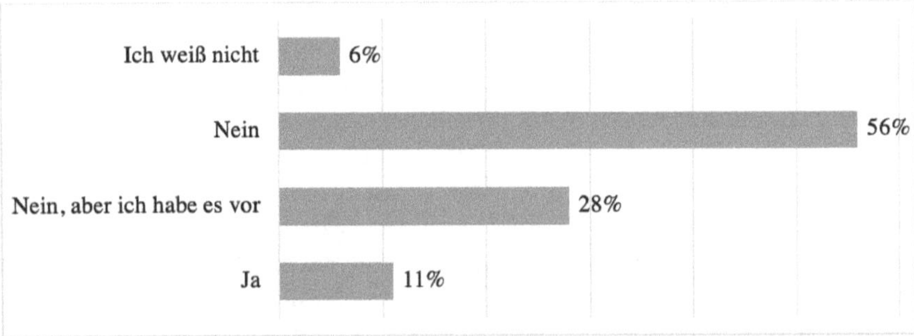

Abbildung 8: Angaben der Teilnehmer darüber, ob sie WhatsApp gelöscht haben (n = 18).

den Vorabinterviews gab eine Person an, dass der Partner *Signal* installiert und *WhatsApp* gelöscht habe, aber nach 10 Tagen die Entscheidung rückgängig gemacht habe, da keine weiteren Kontakte zur neuen App gefolgt waren.

4.10 Maßnahmen, um den neuen Messenger mehr zu nutzen

Am Ende der Umfrage wurden die Teilnehmer:innen gefragt, ob sie bestimmte Maßnahmen ergriffen haben, um den neuen Messenger mehr zu nutzen und so die Verhaltensänderung zu unterstützen. Sie konnten bei dieser Frage mehrere Optionen wählen. Insgesamt 63 % der Teilnehmer:innen (n = 18) haben angegeben, dass sie das App-Symbol an eine prominente Stelle des Startbildschirms verschoben haben und 63 % haben Personen mitgeteilt, dass sie es bevorzugen, über den neuen Messenger benachrichtigt zu werden. Niemand hat Personen auf der anderen App blockiert, damit sie keine Nachrichten mehr senden können. In den Vorab-Interviews hatte eine Person angegeben, das gegenseitige und einvernehmliche Blockieren von Kontakten zur Unterstützung der Gewohnheitsänderung vollzogen zu haben.

5. Diskussion

Ausgangspunkt für die vorgestellte Studie war die breite Medienberichterstattung über die Änderung der Nutzungsbedingungen von WhatsApp. Verschiedene alternative Messenger berichteten im Zuge der öffentlichen

Debatte über steigende Nutzer:innenzahlen. Mit einer Befragung von Nutzer:innen wollten wir untersuchen, ob dieses Ereignis tatsächlich zu einem Wechsel der hauptsächlich genutzten Messaging-App geführt hat, welche Gründe die Nutzer:innen für den Wechsel angeben, und wie die Probleme des Netzwerk-Effekts (also der fehlenden Nutzung durch viele andere) angegangen werden. Trotz vieler Berichte und negativer Grundeinstellung gegenüber WhatsApp zum Zeitpunkt der Einführung der neuen Nutzungsbedingungen haben nur wenige Befragte den Messenger gewechselt, noch weniger haben WhatsApp tatsächlich deinstalliert.

Unsere Studie richtete sich zudem speziell an arabischsprachige Nutzer:innen in Deutschland, um zu untersuchen, ob hier Unterschiede zu bekannten Ergebnissen existieren was etwa den Stellenwert von Sicherheitsfragen bei der Wahl des Messengers angeht. Da insgesamt nur wenige Nutzer:innen einen weiteren Messenger installiert haben kann im Rahmen dieser Studie keine Hypothesentests zu weiteren Faktoren durchgeführt werden. Insgesamt scheint auch bei diese Nutzer:innengruppe die Verbreitung eines Messengers im Bekanntenkreis wesentlicher Faktor für die Nutzung zu sein. Zwar sind auch weniger populäre Messenger wie *Viber* oder *Imo* verbreitet, die zum Beispiel zur Kommunikation mit Verwandten im Ausland genutzt werden. Hierbei steht die Qualität von Videochats oder die Nutzbarkeit innerhalb zensierter Netzwerke im Vordergrund. Keiner der Messenger ist allerdings auf das Umgehen von Netzwerksperren ausgelegt.

Dieses spezielle Nutzungsverhalten bzw. die Bedürfnisse an die Funktionalität bieten einen möglichen Ansatzpunkt, durch gezielte Berücksichtigung und Ansprache die *Pull*-Faktoren innerhalb dieser Gemeinschaft zu fördern. Dadurch bietet sich das Potential, sowohl die Privatsphäre arabischsprachiger Menschen innerhalb Deutschlands, aber auch derjenigen, zu denen sie in Kontakt stehen, zu erhöhen.

In Bezug auf WhatsApp konnten wir feststellen, dass eine Mehrheit (54 %) das Informations-Pop-Up von WhatsApp nicht bemerkt hat. Nur 8 % der Befragten gaben an, den Messenger wechseln und WhatsApp nicht weiter nutzen zu wollen. Gleichzeitig hatten über 10 % in den vergangenen Monaten einen weiteren Messenger installiert. Als neu installierte Messenger werden vor allem Signal und Telegram genannt.

Insgesamt bestätigt unsere Studie Ergebnisse vorheriger Studien mit anderen Nutzer:innen, wie etwa, dass die Gründe für die Nicht-Nutzung von sichereren Messengern unter anderem in der Fragmentierung der Nutzergruppen liegt (Abu-Salma, Sasse et al. 2017). Bei der Wahl eines Messengers steht an erster Stelle die Frage, wie viele Bekannte man damit erreichen kann. In unserer Umfrage gaben 64 % der Befragten an, dass zumindest Teile ihrer Kommunikation nur über WhatsApp möglich seien, zum Beispiel weil bestimmte Netzwerke im Beruf oder Studium nur darüber gepflegt werden. Gleichzeitig stimmten 55 % der Aussage zu, dass sie keine sensiblen Informationen über WhatsApp teilen. Hierzu hatten Abu-Salma, Krol et al. (2017) in einer qualitativen Studie festgestellt, dass Ausweichstrategien genutzt würden, wie etwa sensible Informationen nur in Sprachanrufen mitzuteilen.

Ein weiterer Schwerpunkt lag auf der Befragung der Wechselwilligen. Die 18 Teilnehmer:innen, die WhatsApp verlassen wollten, wurden unter anderem gefragt, was die Gründe für einen Wechsel sind und inwiefern sie andere Nutzer:innen zum Wechsel überreden würden. Den größten Einfluss haben hier Bekannte und Expert:innen, die einen Wechsel empfohlen haben. Nur 6 Teilnehmende versuchten nach dem Messengerwechsel, ihre Kontakte ebenfalls zu einem zu Wechsel überreden.

Im Ergebnis zeigt die Studie, dass dass arabischsprachige Nutzer:innen im Bezug auf Datenschutz und Datensicherheit zwar die Bedenken teilen, die für andere Nutzer:innengruppen aus der Literatur bekannt sind, aber auch hier führt der Netzwerkeffekt dazu, dass auf besonders häufig genutzte Messenger nicht verzichtet werden kann. Nichtsdestotrotz hat unter anderem die Aufmerksamkeit für die Änderung der Datenschutzbedingungen bei WhatsApp dazu geführt, dass ein Teil der Befragten ihr Nutzungsverhalten überdacht und teilweise zusätzliche Messenger installiert hat.

Interessant ist auch hier der Einfluss, den (sachkundige) Bekannte ausüben, und die eigene Zurückhaltung, andere zu überzeugen. Diese Lücke könnte durch gezielte Medienstrategien, die für Zielgruppen relevante Social-Media-Influencer miteinbezieht, adressiert und so die Nutzer:innen von eigener Überzeugungsarbeit geleistet werden. Soziale Nähe scheint ein wesentlicher Faktor im Nutzungs- und Wechselverhalten zu sein, der von bisherigen Strategien kaum berücksichtigt wird. Social-Media-Influencer simulieren diese Nähe, hatten aber zumindest bei unseren Teilnehmer:innen kaum Einfluss. Hier bietet sich also ein mögliches Potential, Privatsphäre in der Messenger-Kommunikation und darüber hinaus an die Zielgruppen heranzutragen. Diaspora-Gemeinschaften können hier eine besondere Rolle spielen, da sie in ihrem Nutzungsverhalten nicht nur durch andere Diskurse und Praktiken beeinflusst werden, sondern diese auch mitbeeinflussen können. Hier ist weitere Forschung notwendig, um spezielles Nutzungsverhalten sowie Informationskanäle zu erheben.

Bei den Teilnehmenden, welche von WhatsApp zu einem anderen Messenger wechselten, spielten Sicherheit und die Vertraulichkeit der Nachrichteninhalte ebenfalls eine große Rolle. Bei der Aufklärung von Endnutzenden zur Messengerwahl sollten die Punkte Sicherheit und Privatheit also im Vordergrund stehen. Klare Empfehlungen von Expert:innen aus der Forschung hätten gegebenenfalls die Migration zu Ende-zu-Ende verschlüsselten und datensparsamen Messengern wie Signal erhöhen können. Stattdessen beobachten wir eine Abkehr von WhatsApp zu einer beliebigen Alternative, wie z. B. Telegram, dessen Sicherheit und Privatheit von Expert:innen oft als geringer eingeschätzt wird.

Literatur

Abu-Salma, Ruba, Kat Krol u.a. (Apr. 2017): „The Security Blanket of the Chat World: An Analytic Evaluation and a User Study of Telegram". In: *Proceedings 2nd European Workshop on Usable Security.* doi: 10.14722/eurousec.2017.23006.

Abu-Salma, Ruba, Elissa M. Redmiles u. a. (Aug. 2018): „ Exploring User Mental Models of End-to-End Encrypted Communication Tools". In: *8th USENIX Workshop on Free and Open Communications on the Internet (FOCI 18)*. Baltimore: USENIX. https://www.usenix.org/conference/foci18/presentation/abu-salma (besucht am 18. 05. 2022).

Abu-Salma, Ruba, M. Angela Sasse u.a. (2017): „Obstacles to the Adoption of Secure Communication Tools". In: *2017 IEEE Symposium on Security and Privacy (SP)*, S. 137–153. doi: 10.1109/SP.2017.65.

Akgul, O. u.a. (2006): „Secrecy, Flagging, and Paranoia Revisited: User Attitudes Toward Encrypted Messaging Apps". In: *Proceedings of the 2006 Conference on Human Factors in Computing Systems, CHI 2006.* doi: 10. 1145/1124772.1124862.

Dechand, Sergej u.a. (2019): „In Encryption We Don't Trust: The Effect of End-to-End Encryption to the Masses on User Perception". In: *2019 IEEE European Symposium on Security and Privacy (EuroS&P)*, S. 401–415. doi: 10.1109/EuroSP.2019.00037.

Gerber, Nina u.a. (Aug. 2018): „Finally Johnny Can Encrypt: But Does This Make Him Feel More Secure?" In: *Proceedings of the 13th International Conference on Availability, Reliability and Security (ARES 2018).* Hamburg: ACM. doi: 10.1145/3230833. 3230859.

Kelly, Sanja u.a. (2016): Freedom on the Net 2016: Silencing the Messenger: Communication Apps Under Pressure. Freedom House. url: https://freedomhouse.org/report/freedom-net/2016/silencing-messenger-communication-apps-under-pressure (besucht am 18. 05. 2022).

Kulyk, Oksana, Kristina Milanovic und Jeremy Pitt (2020): „Does My Smart Device Provider Care About My Privacy? Investigating Trust Factors and User Attitudes in IoT Systems". In: *Proceedings of the 11th Nordic Conference on Human-Computer Interaction: Shaping Experiences, Shaping Society.* New York: ACM. doi: 10.1145/3419249.3420108.

Luca, Alexander De u.a. (Juni 2016): „Expert and Non-Expert Attitudes towards (Secure) Instant Messaging". In: *Twelfth Symposium on Usable Privacy and Security (SOUPS 2016)*. Denver: USENIX, S. 147–157. https://www.usenix.org/conference/soups2016/technical-sessions/presentation/deluca (besucht am 18. 05. 2022).

McKenna, Brad, Petri Mäkinen und Tuure Tuunanen (2021): „Switching Behaviour in Smart Phone Messaging Services – It's a Question of Context, Content, and Features of the Service". In: *Proceedings of the 54th Annual Hawaii International Conference on System Sciences, HICSS 2021*, S. 1222–1231.

Mehner, Matthias (13. Mai 2021): WhatsApp AGB Anpassungen 2021 – Was du wirklich wissen musst! https://www.messengerpeople.com/de/ whatsapp-agb-anpassungen-2021-was-du-wirklich-wissen-musst (besucht am 18. 05. 2022).

Schreiner, Michel und Thomas Hess (Aug. 2015): „Examining the Role of Privacy in Virtual Migration Examining the Role of Privacy in Virtual Migration: The Case of WhatsApp and Threema". In: AMCIS 2015 Proceedings. https://aisel.aisnet.org/amcis2015/ISSecurity/GeneralPresentations/33 (besucht am 18. 05. 2022).

Tremmel, Moritz (14. Jan. 2021): Signal verfünffacht Nutzerzahl in kürzester Zeit. https://www.golem.de/news/weg-von-whatsapp-signal-verfuenfacht-nutzer-in-kuerzester-zeit-2101-153403.html (besucht am 18. 05. 2022).

Whatsapp (Jan. 2021): Antworten auf Fragen zur Aktualisierung der Whats-App Datenschutzrichtlinie im Januar 2021. https://faq.whatsapp.com/general/security-and-privacy/answering-your-questions-about-whatsapps-privacy-policy (besucht am 18. 05. 2022).

Zengyan, Cheng, Yang Yinping und J. Lim (2009): „Cyber Migration: An Empirical Investigation on Factors that Affect Users' Switch Intentions in Social Networking Sites". In: *Proceedings of the 42nd Hawaii International Conference on System Sciences, HICSS 2009*, S. 1–11. doi: 10.1109/HICSS. 2009.140.

Teil IV
Künstliche Intelligenz, Desinformation und Deepfakes

Das Phänomen Deepfakes. Künstliche Intelligenz als Element politischer Einflussnahme und Perspektive einer Echtheitsprüfung[1]

Anna Louban, Milan Tahraoui, Hartmut Aden, Jan Fährmann, Christian Krätzer und Jana Dittmann

Zusammenfassung

Bildern und Videos kommt im politischen Diskurs eine zunehmende Bedeutung zu. Auch politische Desinformation wird vermehrt in Form videographischer Inhalte transportiert. *Deepfakes* sind durch Methoden Künstlicher Intelligenz (KI) generierte oder manipulierte Bilder, Audios und Videos. Dieser Beitrag fragt interdisziplinär aus den Perspektiven der Rechts- und Politikwissenschaft sowie der Informatik nach den Risiken für politische Entscheidungsprozesse, zu denen *Deepfakes* und ihre Nutzung für politische Desinformation führen können. Darauf basierend präsentiert der Beitrag Ansätze aus dem multidisziplinär ausgerichteten Forschungsprojekt *FAKE-ID* zur Erforschung KI-basierter Deepfake-Detektoren.

---

1 Dieser Beitrag basiert auf dem Forschungsprojekt *FAKE-ID: Videoanalyse mit Hilfe künstlicher Intelligenz zur Detektion von falschen und manipulierten Identitäten*, gefördert vom Bundesministerium für Bildung und Forschung (BMBF) im Rahmen der Bekanntmachung *Künstliche Intelligenz in der zivilen Sicherheitsforschung*. Das Projektkonsortium erarbeitet Kriterien, anhand derer Fälschungen von KI-manipulierten Bildern und Videodatenströmen identifiziert und klassifiziert werden können (FKZ: HWR/FÖPS Berlin 13N15737, OVGU 13N15736). Den Kern der angestrebten Detektionslösung im Teilprojekt der OVGU bildet eine KI-generierte Risiko- und Verdachtslandkarte, die Authentizitätsindizien beziehungsweise Verdachtselemente in Bild- und Videomaterial visuell aufbereitet und Anwender:innen bei der Entscheidungsfindung unterstützt. Neben dem Forschungsinstitut für Öffentliche und Private Sicherheit (FÖPS Berlin) der Hochschule für Wirtschaft und Recht Berlin (HWR) und der Otto-von-Guericke-Universität Magdeburg (OVGU) zählen die Bundesdruckerei (Konsortialführung), das Fraunhofer Heinrich Hertz Institut (HHI) und die BioID GmbH zu den forschenden Konsortialpartner:innen.

1. Einleitung

Mit Künstlicher Intelligenz (KI) können Medien wie Bilder, Audios und Videos so verändert werden, dass Betrachter:innen die auf diese Weise entstandenen *Deepfakes* nicht ohne Weiteres als eine Manipulation erkennen können. Wie alle technischen Entwicklungen birgt auch KI-generiertes Bild-, Audio- und Videomaterial sowohl Potentiale für neue nützliche Anwendungen (z. B. für Unterhaltung, Kunst und Medizin)[2] als auch Risiken und Gefahren, die im politischen Kontext bereits beobachtet werden können. Dass der demokratische Diskurs durch manipuliertes oder künstlich generiertes, aber echt wirkendes Bild-, Audio-, und Videomaterial beeinflusst werden kann, zeigen bereits Erfahrungen aus der Vergangenheit. Manipulierte Bilder wurden zu propagandistischen Zwecken[3] bis hin zur Rechtfertigung für militärische Auseinandersetzungen verwendet.[4] In Anbetracht dieser historischen Erfahrungen und der stetig wachsenden Leistungsfähigkeit KI-basierter Anwendungen sind die von *Deepfakes* ausgehenden Risiken für die Funktionsfähigkeit demokratischer Staaten, etwa im Kontext von Wahlen, als bedeutend einzustufen, etwa wenn der Wahlerfolg politischer Gegner:innen durch gefälschte oder manipulierte Medien gezielt beeinträchtigt wird.

Im Wissen darum, dass Menschen visuellen Darstellungen einen besonders starken Wirklichkeitsbezug beimessen,[5] wird im Rahmen der politischen Kommunikation zunehmend mit Bildern und kurzen Videoclips gearbeitet.[6] Insbesondere die Fähigkeit, starke Emotionen bei Rezipient:innen hervorzurufen,[7] gibt Bildern den Vorzug vor primär textbasierten Mitteln der Massenkommunikation.[8] Durch die Digitalisierung und die zunehmende Verbreitung qualitativ hochwertiger Aufnahme- und Wiedergabegeräte steht immer mehr Bildmaterial zur Verfügung,[9] das innerhalb kurzer Zeit über digitale Plattformen weltweit verbreitet werden kann. Im Zuge dieser Entwicklungen können Bildinhalte kaum noch ohne tech-

---

2 Siehe z. B.: *European Parliamentary Research Service*, Tackling deepfakes in European policy, 2021, 28-29.

3 *Lüthe*, in: Liebert/Metten (Hrsg.), Mit Bildern lügen, 2007, 50.

4 *Hömberg / Karasek*, Communicatio Socialis 2008, 276 f.

5 *Gerth*, IMAGE 2018, 14 (27), 5; Siehe Diskussionen unter: *Steding*, Ein Bild lügt mehr als tausend Worte, o.J.

6 *Hömberg* in: Hohlfeld u. a. (Hrsg.), Fake News und Desinformation, 2020, 83.

7 *Bessette-Symons*, Memory 2018, 171.

8 *Isermann / Knieper*, in: Schicha / Brosda (Hrsg.), Handbuch Medienethik, 2017, 304.

9 Vgl. *Fährmann,* MMR 2020, 228.

nische Unterstützung auf ihre Echtheit überprüft werden. Der Umstand, dass Manipulationen von online verfügbaren Inhalten zunehmend auf dem Einsatz von Künstlicher Intelligenz (KI) basieren, legt auch den Einsatz von KI bei der Entwicklung von Gegenmaßnahmen nahe.

Vor diesem Hintergrund geht der vorliegende Beitrag zunächst der Frage nach, wie *Deepfakes* politische Diskurse beeinflussen können. Da sowohl die freie politische Meinungsäußerung als auch die unbeeinflusste Meinungsbildung zentral für die Ausgestaltung demokratischer Prozesse sind, bedarf das Phänomen *Deepfakes* einer differenzierten Betrachtung. In einem zweiten Schritt setzt sich der Beitrag mit rechtlichen Strategien für den Umgang mit *Deepfakes* auseinander. Im dritten Schritt wird das interdisziplinäre Konsortialprojekt *FAKE-ID* vorgestellt, das unter anderem KI-basierte *Deepfake*-Detektionstools erforscht.

2. *Deepfakes – ein KI-Phänomen mit vielfältigen Einsatzmöglichkeiten*

Der Begriff *Deepfake*[10] wird aus den beiden Begriffen *Deep Learning* und *Fake* gebildet und beschreibt einen Teilbereich der Künstlichen Intelligenz (KI), der auf die Erstellung einer Fälschung mittels der Methode des *Deep Learning* abzielt. Er wird oftmals für ein Video verwendet, das mithilfe von *Deep-Learning*-Methoden bearbeitet wurde, um die Person im Originalvideo partiell (hinsichtlich Gesicht, Körper, Gestik, Sprache, o. ä.) durch eine andere Person auf eine Art zu ersetzen, die in der Rezeption den Eindruck einer unverfälschten und somit glaubwürdigen Darstellung erzeugt. In vielen Fällen handelt es sich bei den vermeintlichen Protagonist:innen um Personen des öffentlichen Lebens.[11]

Der Transfer des Begriffs *Deepfake*[12] aus der Techniksprache in den öffentlichen Diskurs lässt sich auf das Jahr 2017 datieren, als eine(r) der an-

10 Die Arbeiten an der Otto-von-Guericke-Universität Magdeburg (OVGU) zur Definition von Deepfakes sind zusammen mit Dennis Siegel und Stefan Seidlitz erfolgt. Wir danken beiden für die konstruktive Diskussion.

11 Siehe zum Beispiel: *Webster*, Words We're Watching, 'Deepfake'.

12 Die Bedeutung des Begriffs *Deepfake* formuliert die *Duden-Redaktion* (2022) als „(z. B. in krimineller oder satirischer Absicht) mithilfe künstlicher Intelligenz erzeugte beziehungsweise manipulierte Bild- oder Tondatei“. Seit dem Jahr 2021 wird der Anglizismus *Deepfake* im Online-Dudenwörterbuch geführt, siehe: *Weiffen*, Der Anglizismus des Jahres 2019 lautet ‚for future‘. Im gleichen Jahr kürte die Anglizismus-Jury den Begriff *Deepfake* zum drittwichtigsten Ausdruck, der aus der englischen Sprache in die deutsche integriert worden ist. Siehe: *Stefanowitsch* u. a., Anglizismus des Jahres 2019.

onymen Nutzer:innen der Onlineplattform *Reddit* unter dem Pseudonym *deepfakes* Videomaterial veröffentlichte, das unter Einsatz von KI Gesichter von aus der Film- und Musikindustrie bekannten Frauen auf die Körper von Pornodarstellerinnen montierte.[13] Das auf diese Weise erzeugte Filmmaterial wirkte – zumindest auf den ersten Blick – glaubwürdig. Bereits kurze Zeit nach diesem Ereignis konnte man beobachten, wie die Nachfrage nach (gefälschten) pornographischen Inhalten zur vermehrten Verbreitung von *Deepfakes* führte.[14] Frei verfügbare Software und Bedienungsanleitungen für die Generierung von Bildern und Videos pornographischen Inhalts trugen dazu bei, dass 96 % der insgesamt 14.678 im Jahr 2019 von Ajder et al. untersuchten *Deepfakes* der Kategorie „non-consensual deepfake pornography" zugeordnet werden konnten.[15]

In den darauffolgenden Jahren haben die Formate digitaler Fälschungen und Manipulationen merklich an Variation zugenommen. Insofern erscheint es sinnvoll und notwendig, die Definition von *Deepfakes* auszuweiten: *Deepfakes* sollen demnach als generierte, potentiell glaubwürdige Medieninhalte (Bilder, Videos, Texte,[16] Audiodaten, etc.) verstanden werden, die durch die teilweise Verfälschung von bestehenden medialen Inhalten (z. B. Videomaterial) zumeist mittels eines neuronalen Netzwerkes produziert werden.[17]

Auch die Einsatzgebiete für KI-basierte Manipulationen von Bild, Video- und Audioinhalten erweiterten und diversifizierten sich. Insbesondere die Bereiche Kommerz, Unterhaltung und Medizin profitieren von den Möglichkeiten der gezielten Veränderung digitaler Daten durch KI. Diverse weitere Einsatzbereiche für *Deepfakes* werden in der Fachliteratur diskutiert, etwa die Beseitigung von Sprachbarrieren zur Verbesserung kulturübergreifender Verbreitung von Videoinhalten oder zur direkten politischen Ansprache. Andere Einsatzmöglichkeiten bieten sich in der Bildbearbeitung in der Filmindustrie, der Erstellung personalisierter Medien, der Produktion von KI-Werbemodellen unter Verwendung von

---

13 *Panholzer,* Deepfakes wurden durch Pornografie bekannt.

14 Siehe z. B.: *Hardford,* Does pornography still drive the Internet?, 2019; *Waddel,* How Porn Leads People to Upgrade Their Tech, 2016.

15 *Ajder u. a.*, The State of Deepfakes, 2019.

16 Vgl. Brando Benifei, Änderungsantrag 753 zu Artikel 52 – Absatz 3– Einleitung, der vorschlägt **„*Text*-**[…]inhalte" (Herv. i. O.) in die Aufzählung der Medien aufzunehmen, die durch Künstliche Intelligenz so „erzeugt oder manipuliert" werden können, dass ein „Deepfake" entsteht. https://www.europarl.europa.eu/doceo/document/JURI-AM-730042_DE.pdf
Siehe auch: https://mixed.de/facebook-zeigt-deepfake-text-ki-und-warnt-davor/.

17 Siehe dazu: *Mirsky / Lee*, ACM Computing Surveys 2022, 1.

Generative Adversarial Networks (GAN) oder aber der Personalisierung von Online-Kundenerlebnissen.[18]

Neben den Einsatzgebieten haben sich auch die technischen Zugangsvoraussetzungen für die Erstellung von *Deepfakes* geändert: Waren im Jahr 2017 noch signifikante technische Ressourcen und Expert:innenwissen nötig, um visuell plausible *Deepfakes* zu erzeugen, so ist dies heute mittels vielfältiger, frei verfügbarer Software[19] möglich. Die Nutzung dieser Programme bedarf keines qualifizierten Hintergrundwissens mehr und liefert in kurzer Zeit überzeugende Resultate.[20] Insofern wundert es nicht, dass die Anzahl der im *World Wide Web* kursierenden *Deepfakes* rasant ansteigt.[21]

Vor dem Hintergrund eines zunehmend einfacheren und für Laien zugänglicheren Herstellungsprozesses von KI-generiertem Bild- und Videomaterial einerseits und den stetig wachsenden Einsatzgebieten dieser Technologie andererseits bergen *Deepfakes* – wie alle technischen Entwicklungen – ein bemerkenswertes Potential zur Durchführung krimineller Handlungen. Die Generierung und Nutzung von *Deepfakes* kann strafrechtlich relevant sein, etwa im Kontext von Persönlichkeitsrechtsverletzungen wie Verleumdung und von Delikten wie Erpressung oder Betrug.[22]

3. *Deepfakes in politischen Kontexten*

Im Folgenden wird gezeigt, dass *Deepfakes* und andere Formen von Bild- und Videofälschungen in vielfältigen Varianten auftreten können und dass die Erkennbarkeit von Manipulationen oftmals nicht objektiv messbar ist, sondern auch vom Kontext und der Sensibilität der Betrachter:innen gegenüber Manipulationsrisiken abhängt. *Deepfakes*, die zu Zwecken der Desinformation genutzt werden, bergen das Potential, demokratische Prozesse auf unterschiedliche Art zu beeinflussen. Wird die Integrität und

---

18 *Whittaker* u. a., Australasian Marketing Journal 2021, 204ff.

19 Überblick zu der aktuell gängigen Software: https://beebom.com/best-deepfake-apps-websites/.

20 Vgl. *Riess* in Freiburg (Hrsg.), Täuschungen. Erlanger Universitätstage 2018, 2019, 95.

21 *Ajder u. a.*, The State of Deepfakes, 2019.

22 Siehe für Illustrationen der böswilligen Verwendung von Deepfakes: *Europol, Unicri, Trends Micro,* Report on Malicious Uses and Abuses of Artificial Intelligence (AI), 2020, 52-56.

Fairness demokratischer Wahlen durch den Einsatz von KI-manipulierten oder -generierten Bild- oder Videoinhalten in Frage gestellt, kann dies zu einer Legitimationskrise demokratischer Systeme führen.[23] Für die Wähler:innen birgt die *Deepfake*-basierte Desinformation zu politischen Themen das Risiko, Opfer einer manipulierten Meinungsbildung oder gezielter Verunsicherung zu werden, was sich auch auf ihre Wahlteilnahme und -entscheidung auswirken kann. Für Politiker:innen, deren Auftritte in *Deepfake*-Videos oder -Bildern manipuliert werden, steht ihre Reputation auf dem Spiel, was ihre zukünftigen Wahlchancen beeinträchtigen kann.[24] Insbesondere *Deepfakes*, die darauf abzielen per „microtargeting techniques" bestimmte Personen in Verruf zu bringen, gelingt dieses Unterfangen unter bestimmten Voraussetzungen nachweisbar.[25]

3.1 Einflussnahme auf politische Diskurse durch Deepfakes

Deepfakes reihen sich in das vielfältige technische Repertoire ein, mit dessen Hilfe Meinungen geäußert und Meinungsbildungsprozesse beeinflusst werden können. Im Herbst 2021 verbreiteten sich zahlreiche Variationen eines im Rahmen der Sondierungsgespräche für die Bildung einer Koalitionsregierung auf Bundesebene entstandenen *Selfies* der Führungspersonen von BÜNDNIS 90/DIE GRÜNEN und der FDP.[26] Die kursierenden *Deepfakes* verweisen erkennbar auf das Originalbild. Aufgrund von Inhalt und Aufmachung war für Betrachter:innen unschwer erkennbar, dass diese manipulierten Bilder und Videos nicht echt waren. Der satirische Charakter der unterschiedlichen, durchaus humorvollen Interpretationen des Politiker:innenbildes erschließt sich für durchschnittlich politisch gebildete Betrachter:innen mühelos.

Andere *Deepfakes,* wie das durch digitale Manipulation generierte Video der Sprecherin des Repräsentantenhauses der Vereinigten Staaten Nancy Pelosi,[27] können vom medialen Publikum nicht auf Anhieb als (Ver-)Fälschung identifiziert werden. Der verlangsamte und stockende Sprachfluss der weithin bekannten Demokratin konnte bei den Rezipient:innen den

---

23 *Krzywoń*, German Law Journal 2021, 676; siehe dazu auch: *Sander*, Chinese Journal of International Law 2019, 1.

24 *Krzywoń*, German Law Journal 2021, 676.

25 *Dobber* u. a., The International Journal of Press/Politics 2020, 69.

26 *Klein*, So lacht das Netz über das FDP-Grünen-Selfie, 2021.

27 *Winkler*, Ein Video zeigt eine betrunkene Nancy Pelosi – und führt uns vor Augen, was mit Deepfakes heute alles möglich ist. 2019.

Eindruck erwecken, die Politikerin stünde unter bewusstseinsverändernden Drogen.[28] Diese Videomanipulation verbreitete sich sehr schnell, so dass sogar die renommierte Nachrichtenagentur Reuters sich im Zugzwang sah, die Manipulation dieses Videos in ihrer Rubrik *Fact Check* auszuweisen.[29]

Eine andere Form der politischen Einflussnahme mittels Manipulation unter (vermeintlicher) Zuhilfenahme von Künstlicher Intelligenz ereignete sich auf der Ebene der russisch-europäischen Beziehungen. Wenige Monate nach der Verhaftung des russischen Oppositionspolitikers Aleksej Naval'nyj im Januar 2021 erreichten mehrere Mitglieder des Europäischen Parlaments Gesprächsanfragen des Naval'nyj-Vertrauten Leonid Volkov.[30] Im Nachgang zu der zustande gekommenen Videokonferenz zwischen den Parlamentsmitgliedern und Volkov kamen Zweifel auf, ob die Person, die als Volkov auftrat, tatsächlich Volkov war.[31] Er selbst erfuhr aus der Presse, dass er am besagten Gespräch teilgenommen haben soll. „Looks like my real face – but how did they manage to put it on the Zoom call? Welcome to the deepfake era ...", kommentierte er in den Sozialen Medien den vermeintlich KI-basierten Schwindel mit seiner Identität.[32] Kurze Zeit später bekannte sich das russlandweit bekannte Komiker-Duo Vovan and Lexus, das bereits mehrere Telefongespräche mit hochrangigen Politiker:innen – u.a. gaben Sie sich als das 2019 neu gewählte ukrainische Staatsoberhaupt Volodymyr Zelens'kyj bei einem Telefonat mit dem französischen Präsident Emmanuel Macron aus – erschlichen hatte, zu dem sogenannten *Prank*.[33]

Diese beiden Ereignisse verdeutlichen, dass Politiker:innen stets damit rechnen müssen, dass ihre digitalen Bild- und Videodarstellungen manipuliert werden können. Ob es sich bei einer Darstellungsmanipulation tatsächlich um eine KI-generierte Manipulation handelt, ein technisches

---

28 *Washington Post,* Faked Pelosi videos, slowed to make her appear drunk, spread across social media, 2019.

29 *Reuters.com*, Fact check: "Drunk" Nancy Pelosi video is manipulated, 2020.

30 *ntv.de u. a.*, In Video-Konferenz getäuscht - Falscher Nawalny-Vertrauter narrt Politiker, 2021; *Roth*, European MPs targeted by deepfake video calls imitating Russian opposition, 2019.

31 *NL Times*, Dutch MPs in video conference with deep fake imitation of Navalny's Chief of Staff, 2021.

32 *Roth*, European MPs targeted by deepfake video calls imitating Russian opposition, 2019.

33 *DerStandard.de*, Russische Scherzbolde legten offenbar Macron mit Telefonstreich rein, 2019.

Mittel anderer Art angewendet oder eine reale Person als „Doppelgänger" eingesetzt wird, erweist sich als zweitrangig.

Deepfakes können aber auch als politisch-künstlerische Intervention inszeniert werden. Im Kontext der US-Präsidentschaftswahlen im Jahr 2020 veröffentlichte die politisch-gesellschaftliche Initiative mit Antikorruptionsfokus *RepresentUs* ein KI-generiertes Video von dem vermeintlich echten nordkoreanischen Staatschef Kim Jong-un. Im Video verweist der ‚Oberste Führer' der Demokratischen Volksrepublik Korea auf die fortgeschrittene Fragilität westlicher demokratischer Strukturen.[34] Die Möglichkeiten, *Deepfakes* in politischen Kontexten zu platzieren und auf diese Weise zu versuchen, Einfluss auf demokratische Prozesse zu nehmen, sind also bereits heute vielfältig.[35] Dieser Trend dürfte mit zunehmenden technischen Möglichkeiten für ausgereifte, schwer erkennbare *Deepfakes* weiter voranschreiten.

3.2 Deepfakes als Form politischer Desinformation

Die Abgrenzung zwischen legitimer kritischer Satire und illegitimer politischer Propaganda wird durch manipulierte oder schlichtweg erfundene Text-, Bild-, Audio- und Videodateien, die im Kontext von *Fake News* verwendet werden, zunehmend erschwert. Tandoc et al. analysierten 34 akademische Beiträge aus den Jahren 2003 bis 2007 und erarbeiteten daraus eine Typologie für *Fake News*. Sie unterscheiden dabei „news satire, news parody, fabrication, manipulation, advertising, and propaganda."[36] Diese Kategorien lassen sich auf die rasant wachsende Anzahl und Vielfalt an *Deepfakes* übertragen. Während die KI-hergestellten Selfie-Variationen aus dem Kontext der deutschen Koalitionsgespräche[37] in den Bereich der „news satire" beziehungsweise „news parody"[38] fallen, ist das Video

34 *RepresentUs*, First Ever Use of Deepfake Technology in a Major Ad Campaign, 2020.

35 In diesem Sinne, siehe zum Beispiel: *Mannheim / Kaplan*, Yale Journal of Law and Technology 2019, 148 ff.

36 *Tandoc Jr. u. a.*, Digital journalism, 2018, 137.

37 *Klein*, So lacht das Netz über das FDP-Grünen-Selfie, 2021.

38 *Tandoc Jr. u. a.*, Digital journalism, 2018, 137.

der vermeintlich betrunkenen Sprecherin des US-amerikanischen Repräsentantenhauses[39] als „manipulation“ [40] zu werten.

Weitere definitorische Arbeit für die Auseinandersetzung mit *Deepfakes* im politischen Kontext leisteten Claire Wardle und Hossein Derakhshan.[41] Systematisch erarbeiteten sie die Bedeutungsgrenzen der Begriffe „mis-information“, „dis-information“ und „mal-information“. Grundsätzlich können *Deepfakes* in jeder dieser Kategorien auftreten. Als inkorrekte Information *ohne* Schädigungsabsicht können sie der Kategorie der „mis-information" zugeordnet werden. Verfolgt die Generierung von *Deepfakes* die Absicht, einer Person, Organisation oder einem Staat zu schaden, indem missverständliche (Teil-)Informationen auf bestimmte Weise miteinander in Verbindung gesetzt werden, können *Deepfakes* als „mal-information" eingestuft werden. Handelt es sich bei *Deepfakes* um „information that is false and deliberately created to harm a person, social group, organization or country“,[42] dann kann eine Bild- und Videomanipulation der Kategorie „dis-information“ zugeordnet werden.

3.3 Die Rolle der Internetnutzer:innen im Kontext desinformierender Deepfakes

Deepfakes reihen sich als neues Phänomen in ein breites Spektrum an Techniken ein, die bereits vor dem Auftreten erster KI-generierter Manipulationen für politische Desinformation genutzt wurden. Die Möglichkeiten, Deepfakes für politische Desinformation zu nutzen, sind indes im Vergleich zu früheren Techniken weitaus größer, wie auch Mannheim und Kaplan betonen: "While 'Photoshop' has long been a verb as well as a graphics program, AI takes the deception to a whole new level."[43]

Die Abgrenzung zwischen „mis-information“, „dis-information“ und „mal-information“ kann im Einzelfall schwierig sein. Das Teilen digitaler Inhalte, deren Authentizität nicht tiefergehend überprüft wurde, ist im digitalen Raum eine gängige Praxis. Dies kann nicht nur urheberrechtliche Fragen aufwerfen, sondern auch dazu führen, dass Internetnutzer:innen

---

39 *Winkler*, Ein Video zeigt eine betrunkene Nancy Pelosi – und führt uns vor Augen, was mit Deepfakes heute alles möglich ist, 2019.
40 *Tandoc Jr. u. a.*, Digital journalism, 2018, 137.
41 *Wardle / Derakhshan*, Information Disorder: Toward an interdisciplinary framework for research and policy making, 2017.
42 *Wardle / Derakhshan*, Information Disorder: Toward an interdisciplinary framework for research and policy making, 2017.
43 *Mannheim / Kaplan*, Yale Journal of Law and Technology 2019, 148.

unabsichtlich digitale Inhalte verbreiten, die mit einer Schädigungsabsicht hergestellt und im digitalen Raum platziert wurden.

Pennycook et al. haben gezeigt, dass die (angenommene) Echtheit der Informationen bei der Auswahl von Inhalten, die Internetnutzer:innen digital verbreiten, eine nachrangige Rolle spielt.[44] Vorrang bei der Entscheidung für oder gegen das Teilen bestimmter Informationen hat die durch die Veröffentlichung dieser Inhalte antizipierte Aufmerksamkeit für die eigene Internetpräsenz durch andere Internetnutzer:innen.

Der *Code of Conduct on Disinformation*, den die Europäische Kommission 2018 veröffentlicht hat, spricht den Internetnutzer:innen allerdings keine nennenswerte Rolle bei der Verhinderung von Desinformation zu.[45] Das Dokument behandelt hauptsächlich Selbstregulierungsansätze für die Veröffentlichung digitaler Inhalte, denen Privatunternehmen auf freiwilliger Basis folgen können. Ebenso optional formuliert sind die im *Code*[46] enthaltenen Berichtspflichten. Eine gesetzliche Verpflichtung für Unternehmen sieht das Papier nicht vor.

Die Interpretation digitaler Inhalte durch Internetnutzer:innen hängt sowohl vom spezifischen Darstellungskontext der zu beurteilenden Bilder, Videos und sprachlichen Inhalte als auch vom Wissensstand der jeweiligen Nutzer:innen ab. Rössler et al. stellen in diesem Zusammenhang fest, dass Menschen ohne besondere Qualifikation für die Bildevaluierung Fälschungen und Manipulationen in Bildern in 50% der Fälle identifizieren können[47] – statistisch gesehen kommt das Resultat einem zufälligen Raten gleich.[48]

Selbst Fachpublikum lässt sich von KI-manipulierten Bildern in die Irre führen, wie das Szenario um den Beitrag des renommierten norwegischen Fotografen Jonas Bendiksen (Magnum Photos) beim *Visa pour l'image: International Festival of Photojournalism* im Jahr 2021 verdeutlicht. Mittels KI fügte Bendiksen Bären in Bilder einer mazedonischen Industrielandschaft ein. Die Manipulation blieb von der Fachjury unbemerkt.[49] Diese Beispie-

---

44 *Pennycook u. a.*, Nature 2021, 590.

45 *European Commission,* Code of Practice on Disinformation, 2018.

46 *European Commission,* Code of Practice on Disinformation, 2018.

47 *Rössler* u. a., FaceForensics A Large-scale Video Dataset for Forgery Detection in Human Faces, 2018.

48 *Vaccari / Chadwick,* Social Media + Society, 2020.

49 *Simonite*, A True Story About Bogus Photos of People Making Fake News; *Lyon*, The case for content authenticity in an age of disinformation, deepfakes and NFTs, 2021.

le zeigen, dass Manipulationen in digitalem Bild- und Videomaterial sowohl für Laien als auch Expert:innen schwierig zu erkennen sein können.

4. *Strafbarkeit der Nutzung von Deepfakes im politischen Kontext und Ansätze von Transparenz*

Die Frage nach der Strafbarkeit der Nutzung von *Deepfakes* im politischen Kontext hängt mit der Entscheidung zusammen, ob beziehungsweise unter welchen Umständen die Echtheitsprüfung politischer Aussagen in das Aufgabengebiet von Strafverfolgungsbehörden fallen soll. *Deepfakes* können im Kontext einer politischen Debatte (etwa als Satire) durchaus ein legitimes Ausdrucksmittel sein. Daher stellt sich die Frage, in welchen Fällen demokratische Prozesse dermaßen beeinflusst werden können, dass der Einsatz von Strafrecht als staatliches Kontrollwerkzeug gerechtfertigt wäre. Die strafrechtliche Verfolgung von Deepfakes, die der Kategorie der oppositionellen politischen Meinungsäußerung angehören, wäre problematisch, da die Strafverfolgungsbehörden in vielen Ländern an Weisungen der Regierungen gebunden sind. Grundsätzlich ist die Einflussnahme von Strafverfolgungsbehörden auf diskursive Prozesse in demokratischen Gesellschaften im Hinblick auf die Meinungsfreiheit kritisch zu bewerten. Das Strafrecht sollte hier also nur *ultima ratio* sein.

Vereinzelt reagieren die Gesetzgeber:innen der Welt bereits mit neuen Rechts- und Regulierungsrahmen für politisch desinformierende *Deepfakes*. Im Zusammenhang mit politischen Wahlen erließ Texas als erster US-amerikanischer Bundesstaat ein Gesetz, das politisch motivierte *Deepfakes* in einem klar definierten Zeitraum (30 Tage) vor anstehenden Wahlen verbietet.[50] Auch Frankreich verabschiedete im Jahr 2018 mit dem „Loi relative à la lutte contre la manipulation de l'information"[51] ein Gesetz zur Bekämpfung der Informationsmanipulation. Irreführende Behauptungen und Unterstellungen über politische Akteur:innen und Parteien werden demnach in einem Zeitraum von drei Monaten vor Wahlen unter Strafe gestellt.[52] Soweit *Deepfakes* genutzt werden, um in Wahlkampfzeiten manipulierte und unwahre Informationen zu verbreiten, können sie von diesem Gesetz erfasst sein. Einen ähnlichen Ansatz verfolgt unter

---

50 *Texas*, Texas Senate Bill 751, 2019.

51 *République Française*, Loi N°2018-1202 du 22 décembre 2018 relative à la lutte contre la manipulation de l'information.

52 *République Française*, Loi N°2018-1202 du 22 décembre 2018 relative à la lutte contre la manipulation de l'information, Art. L. 163-2, -I.

anderem auch die australische Gesetzgebung mit dem ebenfalls im Jahr 2018 verabschiedeten Gesetz zur Sanktionierung politischer Desinformation, insbesondere im Kontext von Wahlen.[53] Die österreichische Bundesregierung veröffentlichte im Frühjahr 2022 einen „Aktionsplan Deepfake" mit diversen denkbaren Maßnahmen zur Begrenzung der Risiken, die von *Deepfakes* ausgehen.[54]

Für das deutsche Recht vertritt Tobias Lantwin die Auffassung, dass *Deepfakes,* die aus politischen Motiven heraus verwendet werden, unter § 108a StGB (Wählertäuschung) fallen könnten.[55] KI-generiertes Bild- und Videomaterial zeichnet sich jedoch unter anderem dadurch aus, dass es authentisch und integer anmutenden Inhalt mit rein fiktiven Personen oder Ereignissen beinhalten kann. Daher werden *Deepfakes*, deren Inhalt sich *nicht* auf existierende, sondern auf frei erfundene Personen und Geschehnisse stützt, in der Regel nicht unter diesen Straftatbestand fallen. Da Politiker:innen stets auch Privatpersonen sind, besteht sowohl im deutschen[56] als auch im französischen[57] Recht die Möglichkeit, die Herstellung oder Verbreitung von *Deepfake*-Videos wegen der Verletzung von Persönlichkeitsrechten strafrechtlich zu verfolgen, soweit die einschlägigen Straftatbestände erfüllt sind.

Anders stellt sich der Umgang mit *Deepfakes* politischen Inhalts in *nicht*-demokratischen Gesellschaften dar. Autokratische Gesellschaften fokussieren ihren rechtlichen Rahmen nicht auf die Frage, ob *Deepfakes* gegebenenfalls wahre oder unwahre Inhalte vermitteln. Vielmehr steht hier die Konformität beziehungsweise Nonkonformität des *Deepfake*-Inhalts mit der politischen Linie der Regierung im Vordergrund. In diesem Zusammenhang zielt beispielsweise in China ein Gesetzentwurf auf ein Verbot von *Deepfakes* mit nicht regierungskonformem Inhalt ab:

> „Deep synthesis service providers and users shall comply with laws and regulations, respect social mores and ethics, and adhere to the correct

---

53 National Security Legislation Amendment (Espionage and Foreign Interference) Act 2018, No. 67, 2018; *Douek*, What's in Australia's New Laws on Foreign Interference in Domestic Politics, 2018.

54 *Bundesministerium für Inneres Österreich* (Hrsg.), Aktionsplan Deepfake, 2022.

55 *Lantwin*, MMR 2020, 81.

56 *Ebd.*, 78.

57 Z. B. *République française,* Art. 226-8 Code pénal, 2002. Siehe dazu: *Loiseau*, Légipresse 2020, 64-69.

political direction, public opinion orientation, and values trends, to promote progress and improvement in deep synthesis services."[58]

Aufgrund des offenen Zugangs zum politischen Diskurs, der demokratische Gesellschaften prägt, sind Demokratien in besonderer Weise für (des-)informationsbasierte Manipulationen anfällig. Zwar muss die Verteidigung demokratischer Grundwerte nicht unweigerlich durch das Mittel des Strafrechts geschehen. Vor dem Hintergrund der zunehmend wachsenden Bedrohungslage durch *Deepfakes*, kann diese Möglichkeit jedoch auch nicht ausgeschlossen werden.[59] Das Spannungsfeld zwischen Meinungs- und Kunstfreiheit einerseits, und der Sicherung einer freien, auf transparentem Informationsfluss basierenden Meinungsbildung andererseits, wird in den kommenden Jahren vor dem Hintergrund der Ausbreitung von *Deepfakes* neu austariert werden müssen. Dabei sollten Instrumente, die Transparenz herstellen und *Deepfakes* als solche erkennbar machen, Vorrang gegenüber strafrechtlichen Sanktionen haben. Diesen Ansatz verfolgt auch die Europäische Kommission in ihrem 2021 vorgelegten Entwurf einer KI-Verordnung, der ein Transparenzgebot für *Deepfakes* als zentralen Regelungsansatz vorschlägt:

> „Nutzer eines KI-Systems, das Bild-, Ton- oder Videoinhalte erzeugt oder manipuliert, die wirklichen Personen, Gegenständen, Orten oder anderen Einrichtungen oder Ereignissen merklich ähneln und einer Person fälschlicherweise als echt oder wahrhaftig erscheinen würden („Deepfake"), müssen offenlegen, dass die Inhalte künstlich erzeugt oder manipuliert wurden."[60]

Der Entwurf schränkt die Transparenzpflicht allerdings für einige Fälle gleich wieder ein: für die Strafverfolgung und für die Nutzung von *Deepfakes* für legitime Zwecke, die von der Meinungs-, Kunst- oder Wissenschaftsfreiheit gedeckt sind.

---

58 chinalawtranslate.com, Provisions on the Administration of Deep Synthesis Internet Information Services (Draft for solicitation of comments), 28. Januar 2022, at https://www.chinalawtranslate.com/en/deep-synthesis-draft/, Art. 4).

59 *Thiel*, ZRP 2021, 202 (205) sieht keinen dringenden Handlungsbedarf; a.A. *Lantwin*, MMR 2019, 578.

60 *Europäische Kommission*, Vorschlag für eine Verordnung des Europäischen Parlaments und des Rates zur Festlegung Harmonisierter Vorschriften für Künstliche Intelligenz (Gesetz über künstliche Intelligenz) und zur Änderung bestimmter Rechtsakte der Union, 2021 (Art. 53 Abs. 3).

„Unterabsatz 1 gilt jedoch nicht, wenn die Verwendung zur Aufdeckung, Verhütung, Ermittlung und Verfolgung von Straftaten gesetzlich zugelassen oder für die Ausübung der durch die Charta der Grundrechte der Europäischen Union garantierten Rechte auf freie Meinungsäußerung und auf Freiheit der Kunst und Wissenschaft erforderlich ist und geeignete Schutzvorkehrungen für die Rechte und Freiheiten Dritter bestehen."[61]

Auch Strategien für die Detektion von *Deepfakes*, wie sie im Verbundprojekt *FAKE-ID* erforscht werden, knüpfen an das Transparenzpostulat an.

5. *Projekt FAKE-ID: Interdisziplinäre Erforschung einer Deepfake-Detektion*

Auf europäischer und internationaler Ebene werden unterschiedliche Lösungsansätze für den Umgang mit *Deepfakes* verfolgt.[62] In diesem Zusammenhang zielt das interdisziplinäre Forschungsprojekt *FAKE-ID* auf die Erforschung KI-basierter Tools ab, die eine systematische Bewertung der Echtheit von Bild-, Audio- und Videoinhalten technisch unterstützten. Anwendungsfall im Projekt sind gesichtsbasierte Authentifizierungs- und Identifizierungsmethoden.

Formuliert werden zunächst technische Merkmale ‚echter', d. h. nicht manipulierter visueller Medien. Anschließend vergleicht man diese Merkmale mit den Eigenschaften von Bild- und Videobereichen, die mittels Künstlicher Intelligenz verändert oder generiert worden sind. Aufbauend auf diesem Verfahren sieht das Detektionskonzept die Erarbeitung von Kriterien vor, anhand derer KI-manipulierte Bilder und Videodatenströme identifiziert und klassifiziert werden können. Die ermittelten Bild- und Videobereiche, die den Verdacht auf eine Manipulation oder Fälschung nahelegen, erkannte Anomalien und Verdachtsmomente werden anschließend visuell aufbereitet und auf einer Risiko- und Verdachtslandkarte (RVL) dargestellt. Die Markierung der Verdachtsfelder innerhalb von Bildern und Videos soll Anwender:innen in Strafverfolgungsbehörden und

---

61 Ebd.

62 Dazu gehört auch die Entwicklung eines Deepfakes-Detektors, der eine mögliche Lösung darstellt, siehe z. B. dazu: *Europol's European Cybercrime Centre u. a.*, Report on Malicious Uses and Abuses of Artificial Intelligence (AI), 2020; dazu: *European Parliamentary Research Service*, Tackling deepfakes in European policy, 2021, 24-25.

Gerichten bei der Beurteilung der Authentizität und Integrität von digitalem Bild-und Videomaterial unterstützen.

5.1 Technische und juristische Herausforderungen KI-basierter Deepfake-Detektion

Bei der Konzeption einer *Deepfake*-Detektion stellen sich den Projektteams zahlreiche technische Herausforderungen. Insbesondere gilt es, die Fehlerarten und dazugehörige Fehlerraten der technischen Detektionsmöglichkeiten zu erkennen beziehungsweise die Raten zu optimieren und in den Entscheidungsprozess der menschlichen Anwender:innen miteinzubeziehen. Schließlich stellen die Fehlerarten und -raten der durch die Detektoren produzierten Detektionsfehler höchst relevante Kriterien hinsichtlich der Erklärbarkeit dar, die im Kriterien-Katalog *AIC4 (Artificial Intelligence Cloud Service Compliance Criteria Catalogue*) mit Mindestanforderungen an die sichere Verwendung von Methoden des maschinellen Lernens in Cloud-Diensten festgeschrieben sind.[63] Gefordert wird, dass die Entscheidungen eines Dienstes – im vorliegenden Fall der Detektion von *Deepfakes* – für die Nutzer:innen auf eine Weise dargestellt und kommuniziert werden sollen, die diese Entscheidungen nachvollziehbar macht. Des Weiteren wird festgelegt, dass bei sensiblen Anwendungen (z. B. bei der Nutzung in kritischen Infrastrukturen) die fehlende Erklärbarkeit explizit auszuweisen ist.[64]

Eine weitere technische Hürde bei der Erforschung eines KI-gestützten Detektors stellt der Bedarf an unterschiedlichen Datensätzen dar. Die Trainingsdatensätze, mit denen KI-Systeme ausgearbeitet werden, dürfen nicht dieselben sein, wie diejenigen, die zu Testzwecken verwendet werden. Vielmehr müssen verschiedene real auftretende Charakteristiken einbezogen werden, da ansonsten die Gefahr besteht, ein KI-System zu entwerfen, das nur innerhalb von ‚Laborbedingungen' arbeiten kann. Die fortwährende Notwendigkeit detektierende KI-Systeme anhand aktueller, zunehmend technisch ausgefeilter *Deepfakes* anzupassen, ist dafür prädestiniert, in einem ‚Katz-und-Maus-Spiel' ständiger Qualitätsverbesserung von (a) Deepfakes und (b) Deepfakedetektion zu münden:

---

63 *Bundesamt für Sicherheit in der Informationstechnik*, Kriterienkatalog für KI-Cloud-Dienste – AIC4, 2021, 29.

64 *Ebd.*, 41.

> "One caution is that the performance of detection algorithms is often measured by benchmarking it on a common data set with known deepfake videos. However, studies into detection evasion show that even simple modifications in deepfake production techniques can already drastically reduce the reliability of a detector" [65]

Aus juristischer Perspektive stellt sich die Frage nach der Rechtskonformität KI-basierter Detektionssysteme. Wenn *Deepfakes* zur Bedrohung demokratischer Prozesse beitragen können, dann birgt ein KI-gestütztes Werkzeug zur *Deepfake*-Erkennung potentiell ebenfalls ernstzunehmende Risiken in Bezug auf die Grundrechte, die Rechtsstaatlichkeit sowie die demokratischen Grundsätze der europäischen Rechtsordnungen.[66] Schließlich unterliegt die Aufgabe der Wahrheitsfindung in erster Linie den Gerichten und nicht den Strafverfolgungsbehörden.

Dieser Problematik wurde in dem 2021 veröffentlichten KI-Verordnungsentwurf der Europäischen Kommission bereits Rechnung getragen. Laut Erwägungsgrund 38 des EU-KI-Verordnungsentwurfs fällt ein KI-System, das auf die Erkennung von *Deepfakes* abzielt, in die Kategorie von KI-Systemen mit hohem Risiko.[67] Eine Studie des Wissenschaftlichen Dienstes des Europäischen Parlaments stuft die Verwendung von KI-basierten *Deepfake*-Detektoren durch die Strafverfolgungsbehörden ebenfalls als hochriskant ein. Diese Klassifizierung basiert darauf, dass die Funktionsweise eines solchen Systems *a priori* nicht ausreichend transparent, erklärbar und dokumentiert ist.[68] Folglich ist damit zu rechnen, dass zukünftig auch die rechtlichen Verpflichtungen verschärft werden, die sich auf detektierende KI-Systeme beziehen. Dies ist auch bei den Forschungen zur *Deepfake*-Detektion im *FAKE-ID*-Projekt zu berücksichtigen.[69]

---

65 *European Parliamentary Research Service*, Tackling deepfakes in European policy, 2021, VIII, S. II-III.

66 *European Commission*, Commission Staff Working Document. Impact Assessment Accompanying the Proposal for a Regulation of the European Parliament and of the Council Laying Down Harmonised Rules on Artificial Intelligence (Artificial Intelligence Act) and Amending Certain Union Legislative Acts, 2021, 49 (unter 5.5, „Impact on the right to freedom of expression").

67 *Europäische Kommission*, Vorschlag für eine Verordnung des Europäischen Parlaments und des Rates zur Festlegung Harmonisierter Vorschriften für Künstliche Intelligenz (Gesetz über künstliche Intelligenz) und zur Änderung bestimmter Rechtsakte der Union, 2021, 38.

68 *European Parliamentary Research Service*, Tackling deepfakes in European policy, 2021, 49.

69 *Bundesamt für Sicherheit in der Informationstechnik*, Towards Auditable AI Systems: Current status and future directions, 2021, 21.

5.2 Emanzipatorisches Potential der Deepfake-Detektion für Privatpersonen

Der Wissenschaftliche Dienst des Europäischen Parlaments kommt zu dem Schluss, dass in Zukunft nicht nur staatliche Institutionen, sondern auch Privatpersonen ein ausgeprägtes Maß an Skepsis gegenüber videographischen Informationen entwickeln sollten:

> „[T]he increased likelihood of deepfakes forces society to adopt a higher level of distrust towards all audio-graphic information. Audio-graphic evidence will need to be confronted with higher scepticism and have to meet higher standards. Individuals and institutions will need to develop new skills and procedures to construct a trustworthy image of reality, given that they will inevitably be confronted with deceptive information.“[70]

In diesem Sinne erforscht das *FAKE-ID*-Projekt – neben Detektionstools für Strafverfolgungsbehörden und Gerichte – *Deepfake*-Detektionstools für den Gebrauch durch Privatpersonen. Damit könnte der breiten Öffentlichkeit die Möglichkeit geboten werden, KI-generierte Bild- und Videomanipulationen ebenfalls KI-basiert zu identifizieren.

Obgleich die meisten großen sozialen Netzwerke entweder verpflichtet sind[71] oder „sich bemühen",[72] Online-Inhalte, die auf ihren Plattformen verbreitet werden, hinsichtlich einer möglichen Verfälschung zu überprüfen, müssen die Grenzen einer solchen Selbstverpflichtung stets mitbedacht werden. Letztendlich verfolgen Großkonzerne allem voran kommerzielle Ziele, die einer Detektion von *Deepfakes* entgegenstehen können.

6. Fazit

Dieser Beitrag hat gezeigt, dass *Deepfakes* zunehmend ausgereift sind und daher für Betrachter:innen oft nur schwer erkennbar ist, ob Videos und Bilder echt, manipuliert, gefälscht oder sogar frei erfunden sind. Bislang stützen sich die Erkenntnisse über die Risiken, die *Deepfakes* für demokratische Entscheidungsprozesse darstellen können, vorwiegend auf Schil-

---

70 *European Parliamentary Research Service*, Tackling deepfakes in European policy, 2021, VIII.

71 Z. B. *République Française*, Loi N°2018-1202 du 22 décembre 2018 relative à la lutte contre la manipulation de l'information, Art. L. 163-1.

72 *Facebook Transparency Center*, Kontointegrität und authentische Identität, 2021; *Facebook Transparency Center*, Falschmeldungen, 2021.

derungen von einzelnen Vorkommnissen. Jedoch kann damit gerechnet werden, dass KI-generierte *Deepfakes* und daher auch Manipulationen zunehmend schwer erkennbar sind. Die Herstellung von Transparenz und damit auch die *Deepfake*-Detektion werden infolge dieser Entwicklung zu Instrumenten der Demokratiesicherung.

Trotz der nachvollziehbaren Befürchtungen und Sorgen, insbesondere mit Blick auf demokratische Meinungsbildungsprozesse, die KI in der Gesellschaft hervorrufen, sollten aber auch demokratisierende Potentiale von KI-Anwendungen nicht übersehen werden:

> "Properly designed AI-based accountability tools could probably become the most effective strategy to rebalance the newly structured governance playing field, regain citizens' ownership of democratic decision-making and ensure a community of knowledge and commitment."[73]

Wie Eyal Benvenisti es formuliert, besteht die eigentliche Herausforderung nicht darin, KI als Phänomen unserer Zeit willkommen zu heißen oder abzulehnen. Vielmehr geht es darum, KI-basierte Anwendungen aktiv mitzugestalten. Dabei gilt es, einerseits das technische Potential von KI-gestützten Programmen zu optimieren, andererseits aus einer rechtsstaatlichen Perspektive heraus zu reflektieren, welche Auswirkungen solche KI-basierten Anwendungen auf die Grund- und Menschenrechte sowie auf demokratische Entscheidungsprozesse haben können. Das interdisziplinäre *FAKE-ID*-Projekt verfolgt das Ziel, zur Umsetzung dieses technisch-rechtlich-ethischen Balanceaktes beizutragen.

Grundsätzlich erscheint es möglich, durch KI verursachten Risiken mit ebenfalls KI-basierten Lösungen zu begegnen. Insbesondere in Anbetracht der enormen Geschwindigkeit, mit der riskante KI-Anwendungen entwickelt werden, erscheint es dringend notwendig, KI-basierte Schutzwerkzeuge zu konzipieren. Gleichzeitig gilt es, auch bei der Erforschung und Entwicklung grundrechts- und demokratieschützender KI-Anwendungen die den KI-Tools inhärenten Risiken und Unsicherheiten zu reflektieren und zu minimieren.

---

73 *Benvenisti*, European Journal of International Law 2019, 1089.

Literatur

Ajder, Henry; Patrini, Giorgio; Cavalli, Francesco und Cullen, Laurence (September 2019): The State of Deepfakes: Landscape, Threats, and Impact. Amsterdam: Deeptrace. URL: https://regmedia.co.uk/2019/10/08/deepfake_report.pdf (besucht am 25.02.2022).

Benvenisti, Eyal (2019): Towards Algorithmic Checks and Balances: A Rejoinder. *European Journal of International Law*, 29(4), S. 1087-1090. URL: http://www.ejil.org/archive.php?issue=146 (besucht am 25.02.2022).

Bessette-Symons, Brandy (2018): The robustness of false memory for emotional pictures. *Memory*, 26 (2), S. 171-188.

Bundesministerium für Inneres Österreich (Hrsg.) (2022): Aktionsplan Deepfake. Wien: BMI. URL: https://bmi.gv.at/bmi_documents/2779.pdf (besucht am 14.06.2022).

Bundesamt für Sicherheit in der Informationstechnik (06. Mai 2021): Towards Auditable AI Systems: Current status and future directions. URL: https://www.bsi.bund.de/DE/Service-Navi/Presse/Alle-Meldungen-News/Meldungen/Whitepaper_Pruefbarkeit_KI-Systeme_060521.html (besucht am 25.02.2022).

Bundesamt für Sicherheit in der Informationstechnik (2021): Kriterienkatalog für KI-Cloud-Dienste -- AIC4. URL: https://www.bsi.bund.de/DE/Themen/Unternehmen-und-Organisationen/Informationen-und-Empfehlungen/Kuenstliche-Intelligenz/AIC4/aic4.html (besucht am 25.05.2022).

DerStandard.de (24. Apr. 2019): Russische Scherzbolde legten offenbar Macron mit Telefonstreich rein. URL: https://www.derstandard.de/story/2000101997782/russische-scherzbolde-legten-offenbar-macron-mit-telefonstreich-rein (besucht am 25.02.2022).

Dobber, Tom; Metoui, Nadia; Trilling, Damian; Helberger, Nathalie und de Vreese, Claes (2020): Do (Microtargeted) Deepfakes Have Real Effects on Political Attitudes?, *The International Journal of Press/Politics* 26(1), S. 69-91, doi:10.1177/194016122094436.

Douek, Evelyn (11. Juli 2018): What's in Australia's New Laws on Foreign Interference in Domestic Politics. URL: https://www.lawfareblog.com/whats-australias-new-laws-foreign-interference-domestic-politics. (besucht am 25.02.2022).

Duden-Redaktion (2022): Deepfake. URL: https://www.duden.de/rechtschreibung/Deepfake (besucht am 25.02. 2022).

European Commission (26. Sept. 2018): Code of Practice on Disinformation. URL: https://ec.europa.eu/digital-single-market/en/news/code-practice-disinformation (besucht am 25.02.2022).

European Commission (21. April 2021): Commission Staff Working Document. Impact Assessment Accompanying the Proposal for a Regulation of the European Parliament and of the Council Laying Down Harmonised Rules on Artificial Intelligence (Artificial Intelligence Act) and Amending Certain Union Legislative Acts, SWD (2021) 84 final. URL: https://eur-lex.europa.eu/legal-content/EN/TXT/?uri=CELEX:52021SC0084 (besucht am 25.02.2022).

Europäische Kommission (21. Apr. 2021): Vorschlag für eine Verordnung des Europäischen Parlaments und des Rates zur Festlegung Harmonisierter Vorschriften für Künstliche Intelligenz (Gesetz über künstliche Intelligenz) und zur Änderung bestimmter Rechtsakte der Union, COM (2021) 206 final.

European Parliamentary Research Service (07. Juli 2021): Tackling deepfakes in European policy, PE 690.039. URL: https://www.europarl.europa.eu/RegData/etudes/STUD/2021/690039/EPRS_STU(2021)690039_EN.pdf (besucht am 25.02.2022).

Europol's European Cybercrime Centre; United Nations Interregional Crime and Justice Research Institute (UNICRI) und Trend Micro (19. Nov. 2020), Report on Malicious Uses and Abuses of Artificial Intelligence (AI), S. 52-56. URL: https://eucrim.eu/news/report-on-malicious-uses-and-abuses-of-artificial-intelligence/ (besucht am 25.02.2022).

Facebook Transparency Center (zuletzt geändert am 29. Juli 2021): Kontointegrität und authentische Identität. URL: https://transparency.fb.com/de-de/policies/community-standards/account-integrity-and-authentic-identity/ (besucht am 25.02.2022).

Facebook Transparency Center (Stand 01. Okt. 2021): Falschmeldungen. URL: https://transparency.fb.com/de-de/policies/community-standards/false-news/ (besucht am 25.02.2022).

Fährmann, Jan (2018): Drogenpolitik – soziale Kontrolle durch Repressionen? In: Mercer, Milena (Hrsg.), *Altered States*. Berlin: Hatje Cantz Verlag, S. 220-230.

Gerth, Sebastian (2018): Auf der Suche nach Visueller Wahrheit. Authentizitätszuschreibung und das Potenzial der Wirklichkeitsabbildung durch Pressefotografien im Zeitalter digitaler Medien. *IMAGE Zeitschrift für interdisziplinäre Bildwissenschaft*, 14(27), S. 5-23. doi:10.25969/mediarep/16426.

Hardford, Tim (2019): Does pornography still drive the internet? URL: https://www.bbc.com/news/business-48283409 (besucht am 25.02.2022).

Hömberg, Walter und Karasek, Johannes (2008): Der Schweißfleck der Kanzlerkandidatin. Bildmanipulation, Bildfälschung und Bildethik im Zeitalter der digitalen Fotografie. *Communicatio Socialis*, 41(3), S. 276–293.

Hömberg, Walter (2020): Fake News, Medienfälschungen, Grubenhunde. Fälschungsfallen im Journalismus und in den Medien. In: Hohlfeld, Ralf; Harnischmacher, Michael; Heinke, Elfi; Lehner, Lea und Sengl, Michael (Hrsg.): *Fake News und Desinformation: Herausforderungen für die vernetzte Gesellschaft und die empirische Forschung*, Baden-Baden: Nomos, S. 83–96. doi:10.5771/9783748901334.

Isermann, Holger und Knieper Thomas (2010): Bildethik. In: Schicha, Christian und Brosda, Carsten (Hrsg.): *Handbuch Medienethik*, Wiesbaden: VS Verlag für Sozialwissenschaften, S. 304-317.

Klein, Oliver (29. Sept. 2021): Die lustigsten Reaktionen. So lacht das Netz über das FDP-Grünen-Selfie. URL: https://www.zdf.de/nachrichten/panorama/bundestagswahl-vorsondierung-netzreaktionen-100.html (besucht am 25.02.2022).

Krzywoń, Adam (2021): Summary Judicial Proceedings as a Measure for Electoral Disinformation: Defining the European Standard, *German Law Journal* 22(4), S. 673-688. doi:10.1017/glj.2021.23.

Lantwin, Tobias (2019): Deep Fakes – Düstere Zeiten für den Persönlichkeitsschutz. Rechtliche Herausforderungen und Lösungsansätze, *Multimedia und Recht (MMR)*, S. 574-578.

Lantwin, Tobias (2020): Strafrechtliche Bekämpfung missbräuchlicher Deep Fakes: Geltendes Recht und möglicher Regelungsbedarf. *Multimedia und Recht (MMR)*, S. 78-82.

Loiseau, Grégoire (2020): Droits de la personnalité (Janvier 2019 – Décembre 2019). *Légipresse*, 380, S. 64-69.

Lüthe, Rudolf (2007): Die Wirklichkeit der Bilder. Philosophische Überlegungen zur Wahrheit bildlicher Darstellungen. In: Liebert, Wolf-Andreas und Metten, Thomas (Hrsg.): *Mit Bildern lügen*. Köln: Herbert von Halem Verlag, S. 50-64.

Lyon, Santiago (22. Okt. 2021): The case for content authenticity in an age of disinformation, deepfakes and NFTs. URL: https://blog.adobe.com/en/publish/2021/10/22/content-authenticity-in-age-of-disinformation-deepfakes-nfts#gs.mo1gv9 (besucht am 25.02.2022).

Mafi-Gudarzi, Nima (2019): Desinformationen: Herausforderungen für die wehrhafte Demokratie. *Zeitschrift für Rechtspolitik (ZRP)*, S. 65-68.

Mannheim, Karl und Kaplan, Lyri (2019): Artificial Intelligence: Risks to Privacy and Democracy, *Yale Journal of Law and Technology*. 106(21), S. 106-188.

Mirsky, Yisroel und Lee, Wenke (2022): The Creation and Detection of Deepfakes: A Survey, *ACM Computing Surveys*, 54(1), Article No. 7, S. 1-41, doi:10.1145/3425780.

NL Times (24. Apr. 2021): Dutch MPs in video conference with deep fake imitation of Navalny's Chief of Staff. URL: https://nltimes.nl/2021/04/24/dutch-mps-video-conference-deep-fake-imitation-navalnys-chief-staff (besucht am 25.02.2022).

ntv.de; joh und AFP (27. Apr. 2021): In Video-Konferenz getäuscht - Falscher Nawalny-Vertrauter narrt Politiker. URL: https://www.n-tv.de/politik/Falscher-Nawalny-Vertrauter-narrt-Politiker-article22518117.html (besucht am 25.02.2022).

Panholzer, Adrian (28. Juli 2020): Deepfakes wurden durch Pornografie bekannt. URL: https://www.tagesanzeiger.ch/deepfakes-wurden-durch-pornografie-bekannt-635224636195 (besucht am 25.02.2022).

Pennycook, Gordon; Epstein, Ziv; Mosleh, Mohsen; Arechar, Antonio A.; Eckles, Dean und Rand, David G. (2021): Shifting attention to accuracy can reduce misinformation online. *Nature*, 592, S. 590-595. doi:10.1038/s41586-021-03344-2.

Reuters.com (2020): Fact check: “Drunk” Nancy Pelosi video is manipulated. https://www.reuters.com/article/uk-factcheck-nancypelosi-manipulated-idUSKCN24Z2BI (besucht am 25.02.2022).

RepresentUs (29. Sept. 2020): First Ever Use of Deepfake Technology in a Major Ad Campaign. URL: https://act.represent.us/sign/deepfake-release/ (besucht am 25.02.2022).

Riess, Christian (2019): Die Erzeugung von digitalen Bildfälschungen und ihre Erkennung. In: Freiburg, Rudolf (Hrsg.): *Täuschungen. Erlanger Universitätstage 2018*. Erlangen. FAU University Press, S. 95–114.

Rössler, Andreas; Cozzolino, Davide; Verdoilva, Luisa; Riess, Christian; Thies, Justus und Nießner, Matthias (24. März 2018): FaceForensics A Large-scale Video Dataset for Forgery Detection in Human Faces. URL: https://justusthies.github.io/posts/faceforensics/ (besucht am 25.02.2022).

Roth, Andrew (22. Apr. 2021): European MPs targeted by deepfake video calls imitating Russian opposition. URL: https://www.theguardian.com/world/2021/apr/22/european-mps-targeted-by-deepfake-video-calls-imitating-russian-opposition (besucht am 25.02.2022).

Sander, Barrie (2019): Democracy Under The Influence: Paradigms of State Responsibility for Cyber Influence Operations on Elections. *Chinese Journal of International Law,* 18(1), 1-56. URL: https://academic.oup.com/chinesejil/article/18/1/1/5359468 (besucht am 25.02.2022).

Simonite, Tom (06. Okt. 2021): A True Story About Bogus Photos of People Making Fake News. URL: https://www.wired.com/story/true-story-bogus-photos-people-fake-news/ (besucht am 25.02.2022).

Steding, Alexander (o.J.): Ein Bild lügt mehr als tausend Worte. URL: https://demokratie.niedersachsen.de/startseite/themen/digitalisierung/fake_news/ein-bild-lugt-mehr-als-tausend-worte-180269.html (besucht am 25.02.2022).

Stefanowitsch, Anatol; Geyken, Alexander; Kopf, Kristin; Kupietz, Marc; Lemnitzer, Lothar und Flach, Susanne (2019): Anglizismus des Jahres 2019. URL: https://www.anglizismusdesjahres.de/anglizismen-des-jahres/anglizismen-des-jahres-adj-2019/ (besucht am 25.02.2022).

Tandoc Jr, Edson C.; Lim, Zheng Wei und Ling, Richard (2018): Defining 'fake news': A typology of scholarly definitions, *Digital journalism,* 6(2,) S. 137-153. doi:10.1080/21670811.2017.1360143.

Thiel, Markus (2021): „Deepfakes" – Sehen heißt glauben? *Zeitschrift für Rechtspolitik (ZRP)*, S. 202-205.

Vaccari, Cristian und Chadwick, Andrew (2020): Deepfakes and Disinformation Exploring the Impact. *Social Media + Society,* 6(1), S. 1-13. doi:10.1177/2056305120903408.

Waddel, Kaveh (07. Januar 2016): How Porn Leads People to Upgrade Their Tech. URL: https://www.theatlantic.com/technology/archive/2016/06/how-porn-leads-people-to-upgrade-their-tech/486032/ (besucht am 25.02.2022).

Wardle, Claire und Derakhshan, Hossein (27. Sept. 2017): Information Disorder: Toward an interdisciplinary framework for research and policy making, Council of Europe report, DGI (2017)09. URL: https://rm.coe.int/information-disorder-toward-an-interdisciplinary-framework-for-researc/168076277c (besucht am 25.02.2022).

Washington Post (2019): Faked Pelosi videos, slowed to make her appear drunk, spread across social media, 2019. https://www.washingtonpost.com/technology/2019/05/23/faked-pelosi-videos-slowed-make-her-appear-drunk-spread-across-social-media/ (besucht am 25.02.2022).

Webster, Merriam (April 2020): Words We're Watching: 'Deepfake', merriam-webster.com. URL: https://www.merriam-webster.com/words-at-play/deepfake-slang-definition-examples (besucht am 25.02.2022).

Weiffen, Nicole (2019): Der Anglizismus des Jahres 2019 lautet "... for future", URL: https://www.duden.de/presse/anglizismus-des-jahres-2019 (besucht am 25.02.2022).

Whittaker, Lucas; Letheren, Kate und Mulcahy, Rory (2021): The Rise of Deepfakes: A Conceptual Framework and Research: Agenda for Marketing. *Australasian Marketing Journal* 29(3), S. 204-2014, doi:10.1177/1839334921999479.

Winkler, Peter (25. Mai 2019): Ein Video zeigt eine betrunkene Nancy Pelosi – und führt uns vor Augen, was mit Deepfakes heute alles möglich ist. URL: https://www.nzz.ch/international/deep-fakes-nancy-pelosi-video-manipuliert-ld.1484614 (besucht am 25.02.2022).

KI-Lösungen gegen digitale Desinformation: Rechtspflichten und -befugnisse der Anbieter von Social Networks

Lena Isabell Löber

Zusammenfassung

Digitale Desinformation und algorithmenbasierte Manipulationen wie Social Bots und Deepfakes bergen Risiken für zahlreiche individuelle und gesellschaftsbezogene Rechtsgüter und fordern insbesondere den individuellen und öffentlichen Meinungsbildungsprozess heraus. KI-Lösungen sind essenzielle Instrumente, um solche schädlichen Inhalte und Manipulationstechniken in Social Networks zu detektieren. Die mit ihrem Einsatz verbundenen Risiken für Kommunikationsgrundrechte und Meinungspluralität sind durch manuelle Nachkontrollen automatisiert ermittelter Treffer und einen verfahrensbasierten Grundrechtsschutz einzuhegen. Zudem sind schärfere Transparenzvorgaben und Aufsichtsstrukturen erforderlich, um den Risiken der technisch-organisatorischen Gestaltungs- und Entscheidungsmacht großer Anbieter von Social Networks z. B. im Rahmen der algorithmischen Empfehlungssysteme zu begegnen. Im Hinblick auf den erheblichen Wissensvorsprung der Anbieter hat das nationale Gesetzesrecht mit neuen Regelungen im Medienstaatsvertrag und Netzwerkdurchsetzungsgesetz zu einigen Transparenzsteigerungen geführt, die jedoch gerade beim Themenkomplex Desinformation weitestgehend vage bleiben. Demgegenüber sind auf EU-Ebene im Rahmen der Entwürfe für die KI-Verordnung und den Digital Services Act neben dem deutschen Recht zum Teil sehr ähnlichen Regelungen auch weitergehende Pflichten vorgesehen, die einen wichtigen Beitrag zu einem ganzheitlicheren Ansatz im Umgang mit digitaler Desinformation leisten könnten.

1 *KI-Lösungen als unverzichtbare Instrumente zur Eindämmung von Desinformation*

Die algorithmenbasierte Informationssteuerung global agierender Social Networks nimmt Einfluss auf die Verbreitung und Wahrnehmbarkeit von Desinformation. Auch zur Detektion von digitaler Desinformation setzen die Anbieter auf KI-Lösungen. Ihre technische und organisatorische Entscheidungsmacht wirft Fragen zum Umgang mit den Risiken für die

Grundrechtssphären der Nutzer auf und begründet das Erfordernis, die Voraussetzungen für einen rechtskonformen Einsatz solcher Technologien zur Eindämmung von Desinformation näher zu beleuchten.[1]

Desinformationen können sich negativ auswirken auf den öffentlichen Diskurs, die öffentliche Gesundheit oder Sicherheit, die politische Beteiligung sowie Persönlichkeitsrechte Dritter. Sie können Hate Storms verursachen, Individualrechte verletzen und zu einer irreversiblen Rufschädigung betroffener Personen und Institutionen führen. Strategisch eingesetzte Desinformationen können Hass und Zwietracht säen und darauf zielen, den politischen Gegner zu destabilisieren oder gar Teil hybrider Kriegsführung sein. In normativer Hinsicht ist insbesondere eine polarisierende Wirkung problematisch, weil sie die Kompromissfindung, die existenziell für Demokratien ist, erschwert.[2] Bei einer kontinuierlichen Konfrontation mit Desinformationen und sich widersprechenden Informationen können das Streben nach Wahrheit, Wahrhaftigkeit und Erkenntnisgewinn als Diskursnormen an Bedeutung in der Öffentlichkeit einbüßen.[3] Insbesondere Desinformationen, die Teil (rechts-)extremer Hasspropaganda sind, können radikalisierend wirken und für Anhänger als Grundlage dienen, um reale Gewalt zu legitimieren.[4] Weiterhin können gesundheitsbezogene Desinformationen wesentlich zu einer „Infodemie" in Bezug auf Covid-19 beitragen,[5] zu Selbstschädigungen infolge der Einnahme eines vermeintlichen „Wundermittels" führen oder bewirken, dass der Gebrauch bewährter, evidenzbasierter medizinischer Methoden, Therapien und Medikamente abgelehnt wird und dadurch eine Schädigung der Gesundheit oder sogar lebensbedrohliche Folgen eintreten[6]. Auch können Desinformationen die Glaubwürdigkeit der Wissenschaft untergraben, wenn entgegen eines sehr breiten wissenschaftlichen Konsenses öffentlichkeitswirk-

---

1 Teile dieses Beitrags wurden bereits in einer Kurzfassung veröffentlicht im Blogbeitrag *Löber*, KI-Lösungen gegen Desinformation in Social Networks – Fragen des grundrechtskonformen und transparenten Einsatzes.

2 *Stark/Stegmann*, Are Algorithms a Threat to Democracy?, 2020, 15.

3 *Jaster/Lanius*, in: Hohlfeld u. a. (Hrsg.), Fake News und Desinformation, 2020, 245 (260) m.w.N.; *Kajewski*, ZfP 2017, 454 (454f.).

4 Näher etwa *Ipsen* u. a., Bericht Rechtsextremismus im Netz 2020/21, 2021, 10 ff. Ein besonders dramatisches Beispiel ist der Anschlag von Hanau im Februar 2020, bei dem zehn Menschen von einem zutiefst rassistischen Täter ermordet wurden, der Verschwörungstheorien in Social Networks verbreitete, die auch Teil des QAnon-Verschwörungsnarrativs sind. S. dazu *Huesmann*, RND vom 11.4.2020.

5 Näher *Islam* u. a., Am. J. Trop. Med. Hyg., 103(4), 2020, 1621 (1621 ff.).

6 Näher *Feldwisch-Drentrup/Kuhrt*, Schlechte und gefährliche Gesundheitsinformationen, 2019, 8 ff.

sam gegenteilige Behauptungen als Auswuchs einer grundlegenden antiwissenschaftlichen und antimedizinischen Haltung aufgestellt werden, z.B. in Bezug auf den menschengemachten Klimawandel[7] oder hinsichtlich Krankheiten und ihrer Ursachen.[8]

Für die wirksame Eindämmung von digitaler Desinformation als sehr vielschichtiges Problem mit einer ganzen Reihe tiefergehender Ursachen und Wirkungen ist die Einbeziehung einer Vielzahl von Akteuren auf diversen gesellschaftlichen, politischen und rechtlichen Ebenen unerlässlich.[9] Einen großen Beitrag zur Adressierung von Teilen dieses Problems können die Anbieter von Social Networks leisten, deren Kommunikationsplattformen zu den wichtigsten Verbreitungskanälen von digitalen Desinformationen, Verschwörungsmythen und Hassreden zählen.[10] Sie haben, anders als Außenstehende, die Möglichkeit, auch koordinierte Desinformationskampagnen aufzudecken und die Verbreitung schädlicher Inhalte mittels algorithmischer Verfahren zu reduzieren. Sowohl die schiere Masse von Beiträgen als auch die Geschwindigkeit, mit der sich Desinformationen und (andere) rechtswidrige Inhalte über das Internet und speziell Social Networks verbreiten, bedingen den Bedarf, automatisierte Erkennungs- und Filtersysteme zu entwickeln und einzusetzen. Auch für die Aufdeckung technisch fortgeschrittener Manipulationsmöglichkeiten, wie Social Bots und Deepfakes, sind technische Lösungen unverzichtbar.[11]

Diese sehr nützlichen, aber auch risikobehafteten Werkzeuge halten in erster Linie die Anbieter der globalen, privaten Online-Plattformen fest in ihren Händen. Sie wenden KI-Technologien zum einen an, um einer rechtlichen Pflicht zur Unterbindung von Rechtsverletzungen nachzukommen, und zum anderen als privatautonome Maßnahme, um plattformeigene Hausregeln („Community Richtlinien", „Gemeinschaftsstandards" etc.) durchzusetzen und das Netzwerk für Nutzende und Werbekunden attraktiv zu halten. Beispielsweise gibt YouTube an, dass von Oktober bis Dezember 2021 99,5 Prozent der entfernten Kommentare von automatischen

---

7 Vgl. dazu *Jaster/Lanius*, in: Hohlfeld u. a. (Hrsg.), Fake News und Desinformation, 2020, 245 (259f.).

8 S. zum Bestreiten von Krankheiten und ihren Ursachen Seth Kalichman in *Kringiel*, Spiegel Online vom 16.2.2021.

9 *Löber/Roßnagel*, in: Steinebach u. a. (Hrsg.), Desinformation aufdecken und bekämpfen, 2020, 149 (187).

10 *Lazer* u. a., Science 359 (2018), 1094 (1095); *Vosoughi* u. a., Science 359 (2018), 1146 (1146 ff.).

11 Zu technischen Detektionsmöglichkeiten von Desinformation s. etwa *Halvani* u. a., in: Steinebach u. a. (Hrsg.), Desinformation aufdecken und bekämpfen, 2020, 101 ff.

Meldesystemen erkannt wurden.[12] Zu unterscheiden ist zwischen vollautomatisierten und teilautomatisierten Verfahren: Während bei vollautomatisierten Verfahren die Erkennung, Entfernung oder das Downranking von Desinformation in Texten und Bildern sowie von Deepfakes und Social Bots ohne menschliche Beteiligung erfolgen, übernehmen beim teilautomatisierten Einsatz Menschen die einzelfallbezogene Interpretation und Überprüfung der von technischen Systemen erzeugten Meldungen.

2 *Technikimmanente Erkenntnisgrenzen und Risiken der KI-Systeme*

Der Filtereinsatz zur Eindämmung von Desinformation birgt jedoch einige Konfliktpotenziale, von denen vorliegend die Problematik falsch-positiver Treffer und die mit der enormen technisch-organisatorischen Gestaltungs- und Entscheidungsmacht der Social Networks einhergehenden Risiken fokussiert werden.

2.1 *Problematik der Fehltreffer*

Trotz immer leistungsfähigerer Systeme kann das Risiko falsch-positiver Treffer in der Regel nicht vollständig ausgeschlossen werden. Fehltreffer können beispielsweise von der Meinungs- und Kunstfreiheit geschützte satirische Darstellungen sein, deren Entfernung weder nach Gesetzesrecht noch nach den privatautonomen Regeln der Anbieter gerechtfertigt ist. Die technischen Systeme können nicht wie Menschen unter Berücksichtigung des Gesamtzusammenhangs der Äußerung zwischen einer Tatsachenbehauptung und einer Meinung unterscheiden, geschweige denn beurteilen, ob eine Tatsachenbehauptung und eine Meinung im engeren Sinne sinnstiftend miteinander verbunden sind, sodass die Äußerung insgesamt als geschützte Meinungsäußerung anzusehen ist.[13] Aufgrund technikimmanenter Erkenntnisgrenzen können sie auch nicht wie Menschen den Wahrheitsgehalt einer Tatsachenbehauptung prüfen oder eine Abwägung der widerstreitenden Grundrechtspositionen leisten. Entsprechendes gilt für das in der Abwägung anzusetzende Gewicht der Meinungsfreiheit, das umso höher ist, je mehr es sich um einen Beitrag zur öffentlichen

---

12 S. *Google*, YouTube-Community-Richtlinien und ihre Anwendung, 2022.
13 S. zur ständ. Rspr. nur BVerfGE 90, 241 (248); 61, 1 (9); 85, 1 (15f.).

Meinungsbildung handelt, und umso geringer, je mehr es lediglich um emotionalisierende Stimmungsmache gegen einzelne Personen geht.[14]

Wie zuverlässig die Anbieter von Social Networks bestimmte Inhalte und Manipulationen detektieren und welche Werte sie für die automatisierte Entfernung oder die Einordnung als potenzielle Desinformation oder Hassrede voraussetzen, ist nicht bekannt. Im Unterschied zu externen Forschenden verfügen sie über eine riesige Menge an Trainingsdaten sowie über große Personalressourcen und die Mittel, Innovationen zu tätigen, sodass von höheren Trefferquoten als in der externen Forschung auszugehen ist. Die riesigen Datenpools, mit denen lernfähige Systeme für ganz unterschiedliche Einsatzzwecke (z. B. Erkennung von Desinformation und Hassrede, aber auch zur Erstellung von Persönlichkeitsprofilen und für individualisierte Werbung) trainiert und evaluiert werden, liegen in der Hand der globalen, privaten Online-Plattformen, die ihren Datenschatz nur für eigene Zwecke nutzen und bei denen ausreichende Schutzvorkehrungen für betroffene Personen zur Kontrolle über ihre personenbezogenen Daten fehlen.[15]

2.2 *Technisch-organisatorische Gestaltungs- und Entscheidungsmacht*

Darüber hinaus nimmt die Informationssteuerung und -bündelung durch algorithmische Entscheidungsfindung wirkmächtiger Social Networks erheblichen Einfluss darauf, welche meinungsbildungsrelevanten Inhalte wie wahrgenommen werden. Eine gewisse Diskursstrukturierung wird von Nutzenden aufgrund der Informationsflut im Internet erwartet. Jedoch liegt ein erhebliches Risiko darin, dass Technik im Allgemeinen und KI-Systeme im Speziellen eine besonders große Macht kennzeichnet, die nicht selten verkannt wird und sich auch daraus speist, dass ihr der Machtfaktor nicht anzusehen ist, da sie sehr neutral wirkt.[16] Die Technik des Internets hat die Verwirklichungsbedingungen von (Kommunikations-)Grundrechten und Demokratie verändert – in einiger Hinsicht konnten und können sie verbessert werden, in anderer Hinsicht sind sie neuen internet- und anbieterspezifischen Gefährdungspotenzialen ausgesetzt.[17] So entscheiden die Anbieter mit den von ihnen ausgerichteten Algorithmen und den

14 BVerfG, NJW 2020, 2622 Rn. 29 m.w.N.; BVerfG, GRUR-RS 2021, 44392 Rn. 31.

15 S. zu dieser Problematik *Roßnagel*, Datenspenden für KI – Vertrauen nur mit Grundrechtsvorsorge.

16 *Roßnagel*, MMR 2020, 222 (222) m.w.N.

17 Vgl. *Roßnagel*, MMR 2020, 222 (225).

für die Nutzung aufgestellten Bedingungen, Regeln sowie deren Vollzug über Verwirklichungsbedingungen von Grundrechten im digitalen Raum und folglich über Grundlagen individueller und gesellschaftlicher Freiheit.[18] Durch ihre technisch-organisatorische Gestaltungs- und Entscheidungsmacht können sie die mediale Öffentlichkeit in schädigender oder zumindest nicht transparenter Weise strukturieren.

Seit einiger Zeit steht der – nunmehr von der Whistleblowerin Frances Haugen gestützte – Vorwurf im Raum, Facebook setze prioritär auf Wachstum und Werbeeinnahmen und nehme dafür bewusst in Kauf, Manipulationsversuche nicht hinreichend zu bekämpfen und Algorithmen einzusetzen, die spalterische und schädliche Inhalte fördern, da sie besonders viele Nutzerreaktionen verursachen.[19] Konkret beschuldigen Vertriebene der Rohingya aus Myanmar Facebook in beispiellosen Sammelklagen auf Schadensersatz von rund 150 Milliarden Dollar. Facebooks Algorithmen und die unterlassene Eindämmung von Hetze und Desinformation sollen reale Gewalt gegen sie angefacht haben.[20]

Die ohnehin schon eingeläutete Phase der stärkeren Regulierung der Internetgiganten erhielt durch diese Enthüllungen nochmals Aufwind. Dies gilt nicht nur speziell mit Blick auf digitale Desinformation und Hetze, sondern ebenfalls für die Rahmenbedingungen, Algorithmen und KI. Denn klar dürfte mittlerweile jedem sein: Wer die Macht über die technische, organisatorische und inhaltliche Gestaltung der Social Networks – und damit über zentrale Kommunikationskanäle unserer heutigen Zeit – hat, trägt eine enorme gesellschaftliche Verantwortung für das friedliche Miteinander und die Funktionsfähigkeit demokratischer Abläufe.[21]

3 KI-Einsatz in der Internet(selbst)regulierung als Balanceakt

Um diese Risiken für die Grundrechtssphären der Nutzenden möglichst effizient zu reduzieren sowie Meinungspluralität und den unverfälschten Meinungsbildungsprozess als Grundpfeiler der Demokratie zu schützen, bedarf es mehrerer, ineinandergreifender und sich ergänzender Lösungsan-

18 *Roßnagel*, MMR 2020, 222 (223).

19 S. etwa *Tagesschau* vom 5.10.2021.

20 In Myanmar stellt sich die Internetnutzung und das Informationsrepertoire der Menschen anders dar als z. B. in Deutschland. Es soll dort gleich viele Internet- und Facebook-Nutzer geben – Facebook ist wohl für viele Menschen dort die Hauptinformationsquelle. S. *Kreye*, Süddeutsche Zeitung vom 7.12.2021.

21 *Kühling*, ZUM 2021, 461 (461).

sätze, die eine rechtliche Querschnittsmaterie betreffen. Dabei muss die Internet(selbst)regulierung, die sich zunehmend des Einsatzes von KI bedient, den schwierigen Balanceakt vollziehen, dass der Einsatz nicht selbst eine Rechtsverletzung birgt (etwa Verstoß gegen das datenschutzrechtliche Verbot automatisierter Einzelentscheidungen) oder herbeiführt (etwa Entfernung eines rechtmäßigen, von Art. 5 Abs. 1 GG geschützten Beitrags) und zudem Nutzende nicht in Unkenntnis darüber gelassen werden, dass und in welcher Art und Weise sie automatisierten Entscheidungen ausgesetzt sind. Den Online-Plattformen auferlegte „Filterpflichten" sowie rechtliche Grenzen des KI-Einsatzes verfassungsrechtlicher, medienrechtlicher und datenschutzrechtlicher Natur und Transparenzverpflichtungen etwa aus dem Medienstaatsvertrag (MStV) und dem Netzwerkdurchsetzungsgesetz (NetzDG) adressieren diese Herausforderungen mittelbar und unmittelbar.

Der (technische) Umgang mit Desinformationen ist gesetzlich nicht spezifisch geregelt. Denn die freiheitlich-demokratische Grundordnung vertraut darauf, dass im Prozess der Meinungsbildung und geistigen Auseinandersetzung auch drastische, extreme Positionen sowie Falschinformationen durch Gegenrede relativiert werden,[22] sodass sich im Ergebnis die „Macht der Vernunft" und die vernünftigste Meinung durchzusetzen vermag.[23] Der Meinungskampf und die Bildung von Willensentscheidungen werden verstanden als „process of trial and error", der „nicht immer objektiv richtige Ergebnisse" liefert, aber doch „durch die ständige gegenseitige Kontrolle und Kritik die beste Gewähr für eine (relativ) richtige politische Linie als Resultante und Ausgleich zwischen den im Staat wirksamen politischen Kräften gibt".[24] Diese Verfassungserwartung zeigt, dass aus den Kommunikationsgrundrechten keine generelle „Wahrheitspflicht" folgen kann.[25] Jenseits rechtswidriger Äußerungen vor allem aus den Bereichen des Strafrechts und Persönlichkeitsrechts sind die Aufgaben des Staates daher sehr begrenzt und richten sich maßgeblich auf die Aufrechterhaltung der Bedingungen für die Selbstorganisation gesellschaftlicher Kommunikation.[26] Dem Grundsatz der staatlichen Zurückhaltung folgend greift die

22 Etwa *Klein*, in: Dürig u. a. (Hrsg.), Grundgesetz-Kommentar, 2020, Art. 41 GG Rn. 123.

23 Vgl. *Kloepfer*, in: Isensee/Kirchhof (Hrsg.), HStR III, 2005, § 42, Rn. 14.

24 BVerfGE 5, 85 (135); 69, 315 (345f.).

25 *Jestaedt*, in: Merten/Papier (Hrsg.), 2011, § 102, Rn. 36; *Degenhart*, in: Bonner Kommentar zum GG, 2021, Art. 5 Abs. 1 und 2 Rn. 118.

26 *Löber/Roßnagel*, in: Steinebach u. a. (Hrsg.), Desinformation aufdecken und bekämpfen, 2020, 149 (187).

Regulierung erst dort ein, wo die Kräfte der gesellschaftlichen Auseinandersetzung nicht ausreichen, und soweit es darum geht, notwendige Rahmenbedingungen, u. a. für einen vernünftigen, transparenten Umgang mit den KI-Systemen und der Content-Moderation mächtiger Online-Plattformen im digitalen Raum, zu schaffen.

3.1 *Verpflichtender Einsatz bei duplizierten und sinngleichen Inhalten*

Diese Herausforderungen und Lösungsansätze zeigen sich beispielsweise im Rahmen der Rechtsprechung und Debatte zur Auferlegung von Pflichten an Diensteanbieter wie Facebook, zukunftsgerichtet nicht nur die Weiterverbreitung eines konkreten rechtswidrigen Inhalts, etwa einer verleumderischen Falschbehauptung, zu verhindern, sondern auch Duplikate und sogar sinngleiche Beiträge anderer Nutzer (weltweit) zu entfernen.[27] Schließlich können die technischen Erkennungssysteme verhindern, dass Betroffene gegen jeden einzelnen duplizierten und ähnlich-duplizierten Beitrag separat vorgehen müssen – bei Desinformationskampagnen und Shit Storms angesichts der Funktionslogiken im digitalen Raum ein oftmals aussichtsloses Unterfangen. Die beeinträchtigende Wirkung einer Äußerung ist gesteigert, wenn sie in wiederholender und anprangernder Weise sowie besonders sichtbar im Internet als verstärkendem Medium unter Berücksichtigung der konkreten Breitenwirkung getätigt wird.[28]

In der nationalen Rechtsprechung legt der BGH Diensteanbietern bei Hinweisen auf klare Rechtsverletzungen bereits seit einigen Jahren Filterpflichten auf. Danach kann eine Verpflichtung zur notwendigen, automatischen Kontrolle aller Inhalte, z. B. mit Wortfiltern, um Duplikate und ähnlich klare Rechtsverletzungen zu unterbinden, zumutbar sein, wobei eine manuelle Nachkontrolle auf bestimmte, vorab gefilterte Inhalte beschränkt sein muss.[29] Mit dieser Rechtsprechung wurden dem Wettbewerbs-, Urheber- und Markenrecht entspringende Unterlassungsansprüche auf im Kern gleichartige Verletzungshandlungen erstreckt.[30] Die Übertrag-

27 Vgl. EuGH, Urt. v. 3.10.2019 – C-18/18, ECLI:EU:C:2019:821 – Glawischnig-Piesczek/Facebook.

28 BVerfG, NJW 2020, 2622 Rn. 34; NJW 2020, 300 Rn. 125.

29 BGH, ZUM 2013, 874 Rn. 61.

30 Vgl. zu manuellen Entfernungen gleichartiger Verstöße BGH, NJW 2019, 1142 Rn. 18 ff.; BGH, MMR 2014, 190 Rn. 18; BGH, MMR 2011, 385 Rn. 26; BGH, NJW-RR 2006, 1048 Rn. 36.

barkeit auf Sachverhalte aus dem Äußerungsrecht ist jedoch noch nicht geklärt.[31]

Indessen hat der EuGH vor dem Hintergrund der Auslegung des Verbots allgemeiner Überwachungspflichten für Host-Provider gemäß Art. 15 E-Commerce-RL entschieden, dass im Nachgang zu einer Rechtsverletzung Diensteanbieter grundsätzlich verpflichtet werden können, auch wort- und sinngleiche Inhalte zu verhindern. Eine übermäßige, Art. 15 E-Commerce-RL zuwiderlaufende Verpflichtung könne dadurch verhindert werden, dass die Überwachung und Nachforschung „auf die Informationen beschränkt sind, die die in der Verfügung genau bezeichneten Einzelheiten enthalten" und dass „ihr diffamierender Inhalt sinngleicher Art den Hosting-Anbieter nicht verpflichtet, eine autonome Beurteilung vorzunehmen, so dass er auf automatisierte Techniken und Mittel zur Nachforschung zurückgreifen kann".[32] Folglich verläuft nach der Judikatur des EuGH die Grenze der Verpflichtung dort, wo der Anbieter zu einer autonomen Entscheidung gezwungen wäre, auch um die unternehmerische Freiheit hinreichend zu berücksichtigen. Allerdings war in dem betreffenden Fall gerade keine komplexe Interessenabwägung erforderlich, da es sich um eindeutige Beleidigungen handelte.[33] Daher blieb offen, wie weit die Verhinderungspflichten in weniger eindeutigen äußerungsrechtlichen Fällen reichen und inwieweit das Risiko von Fehltreffern hingenommen oder durch manuelle Nachkontrollen abgefedert werden müsste. Dabei steht die Rechtsprechung vor der Herausforderung, dass sie kaum abschätzen kann, wie zuverlässig die technischen Erkennungssysteme der Anbieter tatsächlich funktionieren und inwieweit in konkreten Fällen die Verletzung von Kommunikationsgrundrechten durch eine automatisierte Filterung droht.

3.2 Reichweite der Befugnisse bei privatautonomen Maßnahmen

Auch die Anbieter von Social Networks haben bei der Content-Moderation einen äußerst schwierigen Balanceakt auszuführen. Erwecken sie den Eindruck, zu viel zu entfernen, sind sie dem Vorwurf ausgesetzt, den für

---

31 Offen gelassen BGH, NJW 2019, 1142 Rn. 18 ff. zur Wortberichterstattung; wohl bejahend in BGH, ZUM-RD 2019, 203 Rn. 44. Vgl. auch *Specht-Riemenschneider*, MMR 2019, 801 (801 f.); LG Würzburg, MMR 2017, 347 (349).

32 EuGH, Urt. v. 3.10.2019 – C-18/18, ECLI:EU:C:2019:821, Rn. 46 – Glawischnig-Piesczek/Facebook.

33 Ebenso *Spindler*, NJW 2019, 3274 (3275).

die öffentliche Meinungsbildung essenziellen „Kampf der Meinungen“ nicht zuzulassen, Kommunikationsgrundrechte nicht zu achten und sich vertragswidrig gegenüber betreffenden Nutzenden zu verhalten. Tun sie zu wenig, werden sie kritisiert, Hass, Hetze und Desinformation zu dulden sowie zur Verfälschung des Meinungsbildungsprozesses beizutragen und riskieren eine Inanspruchnahme etwa auf Schadensersatz, Unterlassung sowie eine mögliche strafrechtliche Verantwortlichkeit.[34] Im Rahmen ihrer weitreichenden privatautonomen Befugnisse können sie die Online-Plattform grundsätzlich unter Achtung der allgemeinen Gesetze frei gestalten und freiwillig auch über bestehende gesetzliche Regeln hinaus Sanktionen für bestimmte Inhalte, Manipulationen und Formen von Desinformationen vorsehen.[35] Die in ihren Nutzungsbedingungen aufgestellten Regeln dürfen sich nach umstrittener, aber überzeugender Auffassung auf nur AGB-widrige – und nicht zugleich gesetzeswidrige – Inhalte erstrecken, wobei sie die mittelbaren Grundrechtsgefährdungen, namentlich die Kommunikationsgrundrechte der Inhalteersteller, die Grundrechtssphäre der von einer versagten Rezeption und Anschlusskommunikationen betroffenen Nutzenden, das allgemeine Persönlichkeitsrecht sowie das Gleichbehandlungsgebot, hinreichend berücksichtigen müssen.[36]

In jedem Fall müssen Maßnahmen wie die automatisierte und nichtautomatisierte Entfernung von Beiträgen oder die Sperrung von Nutzerkonten auf Basis klarer, vorab formulierter Kriterien sowie zumutbarer Anstrengungen zur Aufklärung des Sachverhalts, zu denen auch verfahrensrechtliche Absicherungen gehören, erfolgen.[37] Mit zunehmender Macht, gesellschaftlicher Relevanz und Einflussnahme auf die Kommunikationsprozesse steigt das Ausmaß der rechtlichen Verpflichtung der Anbieter.[38] Je größer, wirkmächtiger, „unausweichlicher“ die Online-Plattformen sind, desto höhere Anforderungen sind auch an die Zuverlässigkeit ihrer automatisierten Systeme und Entscheidungen sowie die vorzusehenden technischen und rechtlichen Schutzmaßnahmen zu stellen. Staatliche Befugnisse sind hier, jedenfalls soweit es nicht um nachweisliche strukturelle Meinungsvielfaltsgefährdungen durch Filtersysteme geht, vornehmlich

34 Vgl. BGH, NJW 2021, 3179 Rn. 77.

35 *Löber/Roßnagel*, MMR 2019, 71 (75); *Dreyer* u. a., Desinformation, 2021, 45.

36 Bestätigt von BGH, NJW 2021, 3179 Rn. 58 ff. m.w.N.; *Ingold*, in: Unger/v. Ungern-Sternberg (Hrsg.), Demokratie und Künstliche Intelligenz, 2019, 183 (198).

37 Vgl. BGH, NJW 2021, 3179 Rn. 79 ff.; BVerfG, NJW 2018, 1667 Rn. 46 ff.

38 Vgl. BVerfGE 128, 226 (248 ff.); verstärkt durch BVerfG, NJW 2015, 2485 (2486); s. auch *Löber/Roßnagel*, in: Steinebach u. a. (Hrsg.), Desinformation aufdecken und bekämpfen, 2020, 149 (173).

darauf gerichtet, diese privatautonomen Verfahren gesetzlich zu rahmen und die Beachtung grundrechtssichernder Mindeststandards im Sinne der Kommunikationsgrundrechte sicherzustellen.[39]

3.3 Technische und rechtliche Mechanismen zum Schutz der Kommunikationsgrundrechte

Durch den Einsatz von Filtertechnologien zur Eindämmung von Desinformation darf es nicht zu unverhältnismäßigen Grundrechtseingriffen kommen. Wichtige Schutzmechanismen stellen insbesondere ein wirksames Zusammenspiel von automatisierter Filterung und manueller Kontrolle sowie ein verfahrensbasierter Grundrechtsschutz dar. So ermöglicht die Parametrisierung der Erkennungs- und Filtersysteme verschiedene Reaktionsmöglichkeiten, die nicht lediglich ein binäres System darstellen, sondern abhängig von Übereinstimmungs- bzw. Wahrscheinlichkeitswerten gestufte Maßnahmen und sowohl vollautomatisierte als auch teilautomatisierte Reaktionen in verschiedenen Ausprägungen umfassen. Auf diese Weise können z. B. vollautomatisierte Filterungen nur bei eindeutigen, äußerst hohen Übereinstimmungswerten ausgeführt und bei weniger eindeutigen Ergebnissen die menschliche Überprüfung durch geschultes Personal sowie die Möglichkeit zur Stellungnahme für die beteiligten Personen initiiert werden.[40] Bereits die Annäherung an richtige Ergebnisse in solchen teilautomatisierten Verfahren kann einen erheblichen Mehrwert darstellen, da die Auffindbarkeit der desinformativen Inhalte und Manipulationen ermöglicht oder zumindest beschleunigt wird und Fehltreffer im manuellen Überprüfungsprozess ausgeschlossen werden können.[41] Außerdem kann das KI-System den Mitarbeitenden als Entscheidungshilfe ähnliche Fälle und deren rechtliche Bewertung anzeigen sowie eine Vorsortierung nach Mustern vornehmen, um den Nutzen des Vorfilterns zu optimieren. Auch ein stärkeres Interagieren von Mensch und KI, bei dem Menschen die Fehler der KI direkt an diese zurückspiegeln, kann Falscherkennungen minimieren.

Ein verfahrensbasierter Grundrechtsschutz ist aufgrund der mittelbaren Drittwirkung des Gleichheitssatzes und der Kommunikationsfreihei-

---

39 So auch *Dreyer* u. a., Desinformation, 2021, 45; *Ingold*, in: Unger/v. Ungern-Sternberg (Hrsg.), Demokratie und Künstliche Intelligenz, 2019, 183 (201).

40 S. *Raue/Steinebach*, ZUM 2020, 355 (363) in Bezug auf Upload-Filter.

41 Vgl. *Kastl*, GRUR 2016, 671 (673).

ten auch bei privatautonomen Maßnahmen der Social Networks notwendig. Er erfordert, dass niedrigschwellige plattforminterne Verfahren und Möglichkeiten externer außergerichtlicher Streitschlichtung für Nutzende verfügbar sind, um eine hinreichend bestimmte Tatsachengrundlage der Entscheidungen sowie ein effektives Vorgehen gegen fehlerhafte Maßnahmen zu gewährleisten.[42] Geht es um die Entfernung äußerungsbezogener Inhalte, gehört zu den Organisations- und Verfahrensvorschriften auch die Gelegenheit zur Stellungnahme der Inhaltersteller vor Ergreifung der Maßnahme – jedenfalls abseits sehr eindeutiger Fälle und sehr hoher Trefferquoten – sowie die Begründung von Entscheidungen, um insbesondere willkürliche Maßnahmen auszuschließen, transparent zu handeln und eine zumutbare Aufklärung des Sachverhalts durch Menschen vorzunehmen.[43]

Angesichts dieser technischen und rechtlichen Möglichkeiten und Anforderungen, die von Fehltreffern ausgehenden Gefahren für die Grundrechtssphären der Nutzenden effizient zu reduzieren, führt das Risiko falsch-positiver Treffer auch im sehr grundrechtssensiblen Äußerungsrecht jedenfalls nicht per se zum Ausschluss solcher Filtertechnologien. Jedoch ist die Möglichkeit, vollautomatisierte Verfahren rechtsverträglich einzusetzen, hier sehr stark eingeschränkt und wohl nur bei äußerst treffsicheren Ergebnissen, etwa bei Bildern oder Duplikaten eindeutig rechtswidriger Desinformation, in Betracht zu ziehen, um Overblocking zu vermeiden.

4 Transparenzvorgaben gegen weitreichende Wissensasymmetrien

In Anbetracht des weitreichenden Wissensvorsprungs der Diensteanbieter hinsichtlich der von ihnen eingesetzten algorithmischen Verfahren sind Transparenzvorgaben ein zentraler Pfeiler der Regulierung. Transparenz im Umgang mit Desinformationen ist besonders bedeutsam, um nachvollziehen zu können, in welcher Weise und nach welchen Kriterien die Anbieter auf den freien Diskurs einwirken und diesen vor Manipulationen zu schützen versuchen. Dabei geht es neben Sanktionen, wie das Löschen und Sperren von Inhalten und Nutzerkonten, um weitere Formen der Content-Moderation, wie die Kennzeichnung oder das – mitunter für Nutzende nicht erkennbare – Downranking von Falschinformationen, bei denen die Verletzung von Kommunikationsgrundrechten ebenfalls nicht

---

42 BGH, NJW 2021, 3179 Rn. 79 ff.; *Reinhardt/Yazicioglu*, DSRITB 2020, 819 (826).
43 Vgl. BVerfG, NJW 2018, 1667 Rn. 46.

ausgeschlossen ist, und die derzeit nicht spezifisch gesetzlich reguliert werden. Freiwillig zeigen Social Networks indes nur sehr begrenzt Transparenz. In der Regel beschränken sie sich auf sehr allgemeine, vage Angaben zum Einsatz von Erkennungs- und Filtersystemen in einem bestimmten Zeitraum und nicht in Bezug auf konkrete Beiträge oder auf Deutschland.[44] Solche freiwilligen Transparenzangaben oder Transparenzpflichten ohne hinreichende Überprüfbarkeit stehen unter Vergeblichkeitsverdacht, da sie darauf ausgerichtet sein können, einer bestimmten, unternehmensfreundlichen Erzählrichtung zu folgen.[45]

4.1 Netzwerkdurchsetzungsgesetz: Informationen zu eingesetzten Verfahren zur automatisierten Erkennung von Inhalten

Der nationale Gesetzgeber versucht den erheblichen Wissensasymmetrien mit spezifischen Transparenzpflichten im Netzwerkdurchsetzungsgesetz und Medienstaatsvertrag abzuhelfen. Im Netzwerkdurchsetzungsgesetz sind keine spezifischen (Transparenz-)Pflichten im Umgang mit Desinformation und deren automatisierter Aufdeckung enthalten. Im Hinblick auf die von Anbietern von Social Networks vorzuhaltenden Beschwerdemanagementsysteme zur Entfernung bestimmter rechtswidriger Inhalte innerhalb vorgegebener Fristen sind auch Desinformationen erfasst, soweit sie Straftatbestände wie Verleumdung nach § 187 StGB oder Holocaust-Leugnung nach § 130 Abs. 3 StGB erfüllen (vgl. den Katalog in § 1 Abs. 3 NetzDG).[46] Außerdem sind die Anbieter gemäß § 2 Abs. 2 Nr. 2 NetzDG verpflichtet, allgemeine Angaben zu eingesetzten Verfahren zur automatisierten Erkennung von Inhalten, die wegen ihrer gesetzlichen oder vertraglichen Unzulässigkeit entfernt werden sollen, mitzuteilen. Diese Vorgaben sollen der Erkenntnis Rechnung tragen, „dass erhebliche Fortschritte beim automatisierten Aufspüren von entsprechend unzulässigen Inhalten gemacht worden sind und die Öffentlichkeit darüber an zentraler Stelle informiert werden sollte“.[47] Aus dem Gesetzeswortlaut („automatisierte Er-

---

44 S. z. B. die Angaben von *Google*, YouTube-Community-Richtlinien und ihre Anwendung, 2022.

45 Vgl. *Cornils*, ZUM 2019, 89 (102), in Bezug auf die Regelungen für Medienintermediäre im MStV. S. die Enthüllungen des ehemaligen Vize-Marketing-Chefs von Facebook Boland in *Alba/Mac*, New York Times vom 20.8.21.

46 S. zu den Verpflichtungen aus dem NetzDG auch *Löber/Roßnagel*, in: Steinebach u. a. (Hrsg.), Desinformation aufdecken und bekämpfen, 2020, 149 (168 ff.).

47 BT-Drs. 19/18792, 42.

kennung", „Überprüfung der Ergebnisse der automatisierten Verfahren durch den Anbieter") folgt, dass die Transparenzangaben sowohl für vollautomatisierte als auch für teilautomatisierte Löschungen oder Sperrungen zu erbringen sind.[48] Dass die Regelung nicht nur Inhalte umfasst, die gesetzeswidrig sind, sondern auch solche, die gegen vertragliche Bestimmungen im privatrechtlichen Verhältnis von Anbietern und Nutzenden verstoßen, ist essenziell, da ein Großteil der Maßnahmen der Anbieter der Durchsetzung ihrer Nutzungsbedingungen dient. Beispielsweise hat Facebook bereits im Gesetzgebungsverfahren klargestellt, dass es „Technologie zur automatischen Erkennung von Inhalten einsetzt, die den Gemeinschaftsstandards von Facebook widersprechen", nicht jedoch für eine Prüfung, ob sie deutsches Recht verletzen.[49]

Obgleich die Regelung den Umgang mit Desinformationen nicht explizit aufgreift, gehören automatisierte Verfahren zur Erkennung von Desinformationen, die entfernt werden sollen, zu den Verfahren gemäß § 2 Abs. 2 Nr. 2 NetzDG. Indes ist angesichts der vagen Bestimmungen fraglich, inwieweit der Vorschrift eine Pflicht zu entnehmen ist, nähere Informationen zu diesen Verfahren vorzulegen. Wegen der Begrenzung auf allgemein gehaltene Informationen steht nicht zu erwarten, dass sie eine Überprüfung zuließen, ob und inwieweit sie tatsächlich rechtskonform gestaltet und eingesetzt werden. Als echte Kontrollmaßstäbe sind diese Vorgaben kaum geeignet. Zumindest können die Vorgaben daneben als sanfter Anreiz verstanden werden, die ohnehin eingesetzten technischen Systeme besonders sorgsam und grundrechtsschonend einzusetzen. Dafür spricht beispielsweise, dass die Anbieter über qualitätssichernde Maßnahmen sowie etwaige Überprüfungen von Filterergebnissen durch Menschen berichten müssen. Diese Mensch-Maschine-Interaktionen sind besonders relevant für die Ausfilterung falsch-positiver Ergebnisse und den Grundrechtsschutz der Nutzenden.

4.2 *Medienstaatsvertrag: grobe Einblicke in Sortier-, Priorisierungs- und Selektierungsmethoden und Diskriminierungsverbot für journalistisch-redaktionell gestaltete Inhalte*

Auch die Transparenzvorgaben für Medienintermediäre gemäß § 93 Abs. 1, 3 MStV sind sehr weiche Verpflichtungen. Sie sollen dem Schutz

48 S. auch BT-Drs. 19/18792, 42.

49 S. *Facebook*, Stellungnahme NetzDG-E, 2020, 5.

der Meinungs-, Angebots- und Anbietervielfalt dienen und verlangen allgemein gehaltene Angaben zu Kriterien u. a. über die Selektion und Präsentation von Inhalten sowie die Funktionsweise der eingesetzten Algorithmen. Weder verpflichten sie dazu, Nutzende darüber zu informieren, welche Kriterien ex-post im konkreten Fall ausschlaggebend für die Anzeige eines Inhaltes waren,[50] noch statuieren sie eine spezifische Pflicht, konkret auf den algorithmusbasierten Umgang mit Desinformation und anderen Falschinformationen einzugehen. Jedoch sind nach § 93 Abs. 1 Nr. 1 und 2 MStV allgemeine Informationen hierzu mitzuteilen, sofern z. B. der Wahrheitsgehalt oder die Seriosität relevante Kriterien für Zugang, Verbleib, Aggregation, Selektion, Präsentation oder Gewichtung von Inhalten sind. Angesichts der publikumsorientierten „Einfachheitskonzeption"[51] der verlangten Angaben müssen die sehr komplexen Algorithmen, die sich mit dem Einsatz von KI ständig verändern und wohl nahezu unüberschaubar sind,[52] in eine sehr einfache Sprache übersetzt werden. Die starken Vereinfachungen bergen die Gefahr von (ungewollten) Verfälschungen durch die Berichtenden und mangelnder Überprüfbarkeit seitens der Aufsicht. Dennoch können die Angaben, jedenfalls soweit sie präzise genug, nicht schwer verständlich und leicht auffindbar sind, ein taugliches Mittel darstellen, zumindest grobe Einblicke in Sortier-, Priorisierungs- und Selektierungsmethoden von Medienintermediären zu erhalten und Nutzende für diese Thematik zu sensibilisieren.

Indes gewährleisten die Transparenzvorgaben alleine freilich keine Meinungs-, Angebots- und Anbieter- sowie Nutzungsvielfalt auf den digitalen Kommunikationsplattformen. Im Übrigen folgt auch aus der strengen mittelbaren Drittwirkung per se keine Neutralitätspflicht der Anbieter, die weiterhin Grundrechtsberechtigte sind.[53] Zudem ist die Entscheidung der Nutzenden für personalisierte Angebote und damit das Risiko, sich in digitalen Echokammern zu bewegen, als Ausdruck ihrer Informationsfreiheit zu berücksichtigen.[54] Dementsprechend findet sich in § 94 MStV lediglich ein Diskriminierungsverbot für journalistisch-redaktionell gestaltete Inhal-

---

50 A.A. *Schwartmann* u. a., Transparenz bei Medienintermediären, 2020, 133.

51 *Cornils*, ZUM 2019, 89 (102).

52 Kritisch und vor diesem Hintergrund eine Informationspflicht über die Kriterien des Filterns von Nachrichten als „regulatorischen Schlag ins Wasser" ablehnend *Drexl*, ZUM 2017, 529 (537, 541f.); ähnlich *Ladeur/Gostomzyk*, K&R 2018, 686 (690f.).

53 *Ingold*, in: Unger/v. Ungern-Sternberg (Hrsg.), Demokratie und Künstliche Intelligenz, 2019, 183 (200).

54 So auch *Martini*, Blackbox Algorithmus, 2019, 103, 225.

te, auf deren Wahrnehmbarkeit die Medienintermediäre besonders hohen Einfluss haben. Sie dürfen nicht entgegen der nach § 93 Abs. 1 bis 3 MStV zu veröffentlichenden Kriterien ohne sachlichen Grund systematisch benachteiligt werden. Das Diskriminierungsverbot ist mithin auf die Abwesenheit unsachgemäßer, rechtswidriger Einflussnahme und Manipulation hinsichtlich journalistisch-redaktioneller Angebote gerichtet und schreibt nicht im Sinne eines Must-Carry-Regimes vor, bestimmte Inhalte, denen ein gesteigertes öffentliches Interesse zukommt, zu transportieren und (privilegiert) auffindbar zu machen.[55] Bezüglich der Handhabung von Desinformation beinhaltet es keine verpflichtenden und zielgerichteten Vorgaben. Es hindert die Anbieter allerdings nicht daran, desinformative Inhalte auf Grundlage ihrer Nutzungsbedingungen z. B. in der Sichtbarkeit einzuschränken oder zu entfernen, da die Integrität des Dienstes und die jeweiligen von Desinformation ausgehenden Risiken für verschiedene Rechtsgüter sachliche Gründe für eine unterschiedliche Behandlung der Angebote darstellen können.

Gegenwärtig rechtfertigen auch bestehende Diskursfragmentierungen des öffentlichen Meinungsbildungsprozesses es nicht, wirkmächtige Intermediäre entgegen ihres Geschäftsmodells und individueller Interessen der Nutzenden sowie deren Informationsfreiheit zur Privilegierung von Inhalten, denen ein besonderer Mehrwert für die öffentliche Kommunikation zukommen soll, zu verpflichten.[56] Es müsste plausibel begründbar sein, dass die gesamtgesellschaftlich integrierte Rezeption insbesondere von politik- und nachrichtenbezogenen Inhalten signifikant gesunken ist oder dies zu befürchten steht.[57] Jedoch rezipiert der Großteil der Internetnutzenden in Deutschland regelmäßig Nachrichten außerhalb von Social Networks.[58] Die Nutzung von Social Networks ist (noch) weitestgehend

---

55 Vgl. *Heidtke*, Meinungsbildung und Medienintermediäre, 2020, 341f.; *Zimmer*, ZUM 2019, 126 (129); s. auch *Ladeur/Gostomzyk*, K&R 2018, 686 (691), die insoweit die Frage aufwerfen, ob es sich bei dem Diskriminierungsverbot „nicht vorrangig um einen Diskriminierungsschutz von Massenmedien im Wettbewerb zu anderen Inhalten“ handele.

56 A.A. *Mitsch*, DVBl 2019, 811 (817f.); *Schwartmann* u. a., Transparenz bei Medienintermediären, 2020, 158 ff.

57 *Mengden*, Zugangsfreiheit und Aufmerksamkeitsregulierung, 2018, 398f., 402.

58 *Hölig* u. a., Digital News Report, 2021, 5: Nachrichten im linearen Programmfernsehen sind bei Betrachtung der Einzelgattungen der am meisten gewählte Zugangsweg. Nur eine sehr geringe Anzahl der Erwachsenen (vier Prozent) konsumiert ausschließlich über Social Networks Nachrichten.

eingebettet in einen breiten Mix verschiedener Medienkanäle.[59] Nachrichtenformate im linearen Programmfernsehen und insbesondere des öffentlich-rechtlichen Rundfunks werden zurzeit in beachtlichem Umfang wahrgenommen.[60] Deren integrative Wirkung kann Fragmentierungen entgegenwirken.

4.3 *Kennzeichnungspflichten von Social Bots und Deepfakes*

Ein weiterer bedeutsamer Schritt zur Förderung der Integrität der Kommunikation in Social Networks sowie zum Schutz des individuellen und öffentlichen Meinungsbildungsprozesses war die Einführung der Kennzeichnungspflicht von Social Bots für Anbieter von Social Networks im novellierten Medienstaatsvertrag.[61] Die sehr weich und offen im Sinne einer Bemühenspflicht formulierte Regelung in § 93 Abs. 4 MStV, für die Kennzeichnung „Sorge zu tragen“, überlässt es den Anbietern, mit welchen technischen Mitteln sie die Identifizierung durchführen, und ob und inwieweit sie menschliche Entscheider zur Überprüfung der technischen Identifizierung von Bots einbinden. Indem ihnen der nötige technische Handlungsspielraum zur Erkennung und Kennzeichnung der Bots eingeräumt wird, ist die Regelung offen für technische Weiterentwicklungen und flexibel umsetzbar.[62] Da die Markierung der automatisierten Kommunikation ein wesentlich geringerer Eingriff als etwa eine Löschung von Bot-Beiträgen und Bot-Konten darstellt und lediglich auf Herstellung von Transparenz bezüglich der Bot-Eigenschaft zielt, mithin nur eine Nebensächlichkeit der Kommunikationsverbreitung betrifft, ist die Regelung verhältnismäßig und mit der Meinungsfreiheit bzw. der allgemeinen Handlungsfreiheit vereinbar.[63]

Während sich diese Kennzeichnungspflicht spezifisch auf automatisierte Kommunikation mittels einem dem äußeren Erscheinungsbild nach für die Nutzung durch natürliche Personen bereitgestellten Nutzerkonto in Social Networks bezieht (vgl. § 18 Abs. 3 Satz 1 MStV), sieht auf europäi-

59 S. *Hölig* u. a., Digital News Report, 2021, 13 ff.; *Stark/Stegmann*, Are Algorithms a Threat to Democracy?, 2020, 20f.

60 S. *Hölig* u. a., Digital News Report, 2021, 22: 68 Prozent der Befragten konsumieren regelmäßig Nachrichten des öffentlich-rechtlichen Rundfunks.

61 Eingehend *Löber/Roßnagel*, MMR 2019, 493 (493 ff.).

62 *Löber/Roßnagel*, MMR 2019, 493 (498).

63 *Löber/Roßnagel*, MMR 2019, 493 (497); *Dreyer* u. a., Desinformation, 2021, 67.

scher Ebene der Entwurf der KI-Verordnung (KIVO-E)[64] eine umfassendere Transparenzpflicht für Mensch-Maschine-Interaktionen vor. Konkret verpflichtet Art. 52 Abs. 1 Satz 1 KIVO-E Anbieter, KI-Systeme, die für Interaktionen mit natürlichen Personen bestimmt sind, so zu konzipieren, dass die jeweiligen Personen darüber informiert werden, dass es sich um ein KI-System handelt. Ausgenommen von der Informationspflicht sind Konstellationen, in denen die KI-Eigenschaft aufgrund der Umstände und des Kontexts der Nutzung offensichtlich ist. Während etwa bei körperlichen Gegenständen wie Staubsaugrobotern diese Eigenschaft in der Regel offensichtlich sein wird,[65] ist gerade im Bereich digitaler Kommunikation, in der Nutzende ihr Gegenüber nicht oder nur auf einem Bild oder in einem Video sehen können, die Mensch-Maschine-Interaktion nicht von vornherein transparent. Daher fallen auch Chat Bots und Social Bots unter die Kennzeichnungspflicht. Bislang ist aber noch nicht klar geregelt, wie die Information der jeweiligen Person über die KI-Eigenschaft erfolgen muss.[66]

Weiterhin geht der Verordnungsentwurf über den Rechtsrahmen auf Bundesebene hinaus, indem Art. 52 Abs. 3 KIVO-E eine Kennzeichnungspflicht für Deepfakes statuiert, die sich an die Nutzer von KI-Systemen richtet. Da mittels Deepfakes in besonders tiefgreifender Weise andere Personen diskreditiert und manipulativ erfundene oder veränderte Botschaften mit erheblichen Bedrohungspotenzialen für demokratische Prozesse kreiert werden können, wäre eine schärfere Regelung, z. B. ein Verbot politischer Deepfakes in dem Zeitraum vor einer politischen Wahl, nicht fernliegend gewesen.[67] Allerdings ist die Kennzeichnung von Deepfakes ausreichend und notwendig, um Rezipierende mit dem Wissen auszustatten, dass es sich nicht um authentische Aufnahmen handelt, und sie in die Lage zu versetzen, selbstbestimmt die Informations- und Kommunikationsplattformen im digitalen Raum zu nutzen.[68] Wichtige Ausnahmen von der Kennzeichnungspflicht sind insbesondere zur Ausübung der Meinungs-, Kunst- und Forschungsfreiheit vorgesehen. Indessen ist die spezifi-

64 *Europäische Kommission*, Vorschlag für eine Verordnung des Europäischen Parlaments und des Rates zur Festlegung harmonisierter Vorschriften für Künstliche Intelligenz und zur Änderung bestimmter Rechtsakte der Union, COM(2021) 206 final.

65 *Ebert/Spiecker gen. Döhmann*, NVwZ 2021, 1188 (1191).

66 *Ebert/Spiecker gen. Döhmann*, NVwZ 2021, 1188 (1191).

67 S. *Heesen* u. a., KI-Systeme und die individuelle Wahlentscheidung, 2021, 28; *Kalbhenn*, ZUM 2021, 663 (670).

68 Vgl. Begr. KIVO-E, S. 17.

sche Regelung hinsichtlich der Normadressaten zu hinterfragen. Statt einer nur für Nutzer geltenden Pflicht wäre für eine gesteigerte Wirksamkeit die Aufnahme von Systemgestaltern in den Adressatenkreis denkbar, sodass Deepfakes stets mit einem digitalen Wasserzeichen versehen werden müssten. Damit die im KIVO-E vorgeschlagenen Transparenzregelungen in der Praxis tatsächlich wirksam sind, muss es außerdem gelingen, eine effektive Kontrolle der Umsetzung und funktionierende Durchsetzungsstrukturen zu etablieren.

5 Erhöhte externe Kontrolle durch den Digital Services Act?

Auf EU-Ebene nimmt sich der Vorschlag der EU-Kommission für ein „Gesetz über digitale Dienste“ (Digital Services Act)[69] der Aufgabe an, mit einem komplexen Regelwerk einen klaren Transparenz- und Rechenschaftsrahmen für Online-Plattformen zu schaffen und eine Rechtszersplitterung im digitalen Binnenmarkt zu verhindern. Der Entwurf weist große Ähnlichkeiten zu den nationalen Compliance- und Transparenzvorgaben im Netzwerkdurchsetzungsgesetz und Medienstaatsvertrag auf, insbesondere im Hinblick auf den Umgang mit illegalen Inhalten. Was nicht gesetzeswidrige Desinformation betrifft, sind keine spezifischen Pflichten bezüglich Maßnahmen wie Entfernung oder Downranking enthalten. Auch bleiben die Grundsätze der Host-Provider-Haftung aus der E-Commerce-Richtlinie, für illegale Inhalte nur zu haften, sofern sie in Kenntnis gesetzt werden, und im Übrigen keine von ihnen übermittelten oder gespeicherten Informationen aktiv überwachen zu müssen, im Kern unangetastet.[70]

5.1 Desinformation als systemisches Risiko

Indessen könnten die gemäß Art. 25 ff. DSA-E vorgesehenen Verpflichtungen für sehr große Online-Plattformen wie Facebook, den Missbrauch ihrer Systeme zu verhindern, indem sie systemische Risiken identifizieren, risikobasierte Maßnahmen durchführen und ihr Risikomanagementsystem

69 *Europäische Kommission*, Vorschlag für eine Verordnung des Europäischen Parlaments und des Rates über einen Binnenmarkt für digitale Dienste (Gesetz über digitale Dienste) und zur Änderung der Richtlinie 2000/31/EG, COM(2020) 825 final.

70 Vgl. etwa ErwG 71 DSA-E.

von unabhängiger Seite prüfen lassen, zu einem nachhaltigeren, umfassenderen Lösungsansatz der Desinformationsbekämpfung beitragen. Die systemische Risikobewertung umfasst nach Art. 26 Abs. 1 DSA-E neben der Verbreitung illegaler Inhalte explizit vorsätzliche Manipulationen des Dienstes, darunter unauthentische und automatisierte Ausnutzungen des Dienstes, mit tatsächlichen oder absehbaren nachteiligen Auswirkungen auf Rechtsgüter wie die öffentliche Gesundheit oder die öffentliche Sicherheit. Adressiert sind damit ohne weiteres Bot-Netze und Fake-Accounts. Unklar ist jedoch, inwieweit Desinformationen in anderen Formen, die nicht Teil einer Kampagne sind, erfasst sind.[71] Da andere Desinformationen, die vielfach unkoordiniert aber mit erheblicher Reichweite auftreten, ebenfalls erhebliche Risiken für die gesellschaftliche Debatte und weitere in der Vorschrift genannten Rechtsgüter aufweisen, sprechen Sinn und Zweck der Vorschrift dafür, sie auch als systemische Risiken anzusehen.

Unter Berücksichtigung von Art. 26 Abs. 2 DSA-E müssen die Plattformen mithin insbesondere ihre Systeme der Content-Moderation und algorithmischen Empfehlungen hinsichtlich ihres Einflusses auf die Weiterverbreitung von Desinformation und sonstigen Manipulationen bewerten. Dass Desinformation auch auf kleineren Online-Plattformen ein ernstes Problem ist und hier ebenfalls Echokammern und Radikalisierung begünstigt werden können, adressiert der Entwurf jedoch nicht. Indessen ist positiv zu vermerken, dass der Katalog der Risiken insofern nicht einseitig formuliert ist, wie sie auch den beschriebenen, zu vollbringenden Balanceakt implizit aufgreifen, indem nachteilige Auswirkungen auf die Ausübung der Grundrechte, insbesondere die Meinungs- und Informationsfreiheit ausdrücklich als systemische Risiken benannt werden. Konkretisierungen der systemischen Risiken könnten weiteren Aufschluss geben, z. B. mit der Erwähnung des Risikos irrtümlicher oder ungerechtfertigter Sperrungen.[72]

Spiegelbildlich zu den systemischen Risiken werden als Risikominderungsmaßnahmen im nicht abschließenden Katalog des Art. 27 Abs. 1 lit. a DSA-E insbesondere die Anpassung der Content-Moderation und der Empfehlungssysteme benannt. Zudem sind von der Kommission als geeignete Maßnahmen zur Risikominderung von Desinformation Verhaltenskodizes und Krisenprotokolle vorgesehen (vgl. Art. 27 Abs. 1 i.V.m. Art. 35, 37 DSA-E).[73] Absehbar könnte der bereits existierende Verhaltenskodex zur Bekämpfung von Desinformation weiter gestärkt und ausdiffe-

71 *Dreyer* u. a., Desinformation, 2021, 37.

72 Vgl. *Europäische Kommission*, COM (2020) 825 final, deutsche Fassung, S. 14.

73 S. ErwG 68 DSA-E.

renziert werden, nicht zuletzt hinsichtlich Aufsichtsmöglichkeiten im Sinne einer Ko-Regulierung. Herausfordernd ist darüber hinaus, die Vorgaben zum Risikomanagement mit hinreichenden Rechenschaftspflichten und Durchsetzungskraft in der Praxis auszustatten. Insoweit ist zweifelhaft, ob die mindestens einmal jährlich durchzuführende Risikobewertung (Art. 26 Abs. 1 S. 1 DSA-E) und der umfassende, einmal jährlich in Zusammenarbeit mit der Kommission zu erbringende Bericht (Art. 27 Abs. 2 DSA-E) geeignet sind, um über das äußerst dynamische Geschehen auf den Plattformen im Zusammenhang mit Desinformation zu informieren und darauf zu reagieren. Vielversprechend ist die mindestens einmal jährliche Prüfung der Einhaltung der auferlegten Pflichten und Verpflichtungszusagen durch unabhängige Sachverständige gemäß Art. 28 DSA-E, aus der jeweils ein Prüfbericht mit etwaigen operativen Empfehlungen hervorgeht, über deren Umsetzung die Plattformen wiederum innerhalb eines Monats berichten müssen. Auch hier ist jedoch fraglich, ob ein einmal jährliches Audit ausreichend ist.

Jedenfalls sind mit den vorgeschlagenen Verpflichtungen wichtige Grundsteine für eine weiterreichende Kontrolle der sehr großen Online-Plattformen als auf Bundesebene de lege lata gelegt. Dies zeigt sich nicht zuletzt an dem gemäß Art. 31 Abs. 1 DSA-E vorgesehenen Datenzugang für den Koordinator für digitale Dienste, der sich auf die für die Überwachung und Bewertung der Einhaltung der Verordnung erforderlichen Daten und somit auf Geschäftsgeheimnisse wie die Prüfung von Algorithmen erstreckt.[74] Auf diese Weise sollen auch Daten zur Genauigkeit und Funktionsweise von algorithmischen Systemen der Content-Moderation eingesehen werden, die erheblich präziser sein dürften als die üblicherweise sehr vage und unbestimmt gehaltenen Informationen der Plattformen. Auch der für Forschende vorgesehene Datenzugang gemäß Art. 31 Abs. 2 DSA-E wird den Abbau der Wissensasymmetrien bis zu einem gewissen Grad vorantreiben.[75] Schließlich umfassen die Befugnisse der Kommission u. a. gemäß Art. 54 DSA-E Nachprüfungen vor Ort bei der betreffenden Online-Plattform und Erläuterungen zu Algorithmen sowie gemäß Art. 55 DSA-E den Erlass einstweiliger Maßnahmen unter den engen Voraussetzungen der Dringlichkeit und der Gefahr einer schwerwiegenden Schädigung der Nutzer.

---

74 S. ErwG 60 und 64 DSA-E.
75 S. ErwG 64 DSA-E.

5.2 Einschränkung und Offenlegung von Automatisierung

Den Einsatz automatisierter Mittel greift der DSA-E im Rahmen von Melde- und Abhilfeverfahren sowie der Begründung von Entscheidungen der Hosting-Anbieter und Online-Plattformen auf. So sind im Rahmen der „Notice-and-Action"-Mechanismen, bei denen Anbieter über durch Nutzende oder andere Akteure gemeldete Inhalte zu entscheiden haben, automatisierte Verfahren ohne menschliche Kontrolle nicht ausgeschlossen. Dies folgt im Umkehrschluss aus Art. 14 Abs. 6 Satz 2 DSA-E, der vorgibt, die Person, die einen Beitrag gemeldet hat, bei der Bestätigung über den Erhalt der Notifizierung auch über eine etwaige automatisierte Bearbeitung oder Entscheidungsfindung zu informieren. Entsprechende Informationspflichten über den Einsatz automatisierter Mittel sollen gemäß Art. 15 Abs. 1, Abs. 2 lit. c DSA-E außerdem bei der Begründung von Entscheidungen über entfernte oder gesperrte Inhalte gelten. Mithin schließen die Vorgaben vollautomatisierte Verfahren auch im Rahmen der Content-Moderation nicht aus. Allerdings wird der Einsatz insoweit voraussetzungsvoll, als Entscheidungen mit einer klaren und spezifischen Begründung spätestens im Zeitpunkt der Entfernung oder Zugangssperrung versehen sein müssen. Strengere Vorgaben sind hingegen bei Letztentscheidungen im Rahmen der internen Beschwerdeverfahren der Online-Plattformen wegen entfernter Inhalte und Konten vorgesehen. Hier ist mit Blick auf die skizzierten Risiken algorithmischer Entscheidungsfindung die explizite Vorgabe in Art. 17 Abs. 5 DSA-E, über Beschwerden von Nutzern gegen Entfernungen von Beiträgen und Nutzerkonten nicht ausschließlich automatisiert zu entscheiden, zu begrüßen.

Eine weitere erhebliche Transparenzsteigerung, auch gegenüber den Vorgaben des nationalen Rechtsrahmens, steht in Aussicht, soweit Hosting-Anbieter nach Art. 15 Abs. 4 DSA-verpflichtet werden sollen, Entscheidungen und Begründungen über Löschungen und Sperrungen von Inhalten in einer öffentlich zugänglichen Datenbank, die von der Kommission verwaltet wird, zu veröffentlichen. Erst die Zurverfügungstellung der anonymisierten Einzelfälle mit jeweiliger Begründung der Entscheidung ermöglicht es, die Frage des Over- und Underblocking zu prüfen und gesellschaftlich zu diskutieren.[76] Hinsichtlich der Lösch- und Sperrpraxis von Desinformation durch die Plattformen könnten diese Vorgaben ebenfalls für mehr Transparenz sorgen.

---

76 *Löber/Roßnagel*, MMR 2019, 71 (75); mit dieser Forderung bereits *Eifert*, NJW 2017, 1450 (1453).

6 *Fazit und Ausblick*

KI-basierte Detektions- und Filtersysteme in Social Networks sind unverzichtbare Werkzeuge zur Eindämmung von Desinformation. Staatliche Regulierungsoptionen sind im Hinblick auf Desinformation stark begrenzt, da die freiheitlich-demokratische Grundordnung bei nicht rechtswidrigen Äußerungen auf die Kraft der gesellschaftlichen Auseinandersetzung vertraut. Daher muss die Regulierung darauf gerichtet sein, für notwendige Rahmenbedingungen zu sorgen, zu denen insbesondere ein grundrechtsschonender und transparenter Umgang mit den KI-Systemen und der Content-Moderation mächtiger Online-Plattformen im digitalen Raum gehört. Für den rechtmäßigen Einsatz der KI-Systeme müssen die technischen Möglichkeiten und Grenzen hinreichend berücksichtigt und die widerstreitenden Grundrechtsbelange austariert werden. Neben einem verfahrensbasierten Grundrechtsschutz für Nutzende bleibt in vielen Fällen eine manuelle Nachkontrolle durch die Anbieter notwendig, um Overblocking nicht in Kauf zu nehmen.

Obwohl die Debatte über Desinformation in Social Networks seit den Aufdeckungen zu gezielten Falschmeldungen im US-Präsidentschaftswahlkampf 2016 intensiv geführt wird, bestehen beim Umgang mit dieser Problematik weiterhin erhebliche Informationsasymmetrien zwischen den Anbietern auf der einen und Online-Nutzenden, Politik, Forschung und Zivilgesellschaft auf der anderen Seite. Auch Unsicherheiten bezüglich der Reichweite der Befugnisse der Anbieter, in den öffentlichen Diskurs einzugreifen, sind nicht ausgeräumt. Auf Bundesebene wurden in jüngerer Vergangenheit erste zentrale Leitplanken zur gesetzlichen Einhegung der Befugnisse der Online-Plattformen und zur Transparenzsteigerung für Nutzende etabliert, wobei es den eingeführten Transparenzvorgaben teilweise noch an Schärfe und Überprüfbarkeit mangelt. Die jüngsten nationalen Gesetzesänderungen sowie die im Vergleich ambitionierteren und weltweit bislang einzigartigen Regulierungsbestrebungen auf Ebene der EU zeigen jedoch, dass die externe Kontrolle der Vorgänge auf den großen Online-Plattformen Fahrt aufnimmt. Als ein grundlegender Pfeiler ist die Unterscheidbarkeit von Mensch und Maschine im DSA-E und im KIVO-E fest verankert: sowohl, wenn es um automatisierte Entscheidungen über die Entfernung von desinformativen und anderen Inhalten geht, als auch bei der Offenlegung von potenziell manipulativ wirkenden Techniken wie Social Bots und Deepfakes. Da zu erwarten steht, dass die KI-basierte Erkennung von Desinformation und verwandten Manipulationstechniken künftig weitere Fortschritte erzielen wird, ist es umso bedeutsamer, Chancen und Risiken dieser Techniken für die Gesellschaft und für die Kommunikationsgrundrechte rechtlich zu adressieren.

Literatur

Alba, Davey und Mac, Ryan (2021): Facebook, Fearing Public Outcry, Shelved Earlier Report on Popular Posts, *New York Times* vom 20.8.21, aktualisiert am 25.10.2021. URL: https://www.nytimes.com/2021/08/20/technology/facebook-popular-posts.html (besucht am 28.02.2022).

Cornils, Matthias (2019): Die Perspektive der Wissenschaft: AVMD-Richtlinie, der 22. Rundfunkänderungsstaatsvertrag und der „Medienstaatsvertrag" – Angemessene Instrumente für die Regulierungsherausforderungen? *Zeitschrift für Urheber- und Medienrecht (ZUM)*, Heft 2, S. 89-103.

Drexl, Josef (2017): Bedrohung der Meinungsvielfalt durch Algorithmen. *Zeitschrift für Urheber- und Medienrecht (ZUM)*, Heft 7, S. 529-543.

Dreyer, Stephan; Stanciu, Elena; Potthast, Keno Christopher und Schulz, Wolfgang (2021): Desinformation: Risiken, Regulierungslücken, und adäquate Gegenmaßnahmen. Wissenschaftliches Gutachten im Auftrag der Landesanstalt für Medien NRW. Düsseldorf: Landesanstalt für Medien NRW.

Dürig, Günter; Herzog, Roman und Scholz, Rupert (Hrsg.) (2021): *Grundgesetz Kommentar*, 95. Aufl., Stand Juli 2021. München: C.H.BECK.

Ebert, Andreas und Spiecker gen. Döhmann, Indra (2021): Der Kommissionsentwurf für eine KI-Verordnung der EU, Die EU als Trendsetter weltweiter KI-Regulierung. *Neue Zeitschrift für Verwaltungsrecht (NVwZ)*, Heft 16, S. 1188-1193.

Eifert, Martin (2017): Rechenschaftspflichten für soziale Netzwerke und Suchmaschinen. Zur Veränderung des Umgangs von Recht und Politik mit dem Internet. *Neue juristische Wochenschrift (NJW)*, Heft 20, S. 1450-1454.

Facebook Ireland Limited (Februar 2020): Stellungnahme zum Referentenentwurf eines Gesetzes zur Änderung des Netzwerkdurchsetzungsgesetzes, Einreichung für Facebook Ireland Limited. URL: https://www.bmj.de/SharedDocs/Gesetzgebungsverfahren/Stellungnahmen/2020/Downloads/021720_Stellungnahme_Facebook_RefE_NetzDG.pdf;jsessionid=93EE694999ACAFFD93DE4F972663D0A0.2_cid289?__blob=publicationFile&v=2 (besucht am 28.02.2022).

Feldwisch-Drentrup, Hinnerk und Kuhrt, Nicola (2019): Schlechte und gefährliche Gesundheitsinformationen. Wie sie erkannt und Patienten besser geschützt werden können. Gütersloh: Bertelsmann Stiftung. URL: https://www.bertelsmann-stiftung.de/de/publikationen/publikation/did/schlechte-und-gefaehrliche-gesundheitsinformationen/ (besucht am 28.02.2022).

Google (2022): YouTube-Community-Richtlinien und ihre Anwendung. Transparenzbericht. URL: https://transparencyreport.google.com/youtube-policy/removals (besucht am 28.02.2022).

Halvani, Oren; Heereman von Zuydtwyck, Wendy Freifrau; Herfert, Michael; Kreutzer, Michael; Liu, Huajian; Simo Fhom, Hervais-Clemence; Steinebach, Martin; Vogel, Inna; Wolf, Ruben; Yannikos, York; Zmudzinski, Sascha (2020): Automatisierte Erkennung von Desinformationen. In: Steinebach, Martin; Bader, Katarina; Rinsdorf, Lars; Krämer, Nicole und Roßnagel, Alexander (Hrsg.): *Desinformation aufdecken und bekämpfen. Interdisziplinäre Ansätze gegen Desinformationskampagnen und für Meinungspluralität.* Baden-Baden: Nomos, S. 101-148. DOI: doi.org/10.5771/9783748904816

Heesen, Jessica; Bieber, Christoph; Grunwald, Armin; Matzner, Tobias und Roßnagel, Alexander (2021): KI-Systeme und die individuelle Wahlentscheidung. Chancen und Herausforderungen für die Demokratie. Whitepaper. München: Lernende Systeme – Die Plattform für Künstliche Intelligenz. DOI: https://doi.org/10.48669/pls_2021-1

Heidtke, Aron (2020): *Meinungsbildung und Medienintermediäre, Vielfaltssichernde Regulierung zur Gewährleistung der Funktionsbedingungen freier Meinungsbildung im Zeitalter der Digitalisierung*. Baden-Baden: Nomos.

Hölig, Sascha; Hasebrink, Uwe und Behre, Julia (2021): Reuters Institute Digital News Report 2021 – Ergebnisse für Deutschland. Hamburg: Verlag Hans-Bredow-Institut, Juni 2021 (Arbeitspapiere des Hans-Bredow-Instituts, Projektergebnisse Nr. 58). DOI: https://doi.org/10.21241/ssoar.73637

Huesmann, Felix (2020): Qanon – der Aufstieg einer gefährlichen Verschwörungstheorie, RND vom 11.4.2020. URL: https://www.rnd.de/politik/qanon-der-aufstieg-einer-gefahrlichen-verschworungstheorie-ORTPE4D5YRFRZKVTMJBTFADJTY.html (besucht am 28.02.2022).

Ingold, Albert (2019). Governance of Algorithms. Kommunikationskontrolle durch „Content Curation" in sozialen Netzwerken. In: Unger, Sebastian und von Ungern-Sternberg, Antje (Hrsg.): *Demokratie und Künstliche Intelligenz*. Tübingen: Mohr Siebeck, S. 183-213.

Ipsen, Flemming; Zywietz, Bernd; Böndgen, Franziska; Hebeisen, Michael; Schneider, Sebastian; Schnellbacher, Jan und Wörner-Schappert, Michael (2021): Bericht Rechtsextremismus im Netz 2020/21, November 2021. Mainz: jugendschutz.net. URL: https://www.jugendschutz.net/fileadmin/daten/publikationen/lageberichte/bericht_2020_2021_rechtsextremismus_im_netz.pdf (besucht am 28.02.2022).

Isensee, Josef und Kirchhof, Paul (Hrsg.) (2005): *Handbuch des Staatsrechts, Band III, Demokratie – Bundesorgane*, 3. Aufl. Heidelberg: C.F. Müller.

Islam, Md Saiful; Sarkar, Tonmoy; Khan, Sazzad Hossein; Mostofa Kamal, Abu-Hena; Hasan, S M Murshid; Kabir, Alamgir; Yeasmin, Dalia; Islam, Mohammad Ariful; Amin Chowdhur, Kamal Ibne; Anwar, Kazi Selim; Chughtai, Abrar Amad; Seale, Holly (2020): COVID-19-Related Infodemic and Its Impact on Public Health: A Global Social Media Analysis. *American Journal of Tropical Medicine and Hygiene (Am J Trop Med Hyg.)*, 2020 Oct;103(4):1621-1629. DOI: 10.4269/ajtmh.20-0812.

Jaster, Romy und Lanius, David (2020): Schlechte Nachrichten: „Fake News" in Politik und Öffentlichkeit. In: Hohlfeld, Ralf; Harnischmacher, Michael; Heinke, Elfi; Lehner, Lea und Sengl, Michael (Hrsg.): *Fake News und Desinformation: Herausforderungen für die vernetzte Gesellschaft und die empirische Forschung*. Baden-Baden: Nomos, S. 245-267. DOI: https://doi.org/10.5771/9783748901334

Kahl, Wolfgang; Waldhoff, Christian und Walter, Christian (Hrsg.) (2021): *Bonner Kommentar zum Grundgesetz*. Loseblattsammlung, Stand des Gesamtwerks: 214. Aktualisierung Dezember 2021. Heidelberg: C.F. Müller.

Kajewski, Marie-Christine (2017): Wahrheit und Demokratie in postfaktischen Zeiten. *Zeitschrift für Politik (ZfP)*, 64. Jg. 4/2017, S. 454-467.

Kalbhenn, Jan Christopher (2021): Designvorgaben für Chatbots, Deepfakes und Emotionserkennungssysteme: Der Vorschlag der Europäischen Kommission zu einer KI-VO als Erweiterung der medienrechtlichen Plattformregulierung. *Zeitschrift für Urheber- und Medienrecht (ZUM)*, Heft 8/9, S. 663-674.

Kastl, Graziana (2016): Filter – Fluch oder Segen? Möglichkeiten und Grenzen von Filtertechnologien zur Verhinderung von Rechtsverletzungen. *Gewerblicher Rechtsschutz und Urheberrecht (GRUR)*, Heft 7, S. 671-678.

Kreye, Andrian (2021): Warum die Rohingya Facebook verklagen, *Süddeutsche Zeitung* vom 7.12.2021, URL: https://www.sueddeutsche.de/politik/rohingya-facebook-meta-klage-1.5482494.

Kringiel, Danny (2021): Pandemie? Welche Pandemie? *Spiegel Online* vom 16.2.2021, URL: https://www.spiegel.de/geschichte/corona-aids-und-krebs-leugner-die-krankheit-einfach-wegglauben-a-c6b27102-3ad0-4ac0-aff7-0b96a4ae5db1.

Kühling, Jürgen (2021): „Fake News" und „Hate Speech" – Die Verantwortung der Medienintermediäre zwischen neuen NetzDG, MStV und Digital Services Act, *Zeitschrift für Urheber- und Medienrecht (ZUM)*, Heft 6, 461-472.

Ladeur, Karl-Heinz und Gostomzyk, Tobias (2018): Das Medienrecht und die Herausforderung der technologischen Hybridisierung. Eine Kommentierung der Regelungen zu Medienintermediären im Entwurf des Medienstaatsvertrags der Länder. *Kommunikation und Recht (K&R)*, Heft 11, S. 686-693.

Lazer, David M. J.; Baum, Matthew; Benkler, Yochai und Berinsky, Adam J. u. a. (2018): The Science of Fake News. *Science* 359(6380), S. 1094-1096. DOI: https://doi.org/10.1126/science.aao2998

Löber, Lena Isabell und Roßnagel, Alexander (2019): Das Netzwerkdurchsetzungsgesetz in der Umsetzung. *Zeitschrift für IT-Recht und Recht der Digitalisierung (MMR)*, Heft 2, S. 71-76.

Löber, Lena Isabell und Roßnagel, Alexander (2019): Kennzeichnung von Social Bots. Transparenzpflichten zum Schutz integrer Kommunikation. *Zeitschrift für IT-Recht und Recht der Digitalisierung (MMR)*, Heft 8, S. 493-498.

Löber, Lena Isabell und Roßnagel, Alexander (2020): Desinformation aus der Perspektive des Rechts. In: Steinebach, Martin; Bader, Katarina; Rinsdorf, Lars; Krämer, Nicole und Roßnagel, Alexander (Hrsg.): *Desinformation aufdecken und bekämpfen. Interdisziplinäre Ansätze gegen Desinformationskampagnen und für Meinungspluralität.* Baden-Baden: Nomos, S. 149-194. DOI: doi.org/10.5771/9783748904816

Löber, Lena Isabell (28.10.2021): KI-Lösungen gegen Desinformation in Social Networks – Fragen des grundrechtskonformen und transparenten Einsatzes. URL: https://forum-privatheit.de/blog/2021/10/28/ki-loesungen-gegen-desinformation-in-social-networks-fragen-des-grundrechtskonformen-und-transparenten-einsatzes/ (besucht am 28.02.2022).

Martini, Mario (2019): *Blackbox Algorithmus – Grundfragen einer Regulierung Künstlicher Intelligenz.* Berlin und Heidelberg: Springer. DOI: https://doi.org/10.1007/978-3-662-59010-2

Mengden, Martin (2018): *Zugangsfreiheit und Aufmerksamkeitsregulierung. Zur Reichweite des Gebots der Gewährleistung freier Meinungsbildung am Beispiel algorithmengestützter Zugangsdienste im Internet.* Tübingen: Mohr Siebeck.

Merten, Detlef und Papier, Hans-Jürgen (Hrsg.) (2011): *Handbuch der Grundrechte in Deutschland und Europa, Band IV: Grundrechte in Deutschland - Einzelgrundrechte I.* Heidelberg: C.F. Müller.

Mitsch, Lukas (2019): Soziale Netzwerke und der Paradigmenwechsel des öffentlichen Meinungsbildungsprozesses. *Deutsches Verwaltungsblatt (DVBl)*, Heft 13, S. 811-818.

Raue, Benjamin und Steinebach, Martin (2020): Uploadfilter – Funktionsweisen, Einsatzmöglichkeiten und Parametrisierung. *Zeitschrift für Urheber- und Medienrecht (ZUM)*, Heft 5, S. 355-364.

Reinhardt, Jörn und Yazicioglu, Melisa (2020): Grundrechtsbindung und Transparenzpflichten sozialer Netzwerke. *Tagungsband Herbstakademie 2020 (DSRITB)*, Heft 1, S. 819-833.

Roßnagel, Alexander (2020): Technik, Recht und Macht. Aufgabe des Freiheitsschutzes in Rechtsetzung und -anwendung im Technikrecht. *Zeitschrift für IT-Recht und Recht der Digitalisierung (MMR)*, Heft 4, S. 222-228.

Roßnagel, Alexander (29.10.2021): Datenspenden für KI – Vertrauen nur mit Grundrechtsvorsorge. URL: https://forum-privatheit.de/blog/2021/10/29/datenspenden-fuer-ki-vertrauen-nur-mit-grundrechtsvorsorge/ (besucht am 28.02.2022).

Schwartmann, Rolf; Hermann, Maximilian und Mühlenbeck, Robin (2020): *Transparenz bei Medienintermediären.* Herausgegeben von Medienanstalt Hamburg/Schleswig-Holstein. Leipzig: VISTAS.

Specht-Riemenschneider, Louisa (2019): Löschung beleidigender Äußerungen auf Facebook. Anmerkung zu EuGH, Urteil vom 3.10.2019 – C-18/18 – Glawischnig-Piesczek. *Zeitschrift für IT-Recht und Recht der Digitalisierung (MMR)*, Heft 12, S. 801-802.

Stark, Birgit; Stegmann, Daniel; mit Magin, Melanie und Jürgens, Pascal (2020): Are Algorithms a Threat to Democracy? The Rise of Intermediaries: A Challenge for Public Discourse. Berlin: AlgorithmWatch.

Tagesschau (2021): „Facebook stellt Profite über die Menschen", *Tagesschau* vom 5.10.2021, URL: https://www.tagesschau.de/ausland/amerika/facebook-anhoerung-whistleblowerin-101.html.

Vosoughi, Soroush; Roy, Deb und Aral, Sinan (2018): The Spread of True and False News Online. *Science* 359(6380), S. 1146-1151. DOI: https://doi.org/10.1126/science.aap9559

Zimmer, Anja (2019): Smart Regulation: Welche Antworten gibt der Medienstaatsvertrag auf die Regulierungsherausforderungen des 21. Jahrhunderts? – Ein Blick aus der Regulierungspraxis. *Zeitschrift für Urheber- und Medienrecht (ZUM)*, Heft 2, S. 126-130.

Desinformationen und Messengerdienste: Herausforderung und Lösungsansätze

Nicole Krämer, Gerrit Hornung, Carolin Jansen, Jan Philipp Kluck, Lars Rinsdorf, Tahireh Setz, Martin Steinebach, Inna Vogel und York Yannikos

Zusammenfassung

In diesem Beitrag werden Fragestellungen und Lösungsansätze zum Thema der Erkennung und Bekämpfung von Desinformation in Messengerdiensten betrachtet. Durch die Zusammenarbeit der Disziplinen Informatik, Journalistik, Medienpsychologie und Rechtswissenschaften wird der hochdynamische Gegenstand der digitalen Desinformation im bislang wenig erforschten Bereich der Messengerdienste einer multiperspektivischen Analyse unterzogen. Dabei werden von jeder Disziplin der Stand der Forschung, bisherige eigene Erkenntnisse sowie Forschungsfragen für die Zukunft dargestellt. Außerdem wird ein Überblick über disziplinübergreifende Forschungsfragen gegeben. Vertieft diskutiert werden dabei die Einflüsse datenschutzrechtlicher Anforderungen auf die Projektarbeit.

1. Einleitung

Maßnahmen gegen die Verbreitung digitaler Desinformation werden weltweit unter Hochdruck gesucht. Eine besondere Herausforderung stellt dabei die Erkennung und Bekämpfung bewusst irreführender Informationen dar, die in Messengerdiensten verbreitet werden. Problematisch sind hier sowohl die sozio-technischen Besonderheiten der massenhaften Desinformationsverbreitung als auch die Anwendbarkeit, Durchsetzbarkeit und Effektivität rechtlicher Maßnahmen. Desinformation erweist sich dabei als hochdynamischer Gegenstand sowohl bezogen auf die verwendeten Technologien als auch im Hinblick auf die Verbreitungskanäle, die Aufbereitungsformen, die rechtliche Bewertung und die politischen Kontroversen, an denen entlang sie sich besonders stark verbreitet. Als Desinformation werden falsche Informationen bezeichnet, die wissentlich mit der Intention verbreitet werden, einem Individuum, einer sozialen Gruppe, Organisation oder einem Staat Schaden zuzufügen. Wird Desinformation weiterverbreitet, entsteht aus ihr häufig eine Misinformation. Diese beschreibt ebenfalls falsche Tatsachenbehauptungen, allerdings erfolgt die Weiterverbreitung nicht in dem Wissen, dass es sich um falsche Informationen handelt und nicht in der Absicht, Schaden zu verursachen (Wardle 2017). Diese zwei Kerndimensionen der Definition sind dabei zugleich Gegenstand wissenschaftlicher Debatten, da sowohl der Wahrheitsbegriff als auch die Intention als volatil erachtet werden können. Bildeten in den vergangenen Jahren noch soziale Netzwerke sowie quasi-journalistisch aufbereitete Web-Portale den Schwerpunkt von Desinformationsdynamiken, verlagern sie sich heute zunehmend in Messengerdienste. Denn nachdem die sozialen Netzwerke mehr und mehr reguliert wurden, zogen sich Desinformationsakteur:innen in den sicher gewähnten Hafen der Messengerdienste zurück. Gleichzeitig gewinnt Videomaterial an Bedeutung. Neben den privatheitsbezogenen Aspekten, die dadurch berührt werden, haben diese Entwicklungen eine hohe Relevanz für das Funktionieren von Demokratien. Diese komplexe Problemlage verlangt nach einem multiperspektivischen Ansatz, um sie in all ihren Dimensionen angemessen bearbeiten zu können. Interdisziplinäre Konsortien müssen Strategien und Instrumente entwickeln, um Desinformation unter den aktuellen Bedingungen zu erkennen und zu bekämpfen. Dabei erscheint es besonders vielversprechend, technische Ansätze wie etwa maschinelles Lernen (ML) mit Regulierungen zu kombinieren, die auf die Praktiken der Nutzer:innen bei der Verbreitung von Desinformation zugeschnitten sind und gleichzeitig einen angemessenen Grundrechtsschutz gewährleisten.

Desinformationsstrategien folgen der Dynamik politischer Kontroversen bzw. gesellschaftlicher Problemlagen. Nachdem seit 2015 Desinformation als Phänomen im deutschen Sprachraum sehr stark von den Themen Migration, Integration und innerer Sicherheit geprägt war (Bader u.a. 2020, S. 49), lässt sich derzeit eine Dynamik beobachten, die sich primär entlang der COVID 19-Pandemie und des Ukrainekrieges entwickelt.

Kern dieses Beitrags ist die Frage, welche Auswirkung die Verwendung von Messengerdiensten auf die Verbreitung von Desinformation hat. Entsprechend orientiert sich der Beitrag an einem gemeinsamen, interdisziplinären Vorgehen entlang folgender forschungsleitender Fragen:

- Wie verbreitet sich Desinformation von Messengerdiensten aus weiter? Wie erreicht sie andere soziale Medien? Existieren Muster, die Bekämpfungsstrategien ermöglichen?
- Welche Nutzungspraktiken stehen hinter den beobachtbaren Verbreitungsmustern? Welche Rolle spielt dabei insbesondere die Verbreitung emotionaler Inhalte?

- Welche Eigenschaften weisen Desinformationen auf, die sich besonders gut in Messenger-Netzwerken verbreiten?
- Wie lassen sich Desinformationen, die primär über Messengerdienste verbreitet und initiiert werden, bekämpfen? Welche gesellschaftlichen, juristischen und technischen Maßnahmen erscheinen als besonders erfolgversprechend?

In der jüngeren Vergangenheit wurde das Aufkommen von Desinformationen in sozialen Netzwerken ausführlich betrachtet, wobei unter anderem fehlende inhaltliche Kontrolle, die hohe Verbreitungsgeschwindigkeit und Effekte von Filterblasen als Gründe für das Anwachsen des Phänomens identifiziert wurden. Messengerdienste sind anderes gestaltet als soziale Netzwerke und können daher neue Ausprägungen von Desinformationen ermöglichen. Dabei ist allerdings ein Trend zur Hybridisierung der Medientypen auszumachen, da neben Messengerdiensten, die vor allem Individualkommunikation anbieten, immer mehr sog. Hybrid-Medien existieren, die neben Messenger-Funktionen auch andere Kommunikationsformen beinhalten, wie beispielsweise One-to-many oder Many-to-many. Je nach Typ kann hier untersucht werden, welche Dynamiken sich um welche Kommunikationsformen von Desinformation entwickeln. Gleichzeitig wird Desinformation stärker eingebettet in die Interaktion von Akteuren, die auf diesen Plattformen agieren, sodass dies ebenfalls bei der Frage zu berücksichtigen ist, welche Themenschwerpunkte, Positionen, narrative und argumentative Strukturen, affektiven Potentiale und sprachlichen Gestaltungsmuster zur Maximierung von Aufmerksamkeit genutzt werden.

Im Folgenden werden Aspekte aus den Perspektiven unterschiedlicher Disziplinen betrachtet. Dabei werden von jeder Disziplin der Stand der Forschung, bestehende eigene Erkenntnisse sowie Forschungsfragen für die Zukunft dargestellt. Anschließend wird die disziplinübergreifende Problematik des mit der Anonymisierung bzw. Pseudonymisierung personenbezogener Daten einhergehenden Informationsverlusts vertieft. Im Schlusskapitel liegt das Augenmerk auf den Ausblick des interdisziplinären Vorgehens.

2. *Informatik*

Die technische Perspektive des Projektes beinhaltet primär das Erfassen der Inhalte aus verschiedenen Kanälen und danach deren Analyse durch Methoden der Wiedererkennung von Inhalten (beispielsweise durch robuste Hashverfahren), der Multimedia Forensik und des Natural Language

Processings (NLP). Weiterhin ist aber auch Datenschutz von hoher Relevanz, weshalb auch Ansätze von Privacy by Design eingesetzt werden.

2.1 Stand der Forschung

Für die Datenerfassung im Projekt werden Methoden des Web-Scrapings und -Crawlings verwendet. Hierbei wird zunächst untersucht, ob die relevanten Plattformen, auf denen Daten erhoben werden sollen (bspw. Messengerdienste wie Telegram), bereits Schnittstellen zur Verfügung stellen, die eine automatisierte Datenerfassung effizient ermöglichen. Ist dies nicht der Fall, müssen speziell angepasste Crawler entwickelt werden, um die Inhalte der Plattformen zu erfassen. Dabei kann der Implementierungsaufwand eines solchen Crawlers schnell steigen, insbesondere dann, wenn durch die Plattformbetreiber Mechanismen eingesetzt werden, die eine automatisierte Datenerfassung verhindern sollen (bspw. Captchas). Ziel der Datenerfassung im Projekt ist, ein robustes und effizientes Crawling relevanter Daten zu ermöglichen und dabei "Privacy by Design" zu berücksichtigen.

Um Desinformationen in Texten automatisch zu erkennen, können die Forschungsansätze in drei grobe Bereiche aufgeteilt werden: context-, style- und knowledge-based (Potthast u.a. 2018). Bei den ersten beiden Ansätzen wird entweder der Schreibstil oder Metainformationen (wie Profildaten in sozialen Netzwerken) genutzt, um Fake News mithilfe von maschinellen Lernverfahren zu erkennen. Der wissensbasierte Ansatz (knowledge-based) zielt darauf ab, externe Quellen zu nutzen, um zu überprüfen, ob es sich um gefälschte oder echte Nachrichten handelt. Viele Forschungsarbeiten befassen sich mit der automatisierten Identifizierung von Falschmeldungen sowie deren Verbreitungswege in Sozialen Medien (Shu u.a. 2017; Vogel/Meghana 2020). Wie Fake News in Messenger-diensten wie Telegram oder WhatsApp als solche automatisiert identifiziert werden können bzw. deren Verbreitungswege wurde bis jetzt wenig erforscht. Für Telegram wird bis heute z.B. keine offizielle Unterstützung der Faktenüberprüfung angeboten.

Bei der Erkennung von Inhalten muss zwischen merkmalsbasierten und robusten hashbasierten Verfahren unterschieden werden. Beide versuchen, Inhalte auch nach einer Veränderung wiederzuerkennen. Das Grundkonzept der Merkmalserkennung besteht darin, Merkmale aus relevanten Bildbereichen zu finden. Diese Bereiche werden extrahiert und durch einen Merkmalsdeskriptor beschrieben. Diese Beschreibung kann dann für die Re-Identifizierung verwendet werden (Hassaballah u.a. 2016). Hashbasierte Algorithmen werden in verschiedenen Anwendungsbereichen eingesetzt, z. B. bei der Bildsuche, der Erkennung von Duplikaten oder Beinahe-Duplikaten oder der Bildauthentifizierung (Du u.a. 2020). Robuste Hashes überstehen Veränderungen wie verlustbehaftete Komprimierung oder Skalierung. Analog sind solche Verfahren auch für Video und Ton bekannt.

2.2 *Eigene Beiträge*

In mehreren Forschungsarbeiten hat sich gezeigt, dass maschinelle Lernverfahren geeignet sind, um potenzielle Desinformationen in Nachrichtentexten und Sozialen Medien automatisiert zu erkennen. So werden je nach Verfahren und Datensatz Genauigkeitswerte von bis zu 90% erreicht (Vogel/Jiang 2019; Steinebach u.a. 2020; Vogel/Meghana 2020). Stilbasierte- und linguistische Merkmalsanalysen haben gezeigt, dass Falschmeldungen oft emotionaler und reißerischer verfasst sind. Der Ton ist oft negativer, es wird weniger auf Rechtschreibung geachtet sowie auf den sprachlichen Ausdruck (Vogel/Meghana 2018/2020). In sozialen Netzwerken wie Twitter unterscheiden sich die Posts dadurch, dass Emojis verwenden werden und auf andere User:innen referiert wird (mithilfe von @-Mentions), wohingegen Fake News-Spreader öfter Hashtags nutzen und URLs posten, um die Falschinformationen zu verbreiten. Ob solche Merkmale (Features), die für das Training von maschinellen Lernverfahren relevant sind, in Messengerdiensten zu finden sind, muss im Verlauf des Projekts erforscht werden. Das Problem bei stil- und metadatenbasierten maschinellen Lernverfahren ist, dass diese an neue Ereignisse und die damit einhergehenden sprachlichen Änderungen („Coronaleugner", „Rape-Fugees", „Demokratur") angepasst und neu trainiert werden müssen. Das bedeutet, dass neue händisch gelabelte Daten zur Verfügung gestellt werden müssen. Da dies einen hohen Zeit- und Personalkostenbedarf erfordert, werden wissensbasierte maschinelle Lernansätze und robuste Text- und Medienhashverfahren erforscht, um so Verbreitungswege auch beim Wechsel von Kanälen oder leichten Änderungen der Inhalte erkennen zu können (Steinebach u.a. 2013; Steinebach u.a. 2019; Steinebach u.a. 2020).

2.3 *Forschungsfragen*

Fragestellung 1: Sind stil- und metabasierte maschinelle Verfahren geeignet, um Falschinformationen in Messengerdiensten zu erkennen? Bei der automatisierten Erkennung von Desinformationen werden stilbasierte maschinelle Lernansätze und Methoden der Computerlinguistik angewandt, um zu erforschen, ob diese Desinformationen in Messengerdiensten wie Telegram von korrekten Meldungen unterscheiden können. Dabei können Merkmale herangezogen werden wie Emotionen und Stimmungen in den Meldungen, aber auch syntaktische Merkmale wie Hashtags, URLs oder Themenschwerpunkte. Ziel ist es zu erforschen, ob die Verbreitung von Falschmeldungen in sozialen Netzwerken sich von der in Messengerdiensten wie Telegram unterscheidet.

Fragestellung 2: Gleichzeitig sollen quantitative Analysen durch einen Vergleich von Datenquellen und deren Metadaten umgesetzt werden, beispielsweise durch Wiedererkennen von Nachrichten in verschiedenen Kanälen durch robuste Text- und Medienhashverfahren, um so Verbreitungswege auch bei Wechseln von Kanälen oder leichten Änderungen der Inhalte erkennen zu können. Ziel ist es neben der Wiedererkennung von Falschmeldungen auch Mechanismen zur Gegenaufklärung zu entwickeln, beispielsweise durch zeitige Reaktionsmöglichkeiten.

Die erzielten Analyseergebnisse sollen dabei jeweils nachvollziehbar darstellbar sein.

3. *Journalistik*

Die Journalistik arbeitet durch qualitative und quantitative Inhaltsanalysen textimmanente Merkmale, Narrative und Strukturen von Desinformationen heraus. Darüber hinaus wird untersucht, inwieweit Themenkarrieren in ausgewählten Massenmedien und Messengerdiensten parallel verlaufen und wie Nutzer:innen von Messengerdiensten die dort verbreiteten (Falsch-)Informationen in ihre übrigen Medienrepertoires integrieren. Indem Diskursverläufe und Nutzungspraktiken medienübergreifend untersucht werden, werden technische, psychologische und rechtliche Ansatzpunkte für die Bekämpfung der Verbreitung von Desinformation identifiziert. Nicht zuletzt evaluiert die Journalistik die erarbeiteten Regulierungsansätze aus der Perspektive wichtiger Adressat:innengruppen und transferiert sie in die Praxis: Dazu führt sie einen systematischen Dialog mit Akteur:innen aus Journalismus und Zivilgesellschaft, die Desinformation bekämpfen, um über die Effektivität und Effizienz der erarbeiteten Ansätze zu diskutieren und Einsatzmöglichkeiten in der Praxis zu erörtern.

3.1 Stand der Forschung

Verbreitungsdynamiken von Desinformationen lassen sich nur entlang von Themen identifizieren, zu denen in größerem Umfang Desinformationen erstellt und verteilt werden. Dies ist stark abhängig von aktuellen, kontroversen Debatten. So haben sich Desinformationsschwerpunkte in den vergangenen Jahren von den Themen Innere Sicherheit und Migration (Bader u.a. 2020) zu den Themen Klimawandel und insbesondere COVID-19 (Lamberty/Holnburger 2021) verschoben. Im Laufe der Pandemie haben sich die Gruppierungen der „Querdenker"-Proteste (Holzer 2021; Pantenburg u.a. 2021) zu einer spektrenübergreifenden rechtsoffenen Protestszene gewandelt (BMB 2021), die bundesweit durch den Verfassungsschutz beobachtet wird (Bundesamt für Verfassungsschutz 2021). Anhänger:innen dieser Protestszene lassen sich in heterogene, häufig disparate Gruppen einteilen (Nachtwey u.a. 2020, S. 51), die Verbindungen zu sogenannten „Reichsbürgern" und Rechtsextremisten offenlegen. Charakteristisch ist eine starke Entfremdung von den Institutionen des politischen Systems, den alten Volksparteien und den etablierten Medien (ebd., S. 52). Letzteres führt zu einer zunehmenden Radikalisierung des öffentlichen Diskurses sowie zu einer Hinwendung zu alternativen Medien und ihren Plattformen wie Telegram (RND 2021). Für den deutschsprachigen Raum existieren bereits hunderte Kanäle, die dem Austausch und der Protestorganisation dienen (Dittrich/Holnburger 2021). Während für das außereuropäische Ausland bereits eine Vielzahl an Studien vorliegt, die die inhaltliche Komponente der Verbreitung von Desinformation über Telegram systematisch durchleuchtet (siehe u.a. Baumgartner u.a. 2020; Bovet/Grindrod 2020; Guhl/Davey 2020; Rogers 2020; Scheffler u.a. 2021), ist für den deutschsprachigen Raum derzeit noch wenig bekannt. Ausnahmen stellen die Analysen des Bundesverbands Mobile Beratung (BMB 2021) sowie die Untersuchungen des Centers für Monitoring, Analyse, Strategie (Lamberty/Holnburger 2021) dar. Um die Gefahren, die von über Messengerdienste verbreiteter Desinformation ausgehen (Flade/Mascolo 2021), erkennen und bekämpfen zu können, ist daher eine systematische Auseinandersetzung mit den inhaltlichen Schwerpunkten notwendig.

3.2 Eigene Beiträge

Um belastbare Schwerpunktthemen zu identifizieren, an denen entlang Desinformationsdynamiken untersucht werden, beobachtet die Journalistik systematisch den medialen Diskurs auf kontroverse Themen. Im Fokus stehen Themen mit erkennbar populistischen Tendenzen, die Themenschwerpunkte von Websites, die Hubs in Netzwerken zur Verbreitung von Desinformationen sind, und Inhalte öffentlicher Telegram-Kanäle und -Gruppen von zentralen Akteur:innen aus dem populistischen, extremistischen und Verschwörungsmythen verbreitenden Milieu. Dieser Medienbeobachtung liegen qualitative Leitfäden zur Identifikation kontroverser Themen zugrunde. Die Ergebnisse werden in Expert:inneninterviews validiert.

Für die systematische Analyse greift die Journalistik auf bewährte Methoden quantitativer und qualitativer Inhaltsanalyse zurück. Die Methodik wird im Folgenden anhand spezifischer Forschungsfragen näher betrachtet.

3.3 Forschungsfragen

Fragestellung 1 (Themen): Entlang welcher politischer bzw. gesellschaftlicher Kontroversen entwickeln sich Desinformationsdynamiken?

Im Fokus des Untersuchungsinteresses stehen jene Themen, zu denen in größerem Umfang Desinformationen erstellt und verbreitet werden und die stark abhängig von aktuellen, kontroversen Debatten sind. Daher erfolgt zur Identifikation belastbarer Schwerpunktthemen eine systematische Beobachtung des medialen Diskurses auf kontroverse Themen mit erkennbar populistischen Tendenzen und der Themenschwerpunkte von Websites, die Hubs in Netzwerken zur Verbreitung von Desinformationen sind (Rathje 2021). Ziel ist es anschließend, systematisch die Inhalte von öffentlichen Telegram-Kanälen von zentralen Akteur:innen aus dem populistischen, extremistischen und Verschwörungsmythen verbreitenden Milieu zu tracken.

Fragestellung 2 (Kanäle): Mit welchen Messengerkanälen lassen sich welche Themen scannen, um möglichst breitenwirksam die Verbreitung von Desinformation erfassen zu können?

Die Journalistik automatisiert die Erfassung von Daten aus Messengerdiensten, um deren Rolle als Verbreitungswege zu untersuchen. Dabei sollen große, quasi-öffentliche Kanäle und Gruppen von Meinungsführer:innen beobachtet werden (Jalilvand/Neshati 2020). Hier wird überprüft, ob dort initial verbreitete Nachrichten ihren Weg in andere soziale Medien wie Twitter finden und welchen Einfluss die Nennung eines Videolinks in YouTube auf dessen Nutzungszahlen hat. So kann quantitativ die

Bedeutung der Messengerdienste erfasst werden. Weiterhin werden Desinformationskanäle und -gruppen, nicht nur bezogen auf eine individuelle Nachricht, sondern mit Blick auf den gesamten Kanal bzw. die gesamte Gruppe erfasst. So lassen sich statistisch belastbarere Aussagen treffen und die Fehlerraten der Erkennung reduzieren.

Fragestellung 3 (Inhalte): Welche Nutzungspraktiken stehen hinter den beobachtbaren Verbreitungsmustern? Welche Rolle spielt dabei insbesondere die Verarbeitung von emotionalen Inhalten?

Im Vordergrund stehen zunächst die Praktiken von Nutzer:innen bei der Verbreitung von Desinformation, die mit ethnographischen Methoden rekonstruiert werden: Welche Arten von Desinformation rezipieren und teilen sie auf welchen Kanälen? Des Weiteren explorieren wir, wie die Nutzung und Verbreitung von Desinformation in Medienrepertoires eingebettet werden (Lou u.a. 2021; Schwarzenegger 2022). Die Ergebnisse fließen in die rechtswissenschaftliche Analyse der Schutzbedürftigkeit unverzerrter Kommunikation in demokratischen Gesellschaften ein.

Fragestellung 4 (Verbreitung): Welche Eigenschaften haben Desinformationen, die sich besonders gut in Messenger-Netzwerken verbreiten?

Bezogen auf die Bedeutung von emotionalen Komponenten in der Interaktion mit Desinformation untersucht die Journalistik in qualitativen, quantitativen und automatisierten Inhaltsanalysen, was Desinformation kennzeichnet, die besonders starke Verbreitungsdynamiken auslöst (Knuutila u.a. 2020). Um Desinformation gezielt bekämpfen zu können, werden die Daten um weitere Eigenschaften wie Formate (z.B. Video, Podcast, Text) und Gestaltungsmerkmale (thematisch, visuell und sprachlich) angereichert. Dazu greift die Journalistik insbesondere auf eigene Vorarbeiten zurück (Bader u.a. 2020). Instrumente und Strategien zur Eindämmung von Desinformation in der öffentlichen Kommunikation berücksichtigen zugleich die Kontroversen, entlang derer sich Desinformationsdynamiken entwickeln. In einer explorativen Inhaltsanalyse wird daher nachgezeichnet, wie die Verbreitung von Desinformationen in der Bevölkerung verschränkt ist mit den Themenkarrieren der Kontroversen, an die sie anknüpfen.

Fragestellung 5 (Bekämpfen): Wie lassen sich Desinformationen, die primär über Messengerdienste verbreitet oder initiiert werden, bekämpfen?

Zur Bekämpfung von Desinformation, die primär über Messengerdienste verbreitet werden, identifiziert die Journalistik Handlungsmuster, basierend auf einer qualitativen Analyse der Praktiken der Weiterverbreitung von Desinformation und deren Einbettung in Medien-Repertoires durch Online-Beobachtung, Desk-Research und qualitative Interviews (Buchanan 2020; Nachtwey u.a. 2020; Schwarzenegger 2022).

Fragestellung 6 (Evaluation): Wie sind die Strategien zur Eindämmung von Desinformationsdynamiken aus Sicht der Produktion und Nutzung journalistischer Inhalte und Desinformation bzw. deren Einbettung in Medienrepertoirs zu bewerten?

Die Journalistik evaluiert Strategien zur Eindämmung von Desinformationsdynamiken aus Sicht der Produktion und Nutzung journalistischer Inhalte und Desinformation bzw. deren Einbettung in Medienrepertoirs (Michailidou/Trenz 2021).

Fragestellung 7 (Dialog): Wie bewerten Praktiker:innen Effektivität und Effizienz der im Projekt erarbeiteten Ansätze zur Bekämpfung von über Messengerdienste verbreiteter Desinformation?

Im Hinblick auf die Verbreitung und Darstellung der Projektergebnisse leitet die Journalistik, auch unter Zuhilfenahme eines von der Informatik entwickelten Demonstrators und Einbeziehung der Partner:innen, einen systematischen Dialog mit Akteur:innen aus Journalismus und Zivilgesellschaft, die Desinformation bekämpfen, um über die Effektivität und Effizienz der im Projekt erarbeiteten Ansätze im Sinne eines „Member Check" zu diskutieren, deren Bekanntheit zu steigern und Einsatzmöglichkeiten in der Praxis zu erörtern.

4. Medienpsychologie

Anknüpfend an die journalistische Perspektive untersucht das medienpsychologische Teilprojekt, welche Rolle Menschen bei der Verbreitung von Falschinformationen (d.h. sowohl Des- als aus Misinformation) spielen. Anhand von Umfragen und Experimenten wird insbesondere exploriert, inwiefern das (emotionale) Erleben einer Falschinformation dazu führt, dass diese weitergeleitet wird, inwiefern die wahrgenommene Glaubwürdigkeit diesen Prozess beeinflusst und welche Motive zur Weiterleitung vorherrschen. Zusätzlich wird analysiert, welche Wirkung verschiedene Medienmerkmale auf die Wahrnehmung von Falschinformationen haben, um zu eruieren, welche technischen Faktoren einen Einfluss auf die individuelle Bereitschaft haben, Falschinformationen zu teilen.

4.1 Stand der Forschung

Es konnten bereits wertvolle Erklärungsansätze für die psychologischen Wirkmechanismen von Desinformation hervorgebracht werden. Unter anderem wurden kognitive Verzerrungen wie der Confirmation Bias (Nickerson 1998) oder Motivated Reasoning (Kunda 1990) als Erklärung dafür herangezogen, dass Menschen Falschinformationen Glauben schenken (z.B. Lazer u.a. 2018;). Demnach werden vor allem Inhalte für glaubwürdig befunden, die dem eigenen Weltbild entsprechen und die eigene (politische) Identität schützen, da sich wiedersprechende Kognitionen, also kognitive Dissonanz, negative Gefühle verursachen (Festinger 1957). Aber auch die individuelle Fähigkeit und Neigung, Inhalte kognitiv zu reflektieren, werden als zentrale Erklärung für die Wirkung von Desinformation hervorgehoben (z.B. Pennycook/Rand 2021). Weiterhin wird in der Forschung betont, dass Menschen aufgrund limitierter kognitiver Kapazitäten nur ein gewisses Maß an Informationen elaboriert verarbeiten können. Daher wird angenommen, dass sich Internetnutzer:innen häufig auf sogenannte heuristische Hinweisreize verlassen, die ihnen mentale Abkürzungen bei der Bewertung von Online-Inhalten erlauben (z.B. Metzger/Flanagin 2013; Sundar 2008). Solche Hinweisreize sind in der Regel saliente, leicht zu verarbeitende Merkmale einer Nachricht. Zum Beispiel ziehen Menschen die Reputation einer Informationsquelle heran, wenn sie entscheiden, welche Inhalte sie für glaubwürdig erachten (Reinhard/Sporer 2010) und lesen (Winter/Krämer 2014). Ferner zeigen verschiedene Studien (z.B. Kim u.a. 2019), dass Menschen dazu neigen, der sichtbaren Bewertung anderer Nutzer:innen (z.B. Likes oder Ratings) im Internet zu folgen, wenn es zur Bewertung von Online-Inhalten kommt (vgl. Bandwagon Heuristic; Sundar 2008). Aufbauend auf diese Ergebnisse werden Warnhinweise (z.B. durch Faktencheck-Initiativen) als vielversprechende Maßnahme gegen Desinformation im Internet erachtet, da diese Intervention Menschen ressourcenschonend bei der Evaluation von Informationen unterstützen kann (Pennycook/Rand 2021). Die aktuelle Befundlage zur Wirkung von Warnhinweisen ist jedoch gemischt. Zwar konnten mehrere Studien zeigen, dass Rezipient:innen Falschinformationen mit Warnhinweisen als weniger akkurat bewerten und seltener teilen (z.B. Mena 2020) - allerdings konnten solche Effekte nicht konstant verifiziert werden (z.B. Oeldorf-Hirsch u.a. 2020).

4.2 Eigene Beiträge

Auch im Zuge eigener Forschung konnte die medienpsychologische Perspektive dazu beitragen, die Wirkmechanismen von Desinformation besser zu verstehen. Es wurde zum Beispiel untersucht, welche Charakteristika einen falschen Online-Nachrichtenartikel glaubwürdig bzw. unglaubwürdig erscheinen lassen (Schaewitz u.a. 2020). Es zeigte sich, dass Nachrichtenfaktoren wie zum Beispiel inhaltliche Widersprüche oder Sensationalismus weniger wichtig für die Glaubwürdigkeitsbewertung eines Online-Artikels sind. Allerdings erwies sich das generelle Bedürfnis nach kognitiver Beschäftigung (Need for Cognition) als wichtiger Prädiktor für die Bewertung der Nachrichtenkorrektheit und -glaubwürdigkeit. Auch waren Menschen eher dazu geneigt, die Falschinformation zu glauben und weiterzuleiten, wenn der Inhalt des Nachrichtenartikels ihre eigene Meinung stützte.

In einer weiteren Studie wurde gezeigt, dass Menschen bei der Evaluierung eines falschen Online-Nachrichtenartikels eher auf die Glaubwürdigkeitsbewertung anderer zurückgreifen, wenn diese in Form eines konkreten Kommentars präsentiert wird und nicht in Form eines numerischen Ratings (Kluck u.a. 2019). Darüber hinaus demonstrierten Schaewitz und Krämer (2020), dass detailreichere Korrekturen von Falschinformationen das Erinnern von zugehörigen Fakten begünstigen. Der Zeitpunkt der Korrektur wies allerdings einen widersprüchlichen Effekt auf: Wenn die detailliertere Korrektur mit der Falschinformation zusammen präsentiert wurde und nicht im Nachhinein, konnten sich Individuen zwar besser die richtigen Fakten merken, der Glaube an die Kernaussage der Falschinformation verstärkte sich allerdings. Daraus kann erschlossen werden, dass Interventionen genau geplant und orchestriert werden müssen.

4.3 Forschungsfragen

Zusammengefasst hat die bisherige medienpsychologische Forschung wichtige Mechanismen identifizieren können, die erklären, warum Menschen Falschinformationen glauben. Gleichzeitig erweist sich Desinformation als ein sehr dynamischer Forschungsgegenstand. Insbesondere die Covid-19 Pandemie hat aufgezeigt, dass sich solche Inhalte über eine Vielzahl von Kanälen verbreiten und in sehr unterschiedlicher Art und Weise manifestieren (z.B. Hansson u.a. 2021). Daher ist weitere Forschung von Nöten, um zu verstehen, welchen Einfluss diese Dynamiken auf der Rezeptionsebene haben. Um zu helfen, die übergreifenden Forschungsfragen des Projekts zu beantworten, wird das medienpsychologische Teilprojekt die folgenden Fragestellungen fokussieren:

Fragestellung 1: Welche Falschinformationen *nehmen Menschen wahr, die über Messengerdienste verbreitet werden und in welchem Maße werden diese Inhalte weitergeleitet?*

Vor allem die Mechanismen, die dazu führen, dass Falschinformationen weitergeleitet wird, sind noch vergleichsweise wenig erforscht. Das ist insofern kritisch, als die intuitive Annahme, dass Menschen vornehmlich Inhalte teilen, die sie auch für glaubwürdig halten, nicht zuzutreffen scheint (Pennycook u.a. 2021, 2020). Wenngleich zum Teilen von Online-Inhalten bereits Forschung existiert (Kümpel u.a. 2015), konzentrieren sich Untersuchungen meist auf das Weiterleiten von Nachrichtenartikeln in sozialen Medien wie Twitter oder Facebook. Allerdings haben insbesondere Messenger-Anwendungen wie WhatsApp einen starken Einfluss auf die Verbreitung von falschen Inhalten (Resende u.a. 2019)). Da bisher wenig darüber bekannt ist, in welchem Maße Falschinformationen über Messengerdienste tatsächlich wahrgenommen und weitergeleitet werden, wird in einem ersten Schritt des Teilprojekts exploriert, welche und wie viele dieser Inhalte von Menschen gesehen und mit anderen geteilt werden.

Fragestellung 2: Welche spezifischen psychologischen Mechanismen begünstigen das Weiterleiten von Falschinformationen *über Messengerdienste?*

Da vor allem Menschen und nicht etwa automatisierte Programme Hauptkatalysator für die Verbreitung von Desinformation sind (Vosoughi u.a. 2018), ist es unerlässlich, die psychologischen Mechanismen zu identifizieren, die dazu führen, dass irreführende Inhalte über weniger einsehbare Kanäle wie Messengerdienste geteilt werden und schließlich ihren Weg in andere Netzwerke finden. In diesem Zusammenhang wird Erregung als wichtige Einflussvariable erachtet, da vor allem emotionale Inhalte geteilt werden (z.B. Weismueller u.a. 2022). Zudem konnte herausgefunden werden, dass neben nachrichtenbezogenen Motiven zum Teilen einer Information soziale Motive eine wichtige Rolle spielen (Chen u.a. 2015; Lee/Ma 2012). Bisher fehlen allerdings Erkenntnisse, wie sich diese Befunde auf Messengerdienste übertragen lassen. Auch gibt es bisher kaum Forschung, die untersucht hat, wie das emotionale Erleben bei der Konfrontation mit (falschen) Informationen die unterschiedlichen Motive des Weiterleitens beeinflusst.

Fragestellung 3: Wie beeinflussen Medienmerkmale das Weiterleitungsverhalten der Rezipient:innen?

Da Messengerdienste anders funktionieren als soziale Netzwerke wie Facebook oder Twitter, ist zu erwarten, dass es Unterschiede bei den Inhalten gibt, die frequentiert weitergeleitet werden. Auch konzentrierten sich Untersuchungen zu sozialen Netzwerken primär auf die Wirkung von (falschen) Nachrichtenartikel (Pennycook/Rand 2021). In Messengerdiensten scheinen jedoch insbesondere visuelle Stimuli wie Bilder oder Videos geglaubt (Sundar u.a. 2021) und geteilt zu werden (Resende u.a. 2019). Ein weiterer wichtiger Aspekt ist, dass Messengerdienste stärker auf private interpersonelle Interaktion ausgelegt sind als andere soziale Netzwerkplattformen. Daher könnte hier vor allem die verstärkte Interaktion mit Freund:innen und Familienmitgliedern dazu führen, dass Desinformation in einer „natürlichen" Weise verbreitet wird (Buchanan/Benson 2019).

Fragestellung 4: Welche technischen Interventionsmaßnahmen gegen die Verbreitung von Falschinformationen *in Messengerdiensten können aus medienpsychologischer Perspektive abgeleitet werden und wie effizient sind diese Maßnahmen?*

Die Beantwortung der ersten drei Forschungsfragen mündet schließlich innerhalb des interdisziplinären Ansatzes von DYNAMO in dem Beitrag, Instrumente zur Bekämpfung von Desinformation zu entwickeln. In dem medienpsychologischen Projekt wird dann vor allem evaluiert, welche Strategien auf der Rezeptionsebene wirksam sind.

5. Rechtswissenschaften

Messengerdienste stellen aus juristischer Perspektive eine besondere Herausforderung dar. Seitdem soziale Netzwerke mit Plattformcharakter mehr und mehr reguliert wurden, ziehen sich Desinformationsakteure zunehmend in Messengerdienste zurück. Indes ist unklar, ob und inwieweit bestehende rechtliche Vorgaben auf diese anwendbar sind, zumal hinsichtlich öffentlicher und privater Kommunikationsfunktionen unterschiedliche rechtliche Anforderungen zu beachten sind.

5.1 Stand der Forschung inkl. eigener Beiträge

Die rechtswissenschaftliche Forschung zur digitalen Desinformation behandelt bisher primär öffentlich sichtbare Kommunikationsräume sozialer Netzwerke. Die für Messengerdienste typischen geschlossenen Gruppen, private One-to-one-Kommunikation und Grenzbereiche zwischen öffentlicher und privater Kommunikation z.B. in sehr großen geschlossenen Gruppen wurden hingegen bislang wenig untersucht.

Bereits die Definition der Desinformation wird kontrovers diskutiert. Viele Autoren (Steinebach u.a. 2020 S. 149, Holznagel 2020 S. 18, Feldmann 2021 S. 35, Gräfe 2020 S. 39) orientieren sich an der aus dem Kontext der Rechtsprechung des Bundesverfassungsgerichts zur Meinungsfreiheit stammenden Formulierung der „bewusst unwahren Tatsachenbehauptung" (BVerfG NJW 1976, 1677). Jedoch wird diese ständige Rechtsprechung im Zuge der Desinformationsdebatte zunehmend in Frage gestellt. Umstritten sind vor allem der zu Grunde liegende Wahrheitsbegriff und das Erfordernis einer Täuschungsabsicht.

Welcher Wahrheitsbegriff in Gesetzesformulierungen und der Rechtspraxis implementiert wird, ist eine bedeutsame Frage, da im epistemologischen und soziologischen Diskurs größtenteils eine Abkehr von einem objektivistischen Wahrheitsbegriff auszumachen ist (vgl. Pörksen 2015 S. 4 ff.;Kleeberg/Suter 2014 S. 217). Kritik an einem objektivistischen Verständnis findet sich auch in der rechtswissenschaftlichen Literatur (Schmalenbach 2005 S. 749; Theile 2012 S. 666). Im Rahmen der Desinformationsforschung wird zum Teil gefordert , diese Begriffswandlung in der Rechtswissenschaft und -praxis zu übernehmen. So werden zahlreiche rechtliche Probleme aufgezeigt, die durch das Kriterium der „Unwahrheit" verursacht werden (Dreyer u.a. 2021 S. 13). Flint wendet dagegen ein, dass es nicht zielführend sei, bei der Rechtsanwendung zunächst die Realität zu hinterfragen und philosophische Überlegungen neu zu durchdenken (Flint 2021 S. 40).

Eine weitere Kontroverse besteht bei der Frage der Intentionalität für das Phänomen der Desinformation in Abgrenzung zu weiteren Formen der sog. Information Disorder. So stellen einige zur Unterscheidung von der unabsichtlichen Misinformation bei der Desinformation auf eine Täuschungsabsicht ab (Steinebach u.a. 2020 S. 149, Ferreau 2021 S. 204). Teilweise wird sogar gefordert, Wahrhaftigkeit als immanentes Attribut von Information zu behandeln (Lipowicz/Szpor 2021 S. 348). Dreyer u.a. kritisieren hieran, dass durch diesen Ansatz, viele Verbreitungsformen falscher Informationen, z.B. die leichtfertige Weiterleitung, welche als Misinformation zu qualifizieren ist (s.o.), nicht hinreichend berücksichtigt würden, obwohl diese wesentlich zur Verbreitung und damit zum Schadenspotenzial beitrügen (Dreyer u.a. 2021 S. 11). Zu beachten ist auch die schwierige Beweisbarkeit dieses Aspekts.

Um geeignete Maßnahmen gegen die Verbreitung von Desinformation zu finden, wird anhand unterschiedlicher Ansätze der Rechtsrahmen abgesteckt. Steinebach u.a. identifizierten Schutzgüter, die durch Desinformation betroffen sein können, namentlich die demokratische Willensbildung und die Meinungs- und Informationsfreiheit (Steinebach u.a. 2020 S. 150 ff.). Betont wird in diesem Zusammenhang die Einschätzungsprärogative des Gesetzgebers, Regelungen zu erlassen, die Risiken vorbeugen und zur Aufrechterhaltung einer funktionierenden Kommunikationsordnung beitragen (Steinebach u.a. S. 165 m.w.N.). Ferreau bejaht obendrein eine grundsätzliche Gewährleistungspflicht des Gesetzgebers für den Meinungsbildungsprozess insgesamt, welche ihn verpflichte, den Prozess vor Verfälschungen und Verzerrungen zu bewahren (Ferreau 2021 S. 205). Dagegen wählen Dreyer u.a. einen risikobasierten Ansatz, bei dem durch Desinformation verursachte abstrakte Gefahren auf Rezipientenseite im Vordergrund stehen (Dreyer u.a. 2021 S. 14). Zur Feststellung hinreichend evidenter Risiken seien die Ergebnisse der empirischen Wirkungsforschung zu Grunde zu legen, welche jedoch in vielen Bereichen noch fehlten (Dreyer u.a. 2021 S. 15 ff.). Risiken, die zu einem regulatorischen Handlungsbedarf führen, werden jedenfalls für die positive Informationsfreiheit sowie die Meinungsvielfalt nach Art. 5 Abs. 1 GG gesehen, sofern durch die künstliche Schaffung von Relevanz und/oder Reichweite die Sichtbarkeit und der Zugang zu anderen Informationen oder Ansichten faktisch ausgeschlossen würden (ebd. S. 21). Gefahren bestünden auch für die Wahlfreiheit gem. Art. 38 Abs. 1 GG, jedoch nur in unmittelbarer zeitlicher Nähe zum Wahlakt, da hier die diskursive Selbstregulierung nicht ohne weiteres möglich sei (ebd. S. 26; vgl. auch Lipowicz/Szpor 2021 S. 383). Keine ausreichende Risikoevidenz wird hingegen für die Verfassungsgüter der individuellen Autonomie, der Freiheitlichkeit der öffentlichen Meinungsbildung sowie der kommunikativen Chancengerechtigkeit gesehen (Dreyer u.a. 2021 S. 17 ff.).

Als Maßnahmen gegen die Verbreitung werden verschiedene Ansätze diskutiert. Auf gesetzlicher Ebene wird u.a. die Ergänzung des Volksverhetzungstatbestands des § 130 StGB (Mafi-Gudarzi 2019 S. 68) und die Vorgabe grober Leitplanken für die Hausregeln der Intermediäre zur Moderation desinformierender Inhalte vorgeschlagen (Kühling 2021 S. 467). Der BGH hat kürzlich entschieden, dass Anbieter sozialer Netzwerke ihren Nutzer:innen grundsätzlich objektive, überprüfbare Kommunikationsstandards vorgeben dürfen, die über die gesetzlichen Vorgaben hinausgehen.

Diese dürfen auch Löschungen von Inhalten und Sperrungen von Profilen beinhalten, wobei bestimmte Verfahrensrechte einzuräumen sind (BGH, Urteil vom 29.07.2021 - III ZR 179/20; BGH, Urteil vom 29.07.2021 - III ZR 192/20). Diese Verschränkung staatlicher und anbietereigener Regelungen, die sogenannte Hybrid Governance, wird auch von Dreyer u.a. befürwortet (Dreyer u.a. 2021 S. 46). Plattformen könnten dadurch abstrakte, auf Desinformation bezogene Infrastrukturmaßnahmen vorgegeben werden, die sie z.B. dazu verpflichten könnten, Missbrauchsszenarien zu identifizieren (Ebd. S. 65). In Bereichen, die auf Grund ihrer technischen Gestaltung für die Nutzer:innen und den Staat eine Black Box darstellen – etwa Bots – wird die Bedeutung der freiwilligen Selbstregulierung der sozialen Netzwerke betont (Steinebach u.a. 2020 S. 185). Weitere Vorschläge reichen von harten Content Moderation Maßnahmen (Mafi-Gudarzi 2019 S. 68), über die Diskursstärkung (z.B. durch rational Nudges, Enghofer 2021 S. 71), bis hin zur Einbeziehung unabhängiger Fact-Checking-Initiativen (Lipowicz/Szpor 2021 S. 383).

Indes werden nur vereinzelt Vorschläge unterbreitet, um Desinformation in Messengerdiensten zu bekämpfen. Im Rahmen der medienwissenschaftlichen Analyse des Mediums Telegram wird etwa vorgeschlagen, die Auffindbarkeit von desinformierenden Inhalten zu erschweren (Jünger/Gärtner 2020 S. 33).

5.2 Forschungsfragen

Im Forschungsprojekt DYNAMO soll der rechtswissenschaftliche Diskurs über digitale Desinformation mit dem Schwerpunkt auf Messengerdiensten fortgeführt werden. In der rechtlichswissenschaftlichen Analyse sollen rechtliche Auswirkungen sozio-technischer Besonderheiten dieses prävalenten Kommunikationsmittels untersucht werden und rechtliche Gestaltungsvorschläge, die Forschungsergebnisse der Partnerdisziplinen berücksichtigen, entwickelt werden.

Die Befassung mit Grundlagenfragen darf zu Beginn des Projekts nicht ausbleiben: Prämisse einer fundierten Desinformationsforschung ist insbesondere die kritische Auseinandersetzung mit dem rechtswissenschaftlichen Wahrheitsbegriff und der Frage nach der Implementierung eines Täuschungsvorsatzes in die Definition der Desinformation. Die Frage nach dem Wahrheitsbegriff ist u.a. für den Schutzumfang der Kommunikationsgrundrechte sowie für die freie gesellschaftliche Willensbildung relevant. Schließlich gilt es eine allgemeine staatliche Deutungshoheit über wahr und falsch zu vermeiden und zugleich ein faktisches Wahrheitsmonopol privater Unternehmen auszuschließen. Bestehende Gesetzesformulierungen und Rechtspraktiken sind anhand geeigneter und für die Rechtswissenschaften praktikabler Wahrheitskriterien zu evaluieren. Diese wären auch bei der Formulierung von Normvorschlägen zu beachten.

Weiterhin scheint die Einbeziehung eines Täuschungsvorsatzes in die Desinformationsdefinition und die Abgrenzung zur Misinformaton (s.o.) einen effektiveren Grundrechtsschutz für die Mediennutzer:innen zu gewährleisten, die unabsichtlich zur Verbreitung falscher Informationen beitragen. Die Differenzierung zwischen bewusst unwahren und unabsichtlich unzutreffenden Tatsachenbehauptungen bildet ein kommunikationsverfassungsrechtliches Schutzniveaugefälle ab – sei es auf Ebene des Schutzbereichs (BVerfGE 61, 1 (8); 90, 241 (254); 90, 1 (15)) oder der Rechtfertigung (Wendt 2021 Art. 5 Rn. 29). Eine solche Differenzierung sollte – trotz der schwierigen Beweisbarkeit – mithin auch bei der Entwicklung einfachgesetzlicher Normen mit Sanktionscharakter berücksichtigt werden, während eine Differenzierung bei gefahrabwehrrechtlichen Normen nicht erforderlich wäre.

Sodann soll der Rechtsrahmen für die konkret zu untersuchenden Dienstetypen identifiziert werden. Dabei ist zwischen „reinen" Messengerdiensten, die in erster Linie Individualkommunikation anbieten und sogenannten Hybrid-Medien, welche daneben auch öffentlich sichtbare Kommunikationsfunktionen anbieten, zu unterscheiden (Vgl. Jünger/Gärtner 2021 S. 31), sodass die Grenzen zwischen den Geschäftsmodellen der Messengerdienste und sozialen Netzwerke verschwimmen (Jünger/Gärtner 2020 S. 6, Sunyaev u.a. 2021 S. 77). Um grundrechtsschonende, aber effektive Regularien zu entwickeln, sind bei der Identifikation des Rechtsrahmens beide Kommunikationsmodi differenziert zu betrachten.

Verfassungsrechtlich sind insbesondere die Grundrechte auf Meinungsfreiheit und Informationsfreiheit aus Art. 5 Abs. 1 S. 1, 1. bzw. 2. Hs. GG sowie auf Berufsfreiheit der Dienste-Anbieter aus Art. 12 Abs. 1 GG einschlägig - auf europäischer Ebene Art. 11 Abs. 1 S. 1 bzw. 2; Art. 15 Abs. 1 GRCh. Sofern eine Übermittlung an individuelle Kommunikationsempfänger:innen vorliegt (Jarass/Pieroth 2020 Art. 10 Rn. 6), ist auch das Fernmeldegeheimnis nach Art. 10 Abs. 1 GG zu beachten. Darüber schützt das Grundrecht auf informationelle Selbstbestimmung aus Art. 1 Abs. 1 i.V.m. Art. 2 Abs. 1 GG bzw. Art. 7 und 8 GRCh die Preisgabe und Verwendung personenbezogener Daten auch unabhängig von ihrer Übermittlung an Individualempfänger:innen oder an die Öffentlichkeit und unabhängig davon, ob der Kommunikationsvorgang bereits abgeschlossen ist (Durner 2021 Art. 10 Rn 78). In Bezug auf massenhaft verbreitete Desinformation kann schließlich die freie öffentliche Willensbildung als Grundvoraussetzung des Demokratieprinzips aus Art. 20 Abs. 2 GG betroffen sein.

Auf einfachgesetzlicher Ebene sind insbesondere der Medienstaatsvertrag (MStV), das Netzwerkdurchsetzungsgesetz (NetzDG), das Telemediengesetz (TMG), das Telekommunikationsgesetz (TKG) und das Telekommunikation-Telemedien-Datenschutz-Gesetz (TTDSG) sowie europarechtliche Regelungen wie der Verhaltenskodex gegen Desinformation und der Digital Service Act (DSA) relevant. Wie sich in der Debatte um eine mögliche Sperrung des Anbieters Telegram zeigt, ist die Anwendbarkeit des NetzDG und des MStV auf Dienste mit Messenger-Funktionen umstritten (Tuchtfeld 2021). Nach § 1 Abs. 1 S. 3 Alt. 1 NetzDG ist Individualkommunikation ausdrücklich aus dem Anwendungsbereich des NetzDGs ausgeschlossen. Hierbei ist fraglich, was unter Individualkommunikation zu verstehen ist und ob das Gesetz zumindest auf öffentliche Kommunikationsfunktionen der Hybrid-Medien (s.o.) anwendbar ist. Zudem könnte es sich bei Hybrid-Medien um Medienintermediäre i.S.d § 2 Abs. 2 Nr. 16 MStV handeln. Diese wären nach § 93 Abs. 1 MStV verpflichtet, ihre Kriterien über den Zugang und den Verbleib von Informationen (Nr. 1) sowie bestimmte Funktionsweisen ihrer Algorithmen (Nr. 2) transparent zu machen. Diesbezüglich wird u.a. die Frage aufgeworfen, ob die Transparenzpflicht ausreichend konkret formuliert wurde, um hinreichend informative Erklärungen der Intermediäre zu erhalten (Gahntz u.a. 2021 S. 13).

Zu beachten ist, dass durch die zunehmende staatliche Regulierung und Rechtsdurchsetzung auf sozialen Netzwerken und die teilweise strengere Lösch- und Sperrpraxis der Plattformen nach eigenen Community Standards (Vgl. zum virtuellen Hausreich: BGH, Urteil vom 29.07.2021 - III ZR 179/20; BGH, Urteil vom 29.07.2021 - III ZR 192/20; Eydlin 2021), eine Rückzugswelle der Desinformationsverbreiter weg von sozialen Netzwerken und hin zu Messengerdiensten beobachtet werden kann (Jünger/Gärtner 2020 S. 4, 7, 33). Daher sind regulierungsbedingte Wechselwirkungen zwischen öffentlichen sozialen Netzwerken,Messengerdiensten und ggf. neuen Medientypen bei der Entwicklung systemisch-wirkungsvoller Regulierungsvorschläge zu berücksichtigen.

Weiterhin solltenaktuelle psychologische Erkenntnisse beachtet werden, die verschiedene kognitive Verzerrungen als mitursächlich für die Verbreitung von Desinformation sehen (s.o.). Unter Einbeziehung der in der Projektlaufzeit gewonnenen medienpsychologischen Erkenntnisse der Projektpartner, sollte die rechtswissenschaftliche Forschung insbesondere Maßnahmen eruieren, die die rationale Auseinandersetzung der Nutzenden mit kontroversen Themen fördern, etwa Nudges to reason (Enghofer 2021 S. 71). Gerade bezüglich der Sphäre des Dark Social, also Kommunikationsbereiche sozialer Medien, die für die Öffentlichkeit unsichtbar stattfinden, ist auf Grund des Fernmeldegeheimnisses weder eine durchgängige effektive staatliche Aufsicht, noch eine reine Selbstkontrolle der Medien möglich (z.B. Content Moderation ohne vorherige Meldung durch andere Nutzer:innen). Hier könnten Nutzer:innen durch eine verpflichtende diskursfördernde Technikgestaltung befähigt werden, Infragestellungen und Gegendarstellungen auszuüben.

Als Ergebnis des rechtswissenschaftlichen Teilprojekts kommt schließlich ein Regulierungsvorschlag für ein Gesetz oder Community Standards in Betracht. Dabei sind die Grundrechte der Nutzenden und Dienste-Anbietenden in einen optimalen Ausgleich zu bringen.

5.3 Datenschutzrecht: Anonymisierung und Informationsverlust

Eine wichtige disziplinübergreifende Forschungsfrage stellt das Thema Anonymisierung personenbezogener Daten und der damit einhergehende Informationsverlust dar. Bei der Betrachtung des Spannungsfelds zwischen Privatheit und Datenqualität spielen technische Möglichkeiten ebenso eine Rolle wie rechtliche Rahmenbedingungen. Aber auch die Bedarfe der anderen Disziplinen, die die zu erhebenden Daten im Rahmen ihrer empirischen Forschung verarbeiten werden, sind zu berücksichtigen. Schließlich können nur diese beurteilen, inwiefern ein Verlust der Datenqualität und damit der Verwertbarkeit durch eine Anonymisierung oder Pseudonymisierung zu erwarten ist.

Gesetzliche Anonymisierungs- und Pseudonymisierungserfordernisse sind sowohl für die Entwicklung praktischer Lösungsansätze als Forschungsergebnis als auch für die Datenerhebung im Rahmen des Forschungsprojekts selbst zu beachten. Im Hinblick auf praktische Lösungen gilt nach Art. 5 Abs. 1 lit. c, Art. 25 Abs. 1 und Art. 32 Abs. 1 DS-GVO der Grundsatz, dass Daten zu pseudonymisieren sind, wenn dies nach dem Verwendungszweck möglich ist und in Beziehung zum angestrebten Schutzzweck keinen unverhältnismäßigen Aufwand erfordert. Aus dem in Art. 5 c) DS-GVO normierten Zweck der Datenminimierung ergibt sich, dass anonyme oder anonymisierte Daten demgegenüber grundsätzlich vorranging zu verwenden sind (Heberlein 2018 Art. 5 DS-GVO Rn. 22) Für Messengerdienste ist überdies § 19 Abs. 2 TTDSG relevant, der die Ermöglichung einer grundsätzlich anonymen bzw. pseudonymen Nutzung von Telemedien vorsieht. Demgegenüber wird die Datenverarbeitung zu wissenschaftlichen Zwecken in der DS-GVO grundsätzlich privilegiert behandelt. Art. 89 Abs. 1 DS-GVO begrenzt die Privilegierung wiederum, indem technisch-organisatorische Maßnahmen, wie die Pseudonymisierung (S. 3) als Garantien zum Schutz der betroffenen Personen gefordert werden. Indes sind weitergehende Maßnahmen, also auch die Anonymisierung, durch Art. 89 Abs. 1 DS-GVO nicht ausgeschlossen, sondern nach Maßgabe der Datenminimierung stets zu prüfen und grundsätzlich vorranging anzuwenden (Caspar 2019 Art. 89 DS-GVO Rn 51 f.). Gem. § 27 Abs. 3 BDSG ist eine Anonymisierung für besondere Kategorien personenbezogener Daten nach Art. 9 Abs. 1 DS-GVO sogar ausdrücklich erforderlich, sobald dies nach dem Forschungszweck möglich ist, es sei denn, berechtigte Interessen der betroffenen Person stehen dem entgegen. § 27 Abs. 3 BDSG ist im Kontext der Desinformationsforschung besonders einschlägig, da die zu erhebenden Daten häufig Bezüge zu politischen Meinungen und Weltanschauungen aufweisen, die besondere Kategorien i.S.d. Art. 9 Abs. 1 DS-GVO darstellen. Die Pflicht zur Anonymisierung entsteht nicht erst bei Abschluss des Forschungsprojektes, sondern bereits dann, wenn die personenbezogenen Daten für den weiteren Verlauf des Forschungsprojektes nicht mehr in personenbezogener Form erforderlich sind (Pauly 2021 § 27 BDSG Rn. 18). Daneben sind die Landesdatenschutzgesetze zu beachten, die ebenfalls Regelungen zur Datenverarbeitung zu wissenschaftlichen Forschungszwecken enthalten, z.B. Art. 25 BayDSG, § 11 HmbDSG, § 24 HDSIG.

Erwägungsgrund Nr. 26 S. 5 zur DS-GVO bestimmt, dass die Grundsätze des Datenschutzes nicht für anonyme Informationen gelten. Unter Anonymisierung ist die Auflösung der Beziehung zwischen den Daten und der betroffenen Person zu verstehen (Winter u.a. 2020 S. 26), wobei eine faktische Anonymisierung ausreicht (Gierschmann 2021 S. 483). Diese meint den Fall, dass die Re-Identifikation nur mit unverhältnismäßig hohem Aufwand zu erreichen ist. Während die h.M. Anonymisierung mittlerweile als eine zu rechtfertigende Datenverarbeitung anerkennt (Thüsing/Rombey 2021 S. 548; Gierschmann 2021 S. 483), wird die Frage, auf welche Rechtsgrundlage diese gestützt werden kann, sehr unterschiedlich bewertet (Hornung/Wagner 2020 S. 223; Stürmer 2020 S. 630; Gierschmann 2021 S. 483).

Die in Art. 4 Nr. 5 DS-GVO legal definierte Pseudonymisierung meint die Funktionstrennung von Zuordnungsinformation und Daten (Schleipfer 2020 S. 285). Sie stellt den „Kernpfeiler" der technisch-organisatorischen Maßnahmen des Datenschutzes nach der DS-GVO dar (Roßnagel 2018 S. 243). Grundsätzlich ist zwischen zwei Arten von pseudonymen Daten zu unterscheiden. Während die erste – in Art. 4 Nr. 5 DS-GVO nicht geregelte – eine anonymisierende Wirkung hat, dient die zweite lediglich zur Minderung der Risiken der Datenverarbeitung für die Grundrechte betroffener Personen (ebd. S. 246). Jedoch können anonyme Phasen bei Erscheinen geeigneter Kontextinformation in einen Personenbezug umschlagen (Schleipfer 2020 S. 285). Diesbezüglich ist im Rahmen einer Risikoprognose die Wahrscheinlichkeit der faktischen Durchführbarkeit der Bestimmbarkeit einer Person zu ermitteln (Roßnagel 2018 S. 244), wobei auch auf den Verarbeitungskontext abzustellen ist (Gierschmann 2021 S. 484 m.w.N.). Auch wenn die Wahrscheinlichkeit der De-Identifizierung nur schwer quantifizierbar ist (ebd. S. 483), genügt eine rein hypothetische Einschätzung nicht (Roßnagel 2018 S. 244). Zudem kann aus Erwägungsgrund 26 S. 2 zur DS-GVO abgeleitet werden, dass pseudonymisierte Daten dann als personenbezogen gelten sollen, wenn sie durch Heranziehung von Zusatzinformationen einer natürlichen Person zugeordnet werden könnten. Das ist jedenfalls dann der Fall, wenn es wahrscheinlich ist, dass der Datenverarbeiter in den Besitz der Zuordnungsregel kommen könnte (Roßnagel 2018 S. 245). Für Datenverarbeiter und für Dritte, die nicht über die Zuordnungsregel und/oder über andere Möglichkeiten der Kenntniserlangung verfügen, sind die pseudonymisierten Daten anonym (Winter u.a. 2020 S. 26).

Eine Anonymisierung bzw. anonymisierende Pseudonymisierung kann allerdings dazu führen, dass Daten nicht mehr aussagekräftig genug und deshalb nicht verwertbar sind. Um festzustellen, wie Anonymität garantiert und gleichzeitig Informationsverlust minimiert werden kann (Winter u.a. 2019 S. 489), sollte vor der Anonymisierung konkret geprüft werden, welche Daten für die weitere Verwendung des anonymisierten Datensatzes besonders wichtig sind und möglichst aussagekräftig erhalten bleiben sollten (Gierschmann 2021 S. 484 m.w.N.). Zwar sollten nach dem oben genannten möglichst wenige personenbezogene Daten verarbeitet werden. Für die empirische Forschung der Partnerdisziplinen ist indes die Verarbeitung einiger Datentypen unerlässlich. Für die Medienpsychologie ist vor allem das Verhalten der Nutzer:innen von Bedeutung. Von besonderem Interesse wären neben den reinen Inhaltsdaten auch Daten über Reaktionen der Nutzer:innen auf desinformierende Inhalte wie z.B. Weiterleitungen oder das Verlassen eines Kanals. Aus kommunikationswissenschaftlicher Sicht stellen zudem z.B. die Anzahl der Abonnent:innen, die Anzahl veröffentlichter Postings im Untersuchungszeitraum und die Anzahl der Aufrufe / Views eines Postings eines Kanals wichtige publizistische Relevanzfaktoren dar. Diese Daten sind für die weitere Forschung von Bedeutung, da sie systematische Aussagen über die Breitenwirksamkeit der Urheber:innen desinformierender Inhalte zulassen. Sollte es in diesen Bereichen zu Personenbezügen kommen, könnte eine risikomindernde Pseudonymisierung (Roßnagel 2018 S. 246) eine Erleichterung der Datenverarbeitung darstellen, insbesondere hinsichtlich der Erfordernisse nach Art. 89 Abs. 1 Satz 1 und 3 DS-GVO (s.o.).

Problematischer ist hingegen die Anonymisierung bzw. Pseudonymisierung von Inhaltsdaten. Zum einen ist zu prüfen, ob anonymisierte bzw. pseudonymisierte Kommunikationsinhalte über den Messengerdienst hinaus im Internet veröffentlicht wurden, da so der Personenbezug einfach hergestellt werden könnte. Zum anderen könnten – vor allem prominente – Desinformationsverbreiter anhand allgemein bekannter Kontextinformationen z.B. über ihren Sprachstil identifiziert werden.

Der Datenschutz kann bereits durch die Technikgestaltung erfolgen (Privacy by Design). Während des Sammelns von Daten aus dem Internet können Crawler so angepasst werden, dass Daten bei der Erfassung automatisch anonymisiert oder pseudonymisiert werden (z.B. E-Mail-Adressen, Telefonnummern etc.) (Kamocki/Witt 2020). Um den Datencontent zu schützen, können verschiedene computerlinguistische Verfahren angewandt werden. Das kann die Eigennamenerkennung (engl. Named-Entity-Recognition, kurz „NER“), Coreference Resolution (dt. Koreferenzauflösung) oder auch die Schreibstilverschleierung (engl. Authorship Obfuscation) sein. NER-Verfahren identifizieren Eigennamen im Text wie z.B. Personen, Orte oder nummerische Daten, die folglich gelöscht oder "geschwärzt" werden können. Das kann allerdings zum Verlust der Lesbarkeit führen. Die Aufgabe der Coreference Resolution besteht darin alle Ausdrücke zu finden, die sich auf dieselbe Entität (z.B. „George Bush“, „Microsoft“) in einem Text beziehen. Das können Pronomen (z.B. „er“, „seine“) und andere referierende Ausdrücke (z.B. „der Politiker“, „der ehemalige US-Präsident“) sein (Kenton u.a. 2018). Die erkannten Referenzen könnten beispielsweise genutzt werden, um Personennamen durch ihre generischen Substitute zu ersetzen. Dadurch könnte sowohl der Datenschutz als auch die Erhaltung der Lesbarkeit gewährleistet werden. Um auch die Anonymität des Verfassers zu wahren, können Authorship Obfuscation-Verfahren eingesetzt werden, die den Schreibstil im Text so verändern, dass dieser weder von Menschen noch von modernen Verfahren zur Überprüfung der Autorschaft dem ursprünglichen Autor zugeordnet werden kann. Zu beachten ist, dass nicht jede Methode, die technisch unter den Begriff der „Anonymisierung“ fällt, auch eine Anonymisierung im datenschutzrechtlichen Sinne darstellt (Gierschmann 2021 S. 485 m.w.N.). Dies ist im Einzelfall zu prüfen.

6. Ausblick

In DYNAMO werden verschiedene Facetten der Desinformation in Messengerdiensten interdisziplinär erforscht. Die Untersuchung der Unterschiede zwischen sozialen Plattformen mit Netzwerkcharakter und Messengerdiensten stellen einen wichtigen gemeinsamen Forschungsstrang dar. Zu analysieren ist etwa, ob Unterschiede hinsichtlich der Bedeutung von visuellen Inhalten, wie Bilder oder Videos, und der Interaktion mit Freund:innen und Familienmitgliedern bestehen. Zudem ist zu klären, ob und inwieweit bestehende rechtliche Vorgaben auf Messengerdienste anwendbar sind. Neben der Betrachtung der Unterschiede ist auch zu berücksichtigen, dass die Grenzen zwischen den Geschäftsmodellen der sozialen Plattformen und Messengerdienste zunehmend verschwimmen. Daher gilt es zu untersuchen, wie der Verbreitung von Desinformation angesichts dieser Hybridisierung der Medientypen effektiv und grundrechtsschonend entgegengewirkt werden kann.

Weiterhin ermöglicht der multiperspektivische Ansatz, Erkenntnisse über die Verbreitung von Desinformation innerhalb von Messengerdiensten und im Zusammenspiel zu anderen Medien zu gewinnen. Für alle Disziplinen ist es von Bedeutung zu untersuchen, welche Rolle öffentlich gepostete Einladungslinks, Weiterleitungen von Nachrichten und Verlinkungen von Gruppen und Kanälen spielen. Die Psychologie erforscht dabei die Motive der Weiterleitung sowie die dahinterstehenden Kognitionen und Emotionen. Konsekutiv muss erörtert werden, ob und wie diesen Faktoren durch Technikgestaltung und rechtliche Vorgaben z.B. durch Begrenzung der Weiterleitungsmöglichkeiten, entgegengewirkt werden kann, wobei der Grundrechtsschutz unbedingt zu wahren ist. Auch Kennzeichnungspflichten und die Zusammenarbeit mit unabhängigen Fact-Checking-Organisationen sind für den Bereich der Messengerdienste zu untersuchen.

Aktuell werden viele Desinformationen über den Ukrainekrieg verbreitet. Umso relevanter wird die übergeordnete Frage nach der Beeinträchtigung der freien demokratischen Willensbildung durch Desinformation. Erkenntnisse über emotionale Reaktionen der Mediennutzer:innen und die wahrgenommene Glaubwürdigkeit von Quellen können zur Feststellung von Risiken für die freie demokratische Willensbildung ausgewertet werden. Auch die Auswirkungen solcher Desinformationen auf die Medienberichterstattung sind von Bedeutung. Mit der EU-Verordnung 2022/350 vom 1.3.2022 erfolgte als Ad-Hoc-Reaktion der EU ein Verbot zweier russischer Staatsmedien (RT und Sputnik). Durch automatisierte Verfahren und journalistische Analysen könnte beobachtet werden, ob die durch die Verordnung verbotenen Medien, trotz des in der Verordnung geregelten Umgehungsverbots, Messengerdienste zur Verbreitung ihrer Inhalte nutzen.

Es muss untersucht werden, wie der Staat bzw. die EU dauerhaft auf die Beeinträchtigung der freien demokratischen Willensbildung durch die absichtliche Verzerrung von Fakten reagieren kann, ohne elementare Freiheitsrechte über Gebühr zu beeinträchtigen. Relevant ist auch die Frage, inwiefern eine Gewährleistungspflicht des Gesetzgebers für den Meinungsbildungsprozess besteht. Schließlich ist in Bezug auf den Schutz der Demokratie zu erforschen, ob Messengerdienste nicht auch eine konstruktive Rolle einnehmen können, indem sie z.B. Korrekturen durch Nutzer:innen fördern.

Literatur

Bader, Katarina; Jansen, Carolin und Rinsdorf, Lars (2020): Jenseits der Fakten: Deutschsprachige Fake News aus Sicht der Journalistik. In: Steinebach, Martin; Bader, Katarina; Rinsdorf, Lars; Krämer, Nicole und Roßnagel, Alexander (Hrsg.): *Desinformation aufdecken und bekämpfen. Interdisziplinäre Ansätze gegen Desinformationskampagnen und für Meinungspluralität.* Baden-Baden: Nomos, S. 33-76. URL: https://doi.org/10.5771/9783748904816-33 (besucht am 27.01.2022).

Baumgartner, Jason; Zannettou, Savvas; Squire, Megan und Blackburn, Jeremy (2020): The Pushshift Telegram Dataset. In: PKP Publishing Services Network (Hrsg.): *Proceedings of the International AAAI Conference on Web and Social Media.* URL: https://ojs.aaai.org/index.php/ICWSM/article/view/7348 (besucht am 27.01.2022).

Bovet, Alexandre und Grindod, Peter (2020): *The Activity of the Far Right on Telegram.* Hg. v. University of Oxford. Mathematical Institute. Oxford, UK. URL: https://www.researchgate.net/profile/Peter-Grindrod/publication/346968575_The_Activity_of_the_Far_Right_on_Telegram_v211/links/5fd5be47a6fdccdcb8c07326/The-Activity-of-the-Far-Right-on-Telegram-v211.pdf (besucht am 27.01.2022).

Brauneck, Jens (2020): EU-Desinformationsbekämpfung durch Google, Facebook u.a. unter Androhung von Gesetzen, EU-Außenpolitik durch Gegenpropaganda in Drittstaaten?, *Europarecht* 1(2020), S. 89-111.

Buchanan, Tom (2020): Why do people spread false information online? The effects of message and viewer characteristics on self-reported likelihood of sharing social media disinformation. In: *PloS one*, 15(10), S. 1-33. DOI: https://doi.org/10.1371/journal.pone.0239666 (besucht am 27.01.2022).

Buchanan, Tom und Benson, Vladlena (2019): Spreading Disinformation on Facebook: Do Trust in Message Source, Risk Propensity, or Personality Affect the Organic Reach of "Fake News"? *Social Media and Society*, 5(4). doi:10.1177/2056305119888654.

Bundesamt für Verfassungsschutz (2020): *Neuer Phänomenbereich „Verfassungsschutz-relevante Delegitimierung des Staates"*. URL: https://www.verfassungsschutz.de/SharedDocs/kurzmeldungen/DE/2021/2021-04-29-querdenker.html (besucht am 27.01.2022).

Bundesverband Mobile Beratung (2021): *Policy Paper: Auswirkungen von Verschwörungsmythen und rechtsoffenen Corona-Protesten auf die demokratische Zivilgesellschaft*. URL: https://www.bundesverband-mobile-beratung.de/wp-content/uploads/2021/12/2021-12-14_BMB_Policy-Paper_Corona-Proteste.pdf (besucht am 27.01.2022).

Chen, Xinran; Sin, Sei-ching Joanna; Theng, Yin-leng und Lee, Chei Sian (2015): Why Students Share Misinformation on Social Media: Motivation, Gender, and Study-level Differences. *The Journal of Academic Librarianship*, 41(5), S. 583–592. doi:10.1016/j.acalib.2015.07.003.

Clifford, Bennett (2018): Trucks, Knives, Bombs, Whatever: Exploring Pro-Islamic State Instructional Material on Telegram. *CTCSentinel*, 11(5), URL: https://ctc.usma.edu/trucks-knives-bombs-whatever-exploring-pro-islamic-state-instructional-material-telegram/ (besucht am 27.01.2022).

Dittrich, Miro und Holnburger, Josef (2021): *Nur einen Klick vom Rechtsterror entfernt*. URL: https://cemas.io/blog/naidoo-telegram/ (besucht am 27.01.2022).

Dreyer, Stephan; Stanciu, Elena; Potthast, Keno Christian und Schulz, Wolfgang (2021): Desinformation: Risiken, Regulierungslücken und adäquate Gegenmassnahmen: Wissenschaftliches Gutachten im Auftrag der Landesanstalt für Medien NRW. Düsseldorf: Landesanstalt für Medien NRW.

Du, Ling; Ho, Anthony und Cong, Rumin (2020): Perceptual hashing for image authentication: A survey. *Signal Processing: Image Communication, 81*.

Durner, Wolfgang (2021): Art. 10 Brief-, Post- und Fernmeldegeheimnis, in: Dürig, Günter /Herzog, Roman /Scholz, Rupert (Hrsg.): *Grundgesetz-Kommentar* München: C.H.Beck

Ehmann, Eugen/Sellmayr, Martin (Hrsg.) (2018): *DS-GVO Kommentar*. 2.Aufl. München: C.H.Beck.

Enghofer, Sebastian (2021): Nudging als Strategie gegen Fake News. *Die POLIZEI*, 2(112), S. 64-72.

Eydlin, Alexander (16.09.2021): Facebook löscht Konten und Gruppen der Querdenken-Bewegung. URL: https://www.zeit.de/digital/internet/2021-09/facebook-loescht-konten-und-gruppen-der-querdenken-bewegung (besucht am 21.01.2021).

Feldmann, Thorsten (2021): Juristische Instrumente gegen Internet-Hass. *Kommunikation & Recht (K&R)*, Beilage 1 zu 24 (6), S. 34-37.

Ferreau, Frederik (2021): Desinformation als Herausforderung für die Medienregulierung: *Zeitschrift für das gesamte Medienrecht (AfP)*, 52(3), S. 204-210.

Festinger, Leon (1957): An introduction to the theory of dissonance. In: *A theory of cognitive dissonance.* doi:10.1037/10318-001.

Flade, Florian und Maccolo, Georg (09. Dez. 2021): *Kaum zu fassen*. URL: https://www.tagesschau.de/investigativ/ndr-wdr/telegram-105.html (besucht am 27.01.2022).

Flint, Jessica (2021): *Fake News im Wahlkampf: Eine Untersuchung der rechtlichen Problemstellung der Desinformation in sozialen Netzwerken am Beispiel von Facebook.* Baden-Baden: Nomos.

Gahntz, Maximilian; Neumann, Katja T.J.; Otte, Philipp C.; Sältz, Bendix J; Steinbach, Katrin (2021): Breaking the News? Politische Öffentlichkeit und die Regulierung von Medienintermediären. Bonn: Friedrich-Ebert-Stiftung.

Geminn, Christian Ludwig (2014): *Rechtsverträglicher Einsatz von Sicherheitsmaßnahmen im öffentlichen Verkehr*. Wiesbaden: Springer Vieweg.

Gierschmann, Sibylle (2021): Gestaltungsmöglichkeiten durch systematisches und risikobasiertes Vorgehen – Was ist schon anonym? Planung und Bewertung der Risiken der Anonymisierung. *Zeitschrift für Datenschutz (ZD)*, S. 482-486.

Gräfe, Hans-Christian (2020), Desinformation im Spiegel des Rechts: Verfassungsrecht und juristische Handhabbarkeit von Falschinformation im gesellschaftlichen und im Unternehmens-Kontext. *Comply. Fachmagazin für Compliance-Verantwortliche*, 5 (4), S. 38-41.

Guhl, Jakob und Davey, Jacob (2020): *A Safe Space to Hate: White Supremacist Mobilisation on Telegram*. Hg. v. Institute for Strategic Dialogue (ISD). London, UK. URL: https://www.isdglobal.org/isd-publications/a-safe-space-to-hate-white-supremacist-mobilisation-on-telegram/ (besucht am 27.01.2022).

Hansson, Sten; Orru, Kati; Torpan, Sten; Bäck, Asta; Kazemekaityte, Austeja; Meyer, Sunniva Frislid; Ludvigsen, Johanna; Savadori, Lucia; Galvagni, Alessandro und Pigrée, Ala (2021): COVID-19 information disorder: six types of harmful information during the pandemic in Europe. *Journal of Risk Research*, 24(3–4), S. 380–393. doi:10.1080/13669877.2020.1871058.

Hassaballah, Mahmoud; Abdelmgeid, Aly Amin, und Alshazly, Hmmam A. (2016): Image features detection, description and matching. In *Image Feature Detectors and Descriptors*, S. 11-45. Springer, Cham.

Heereman, Wendy und Selzer, Annika (2019): Löschung rechtskonformer Nutzerinhalte durch Soziale-Netzwerkplattformen. Ein Überblick am Beispiel von Facebook. *Computer und Recht,* 4(2019), S. 271-276. DOI: https://doi.org/10.9785/cr-2019-350421 (besucht am 27.01.2022).

Hohlfeld, Ralf; Bauerfeind, Franziska; Braglia, Ilenia et al. (2021): *Communicating COVID-19 against the backdrop of conspiracy ideologies: How Public Figures discuss the matter of Facebook and Telegram*. Hg. v. Disinformation Research Lab. Universität Passau. Passau (Working Paper, 01/2021). URL: https://www.researchgate.net/publication/351698784_Communicating_COVID-19_against_the_backdrop_of_conspiracy_ideologies_HOW_PUBLIC_FIGURES_DISCUSS_THE_MATTER_ON_FACEBOOK_AND_TELEGRAM (besucht am 27.01.2022).

Holzer, Boris (2021): Zwischen Protest und Parodie: Strukturen der "Querdenken"-Kommunikation auf Telegram (und anderswo). In: Reichardt, Sven (Hg.), *Die Misstrauensgemeinschaft der "Querdenker". Die Corona-Proteste aus kultur- und sozialwissenschaftlicher Perspektive.* Frankfurt/New York: Campus Verlag, S. 125-157.

Holznagel, Bernd (2018): Phänomen „Fake News"– Was ist zu tun? *MultiMedia und Recht (MMR)*, 21(1), S. 18-22.

Hornung, Gerrit und Wagner, Bernd (2020): Anonymisierung als datenschutzrelevante Verarbeitung? Rechtliche Anforderungen und Grenzen für die Anonymisierung personenbezogener Daten. *Zeitschrift für Datenschutz (ZD)*, S. 223-228.

Jalilvand, Asal und Neshati, Mahmood (2020): Channel retrieval: finding relevant broadcasters on Telegram. In: *Social Network Analysis and Mining* 10 (1), S. 1–16. DOI: 10.1007/s13278-020-0629-z.

Jarass, Hans D./Pieroth, Bodo (Hrsg.) (2020): *Grundgesetz für die Bundesrepublik Deutschland - Kommentar.* München: C.H.Beck.

Jünger, Jakob; Gärtner, Chantal (2020): Datenanalyse von rechtsverstoßenden Inhalten in Gruppen und Kanälen von Messengerdiensten am Beispiel Telegram. Düsseldorf: Landesanstalt für Medien NRW.

Jünger, Jakob; Gärtner, Chantal (2021): Die Verbreitung und Vernetzung problembehafteter Inhalte auf Telegram. Düsseldorf: Landesanstalt für Medien NRW.

Kamocki, Pawel und Witt, Andreas (2020): Privacy by Design and Language Resources. *In Proceedings of the 12th Language Resources and Evaluation Conference*, S. 3423–3427, Marseille, France. European Language Resources Association.

Kim, Antino; Moravec, Patricia L. und Dennis, Alan R. (2019): Combating Fake News on Social Media with Source Ratings: The Effects of User and Expert Reputation Ratings. *Journal of Management Information Systems*, 36(3), S. 931–968. doi:10.1080/07421222.2019.1628921.

Kleeberg, Bernhard; Suter, Robert (2014): „Doing truth" Bausteine einer Praxeologie der Wahrheit. *Zeitschrift für Kulturphilosophie*, 2(8), S. 211-226.

Kluck, Jan P.; Schaewitz, Leonie und Krämer, Nicole C. (2019): Doubters are more convincing than advocates. The impact of user comments and ratings on credibility perceptions of false news stories on social media. *Studies in Communication and Media*, 8(4), S. 446–470. doi:10.5771/2192-4007-2019-4-446.

Knuutila, Aleksi; Herasimenka, Aliaksandr; Bright, Jonathan; Nielsen, Rasmus und Howard, Philip N. (2020): *Junk News Distribution on Telegram: The Visibility of English-language News Sources on Public Telegram Channels.* Project on Computational Propaganda. Oxford, UK (COMPROP Data Memo, 2020.5). URL: https://demtech.oii.ox.ac.uk/research/posts/junk-news-distribution-on-telegram-the-visibility-of-english-language-news-sources-on-public-telegram-channels/ (besucht am 27.01.2022).

Kühling, Jürgen (2021): »Fake News« und »Hate Speech« – Die Verantwortung der Medienintermediäre zwischen neuen NetzDG, MStV und Digital Services Act. *Zeitschrift für Urheber- und Medienrecht (ZUM)*, S. 461-472.

Kümpel, Anna Sophie; Karnowski, Veronika und Keyling, Till (2015): News Sharing in Social Media: A Review of Current Research on News Sharing Users, Content, and Networks. *Social Media + Society*, 1(2). doi:10.1177/2056305115610141.

Kunda, Ziva (1990): The case for motivated reasoning. *Psychological Bulletin*, 108(3), S. 480–498. doi:10.1037/ 0033-2909.108.3.480.

Lamberty, Pia und Holnburger, Josef (2021): *Die Bundestagswahl 2021. Welche Rolle Verschwörungsideologien in der Demokratie spielen*. Hg. v. CeMAS - Center für Monitoring, Analyse und Strategie gGmbH. Berlin. URL: https://cemas.io/publikationen/die-bundestagswahl-2021-welche-rolle-verschwoerungsideologien-in-der-demokratie-spielen/ (besucht am 27.01.2022).

Lazer, David M.J.; Baum, Matthew A.; Benkler, Yochai; Berinsky, Adam J.; Greenhill, Kelly M.; Menczer, Filippo; Metzger, Miriam J.; Nyhan, Brendan; Pennycook, Gordon; Rothschild, David; Schudson, Michael; Sloman, Steven A.; Sunstein, Cass R.; Thorson, Emily A.; Watts, Duncan J. und Zittrain, Jonathan L. (2018): The science of fake news. *Science*, 359(6380), S. 1094–1096. doi:10.1126/science.aao2998.

Lee, Chei Sian und Ma, Long (2012): News sharing in social media: The effect of gratifications and prior experience. *IComputers in Human Behavior*, 28(2), S. 331–339. doi:10.1016/j.chb.2011.10.002.

Lee, Kenton; He, Luheng und Zettlemoyer, Luke (2018): “Higher-Order Coreference Resolution with Coarse-to-Fine Inference.” *In Proceedings of the 2018 Conference of the North American Chapter of the Association for Computational Linguistics: Human Language Technologies, Volume 2 (Short Papers)* (pp. 687–692). Association for Computational Linguistics.

Lipowicz, Irena und Szpor, Grażyna (2021): Neue Aspekte der Desinformation. *Datenschutz und Datensicherheit (DuD)*, 45(6), S. 381-384.

Lou, Chen; Tandoc Jr., Edson C.; Hong, Li Xuan; Pong, Xiang Yuan; Lye, Wan Xin und Sng, Ngiag Gya (2021): When Motivations Meet Affordances: News Consumption on Telegram. In: *Journalism Studies*, 22(7), S. 934-952. DOI: https://doi.org/10.1080/1461670X.2021.1906299 (besucht am 27.01.2022).

Mafi-Gudarzi, Nima (2019): Desinformation: Herausforderung für die wehrhafte Demokratie. *Zeitschrift für Rechtspolitik (ZRP)*, 52(3), S. 65-68.

Mena, Paul (2020): Cleaning Up Social Media: The Effect of Warning Labels on Likelihood of Sharing False News on Facebook. *Policy and Internet*, 12(2), S. 165–183. doi:10.1002/poi3.214.

Metzger, Miriam J. und Flanagin, Andrew J. (2013): Credibility and trust of information in online environments: The use of cognitive heuristics. *Journal of Pragmatics*, 59, S. 210–220. doi:10.1016/j.pragma.2013.07.012.

Michailidou, Asimina und Trenz, Hans-Jörg (2021): Rethinking journalism standards in the era of post-truth politics: from truth keepers to truth mediators. In: *Media, Culture & Society*, 43(7), S. 1340-1349. DOI: 10.1177/01634437211040669.

Nachtwey, Oliver; Schäfer, Robert und Frei, Nadine (2020): *Politische Soziologie der Corona-Proteste. Grundauswertung*. Hg. von der Universität Basel. Basel. URL: https://osf.io/preprints/socarxiv/zyp3f/ (besucht am 27.01.2022).

Nickerson, Raymond S. (1998): Confirmation bias: A ubiquitous phenomenon in many guises. *Review of General Psychology*, 2(2), S. 175–220. doi:10.1037/1089-2680.2.2.175.

Oeldorf-Hirsch, Anne; Schmierbach, Mike; Appelman, Alyssa und Boyle, Michael P. (2020): The Ineffectiveness of Fact-Checking Labels on News Memes and Articles. In: *Mass Communication and Society*, 23(5), S. 682–704. doi:10.1080/15205436.2020.1733613.

Paal, Boris P. und Pauly, Daniel A. (2021): *Kommentar Datenschutz-Grundverordnung/Bundesdatenschutzgesetz.* 3. Aufl. München: C.H.Beck.

Pantenburg, Johannes; Reichardt, Sven und Sepp, Benedikt (2021): Wissensparallelwelten der "Querdenker". In: Reichardt, Sven (Hg.), *Die Misstrauensgemeinschaft der "Querdenker". Die Corona-Proteste aus kultur- und sozialwissenschaftlicher Perspektive*. Frankfurt/New York: Campus Verlag, S. 29-65.

Pennycook, Gordon und Rand, David G. (2021): The Psychology of Fake News. *Trends in Cognitive Sciences*, 25(5), S. 388–402. doi:10.1016/j.tics.2021.02.007.

Pennycook, Gordon; Epstein, Ziv; Mosleh, Mohsen; Arechar, Antonio A.; Eckles, Dean und Rand, David G. (2021): Shifting attention to accuracy can reduce misinformation online. *Nature*, 592 (7855), S. 590–595. doi:10.1038/s41586-021-03344-2.

Pennycook, Gordon; McPhetres, Jonathon; Zhang, Yunhao; Lu, Jackson G. und Rand, David G. (2020): Fighting COVID-19 Misinformation on Social Media: Experimental Evidence for a Scalable Accuracy-Nudge Intervention. *Psychological Science*, 31(7), S. 770-780.

Pörksen, Bernhard (Hrsg.): (2015) *Schlüsselwerke des Konstruktivismus*. Springer: Wiesbaden.

Potthast, Martin; Kiesel, Johannes; Reinartz, Kevin; Bevendorff, Janek und Stein, Benno. (2018): A Stylometric Inquiry into Hyperpartisan and Fake News. *In Proceedings of the 56th Annual Meeting of the Association for Computational Linguistics (Volume 1: Long Papers)*, S. 231–240, Melbourne, Australia. Association for Computational Linguistics.

Rathje, Jan (2021): Das souveränistische Milieu als Auffangbecken für Enttäuschte. In: *Die Bundestagswahl 2021. Welche Rolle Verschwörungsideologien in der Demokratie spielen* (S. 54-59). Hg. v. CeMAS - Center für Monitoring, Analyse und Strategie gGmbH. Berlin. URL: https://cemas.io/publikationen/die-bundestagswahl-2021-welche-rolle-verschwoerungsideologien-in-der-demokratie-spielen/ (besucht am 27.01.2022).

Reinhard, Marc-André und Sporer, Siegfried L. (2010): Content Versus Source Cue Information as a Basis for Credibility Judgments *Social Psychology* 41(2), S. 93–104. doi:10.1027/1864-9335/a000014.

Resende, Gustavo; Melo, Philipe; Sousa, Hugo; Messias, Johnnatan; Vasconcelos, Marisa; Almeida, Jussara und Benevenuto, Fabrício (2019): (Mis)Information Dissemination in WhatsApp: Gathering, Analyzing and Countermeasures. *The World Wide Web Conference*. New York, NY, USA: ACM, 818–828. doi:10.1145/3308558.3313688.

RND (05.01.2022). *Medienrecherchen dokumentieren Hunderte Tötungsaufrufe in Telegram-Chats*. Hg. vom Redaktionsnetzwerk Deutschland. URL: https://www.rnd.de/politik/telegram-hunderte-toetungsaufrufe-in-chats-dokumentiert-GJWHRWIB6UTO656LRZJTCR3VGA.html (besucht am 27.01.2022).

Rogers, Richard (2020): Deplatforming: Following extreme Internet celebrities to Telegram and alternative social media. In: *European Journal of Communication*, 35(3), S. 213-229. DOI: https://doi.org/10.1177/0267323120922066 (besucht am 27.01.2022).

Roßnagel, Alexander (2018): Pseudonymisierung personenbezogener Daten. Ein zentrales Instrument im Datenschutz nach der DS-GVO. *Zeitschrift für Datenschutz (ZD)*, S. 243-247.

Sängerlaub, Alexander, Meier, Miriam und Rühl, Wolf-Dieter (2018): *Fakten statt Fakes: Das Phänomen "Fake News". Verursacher, Verbreitungswege und Wirkungen von Fake News im Bundestagswahlkampf 2017* (Abschlussbericht Projekt "Measuring Fake News"). Berlin. URL: https://www.stiftung-nv.de/sites/default/files/snv_fakten_statt_fakes.pdf (besucht am 27.01.2022).

Schaewitz, Leonie und Krämer, Nicole C. (2020): Combating Disinformation: Effects of Timing and Correction Format on Factual Knowledge and Personal Beliefs. In: van Duijn, M., Preuss, M., Spaiser, V., Takes, F., Verberne, S. (eds) *Disinformation in Open Online Media. MISDOOM 2020*. Springer, Cham. DOI https://doi.org/10.1007/978-3-030-61841-4_16

Schaewitz, Leonie, Kluck, Jan Philipp, Klösters, Lukas und Krämer, Nicole (2020): When is Disinformation (In)Credible? Experimental Findings on Message Characteristics and Individual Differences. *Mass Communication and Society*, 23(4), 484-509.

Scheffler, Tatjana; Solopova, Veronika und Popa-Wyatt, Mihaela (2021): The Telegram Chronicles of Online Harm. In: *Journal of Open Humanities Data*, 7(8), S. 1-15. DOI: https://doi.org/10.5334/johd.31 (besucht am 27.01.2022).

Schleipfer, Stefan (2020): Pseudonymität in verschiedenen Ausprägungen. Wie gut ist die Unterstützung der DS-GVO?. *Zeitschrift für Datenschutz (ZD)*, S. 284-291.

Schmalenbach, Kirsten (2005): Wahrheit und Lüge unter der Herrschaft der Grundrechte. *Juristische Arbeitsblätter (JA)* S. 749-752.

Schwarzenegger, Christian (2022): Understanding the Users of Alternative News Media – Media Epistemologies, News Consumption, and Media Practices. In: *Digital Journalism*, S. 1-19. DOI: https://doi.org/10.1080/21670811.2021.2000454, zuletzt geprüft am 27.01.2022.

Shu, Kai; Sliva, Amy; Wang, Suhang; Tang, Jiliang und Liu, Huan (2017): Fake News Detection on Social Media: A Data Mining Perspective. *SIGKDD Explor. Newsl. 19, 1 (June 2017)*, S. 22–36. DOI:https://doi.org/10.1145/3137597.3137600 (besucht am 17.03.2022).

Simitis, Spiros; Hornung, Gerrit und Spieker genannt Döhmann, Indra (Hrsg.) (2019): *Kommentar Datenschutzrecht (DSGVO mit BDSG)*. Baden-Baden: Nomos.

Steinebach, M., Lutz, S., & Liu, H. (2020). Privacy and Robust Hashes. Privacy-Preserving Forensics for Image Re-Identification. *Journal of Cyber Security and Mobility*, 111–140. https://doi.org/10.13052/jcsm2245-1439.914 (besucht am 17.03.2022).

Steinebach, Martin; Bader, Katarina, Rinsdorf, Lars; Krämer, Nicole und Roßnagel, Alexander (2020): *Desinformation aufdecken und bekämpfen. Interdisziplinäre Ansätze gegen Desinformationskampagnen und für Meinungspluralität.* Baden-Baden: Nomos.

Steinebach, Martin; Klöckner, Peter; Reimers, Nils; Wienand, Dominik und Wolf, Patrick. (2013): Robust Hash Algorithms for Text. In *14th International Conference on Communications and Multimedia Security (CMS)*, S. 135-144. Springer.

Steinebach, Martin; Lutz, Sebastian Liu, Huajin (2019): Privacy and robust hashes. In *Proceedings of the 14th International Conference on Availability, Reliability and Security*. https://doi.org/10.1145/3339252.3340105 (besucht am 17.03.2022).

Sundar, S. Shyam (2008): The MAIN Model: A Heuristic Approach to Understanding Technology Effects on Credibility. In: Metzger, Miriam J./Flanagin, Andrew J. (Hrsg.): *Digital media, youth, and credibility*. Cambridge, MA, USA: The MIT Press, S. 73–100. doi:10.1162/dmal.9780262562324.073.

Sundar, S. Shyam; Molina, Maria D. und Cho, Eugene (2021): Seeing Is Believing: Is Video Modality More Powerful in Spreading Fake News via Online Messaging Apps? *Journal of Computer-Mediated Communication*, 26(6), S. 1–19. doi:10.1093/jcmc/zmab010.

Sunyaev, Ali; Schmidt-Kraepelin, Manuel; Thiebes, Scott (2021), in: Hornung, Gerrit/ Müller-Terpitz, Ralf (Hrsg.): *Rechtshandbuch Social Media*. Berlin: Springer.

Theile, Hans (2012): Wahrheit , Konsens und § 257c StPO. *Neue Zeitschrift für Strafrecht (NStZ)*, S. 666-671.

Thüsing, Gregor und Rombey, Sebastian (2021): Anonymisierung an sich ist keine rechtfertigungsbedürftige Datenverarbeitung. Eine Auslegung von Art. 4 Nr. 2 DS-GVO nach den Methoden des EuGH. *Zeitschrift für Datenschutz (ZD)*, S. 548-553.

Tuchtfeld, Erik (21.12.2021): Don't shoot the Messenger: Von Telegrammen und öffentlicher Kommunikation. URL: https://verfassungsblog.de/dont-shoot-the-messenger/ (besucht am 21.01.2021).

Vogel, Inna und Jiang, Peter (2019): "Fake News Detection with the New German Dataset 'GermanFakeNC'". In: *International Conference on Theory and Practice of Digital Libraries*, S. 288-295. Springer, Cham.

Vogel, Inna und Meghana, Meghana (2018): "Analyzing Linguistic Features of German Fake News: Characterization, Detection, and Discussion." *Sicherheitslagen und Sicher-heitstechnologien: Beiträge der ersten Sommerakademie der zivilen Sicherheits-forschung, 2018*, S. 273-296.

Vogel, Inna und Meghana, Meghana (2020): "Detecting Fake News Spreaders on Twitter from a Multilingual Perspective". *The 7th IEEE International Conference on Data Science and Advanced Analytics. Special Session-Fake News, Bots and Trolls (DSAA 2020)*, 6-9 October 2020, Virtual Event, Sydney, Australia, S. 599-606.

Vosoughi, Soroush, Roy, Deb und Aral, Sinan (2018): The Spread of True and False News Online. *Science*, 359(6380): 1146-1151. https://doi.org/10.1126/science.aap9559.

Weeks, B. E. (2015): Emotions, Partisanship, and Misperceptions: How Anger and Anxiety Moderate the Effect of Partisan Bias on Susceptibility to Political Misinformation. *Journal of Communication*, 65(4), 699-719.

Weismueller, Jason; Harrigan, Paul; Coussement, Kristof und Tessitore, Tina (2022): What makes people share political content on social media? The role of emotion, authority and ideology. *Computers in Human Behavior*, 129. doi:10.1016/j.chb.2021.107150.

Winter, Christian; Battis, Verena und Halvani, Oren (2019): Herausforderungen für die Anonymisierung von Daten. Technische Defizite, konzeptuelle Lücken und rechtliche Fragen bei der Anonymisierung von Daten. *Zeitschrift für Datenschutz (ZD)*, S. 489-493.

Winter, Christian; Steinebach, Martin; Heereman, Wendy; Steiner, Simone; Battis, Verena; Halvani, Oren; Yannikos, York und Schüßler, Christoph: (2020): Privacy und Big Data. Darmstadt: Fraunhofer-Institut für Sichere Informationstechnologie SIT.

Winter, Stephan und Krämer, Nicole C. (2014): A question of credibility - Effects of source cues and recommendations on information selection on news sites and blogs. *Communications*, 39(4), S. 435–456. doi:10.1515/commun-2014-0020.

Teil V
Künstliche Intelligenz im Gesundheits- und Pflegewesen

KI-Systeme in Pflegeeinrichtungen – Erwartungen, Altersbilder und Überwachung

Roger von Laufenberg

Zusammenfassung

KI-Systeme kommen zunehmend in den diversesten Bereichen unserer Gesellschaft zum Einsatz, so auch in der Pflege älterer Personen. Diese Entwicklung steht dabei vor allem unter dem Gesichtspunkt einer alternden Bevölkerung und einer damit einhergehenden Pflegekrise, der mit der Technologisierung entgegengewirkt werden soll. Während das in der Theorie durchaus erfolgsversprechend scheint, zeigt sich in der Empirie jedoch, dass die Entwicklung von KI-Pflegetechnologien häufig von der alltäglichen Lebensrealität älterer Personen entkoppelt ist. In diesem Beitrag wird deshalb die Entwicklung von KI-Pflegesystemen, anhand der Implementierung eines Sturzsensors, kritisch beleuchtet. Dabei zeigt sich einerseits, wie in den unterschiedlichen Entwicklungsschritten durch Entwickler:innen ein Bild von älteren Personen gezeichnet wird, das von Vulnerabilität geprägt ist. Andererseits bekommen ältere Personen – als direkt Betroffene dieser Technologien – keine Möglichkeit, ihre Sichtweisen in die Entwicklung und Implementierung mit einzubringen. Dadurch entstehen KI-Systeme, die den Anspruch von Fürsorge für ältere Menschen haben, dazu aber auf Überwachung ausgelegt sind und mögliche Risiken und negative Auswirkungen häufig ausblenden.

1. *Einleitung: Technologieentwicklung und Pflege – hohe Erwartungen, hohe Risiken*

Die Entwicklung und Umsetzung von KI-Technologien in der Pflege wurden in den letzten zehn Jahren stark vorangetrieben und sie finden sich in einer Vielzahl von Anwendungen, von Ambient Assisted Living (AAL) über Sensoren bis hin zu Pflegerobotern (Queirós u.a. 2017). Diese Entwicklung steht dabei zum Teil im starken Gegensatz zu dem, was Pflegearbeit im eigentlichen Sinn ausmacht. Nämlich eine menschenbezogene Tätigkeit, in der körperliche Nähe und ein sorgsamer Umgang zwischen Pfleger:innen und Pflegebedürftigen ausschlaggebend sind. Dem entgegen stehen allerdings eine alternde Bevölkerung in Europa, ein dadurch immer teurer werdendes Pflegesystem, sowie ein gleichzeitiger Mangel an Pflegekräften. Diese Faktoren werden in der Literatur häufig als Grund angeführt, wieso eine Technologisierung der Pflegearbeit notwendig sei, da sonst das aktuelle Pflegesystem nicht aufrecht erhalten werden könne (Fangerau u.a. 2021; Cicirelli u.a. 2021).

Das Ziel der Technologisierung der Pflege ist somit klar: Professionelle und informelle Pflegekräfte sollen in ihrer Arbeit entlastet werden, idealerweise um mehr Pflegebedürftige mit der gleichen Anzahl an Pflegenden zu betreuen (Carver und Mackinnon 2020). Den Pflegebedürftigen soll zudem ein zusätzliches Maß an Sicherheit geboten werden: Smart Watches messen Herzfrequenz und Blutdruck, Armbänder sind mit einem Notfallknopf ausgestattet und Sturzsensoren sollen anormale Bewegungen von Bewohner:innen in Pflegeeinrichtungen erkennen (Sun u.a. 2009). Es werden vermehrt KI-Systeme eingesetzt, die darauf spezialisiert sind, das Wohlbefinden einer Person zu garantieren, ohne dass eine Pflegekraft physisch anwesend sein muss. Die KI-Systeme übermitteln Gesundheitsdaten an eine Notrufzentrale und diese können eingreifen, wenn sich ein bestimmter Wert oder verschiedene zusammenhängende Werte in einer unerwünschten Weise verändern. Darüber hinaus können Sensoren Daten zusammenführen, um eine multimodale Datenanalyse zu ermöglichen (Sapci und Sapci 2019).

Aber nicht nur die Entlastung der Pflegearbeit und die erhöhte Sicherheit der zu Pflegenden sind Antriebsfaktoren der Technologisierung der Pflege. Diese hat neben einem sehr großen Marktpotenzial auch ein sehr kontinuierliches Wachstum durch eine stetig alternde Bevölkerung. Marktanalysen schwanken zwischen einem globalen Ertrag durch Pflegetechnologien von 3.8 Milliarden USD im Jahr 2025 bis 13.74 Milliarden USD im Jahr 2027, mit den größten Märkten in Nordamerika, Europa und Asien (Mordor Intelligence 2021; Vimarlund u.a. 2021). Zudem ist die Pflege eines der wenigen Einsatzgebiete der Digitalisierung, in dem noch ein erhebliches Potenzial für Entwicklung besteht. Schlussendlich liegt durch die Covid-19 Pandemie ein verstärkter Fokus darauf, den älteren Teil der Bevölkerung – die vulnerable Gruppe – einerseits besser schützen zu können, während gleichzeitig eine möglichst weitreichende Teilhabe am alltäglichen Leben ermöglicht wird (Vimarlund u.a. 2021).

In dieser Kombination aus wirtschaftlichen, gesellschaftlichen und demographischen Faktoren hat sich eine Entwicklung herausgebildet, die mit sehr spezifischen Erwartungen einhergeht. Wie erwähnt, sollen KI-Systeme und Digitalisierung in der Pflege sowohl für die Betroffenen (Patient:innen, Bewohner:innen) als auch für die Nutzer:innen (Pfleger:innen,

Betreuer:innen, medizinisches Personal) Vorteile der Sicherheit, Effizienz und Erleichterungen mit sich bringen (Hülsen-Esch 2021). Betroffene müssen nicht physisch in den Gesundheitseinrichtungen anwesend sein und werden im Falle eines Notfalls schneller betreut und behandelt. Für das Gesundheits- und Betreuungspersonal liegt der Vorteil in der Möglichkeit, auf Langzeitdaten zurückgreifen zu können, sowie darin, dass ihre Arbeit maßgeblich erleichtert wird – was häufig gleichgesetzt wird mit einer Effizienzsteigerung. Dabei wird der Überwachungscharakter dieser Technologien und die damit einhergehende Beschränkung der Privatsphäre häufig übersehen und die ethischen Implikationen hintangestellt (Hülsen-Esch 2021), da die Fürsorge und Sicherheit der älteren Personen im Vordergrund stehen. Im Prinzip einer *Big Mother*, wird eine Steigerung der Kontrolle aus Gründen der Fürsorge durchaus als legitim erachtet (Carver und Mackinnon 2020; Sadowski u.a. 2021).

Mit dem Einsatz solcher KI-Systemen in der Pflege gehen allerdings auch Probleme und Risiken einher, die eine kritische Beachtung benötigen. Dabei lässt sich die Kritik am Einsatz von KI-Systemen in der Pflege grundsätzlich in zwei Stränge einteilen: Auf der einen Seite benötigt es eine Auseinandersetzung mit der Entwicklung von KI-Pflegetechnologien (Crawford 2021; Wanka und Gallistl 2021), die auch die Sammlung und Verarbeitung der Daten, die zum Zweck der Entwicklung verwendet werden, in den Blick nimmt (Zwitter 2014; Kitchin 2016). Die Entwicklung von KI-Technologien wird noch immer von einer sehr homogenen Gruppe dominiert – meistens von Männern zwischen 25 und 45 Jahren (Wellner und Rothman 2020) – die ein sehr eigenes Verständnis von Altern und Pflege hat, welches nicht unbedingt mit der Realität und Materialität von älteren Menschen übereinstimmt (Manchester und Jarke 2022). Dadurch werden gewisse Altersbilder in die Technologie eingeschrieben, die von Fragilität und Defizit im Alter ausgehen, diese in den Vordergrund rücken und damit die Funktionalitäten der Technologien bestimmen (Wanka und Gallistl 2021). Auf der anderen Seite entstehen auch bei der Nutzung von KI-Technologien in der Pflege Risiken, die sich auf die Bewohner:innen von Pflegeeinrichtungen bzw. auf die Pfleger:innen auswirken. Der Einsatz von KI-Systeme in der Pflege steht im Zusammenhang mit allgemeinen Digitalisierungsprozessen und techno-gesellschaftlichen Entwicklungen, nämlich der Datafizierung der sozialen Welt (van Dijck 2014). Diese Entwicklungsprozesse bedingen häufig die Risiken, die mit dem Nutzen der KI-Systeme in der Pflege einhergehen: sowohl durch eine Ungenauigkeit der digitalen Daten, die für KI-Systeme benötigt werden (Agostinho u.a. 2019; Crawford 2021), als auch durch das Potenzial, die Arbeitsweisen der Pfleger:innen zu verändern und dadurch die Betreuungsverhältnisse zwischen Pfleger:innen und Bewohner:innen zu verändern. Um die Entstehung von Risiken in KI-Systemen in der Pflege besser zu verstehen, untersucht dieser Beitrag deshalb die Entwicklung von KI-Systemen am Beispiel eines Sturzerkennungs- und Sturzpräventionssystems. Die Konzepte, Annahmen und Altersbilder, mit denen die Entwickler:innen operieren, und wie diese möglicherweise den Entwicklungsprozess beeinflussen, werden dabei beleuchtet. Dabei liegt der Fokus darauf, Entwicklungsschritte zu identifizieren, bei denen Entwickler:innen besonders Gefahr laufen, verkürzte Annahmen über die Realität und Materialität von älteren Personen zu treffen. Die Ergebnisse dieses Beitrages basieren auf qualitativen Interviews mit Entwickler:innen von KI-Systemen, die um weitere öffentlich zugängliche Interviews aus dem „Archives of IT“[1] ergänzt wurden.

Insgesamt wurden sieben qualitative Interviews, mit einer durchschnittlichen Interviewdauer von 50 Minuten, mit Entwickler:innen eines Sturzerkennungs- und Sturzpräventionssystems durchgeführt. Bei den Interviews standen insbesondere der Entwicklungsprozess des KI-Systems im Vordergrund, aber auch welche Möglichkeiten der Einbindung von End-Nutzer:innen (Pflegepersonal) und Betroffenen (Bewohner:innen) in der Entwicklung gegeben sind sowie in welchen Prozessen, Aspekte der Fairness, Transparenz oder Privatsphäre berücksichtigt werden (können). Bei den Interviews lag zudem ein Augenmerk darauf, Entwickler:innen in unterschiedlichen Rollen des Entwicklungsprozesses, vom Junior Developer (n=3) über den Senior Developer (n=3) bis zum Chief Technology Officer (n=1), zu involvieren.

Die Auswertung der Interviews wurde mittels einer reflexiven thematischen Inhaltsanalyse durchgeführt (vgl. Braun u.a. 2019), bei der das Thema als ein „Muster gemeinsamer Bedeutungen“ angesehen wird, „das um ein Kernkonzept herum organisiert ist“ (ebd., S. 845) und das dabei besonders auch die jeweilige Rolle der Interviewten in Betracht zieht. Dies ist vor allem relevant, da die Interviewteilnehmer:innen nicht nur unterschiedliche Rollen im Unternehmen einnehmen, sondern ebenfalls Aussagen als Privatperson tätigen. Die Auswertung wurde zudem über zwölf öffentlich zugängliche Interviews aus dem „Archives of IT“ ergänzt. Das „Archives of IT“ ist eine wachsende digitale Datenbank mit Interviews von diversen Persönlichkeiten aus der britischen IT- und Telekommunikationsbranche und behandelt dabei eine sehr breite Palette an unterschiedlichen Themen. Diese Interviews wurden insbesondere herangezogen, um Themen, die in den Interviews mit den Entwickler:innen vorgekommen sind,

1 https://archivesit.org.uk/interviews/

zu erweitern bzw. zu validieren. Dies betrifft Fragen nach Diskriminierung und Bias, Ethik und KI sowie die Aspekte der Datafizierung und das Domänenwissen in der KI-Entwicklung.

2. *KI in der Pflege – das Sturzerkennungs- und Präventionssystems*

Wie erwähnt, fußt die Empirie in diesem Beitrag auf Interviews mit Entwickler:innen eines Sturzerkennungs- und Präventionssystems, welches erkennen soll, ob ein:e Bewohner:in einer Pflegeeinrichtung stürzt bzw. Gefahr läuft zu stürzen. Im Falle eines (bald) eintretenden Sturzes wird das Pflegepersonal alarmiert, das dann darauf reagieren soll und Hilfe leisten kann. Zu diesem Zweck wird ein physisches Überwachungsgerät in den Zimmern der Bewohner:innen installiert, welches mit Hilfe von 3D-Sensoren Tiefendaten des Raumes sammelt. Anhand dieser 3D-Tiefendaten werden Objekte, Personen sowie Bewegungen im Raum dargestellt. Diese sollen mittels *Deep Learning* erkannt bzw. unterschiedliche Risikofaktoren der Sturzgenese identifiziert werden, um eine frühzeitige und verbesserte Sturzprävention zu ermöglichen.

Aus Sicht der Entwickler:innen haben 3D-Tiefendaten mehrere Vorteile: 3D-Tiefendaten sind anderen visuellen Daten wie z.B. Videodaten überlegen, da die Qualität der Tiefendaten weniger durch Lichtverhältnisse beeinflusst wird, das System somit auch in der Nacht eingesetzt werden kann. Darüber hinaus sehen die Entwickler:innen den Vorteil von 3D-Daten in der besseren Wahrung der Privatsphäre der Bewohner:innen. Vor allem im Vergleich zu den sonst üblichen Videodaten haben die Tiefendaten bei einer 24/7-Überwachung den Vorteil, dass in der visuellen Darstellung, eine sofortige Identifikation der Person nicht möglich ist. Dennoch ist eine Identifikation durchaus möglich, wie auch die Entwickler:innen anmerken; einerseits weil identifizierbare Merkmale in der Visualisierung sichtbar sind, andererseits weil diese Systeme immer nur in den Einzelzimmern der Bewohner:innen angebracht sind und somit eindeutig zugeordnet werden können.

In den folgenden Kapiteln wird zuerst der Entwicklungsprozess eines solchen KI-Systems für die Pflege beleuchtet: von der Konzeptionsphase (häufig in der Form eines Forschungsprojektes), über die Entwicklungsphase, wo Trainings- und Testdaten gesammelt und aufbereitet werden; KI-Modelle für das Deep Learning ausgewählt und angepasst werden; KI-Modelle mit den Daten trainiert werden und unterschiedlichen Layer des Neuronalen Netzes immer wieder kalibriert und gewichtet werden; bis schlussendlich das fertige/vorläufige KI-System mit den Testdaten auf seine Funktionalität getestet wird. Beim Testen der Funktionalität liegt ein besonderer Fokus darauf, mit welchen Konzepten, Annahmen und Altersbildern die Entwickler:innen operieren und wie diese den Entwicklungsprozess beeinflussen. In weiterer Folge werden die Daten, die für die Entwicklung einer solchen Technologie genutzt werden, beleuchtet und auf Strukturen der Ungleichheit innerhalb der Daten eingegangen. Eine neue Innovation in der Technologieentwicklung ist hierbei von besonderem Interesse: die Datensynthetisierung, in der die Lerndaten für KI-Systeme von Entwickler:innen künstlich hergestellt werden. Das letzte Kapitel beleuchtet den Einsatz von KI-Technologien in der Pflege genauer und geht dabei auf die möglichen Auswirkungen ein, die die Technologien auf die Pflege haben können.

3. Die Entwicklung von KI-Systemen in der Pflege – Altersbilder im Entstehen

Entwicklungen von Technologien, auch KI-Systemen, folgen oft einem gleichen Muster. So beschreibt beispielsweise der CTO im Interview die Entwicklung ihres KI-Systems „als ein[en] langwierige[n] Prozess." „Das ist jetzt auch nicht so, dass wir von Scratch was entwickeln (... sondern) eigentlich immer auf Basis von Forschungsprojekten." Die frühen Stadien so eines Forschungsprojektes beinhalten vor allem die Konzeptionsphasen des KI-Systems, welche bestimmen, aus welchen Gründen eine gewisse Technologie entwickelt werden soll, welche Funktionen diese haben soll, wie diese konzipiert sein sollen, welche Möglichkeiten sich bieten und wie dies ausschauen sollen (vgl. Jaton 2021). In dieser Phase des Forschungsprojektes besteht auch die Möglichkeit, Aspekte der Fairness und Bias-Prävention zu priorisieren, sowie die Endnutzer:innen (z.B. Pfleger:innen) und zu einem gewissen Teil auch Betroffene (Bewohner:innen) einzubinden.

In der Konzeptionsphase steht dennoch häufig ein problemzentrierter Ansatz im Vordergrund: Es gibt ein gewisses Problem und dieses gilt es mittels Technologie zu lösen. Hierdurch wird allerdings sehr spezifisch die Funktionalität des KI-Systems festgeschrieben. Denn eine problemzentrierte Ausrichtung mittels technische Lösungsansätze bedeutet, dass ein Problem besteht, das mittels Technologie behoben werden *muss*, wodurch andere Nutzungsweisen der Technologie, z.B. als komforterweiterndes Produkt, ausgeschlossen werden. Diese Ausrichtung bestimmt dadurch schon in einem ersten Schritt die Entwicklung und das finale Produkt maßgeblich. Am Beispiel des Sturzerkennungssensors lässt sich das gut aufzeigen. Das häufig beschriebene Problem, dass ältere Personen im Alltag Gefahr laufen, sich zu verletzen bzw. zu stürzen und deshalb Unterstützung benötigen, in Kombination mit einer sich zuspitzenden Pflegekrise, führt dazu, dass technische Lösungen zur Gefahrenerkennung oder -abwehr als einzig gangbarer Weg gesehen werden.

Dieser problemzentrierte Ansatz hängt auch stark mit der Zielgruppe der Technologie zusammen: Betroffene wie Nutzer:innen, denen ein sehr spezifisches, fast stereotypisches Verhalten durch die Entwickler:innen aufoktroyiert wird. Sowohl aus der Literatur (Höppner und Urban 2018; Wanka und Gallistl 2018; Rubeis 2020; Carver und Mackinnon 2020) als auch aus den Interviews wird ersichtlich, dass Entwickler:innen eine Vorstellung von älteren Menschen haben, die stark von Fragilität und Vulnerabilität geprägt ist. Dies zeigt sich darin, dass ältere Menschen nicht unbedingt als Gruppe der Nutzer:innen von KI-Systemen angesehen werden, sondern allenfalls als passiv Betroffene, auf die die Technologie spezifisch zugeschnitten werden sollte. Dabei wird davon ausgegangen, dass die Bewohner:innen von Pflegeeinrichtungen das KI-System nicht aktiv nutzen können, ihnen also auch keine aktive Techniknutzung zugesprochen wird, was wiederum die Funktionalität des KI-Systems vordefiniert. In den Augen der Entwickler:innen sind die Nutzer:innen der Technologie nicht die Bewohner:innen, in denen die KI-Systeme installiert sind, sondern das Pflegepersonal. Das System soll erkennen, sobald eine Bewohner:in stürzt bzw. soll diesen Sturz vorhersagen können und dabei einen Notruf bei den Pfleger:innen auslösen.

Deshalb sind auch nur wenige Komponenten im KI-System inkludiert, die ein aktives Handeln der älteren Personen erfordern oder ermöglichen. Es gibt nur zwei Möglichkeiten der aktiven und gewollten Interaktion mit dem System. Die erste Möglichkeit ist im Falle eines Alarms, bei derer die Pfleger:innen ins Zimmer der Bewohner:innen gehen sollen, um diesen zu helfen, bzw. im Falle eines Fehlalarms, um dem System rückzumelden, dass kein Sturz stattgefunden hat. Die zweite Möglichkeit besteht mittels eines Knopfs am Eingang des Zimmers, der dazu dient, das System temporär auszuschalten. Dieser wurde erst nachträglich hinzugefügt und dient weniger als Schutzmaßnahme für die betreuten Personen – z.B. aus Gründen der Privatsphäre – sondern dient dazu, die Funktionsweise des Systems sicherzustellen. Denn im tatsächlichen Betrieb in der Pflegeeinrichtung haben die Entwickler:innen erkannt, dass das KI-System nicht darauf ausgerichtet ist, mehrere Personen gleichzeitig im Zimmer zu erkennen und produziert dementsprechend immer einen Fehlalarm, sobald eine zusätzliche Person den Raum betritt. Diese Möglichkeit des aktiven Handelns mit dem System wurde also nur mit Blick auf die Pfleger:innen inkludiert, um die Leistungsfähigkeit des Systems zu erhalten.

4. Die Entwicklung von KI-Systemen in der Pflege – Technische Funktionalität vs. ethische Überlegungen

Was sich beim (fehlenden) Verständnis der Entwickler:innen über die Nutzer:innen der Systeme noch zeigt, ist, dass auch das Bild über die Pfleger:innen ebenfalls von mangelndem Technikwissen geprägt ist. Somit sollen auch diese möglichst wenig aktiv in das System eingreifen können. Dementsprechend werden grundsätzlich nur wenige Schnittstellen in der Technologie geschaffen, die ein Eingreifen überhaupt ermöglichen. Da sowohl Pfleger:innen als auch Bewohner:innen nicht immer als routinierte Nutzer:innen dieser KI-Systeme angesehen werden, werden diese auch in der Entwicklung solcher Systeme nur am Rande beteiligt. Entwickler:innen holen Informationen über die Notwendigkeit, den geplanten Nutzen und die Funktionalität der Systeme in der Regel über die Pflegeorganisation und Pflegeleitung ein. Eine Erhebung über das Setting, in dem das KI-System operieren soll, wird dabei zwar durchgeführt, dient primär aber dazu, die notwendigen Funktionen des KI-Systems zu erheben sowie die technischen Gegebenheiten zu analysieren. Ziel dieser Erhebung ist zu verstehen, wie das System technisch konzipiert sein soll, damit es funktionieren kann wie intendiert: Wie sind die Lichtverhältnisse, wo können Sensoren angebracht werden, wo gibt es eventuell Probleme mit dem Signal, welche Objekte stören möglicherweise die Sturzerkennung, wo gibt es Stromanschlüsse?

Es zeigt sich in der Entwicklung von KI-Systemen in der Pflege auch, dass Entwickler:innen nur zum Teil Verständnis von den möglichen Risiken und Gefahren des KI-Systems haben und in den meisten Fällen nur die offensichtlichen Vorteile des Systems in den Vordergrund rücken. Der Inklusion von Werten wie Fairness und Privatsphäre im KI-System wird in der Entwicklung nur teilweise Sorge getragen. In den Interviews geben die Entwickler:innen zwar an, dass besonders in der Anfangsphase der Technologieentwicklung ethische, soziale und (datenschutz-)rechtliche Fragen im Zusammenhang mit der Technologie analysiert werden. Dies beschränkt sich allerdings häufig auf die als Forschungsprojekt konzipierte Phase, in der die Fragen zu ethischen und rechtlichen Auswirkungen der Technologie häufig von Fördergebern vorgeschrieben sind. In dieser Forschungsphase spielen auch Fragen nach möglichen negativen Auswirkungen des KI-Systems und Überlegungen, wie diese minimiert werden können, ebenfalls eine Rolle.

Dabei finden auch die häufigsten Interaktionen zwischen den Entwickler:innen und den Pfleger:innen und Bewohner:innen statt. Wenn partizipative Methoden eingesetzt werden, dann meistens in dieser Phase, um die notwendigen Funktionalitäten des Systems zu erheben und zu implementieren. So meint auch eine Senior Entwicklerin in den Interviews, dass sie zwar „keinen Kontakt mit den Kunden" hat, aber die Außendienstmitarbeiter:innen vor Ort versuchen, die notwendigen Funktionen des Systems zu erheben. Dabei wird die Partizipation durch die Betroffenen und Nutzer:innen vor allem auf Befragungen bzw. Beobachtungen beschränkt und steht häufig in Zusammenhang mit Vertriebsgesprächen. Eine aktive Einbindung in den Entwicklungsprozess des KI-Systems wird dabei häufig als nicht praktikabel angesehen. Dies ist umso mehr der Fall, je stärker eine Beeinträchtigung der Bewohner:innen vorliegt. Zum Beispiel wird bei der Entwicklung eines KI-Systems zur Unterstützung von Demenzpatient:innen eine Partizipation als unmöglich angesehen, obwohl es theoretisch Methoden der Partizipation gäbe – auch wenn deren Umsetzung natürlich praktisch herausfordernd sind und ethische Fragen bezüglich der informierten Einwilligung dominieren (Nedopil u.a. 2013).

Ähnliche Rechtfertigungen geben die Entwickler:innen bezüglich der Notwendigkeit der Erklärbarkeit von KI-Systemen an. Getragen von einem Altersbild, welches technisches Unwissen bei älteren Personen als gegeben ansieht, brauchen die KI-Systeme in der Pflege nicht erklärbar, transparent oder verständlich sein. Im klassischen Sinne einer Latourschen *Black-Box* wird es als nicht notwendig angesehen, dass die Technologie ihre Funktionsweisen preisgibt, solange sie ihre erwünschten und erwarteten Funktionen ausführt (Latour 1991). So meinen die Entwickler:innen auch, dass eine transparente Funktionsweise des KI-Systems auch für die Pfleger:innen nicht unbedingt relevant ist, da sie nur selten einen Nutzen daraus ziehen. Da die Implementierung von Transparenzaspekten in KI-Systemen sehr aufwändig ist, meinen die Entwickler:innen, dass diese Implementierung nur wenig zur allgemeinen Funktion des KI-Systems beitrage.

Die hier aufgeworfene Abwägung von Aufwand und Nutzen im Entwicklungsprozess von KI-Systemen in der Pflege verschiebt sich immer mehr Richtung technische Funktionalität, je näher das System an eine mögliche Marktreife herankommt. Es werden ökonomische Kriterien wie Leistungsfähigkeit, Effizienz und Profitfähigkeit sukzessive wichtiger. Der Fokus liegt fast ausschließlich auf den möglichen Vorteilen des KI-Systems, während die weitere Inklusion von Fairnessaspekten und Achtung der Privatsphäre hintenangestellt werden. Entwickler:innen, die in dieser Phase tätig sind, geben an, dass sie dabei auch nur selten einen direkten Einblick in das Einsatzgebiet des KI-Systems – in diesem Fall die Pflegeeinrichtungen – haben. Notwendiges „Szenenwissen" wird über Außendienstmitarbeiter:innen vermittelt, gemeinsam mit „friendly customers" – Pflegeeinrichtungen, die die KI-Systeme in den finalen Entwicklungsphasen auf ihre Funktionalität und Leistungsfähigkeit testen. Auch in dieser Phase dominiert eine Marktlogik. Im Verständnis eines KI-Systems, als ein sich stetig wandelndes, ontogenetisches System (Kitchin 2016) wird hier Wert darauf gelegt, wie die Leistungsfähigkeit erhöht werden kann bzw. welche zusätzlichen Funktionen und Module im System integriert werden können, um den Absatz zu erhöhen oder die Skalierbarkeit des Produktes zu garantieren. Negative Folgen der Technologie werden in dieser Entwicklungsphase häufig nur noch beleuchtet, wenn das Produkt im Einsatz nicht den gewünschten Erfolg bringt – sprich zu viele Fehlalarme liefert.

5. Die Lerndaten der KI – Erlernen spezifischer Altersbilder

Betrachtet man in weiterer Folge, in welchen Bereichen der KI-Entwicklung am häufigsten stereotypisierte Altersbilder über ältere Menschen in das KI-System eingeschrieben werden, sind die Daten, auf Basis derer das System trainiert wird, eine wichtige Quelle. Datensätze, anhand derer KI-Systeme in der Regel und auch im vorliegenden Fall trainiert werden, bilden stets bereits vergangene Situationen und Ereignisse ab. Sie sind selten in der notwendigen Komplexität und Aktualität verfügbar. Wie diese Daten zustande kommen, aus welchen Datenbanken sie gesammelt bzw. extrahiert werden und wie sie gelabelt – sprich beschriftet werden – all das hat aber einen erheblichen Einfluss darauf, wie das KI-System im Einsatz funktioniert. Es ist also von Bedeutung zu analysieren, wie die Sammlung und Verarbeitung dieser Daten ablaufen, welche (Macht-)Strukturen dahinterstecken und was durch die Dateninfrastruktur– absichtlich wie unabsichtlich – ausgeblendet wird. Die Daten bilden nämlich immer nur einen Ausschnitt der Population ab und können im aggregierten Zustand nie die gesamte Population und jede Abwandlung von Handlung abdecken (Symons und Alvarado 2016; van Dijck 2014).

Ein grundlegendes Problem von KI und den damit verbundenen Systemen findet sich in der Datafizierung der analogen Welt, welche nur durch eine erhebliche Reduktion der Komplexität dieser Welt möglich gemacht wird (boyd und Crawford 2012; van Dijck 2014). Der Einsatz von KI benötigt Unmengen an Daten über die jeweiligen Einsatzgebiete, Objekte wie Subjekte, sowie deren Handlungen und Interaktionen, um in diesen, Muster zu erkennen, Kategorisierungen und Klassifizierungen zu treffen, daraus gewisse Handlungen abzuleiten und menschenähnlich gewisse Handlungen zu imitieren. Dadurch entsteht der Anspruch von Seiten der KI-Entwicklung, die Welt und alles, was in ihr inkludiert ist, maschinenlesbar zu machen (van Dijck 2014). Nur durch diese Fülle an Daten, mit der die KI-Systeme gefüttert werden, besteht die Möglichkeit, dass die KI in ihrer Funktion überhaupt einsatzfähig ist.

Im Versuch, die analoge Welt zu datafizieren, zeigen sich grundlegende Probleme. Allen voran, dass sich komplexe Systeme wie unsere Gesellschaft selten in einfache Zahlenskalen umsetzen lassen ohne diese Systeme signifikant zu reduzieren. Obwohl eine Vielzahl von Daten aus unterschiedlichen Quellen dafür verwendet werden können, um den Bedarf an großen Mengen von Lern- und Trainingsdaten für das KI-System zu decken (Ntoutsi u.a. 2020), zeigen sich in vielen Datenarten und -quellen unterschiedliche Schwierigkeiten. So dient die Verwendung realer Daten dazu, dass das KI-System auf das genaue Setting und die Gegebenheiten – den Bereich, in dem das System operiert – zu trainieren. Deshalb sollten diese Daten auch in dem Setting der Pflegeeinrichtung erhoben werden. Deren Beschaffung ist jedoch oft schwierig und ressourcenintensiv. Die Datenerfassung erfordert den Zugang zu Pflegeheimen, welcher aufgrund von Datenschutzbedenken oder auch aufgrund von COVID-19-Einschränkungen nicht immer gewährt wird. Im Fall des Sturzerkennungssensors dauert es außerdem, bis ein Sample an Daten zusammenkommt, das ausreichend ist, um das KI-System darauf zu trainieren. Es dauert, bis überhaupt eine ausreichende Zahl von Stürzen erfasst wird, da Bewohner:innen im Idealfall ja nicht jeden Tag stürzen.

Darüber hinaus müssen reale Daten manuell beschriftet werden, bevor sie für Lern- und Trainingszwecke verwendet werden können. Vor allem die Kennzeichnung und Klassifizierungen von nicht eindeutigen oder subjektiven Gegebenheiten stellt für die Datafizierung und somit im weiteren Sinne auch für die KI-Systemen ein erhebliches Problem dar. Dies zeigt sich schon z.B. beim Versuch der Klassifizierung von Geschlecht, welches über die binäre Form Mann-Frau hinausgehen kann. Allein hier stößt die Maschinenlesbarkeit auch schon an ihre Grenzen, weil eine Zuordnung dadurch nicht mehr eindeutig durchführbar ist. Im Fall der Sturzerkennung und Sturzprävention liegt die Schwierigkeit auch darin, zu definieren und zu klassifizieren, was als normales oder genehmes Verhalten bei den Bewohner:innen durchgeht, und was als deviantes oder risikoreiches Verhalten gekennzeichnet wird. Da das KI-System auch als präventives System arbeiten soll, müssen Faktoren einbezogen werden, die als Risikoverhalten gelten sollen, nach denen es *im Regelfall* zu einem Sturz kommt. Hierfür die Kriterien und Grenzen festzulegen, erfordert viel Wissen über die Szenarien, Szenen und Settings und sollte somit bestenfalls immer unter Einbeziehung von Nutzer:innen, Betroffenen und andere Expert:innen stattfinden.

Den interviewten Entwickler:innen war dieser Umstand durchaus bewusst. Es wurde dennoch ersichtlich, dass die Einbeziehung dieses Wissens nicht auf allen Ebenen gleichermaßen stattfindet. Durch Ressourcen- und Personalmangel sowie unter Zeitdruck, um alsbald ein funktionierendes und damit gewinnbringendes Produkt auf den Markt zu bringen, müssen auch Entwickler:innen an Produkten mitarbeiten, über die sie nur wenig Wissen haben und wo sie bei den Prozessen der Wissensgenerierung – Experten- und Nutzer:innengespräche – nicht involviert waren. Dabei entsteht wiederum eine Situation, in der die Entwickler:innen sich auf ihr eigenes Wissen und ihre eigene Erfahrung verlassen müssen, was oft geprägt von sehr eigenen Vorstellungen über das Leben und die Realität von älteren Menschen ist. Ersichtlich wird dies auch anhand eines prominenten empirischen Beispiels aus der Sekundärliteratur. Gewisses Verhalten wird älteren Menschen nicht mehr zugerechnet und deshalb in der Entwicklung von KI-Systemen, die menschliche Handlungen erkennen sollen, nicht miteinbezogen. So werden älteren Menschen sexuelle Handlungen nicht mehr zugeschrieben. Soll ein KI-System Risikoverhalten früh identifizieren, um zum Beispiel einen Sturz oder einen epileptischen Anfall frühzeitig zu erkennen und zu melden, können sexuelle Aktivitäten von Bewohner:innen dazu führen, dass aufgrund ähnlicher Risikobewegungen ein Alarm ausgelöst wird (Höppner und Urban 2018). Da solches Verhalten, das nicht automatisch dem traditionellen Altersbild entspricht, auch seltener in den Trainingsdatensätzen vorkommt, kann ein KI-System unterschiedliche Muster in den Bewegungen auch nicht trainieren und somit im Einsatz keine Unterscheidung zwischen Risikoverhalten und Normalverhalten treffen. Dadurch werden im weiteren Verlauf gewisse Bewegungs- und Verhaltensmuster durch das KI-System als normal angesehen, während andere als deviant – durch das Auslösen von Alarmen – abgestraft werden, obwohl sie für die Betroffenen ganz normale Aktivitäten sind.

6. Die Lerndaten der KI – Bias im System

Weiter steht im Zusammenhang mit den Daten, die das KI-System benötigt, um bestimmte Mustererkennungen zu erlernen, das Problem von Bias, das häufig über verzerrte Datensätze oder ein verzerrtes algorithmisches Modell in die KI-Software einfließt (Wellner und Rothman 2020). Lerndaten sind anfällig für Bias, da sie in den meisten Fällen aus großen Internetdatenbanken entspringen und in denen häufig nur die Mehrheitspopulationen inkludiert sind, während Minderheiten nur spärlich abgedeckt werden (Ntoutsi u.a. 2020; Crawford 2021). Ebenfalls problematisch für Bias in den Trainingsdatensätze sind Datensätze, in denen nur kleine Datenmengen verfügbar sind. Dies gilt ist insbesondere dann, wenn das KI-System außergewöhnliche Fälle erkennen und klassifizieren soll. In diesem Zusammenhang gibt es häufig nicht genug Fälle, damit ein KI-System auch die ungewöhnlichen Ereignisse klassifizieren und trainieren kann, was man gut am oben angeführten Beispiel von Höppner und Urban (2018), wo die Nichterkennung von sexuellen Aktivitäten auch darauf zurückzuführen ist, dass das KI-System im Lerndatensatz selten auf solche Fälle gestoßen ist, sehen kann. Dies kann einerseits dazu führen, dass das KI-System ein *false positive* – also einen Alarm obwohl kein Sturz passiert ist – auslöst, oder andererseits ein *false negative* eintritt. Das KI-System erkennt in dem Fall den tatsächlich eintretenden Sturz nicht (präventiv) und löst deshalb keinen Alarm aus.

In den Interviews hat sich gezeigt, dass die Entwickler:innen eine gewisse Sensibilität bezüglich der Risiken von Bias in den Daten bzw. in den algorithmischen Modellen haben. Sie sind sich durchaus bewusst, in welchen Entwicklungsstadien diese besonders auftreten können und wie sie sich manifestieren. Allerdings hat sich dabei auch gezeigt, dass sich in der Vorstellung der Entwickler:innen Bias in KI-Systemen stark auf einzelne geschützte Merkmale wie Geschlecht oder ethnische Zugehörigkeit beschränkt und weniger auf intersektionale und emergente Merkmale (Banks u.a. 2006) wirkt. Erstere beziehen sich auf mögliche Bias, die aus einer Kombination von Merkmalen entstehen. So kann zwar in der Entwicklung versucht werden, einen möglichen Altersbias zu beheben. Allerdings kann so ein Bias eventuell nur bei älteren Frauen auftreten und wird dadurch erst gar nicht als solcher erkannt. Letztere beziehen sich auf Diskriminierung aufgrund von Kategorien, die von den Algorithmen selbst definiert werden und deshalb nicht erkannt werden können, da es nicht nachvollziehbar ist, welche Merkmale für den Bias verantwortlich sind (Mann und Matzner 2019). Zudem haben die Entwickler:innen auch wenig Bewusstsein dafür, dass zahlreiche Bias möglicherweise aus ihrem KI-Design entspringen. Bei der Entwicklung werden oft gewisse Annahmen über die Population der Betroffenen unreflektiert übernommen, weshalb diese sich auch unreflektiert im Design des KI-Systems niederschlagen können (Ntoutsi u.a. 2020).

Ein weiterer Punkt ist, dass in der Ansicht der Entwickler:innen, Bias und die Leistungsfähigkeit von KI-Systemen untrennbar zusammenhängen. In diesem Verständnis liegt eine mögliche Ursache von fehlerhaften KI-Systemen darin, dass ein Bias vorhanden ist. Was im Umkehrschluss heißt, dass wenn das System weitgehend fehlerfrei läuft, das KI-System auch nicht biased sein kann. Dieser Trugschluss führt im weiteren Verlauf dazu, dass in einem fehlerfreien System daher keine speziellen Strategien zur Bekämpfung von Bias angewendet werden müssen. Beispielsweise könnte ein System, das zuverlässig alle Stürze in einem Pflegeheim erkennt als unvoreingenommen wahrgenommen werden, obwohl es in Wirklichkeit nur gut auf seine aktuelle Einsatzumgebung zugeschnitten ist. Eine Änderung der Umgebung, z.B. wenn neue Bewohner:innen einziehen, kann dazu führen, dass das System bestimmte Personen nicht erkennt, da sie einen divergierenden, bisher nichterfassten Körperbau aufweisen. Auch wenn das System nie frei von Bias war, werden Strategien zur Bekämpfung von Bias meistens erst dann angewendet, wenn ein auffälliger Fehler auftritt. Dieses Beispiel verdeutlicht auch das Problem des gedanklichen Zusammenhangs zwischen Bias und Leistungsfähigkeit des KI-Systems. Während auffällige Fehler wie z. B. ein komplettes Versagen bei der Sturzerkennung, wahrscheinlich Rückkopplungsschleifen auslösen, kann der Bias bestehen bleiben, wenn dieser zu weniger auffälligen oder schwerwiegenden Fehlfunktionen führt.

7. *Die Kunst der Datensynthetisierung*

Das Bewusstsein von Entwickler:innen sowohl über die eigene Position als auch über die Vielfältigkeit von Bias in KI-Systemen ist insofern von großer Bedeutung, da sich bei den Interviews gezeigt hat, dass eine neue Entwicklung bei der Erstellung von Lerndatenbanken im Gange ist, die das Potential hat, eine ganz neue Ebene von Bias mit hineinzubringen: die Datensynthetisierung. Wie von den Entwickler:innen in den Interviews beschrieben, werden dabei von KI-Forscher:innen und Entwickler:innen Lerndaten für das KI-System in 3D-Modellierungsprogramme wie AutoCAD erstellt. Mittels Motion-Capture-Technologie werden Bewegungsdaten aufgenommen. So beschreibt zum Beispiel einer der Senior Developer, dass er für die Erhebung bzw. Erstellung der Lerndaten einen Motion-Capture-Anzug trägt und dabei versucht, möglichst viele verschiedene Körperhaltungen und -bewegungen aufzuzeichnen. Diese synthetisierten Daten werden ähnlich wie bei der Erstellung von Animationsfilmen und Videospiele in eine 3D-Modellierungssoftware hochgeladen. Die aufgezeichneten Bewegungen kann er dann auf eine breite Palette unterschiedlicher Körper und Bewegungen übertragen, welche somit über diese simuliert werden. Die Entwickler:innen sehen den Vorteil darin, dass durch die Synthetisierung und Simulation von Lerndaten eine Datenbank geschaffen werden kann, die ausreichend groß und divers ist, obwohl sie auf eine

Zielgruppe abzielt, die nur schwer zu erreichen ist – wie z.B. Bewohner:innen von Pflegeeinrichtungen.

Diversität wird dabei trotzdem rein von den Entwickler:innen vorgegeben und von ihren Vorstellungen bestimmt. Zudem stammen die Bewegungsdaten, die mittels Motion-Capture-Technologien aufgenommen werden, ebenfalls nur von Entwickler:innen ab und definieren dadurch das Maß an möglichen Bewegungen, unabhängig davon, ob diese für die betroffene Population zutreffend sind oder nicht. Zudem erwähnten die Entwickler:innen in den vorliegenden Interviews, dass auch die Datensynthetisierung trotzdem immer nur eine Approximation ist, und es einige Aspekte gibt, die man nur schwer modellieren kann, wie z.B. Kleidung und Haare.

Die Erstellung und Verwendung synthetischer Daten durch die Entwickler:innen dient in Kombination mit einer großen Auswahl verschiedener Lerndaten auch dazu, das Risiko unterschiedlicher Bias in der Lernphase abzuschwächen. Es ist allerdings zweifelhaft, ob dadurch das Problem von Bias minimiert werden kann oder ob nicht das Risiko für Bias erhöht wird. Die Vielfalt der Lerndaten ist also durch die Verfügbarkeit von realen Daten, Methoden der Datensynthetisierung sowie der Vorstellungskraft der Entwickler begrenzt. Synthetische Daten, die reale Daten adäquat widerspiegeln, können in Wirklichkeit die gleiche(n) Verzerrung(en) enthalten wie die realen Daten. Die Entwickler:innen weisen auch auf die Bedeutung des impliziten Szenenwissens hin, das nicht unterschätzt werden darf. Allerdings kann implizites Szenenwissen nicht mit einer klaren, transparenten und zuverlässigen Methode zur Abschwächung oder gar Beseitigung von Bias gleichgesetzt werden (Ntoutsi u.a. 2020).

Die Synthetisierung von Lerndaten birgt also das Risiko, dass weitere Bias in die Daten und somit auch in das KI-System inkludiert werden, besonders wenn die Umsetzung unreflektiert erfolgt. Bei der Erstellung synthetischer Daten hängt der Bias immer von den verwendeten Methoden und der Sensibilität der Entwickler:innen ab. 3D-Modellierungstools können eine Vielzahl von Körpertypen mit einstellbaren Parametern wie Größe oder Gewicht enthalten, aber sowohl ihre Anzahl als auch das Ausmaß ihrer Einstellbarkeit sind begrenzt. Am Beispiel des Sturzerkennungssystems werden diese Risiken deutlich. Die Entwickler:innen, die ihre eigenen Bewegungen aufzeichnen, um Daten für das Erlernen der Sturzerkennungs- und -präventionssoftware zu synthetisieren, versuchen durchaus ein breites Spektrum an Bewegungen auszuführen, um ein möglichst komplettes Bild aufzubauen. Und obwohl dabei eine 3D-Modellierungssoftware verwendet wird, die die Bewegungen auf andere Körpertypen projizieren kann, kann ein KI-System, das auf Basis dieser Daten

Bewegungen erlernt, den Sturz einer älteren Dame nicht unbedingt mit der gleichen Genauigkeit erkennen. Was unter anderem daran liegt, dass der Grund eines Sturzes von vielen Faktoren abhängig sein kann, die häufig mit körperlichen Gebrechen zusammenhängen (DNQP 2013), welche durch gesunde Erwachsene nur schwer simuliert und modelliert werden können.

Hinzu kommt, dass sich gerade jüngere Personen – wie sie nun einmal bei Entwickler:innen häufiger vorkommen (Wellner und Rothman 2020) – schwer darin tun werden, das breite Spektrum an Bewegungen älterer Menschen abzubilden, vor allem ohne dabei in tradierte oder stigmatisierte Altersbilder zurückzufallen. Es gibt keine einheitlichen Bewegungsmuster von Menschen, auch nicht von älteren Menschen. Auch in Pflegeeinrichtungen besitzen die Bewohner:innen eine Vielzahl an unterschiedlicher Fähigkeiten, die zudem je nach Tagesverfassung bzw. der allgemeinen Verfassung stark variieren können. Darüber hinaus verschwimmen häufig die Grenzen zwischen Können und Nicht-Können.

Die Entwickler:innen werden bei der Synthetisierung von Lerndaten durchaus von Expert:innen unterstützt. Hierbei geht es, wie bei der Klassifizierung von Daten und der Modellierung der Algorithmen, um das notwendige Wissen über Pflegebedürftigkeit, Ablauf von Stürzen, typisierten Bewegungen etc. Allerdings bieten diese Einblicke und dieses Wissen keinen Einblick über die alltägliche Realität der Bewohner:innen in Pflegeeinrichtungen und deren Varianz an Fähigkeiten, Einschränkungen, Bedürfnissen und Bewegungen. Diese Varianzen können nur schwer mittels Synthetisierung abgedeckt werden. Noch weniger, wenn die Ausgangsdaten nur durch Bewegungen einer einzelnen Person zustande kommen sollen, die sich außerdem in eine Situation des Nicht-Könnens aktiv hineinversetzen muss. Zudem deuten die Interviews bereits darauf hin, dass es durchaus eine starke Tendenz zur Nutzung synthetisierter Daten gibt. Die Vorteile der Datensynthetisierung – leichterer Zugang zu den Daten, geringerer Zeitaufwand, ökonomischer, variabler – überwiegen. Dadurch ergibt sich aber möglicherweise auch die Tendenz, dass die Entwicklung von KI-Systeme noch stärker ohne die Einbindung der Betroffenen abläuft. Eine Richtung, die mit den Restriktionen der COVID-19 Pandemie noch einen deutlichen Aufschwung erhalten hat.

*8. KI im Einsatz – Auswirkungen auf Nutzer*innen und Betroffene*

In den vorhergehenden Kapiteln hat sich gezeigt, wie sich durch die Entwicklung von KI-Systemen im Pflegebereich, von der Konzeption bis zur

Marktreife, gewisse Altersbilder manifestieren und verfestigen und damit meist unabsichtlich in die KI-Systeme eingebaut werden. Tendenzen der Profitabilität wird dabei Vorrang gegeben und Bias und Diskriminierung werden häufig mit der Leistungsfähigkeit des Systems gleichgesetzt. Die Art und Weise, wie dabei Lerndaten synthetisiert werden, scheint als ein Art Brandbeschleuniger zu wirken, da die Ansichten der Entwickler:innen dominanter werden, während die Möglichkeiten der Partizipation an der Entwicklung – aktiv wie passiv – immer stärker zurück gedrängt werden. Ein KI-System gänzlich ohne die Teilnahme von Nutzer:innen zu entwickeln und diese lediglich dann einzubeziehen, wenn das System getestet werden muss, präsentiert sich als positiv konnotierte Utopie Dabei sind die Auswirkungen dieser Systeme auf die Nutzer:innen und Betroffene nicht zu unterschätzen und werden deshalb auch in diesem abschließenden Kapitel mit den oben genannten Probleme in Verbindung gebracht.

Wie eingangs schon erwähnt, ist Pflege an sich eine Tätigkeit, die bis vor einigen Jahren nur wenig von der Digitalisierung betroffen war – auch weil sie stark durch menschliche Nähe geprägt ist. Die Tendenz zu mehr Technologisierung und Digitalisierung in der Pflege hat einerseits mit den gestiegenen Möglichkeiten zu tun, andererseits aber auch mit dem hohen ökonomischen Potential eines fast unberührten Marktes. Damit gehen in diesem Bereich Veränderungen mit potentiell großen Auswirkungen auf Bewohner:innen und Pfleger:innen vor sich. Eine dieser Veränderungen betrifft das Verständnis von der Rolle von Pflege, das sich hin zu einer Maxime der Problemlösung durch Technologie(-entwicklung) wandelt. Diese Vorstellung steht diametral zur menschlichen Komponente, die Pflege im Kern ausmacht.

8.1. Überwachte Pflegearbeit

Die Aktivitäten der Pfleger:innen verändern sich dahingehend, dass sie vermehrt nur mehr reaktiv tätig sind. Anstatt regelmäßig Nachschau zu halten, von Zimmer zu Zimmer gehen und mit den Bewohner:innen zu interagieren, riskieren KI-Systeme wie der oben beschriebene Sturzsensor, diese Tätigkeiten zu verändern; hin zu einem reduzierten Agieren, wenn ein Alarm ausgelöst wird. Diese Veränderung ist natürlich nicht nur das Resultat des KI-Systems, sondern einer damit einhergehenden organisationalen und gesellschaftspolitischen Entwicklung. Wenn das System seine Funktion korrekt erfüllt – Stürze vermeiden – und dies tut das System auch in den meisten Fällen, wird es als erfolgreich angesehen und dadurch vermehrt Verwendung finden. Durch die begrenzten Ressourcen, mit denen der Pflegebereich schon längere Zeit zu kämpfen hat, geht diese Technologisierung häufig auf Kosten von Pfleger:innen. Der Betreuungsschlüssel zwischen Pfleger:innen und Bewohner:innen wird verringert, da das KI-System ja nun dafür zuständig ist, dass für die Sicherheit der Bewohner:innen gesorgt ist und die Pfleger:innen damit eigentlich entlastet werden. Eine Entlastung, die zur Betreuung weiterer Pflegebedürftiger genutzt werden kann Dadurch entsteht allerdings das Risiko, dass die Erhöhung der Sicherheit der Bewohner:innen in solchem Fall mit einer Senkung der Interaktion einher geht.

Zusätzlich zur Veränderung der eigentlichen Pflegetätigkeit, kommt für die Pfleger:innen erschwerend hinzu, dass solche Systeme ihre Arbeitsabläufe genauer kontrollieren und sie deshalb einer erhöhten Überwachung ausgesetzt sind. KI-Systeme und Digitalisierungstools unterliegen, wie oben schon erwähnt, einem System der Datafizierung und damit auch der Quantifizierung, da Daten als Zahlen leichter zu verarbeiten sind. Dadurch entsteht auch das Risiko, dass Pflegearbeit vermehrt quantifiziert wird. Das Beispiel des Sturzerkennungssystem ist eine gute Veranschaulichung dessen: Konzipiert als ein Frühwarnsystem eines Sturzes – Prädiktion und Prävention – ist ein Alarm des Systems an sich ein gutes Zeichen, da die Pfleger:innen darauf sofort reagieren können und damit den Sturz eines Bewohners oder einer Bewohnerin verhindern können. Die Verhinderung hängt allerdings von der Reaktionszeit der Pfleger:innen ab, welche durch dieses System gemessen werden kann. Gesteuert über eine App am Smartphone, kann somit jedes Mal nachvollzogen werden, wann ein Alarm ausgelöst wurde, wie die Pfleger:innen darauf reagiert haben und ob sie dadurch einen Sturz verhindern konnten. Andere Umstände wie aktuelle Tätigkeiten der Pfleger:innen zum Zeitpunkt des Sturzes werden dabei ausgeklammert. Ist der Pfleger oder die Pflegerin in jenem Moment bei einer anderen Bewohnerin oder einem anderen Bewohner, muss abgewogen werden, wie auf den Alarm reagiert wird. Immer mit dem Hintergrundwissen, dass die eine Tätigkeit überwacht und aufgezeichnet wird, während die andere möglicherweise nicht aufgezeichnet wird.

8.2. Überwachte Bewohner:innen

Aber auch die Überwachung der Bewohner:innen nimmt mit dem Einsatz solcher Systeme naturgemäß zu und stellt einen recht hohen Einschnitt in die Privatsphäre und Selbstbestimmtheit der Bewohner:innen dar. Wie in vielen anderen Bereich auch, wird in der Pflege die Einschränkung der Privatsphäre als notwendiges „trade-off" gesehen, um den Schutz und die Sicherheit der Bewohner:innen zu erhöhen. Damit wird in Kauf genommen, dass die Bewohner:innen 24 Stunden am Tag, 7 Tage die Woche unter Dauerbeobachten stehen (Carver und Mackinnon 2020). Zwar wird das Sturzerkennungssystem von den Entwickler:innen als privatsphäreschützend angepriesen, da keine Videodaten sondern Tiefendaten aufgenommen werden. Dennoch ist die Funktionalität des KI-Systems eine 24/7-Dauerüberwachung der Bewohner:innen.

Vor allem aber wird die Selbstbestimmtheit der Bewohner:innen durch solche KI-Systeme eingeschränkt. Wie in den vorherigen Kapiteln beschrieben, transportieren diese Systeme gewisse Altersbilder, die über die Entwickler:innen in diesen Systemen ein- und festgeschrieben werden (Wanka und Gallistl 2021). In einer Vorstellung von Alter als Lebensphase, in der Fragilität und Vulnerabilität dominieren, wird solches Verhalten als normal angesehen, während davon abweichendes Verhalten als Fehlverhalten erkannt und sanktioniert wird. Das Beispiel der sexuellen Aktivität älterer Menschen, das von Höppner und Urban (2018) vorgebracht wurde, dient sinnbildlich dafür, wie solche Systeme die Lebensrealität älterer Menschen ignorieren und ihnen Vulnerabilität aufoktroyieren. Denn wenn bestimmtes Verhalten, wie sexuelle Aktivität im hohen Alter automatisch zu einem Alarm durch das KI-System führt, da es mit einem epileptischen Anfall gleichgesetzt wird, werden die Betroffene ihre sexuellen Aktivitäten sehr wahrscheinlich weiter einschränken: „*Due to the limited algorithms behind the sensors, users might avoid sexual behaviors in order to avoid publicizing them. This, in turn induces a sense of shame, which again could entail abstinence*" (ebda., S. 6).

Die Einschränkungen für Bewohner:innen durch das KI-System ergeben sich allerdings nicht nur durch die stereotypisierten Altersbilder, sondern auch aus den technischen Limitationen der Systeme. Wie schon erwähnt, funktioniert die Sturzprävention und -erkennung nur dann gut, wenn sich keine weiteren Personen im Zimmer befinden. Allerdings gaben die Entwickler:innen ebenfalls an, dass gewisse Objekte, z.B. Rollstühle oder Haustiere, immer wieder zu einem Fehlalarm des Systems führen würde,. Und obwohl daran gearbeitet wird diese Fehlalarme auszubessern, ist das KI-System dadurch limitiert. Da das System aber schon in einigen Pflegeeinrichtungen im (Test-)Einsatz ist, muss darauf geachtet werden, dass keine Rollstühle, aber auch keine Tiere oder andere Personen im Zimmer vorhanden sind – bzw. muss in diesen Fällen das System abgeschaltet werden. Es wird somit in diesen Situationen den Bewohner:innen vorgeschrieben, entweder auf Sicherheit zu verzichten, indem das System ausgesetzt wird, oder auf Bewegungsfreiheit und auf Gesellschaft zu verzichten.

Sowohl bei der Abwägung zwischen Sicherheit und Privatsphäre, als auch in diesem Fall zwischen Sicherheit und Bewegungsfreiheit bzw. Gesellschaft, sind die realen Möglichkeiten sehr eingeschränkt. Häufig sind es nämlich Angehörige, die die Entscheidung treffen, dass ein solches System installiert werden soll, da es ja die Sicherheit erhöht – wodurch die älteren Menschen auch wieder auf ihre Vulnerabilität reduziert werden. Unter dem Deckmantel der Sorge der Pflegebedürftigen wird auch hier, oft völlig unbewusst und unbeabsichtigt, auf Privatsphäre und Selbstbestimmung verzichtet (Carver und Mackinnon 2020).

Allerdings trägt auch der Mangel an Transparenz und Erklärbarkeit des KI-Systems dazu bei, dass den Bewohner:innen keine reale Entscheidung ermöglicht werden. Wie sich aus den Interviews gezeigt hat, wird Transparenz von Seiten der Entwickler:innen nur wenig Nutzen zugeschrieben, da den Bewohner:innen wenig technische und digitale Kompetenzen zugesprochen werden. Ähnlich wie bei Fairness und Privatsphäre erachten die Entwickler:innen auch Aspekte der Transparenz lediglich als hinderlich, um Effizienz und Leistung des KI-Systems zu steigern, weshalb eine Investition darin von Seiten der Entwickler:innen als nicht sinnvoll erscheint bzw. keinen ökonomischen Nutzen hat. Damit werden die Bewohner:innen, als Betroffene von KI-Systeme, nicht bemächtigt, selbstbestimmt darüber zu entscheiden, ob sie das System auch nutzen wollen.

9. *Big Mother is caring for you*

Die Analyse eines Entwicklungsprozesses einer KI-Technologie im Pflegebereich hat somit gezeigt, wie sich ein vulnerables Verständnis von Alter tief in die Funktionsweise und Logik eines KI-Systems einschreibt und sich auch im Einsatz dementsprechend auswirkt. Unter dem Deckmantel der *Big Mother* (Sadowski u.a. 2021) und der (Für-)Sorge gegenüber älteren Menschen (Carver und Mackinnon 2020) werden Systeme entwickelt und eingesetzt, die stark vorgeben, wie das normale Leben im Alter auszuschauen hat. Dabei zeigt sich auch, dass in der Entwicklung solcher Systeme sehr starke Einschränkungen vorhanden sind, sowohl in der Konzeptualisierung der Funktionsweisen der Systeme, in den Daten und in der Datenbeschaffung, der Synthetisierung der Daten sowie der Notwendigkeit von Fairness und Transparenz in den Systemen.

Wie es auch in anderen Bereichen der Technologieentwicklung zu beobachten ist (Mager 2012; Pasquale 2015; Betancourt 2020), ist auch die Entwicklung von Pflegetechnologien marktorientiert und somit von ökonomischen Faktoren dominiert. Ressourcenknappheit bei den Entwickler:innen schlägt sich in der Datenbeschaffung nieder, Alternativen zu aufwendige Erhebungsprozesse werden gesucht – und gefunden. Wie auch die Interviews gezeigt haben, werden auf der einen Seite deshalb die Lerndaten für die KI synthetisiert, auf der anderen rückt die Funktionalität des Produkts in den Vordergrund während ethische Überlegungen hintenangestellt werden, da diese als zu ressourcenintensiv angesehen werden. Zudem zeigt sich der Nutzen eines transparenten und erklärbaren KI-Systems in den Augen der Entwickler:innen nicht wirklich. Dabei wäre es für die Selbstbestimmung von älteren Menschen sehr wohl von großer Bedeutung, wenn zumindest die Funktionsweisen der Technologien verständlich gemacht würden. Auch wenn der Einsatz solcher Überwachungstechnologien mit guten Intentionen einher geht, wird es für die Bewohner:innen von Pflegeeinrichtungen, genau wie für die Pfleger:innen, fast unmöglich, dieser Überwachung zu entkommen.

Literatur

Agostinho, Daniela; Ring, Annie; Veel, Kristin; D'Ignazio, Catherine; Thylstrup, Nanna Bonde (2019): Uncertain Archives. Approaching the Unknowns, Errors, and Vulnerabilities of Big Data through Cultural Theories of the Archive. In: *Surveillance & Society* 17 (3/4), S. 422–441.

Banks, Richard R.; Eberhardt, Jennifer L.; Ross, Lee (2006): Discrimination and Implicit Bias in a Racially Unequal Society. In: *California Law Review* 94 (4), S. 1169–1190.

Betancourt, Michael (2020): *The Digital Agent versus Human Agency. The Political Economy of Alienation and Agnotology in Digital Capitalism*. Rockville, MD: Wildside Press.

boyd, danah; Crawford, Kate (2012): Critical Questions For Big Data. Provocations for a cultural, technological, and scholarly phenomenon. In: *Information, Communication & Society* 15 (5), S. 662–679. DOI: 10.1080/1369118X.2012.678878.

Braun, Virginia; Clarke, Victoria; Hayfield, Nikki; Terry, Gareth (2019): Thematic Analysis. In: Pranee Liamputtong (Hg.): *Handbook of Research Methods in Health Social Sciences*. Singapore: Springer Singapore, S. 843–860.

Carver, Lisa F.; Mackinnon, Debra (2020): Health Applications of Gerontechnology, Privacy, and Surveillance. A Scoping Review. In: *Surveillance & Society* 18 (2), S. 216–230. DOI: 10.24908/ss.v18i2.13240.

Cicirelli, Grazia; Marani, Roberto; Petitti, Antonio; Milella, Annalisa; D'Orazio, Tiziana (2021): Ambient Assisted Living: A Review of Technologies, Methodologies and Future Perspectives for Healthy Aging of Population. In: *Sensors (Basel, Switzerland)* 21 (10). DOI: 10.3390/s21103549.

Crawford, Kate (2021): *Atlas of AI*. New Haven: Yale University Press.

Deutsches Netzwerk für Qualitätsentwicklung in der Pflege (2013): Expertenstandard Sturzprophylaxe in der Pflege 1. Aktualisierung. Fachhochschule Osnabrück.

Fangerau, Heiner; Hansson, Nils; Rolfes, Vasilija (2021): Electronic Health and Ambient Assisted Living: On the Technisation of Ageing and Responsibility. In: Andrea Hülsen-Esch (Hg.): *Cultural Perspectives on Aging*. Berlin: De Gruyter, S. 49–62.

Höppner, Grit; Urban, Monika (2018): Where and How Do Aging Processes Take Place in Everyday Life? Answers From a New Materialist Perspective. In: *Front. Sociol.* 3. DOI: 10.3389/fsoc.2018.00007.

Hülsen-Esch, Andrea (Hg.) (2021): *Cultural Perspectives on Aging*. Berlin: De Gruyter.

Jaton, Florian (2021): *The constitution of algorithms. Ground-truthing, programming, formulating*. Cambridge, Massachusetts: The MIT Press (Inside technology).

Kitchin, Rob (2016): Thinking critically about and researching algorithms. In: *Information, Communication & Society* 20 (1), S. 14–29. DOI: 10.1080/1369118X.2016.1154087.

Latour, Bruno (1991): Technology is society made durable. In: John Law (Hg.): *A sociology of monsters. Essays on power, technology and domination*. London, New York: Routledge (Sociological review monographs, 38), S. 103–131.

Mager, Astrid (2012): Algorithm Ideology. In: *Information, Communication & Society* 15 (5), S. 769–787. DOI: 10.1080/1369118X.2012.676056.

Manchester, Helen; Jarke, Juliane (2022): Considering the role of material gerontology in reimagining technology design for ageing populations. In: *Int J Ageing Later Life* 15 (2), S. 181–213. DOI: 10.3384/ijal.1652-8670.3531.

Mann, Monique; Matzner, Tobias (2019): Challenging algorithmic profiling. The limits of data protection and anti-discrimination in responding to emergent discrimination. In: *Big Data & Society* 6 (2), 205395171989580. DOI: 10.1177/2053951719895805.

Mordor Intelligence (2021): Ambient Assisted Living (AAL) Market. Growth, Trends, Covid-19 Impact, and Forecasts (2022-2027). Mordor Intelligence. Online verfügbar unter https://www.mordorintelligence.com/industry-reports/ambient-assisted-living-aal-market#:~:text=The%20global%20ambient%20assisted%20living,to%20as%20the%20forecast%20period)., zuletzt geprüft am 22.02.2022.

Nedopil, Christoph; Schauber, Cornelia; Glende, Sebastian (2013): The Art and Joy of User Integration of AAL Projects. White paper for the integration of users in AAL projects, from idea creation to product testing and business model development. YOUSE GmbH. Brussels, Belgium.

Ntoutsi, Eirini; Fafalios, Pavlos; Gadiraju, Ujwal; Iosifidis, Vasileios; Nejdl, Wolfgang; Vidal, Maria-Estheru.a. (2020): Bias in data-driven artificial intelligence systems—An introductory survey. In: *WIREs Data Mining Knowl Discov* 10 (3), S. 60. DOI: 10.1002/widm.1356.

Pasquale, Frank (2015): *The black box society. The secret algorithms that control money and information*. Cambridge: Harvard University Press.

Queirós, Alexandra; Dias, Ana; Silva, Anabela; Rocha, Nelson (2017): Ambient Assisted Living and Health-Related Outcomes—A Systematic Literature Review. In: *Informatics* 4 (3), S. 19. DOI: 10.3390/informatics4030019.

Rubeis, Giovanni (2020): The disruptive power of Artificial Intelligence. Ethical aspects of gerontechnology in elderly care. In: *Archives of gerontology and geriatrics* 91, S. 1–5. DOI: 10.1016/j.archger.2020.104186.

Sadowski, Jathan; Strengers, Yolande; Kennedy, Jenny (2021): More work for Big Mother: Revaluing care and control in smart homes. In: *Environ Plan A*, 0308518X2110223. DOI: 10.1177/0308518X211022366.

Sapci, A. Hasan; Sapci, H. Aylin (2019): Innovative Assisted Living Tools, Remote Monitoring Technologies, Artificial Intelligence-Driven Solutions, and Robotic Systems for Aging Societies: Systematic Review. In: *JMIR aging* 2 (2), e15429. DOI: 10.2196/15429.

Sun, Hong; Florio, Vincenzo de; Gui, Ning; Blondia, Chris (2009): Promises and Challenges of Ambient Assisted Living Systems. In: 2009 Sixth International Conference on Information Technology: New Generations. 2009 Sixth International Conference on Information Technology: New Generations. Las Vegas, NV, USA, 27/04/2009 - 29/04/2009: IEEE, S. 1201–1207.

Symons, John; Alvarado, Ramón (2016): Can we trust Big Data? Applying philosophy of science to software. In: *Big Data & Society* 3 (2), S. 1–17. DOI: 10.1177/2053951716664747.

van Dijck, Jose (2014): Datafication, dataism and dataveillance. Big Data between scientific paradigm and ideology. In: *Surveillance & Society* 12 (2), S. 197–208.

Vimarlund, Vivian; Borycki, Elizabeth M.; Kushniruk, Andre W.; Avenberg, Kerstin (2021): Ambient Assisted Living: Identifying New Challenges and Needs for Digital Technologies and Service Innovation. In: *Yearbook of medical informatics* 30 (1), S. 141–149. DOI: 10.1055/s-0041-1726492.

Wanka, Anna; Gallistl, Vera (2018): Doing Age in a Digitized World—A Material Praxeology of Aging With Technology. In: *Front. Sociol.* 3. DOI: 10.3389/fsoc.2018.00006.

Wanka, Anna; Gallistl, Vera (2021): Socio-Gerontechnology – ein Forschungsprogramm zu Technik und Alter(n) an der Schnittstelle von Gerontologie und Science-and-Technology Studies. In: *Zeitschrift für Gerontologie und Geriatrie* 54 (4), S. 384–389. DOI: 10.1007/s00391-021-01862-2.

Wellner, Galit; Rothman, Tiran (2020): Feminist AI. Can We Expect Our AI Systems to Become Feminist? In: *Philos. Technol.* 33 (2), S. 191–205. DOI: 10.1007/s13347-019-00352-z.

Zwitter, Andrej (2014): Big Data ethics. In: *Big Data & Society* 1 (2), 1–6. DOI: 10.1177/2053951714559253.

The impact of smart wearables on the decisional autonomy of vulnerable persons

Niël H. Conradie, Sabine Theis, Jutta Croll, Clemens Gruber und Saskia K. Nagel

Abstract

Smart wearable technologies have seen an explosive growth over recent years, with some research indicating that the wearable technology industry is expected to grow from USD 24 billion today to over USD 70 billion in 2025. This proliferation has extended across disparate domains, ranging from medical applications and fitness and social technologies to military, industrial, and manufacturing applications. As with any emergent technology, these wearables present opportunities for our moral benefit as well as moral challenges to be addressed. A crucial dimension of this discussion is the ethical evaluation of the impact of smart wearables on the autonomy of human decision-making. Nowhere is this a more pertinent concern than when dealing with persons uniquely vulnerable to autonomy infringement. This contribution, undertaken from an explicitly normative and ethical perspective, investigates the potential impact of smart wearables on various dimensions of the decisional autonomy of vulnerable persons.

1. Introduction

Smart wearable technologies – by which we mean here, wearable technologies that have the capacity for the collection and algorithmic processing of data, often including a wireless connection to a user network or the internet, in order to produce corrective output via means of actuators integrated into the worn item[1] - have seen an explosive growth over recent years, with current predictions being that this trend is set to accelerate (Seneviratne et al 2017; Dian et al 2020). Indeed, some research indicates

1 This definition is our own but is informed by several foregoing attempts – see Viseu 2003; Bower and Sturman 2015; Xue 2019 as examples, and Niknejad et al 2020 for a good overview of other existing definitions.

that the wearable technology industry is expected to grow from USD 24 billion today to over USD 70 billion in 2025. And, unlike other sectors, the COVID-19 pandemic proved to be an accelerator for many of the key trends driving wearable technology, such as the move towards remote patient monitoring and digital healthcare as well as the current embrace of fitness and wellbeing (IDTechEx Research 2021). This proliferation has extended across disparate domains, ranging from medical applications and fitness and social technologies to military, industrial, and manufacturing applications. As with any emergent technology that promises to leave such an extensive footprint on society, wearables present opportunities for our benefit as well as moral challenges that we should not be negligent in addressing. A crucial facet in this discussion concerns the impact of smart wearables on human decision-making. Through applications such as smart wearables, decisions are increasingly being made with the support of algorithms. This raises the question of the extent to which a person's ability to make autonomous decisions is impaired or promoted by this digital support. For example: If machine learning algorithms and artificial intelligence (AI) relieves the need to make decisions, is the resultantly freed up cognitive resources productive for other cognitive and decision-making processes, or does the relief lead to deskilling or unlearning decision-making? The former possibility is what we should undoubtedly hope for, but if the latter were the case it could result in significant harm for both society and individuals - thus elaborating on the answer to the question is of serious ethical importance. Nowhere is this a more pertinent concern than when dealing with persons who are uniquely vulnerable to infringements on their autonomy. *In this regard, the present contribution investigates, from an explicitly normative and ethical perspective, the potential impact of smart wearables on various dimensions of the autonomy of decision-making of persons uniquely vulnerable to autonomy infringement.* By "person uniquely vulnerable to autonomy infringement" here, we mean a person who, in generality, either displays a lack or deficit of the capacities necessary for, or an oversensitivity to unacceptable external influences on, their decision-making. Such vulnerability is overwhelmingly determined by the internal cognitive processes relevant to decision-making and their often (but certainly not exclusively) age-related changes. We restrict our consideration in this work to formative agents and persons with autonomy disabilities, knowing full well this is far from an exhaustive accounting of all uniquely vulnerable persons. Furthermore, we limit ourselves to a consideration of commercially available smart wearables for private use – particularly within a health or fitness context as users from vulnerable groups are particularly prevalent in this context. This is not to say that state-employed or industrial smart wearables – such as those used in military contexts, in factory production settings or by the judicial system – are not morally pertinent, quite the contrary, but they introduce confounding complexities into the discussion that we hope to avoid here. They would undoubtedly be excellent targets for future research. Finally, this investigation is explicitly undertaken from a normative perspective, which, though informed by empirical and descriptive work, seeks to preemptively identify ethical considerations that we foresee as relevant to the interaction between smart wearables and vulnerable persons.

We proceed in five steps: we begin in Section 2 by presenting how we take the process of decision-making to be best understood, and then identifying and affirming the central moral importance of autonomy in such a process – particularly what we call here *decisional autonomy* – when addressing the potential impact of commercial smart wearables for commercial or private use.

In Section 3, we examine the constitutive features of smart wearables that structure our definition and thereafter outline the qualities and capacity of smart wearables that give them the potential to be uniquely effective vectors for impacts on the autonomy of user decision-making, looking at three qualities: proximity, convenience, and ubiquity. In addition, the capacity of smart wearables for facilitating cognitive offloading for the user will be considered.

Equipped with the insights from the first two sections, in Section 4 we sketch four opportunities for autonomy-promotion (increased informational input, freeing cognitive resources, extending the range of agency, nudging) and four concerns about autonomy-reduction (privacy, overchoice, dependency and deskilling, sludging and overnudging) raised by smart wearables.

In Section 5, we motivate the need to consider impacts on vulnerable persons. We put forward three reasons for focusing on vulnerable persons: (a) They are especially vulnerable to harms and manipulations and have a reduced ability for recourse in the face of such, (b) they stand to benefit from support provided by wearables that compensate for autonomy impairments or fosters developing capacities necessary for autonomy, and (c) as a society, we often permit violations of the decisional autonomy of these persons in the name of other values where such violations would be intolerable when applied to others. We then briefly touch on some of the unique ways in which these vulnerable groups could be differentially impacted by smart wearables.

2. *Decision-making and decisional autonomy*

For our purposes we will understand the process of decision-making as follows: the cognitive process of choosing between two or more alternatives, ranging from the relatively clear to the complex. *Decisions* describe the choice between at least two options or alternatives based on personal preferences. Often the relation between an option and its consequences is probabilistic, so that the degree of uncertainty of possible consequences (i.e., the risk) is an important characteristic of a decision (Edwards 1954). However, in numerous decision-making situations, especially when dealing with complex, dynamic technical systems, either the consequences or the probabilities of their occurrence are unknown. Decisions are called "risky" above all when some of the possible but uncertain outcomes are particularly unpleasant or associated with high costs. While, for example, human factors psychology is interested in how people *should* make decisions according to an optimal framework, the decision-making research investigates to what extent errors or biases in the decision process can be attributed to limited human attention, working memory, or selection strategies or familiar decision routines. In order to ensure an empirically informed perspective on the concept of decision making, this will be briefly discussed below. The aim of this description, however, is not to introduce empirical research.

The information processing relevant to a decision begins following a human factors perspective with the user extracting cues of certain modalities from the environment and briefly storing them in the short-term memory (Wickens et al. 2021). Subsequently, the sensory stimuli are filtered. Here a selection process (clue filtering) transmits only those stimuli to conscious processing (perception), which are considered as relevant to a certain situation, based on the experience of the decision-maker. This "selective attention" is centrally controlled and binds attentional resources depending on the complexity of the problem. Selective Attention is considered the first step in the decision-making process. As humans are not passive information processors but actively engage in the process, the filtering can be initiated by the stimuli themselves (bottom-up) or from information from the long-term memory (top-down). Subsequent perception of selectively perceived stimuli serves their identification and interpretation. Based on the selectively perceived and processed information an understanding and assessment of the decision situation in terms of a diagnosis is created. Cognition and working memory are considered as central, supporting the planning and diagnostic process, and organizing a reciprocal exchange of information with the long-term memory. One main goal of the diagnosis phase is to build hypotheses about the external world and the decision-space, based on which an adequate response selection is made. For the development of a diagnosis, the concept of situation awareness (Endsley 1995; Durso et al. 2007) is of major importance. Building situational awareness includes three stages: In the first stage, all relevant information is perceived from the environment. The perceived information is then integrated top-down or bottom-up to an appropriate understanding of the current situation so that the further dynamic development of the current situation can be correctly predicted, and anticipation of future information can be derived. Across all stages, a general understanding of the system is built, from which hypotheses about system behavior and diagnoses can be derived. Based on the diagnosis, the process of action selection is then initiated, evaluating the expected consequences and the associated values of a decision (cost-benefit consideration), which in turn triggers the execution of the action. A significant factor influencing the choice of action is also the awareness of one's knowledge. Good decision-makers are aware of information lack and therefore search particularly attentively or, if necessary, wait for essential information before deciding. Since situation awareness involves the evolving decision process, it also shows a clear connection to meta-cognition (Edwards 1954; Rousseau et al. 2010).

Though there is certainly a rich and ongoing study of human decision-making,[2] we take the above description to be sufficient, though far from exhaustive, in order to launch our central aim: the investigation, from a normative and ethical perspective, of the impact of smart wearables on the decisional autonomy of certain vulnerable persons. Viewed through such an ethical lens, we take there to be two ways in which technologies such as smart wearables can impact this process: (1) impacting the quality of the decision made and (2) impacting the autonomy of the decision-making process. The positive face of the former sort of impact is usually the selling point for the technology in question, the promise that using the device will lead to the user making better choices – i.e., choices that promote the user's wellbeing or personal utility. This can be achieved, for example, through the device bringing information to the user's situation awareness that they would otherwise lack, providing more accurate risk assessment than the user could hope to, compensating for limited attention and memory, or through the device counteracting some error or bias in the user's

2 As a small sample of the available work, see Resnik 1987; Ben-Haim 2001; Bermúdez 2009; Martin 2009; Buchak 2010.

decision-making that would have resulted in suboptimal outcomes. Of course, this sort of impact also has a negative face. Technologies can also serve, despite the promises of their purveyors, to result in users making worse choices. The adjudication of which of these impacts dominate for a given technology within a given context is a crucial part of ethical reflection on the justifiability of its use. Important as this consideration is, however, we will largely be setting it to one side for the remainder of this piece to focus on the possible impact of smart wearables on the autonomy of our decision-making.

In everyday life, we value not only making good decisions but also our ability to make our own decisions (Christman 2005). We may struggle in the face of difficult choices and wish for someone else to take them out of our hands, but it is exceedingly rare for us to warm up to the idea that someone or something else will or should make our decisions for us in any general sense. Even if I cede a choice to someone else, I will want to retain a veto. This resistance, and the value given to this self-government or autonomy that it reveals, is at least in part a *moral* value, and so any infringement upon it is open to a demand for ethical justification – and if this is lacking, should be prohibited (though not universally supported, this view is widely endorsed across a wide spectrum of normative theorists – for examples see Dworkin 1988; Korsgaard 1996; Veltman and Piper 2014). But what does it mean to infringe on the autonomy of a person's decision-making? As extreme examples, it seems clear that if I am hypnotised to vote for a certain candidate in an election, for example, then this decision was not autonomous. If I am physically addicted to a narcotic and out of addictive compulsion choose to sell my most prized possession for a fix, this is (at least) not fully autonomous. For our purposes, we will follow Niker et al. (2021) in holding that to decide autonomously is for that decision to be:

1. The result of your own (evidence- and reasons-responsive) decision-making processes.
2. Guided by your authentic aims and values.
3. Without undue external influence.

It is far beyond the scope of this work to provide a defence for the legitimacy of autonomy as a moral value, so from here we will follow the assumption that, barring reasons for exemption in exceptional cases, human beings have morally significant legitimate claim to autonomy over their decision-making. As a stronger claim, we will assume that within the limited space of what we will call *commercial smart wearables*, those designed, developed, purveyed, and supported by commercial entities such as corporations for use by corporations or private citizens, a policy of *autonomy priority* should be followed. According to this position, autonomy should be the first moral value we worry about, and downstream benefits of potential consequences should be considered only after autonomy impacts have been accounted for.

Autonomy priority is not as controversial an assumption as it may prima facie seem, as it falls in line with well-established facts of both everyday and legal practice. Though states and their organs are sometimes empowered (rightly or wrongly) to violate the autonomy of its citizens – usually in the name of well-being or some other moral value (Feinberg 1983) – we do not, nor should we, permit commercial entities the same power over their customers. That their product would improve the quality of decision-making for users is not sufficient justification for a commercial entity to infringe on the autonomy of its customers. This is reflected in the much-discussed General Data Protection Regulation of the EU (GDPR), which is primarily aimed at improving the data sovereignty of EU citizens by regulating various facets of data gathering, processing, and use. The concerns the GDPR seeks to address, from a moral dimension, are the misuse of data and the violation of privacy. As the moral harm of privacy violation is plausibly best understood as the result of a violation of autonomy (Altman 1975; Debatin 2011), this urgent push for its protection is what we would expect if the underlying assumption were that corporate actors should not be permitted to violate autonomy.

This concern can also be seen within the existing draft of the EU's Artificial Intelligence Act (AIA), which adopts a risk-based approach to categorizing AI technologies (CNECT 2021). This takes the form of a proverbial pyramid of risk (Kop 2021), ascending to the top. At the summit of the pyramid – labelled "Unacceptable risk" – we find *prohibited AI practices*. Four examples of such practices are provided:

- AI systems that deploy harmful manipulative 'subliminal techniques'
- AI systems that exploit specific vulnerable groups
- AI systems used for social scoring purposes
- "Real-time' remote biometric identification systems in publicly accessible spaces for law enforcement purposes, except in a limited number of cases

Of these, the use of harmful manipulation, the exploitation of vulnerable groups, and social scoring are all definite examples of autonomy impairment. Even the prohibition on real-time remote biometrics, though more obviously aimed at preserving privacy (as mentioned already, unquestionably an important moral consideration and one intimately ties to autonomy itself), contains risks of autonomy impairment as it might coerce citizens out of public spaces. This is unsurprising, given that the protection of human rights is the chief moral principle at work in the draft law, and such rights have a long history of association with considerations of autonomy (Pateman 2002; Thrasher 2019; Niker et al. 2021). It should be noted, however, that the EU draft law explicitly takes *harm* as the foremost consideration for evaluating the risk posed by a particular AI technology. Depending on definitions of harm, this may not constitute autonomy priority. That said, the AIA is not aimed exclusively at regulating commercial technologies, but also those in industrial, military, or other domains. As we have already mentioned, these domains add other moral considerations to the table, and so we should not expect complete overlap between its approach and ours. With this in mind, we will take *decisional autonomy* as the moral value of central importance when discussing *impacts on decision-making* and when limited to the case of commercial wearables for private use. By doing this we do not discount or devalue other morally relevant concerns in the vicinity.

3. *Qualities and capacity of smart wearables relevant to decisional autonomy*

In this section, we unpack the constitutive features of smart wearables that inform our definition, and thereafter explore the qualities and capacity of smart wearables that are most salient for decisional autonomy. To reiterate, we take smart wearables to refer to wearable technologies that have the capacity for the collection and algorithmic processing of data, often including a wireless connection to a user network or the internet, and often in order to produce corrective output via means of actuators integrated into the worn item. Even with our restriction to only commercial wearables for private use, this still casts an intentionally wide net, including as it does activity trackers, augmented reality devices, E-textiles, EEG and ECG belts, smart watches, and an ever-increasing catalogue of new developments. There is a plethora of ways to classify the contents of this net depending on the perspective adopted. Ometov et al. (2021: 6-9) lays out five possibilities for the classification of smart wearables, each organised around a different factor: classification by application/functionality, classification by device type, classification by worn location, classification by energy-consumption, and classification by battery type. Though classification by energy-consumption or battery type might be of great ethical import in light of questions of sustainability, given our interest lies in how these devices impact the decisional autonomy of their users, we take classification around functionality (illustrated in Table 1) to be the most salient for our purposes.

Table 1: Classification based on the wearable application/functionality types (ordered alphabetically)

Type	Brief description
Communication functionality (C)	Provides the potential not to process the data locally but to exchange it with surrounding nodes and/or remote cloud.
Control/input functionality (CI)	A broad area of input devices ranging from smart buttons to sophisticated gesture recognition devices. This group's main task is to extend conventional Human-Computer Interaction (HCI) input focusing on the usability of the devices keeping a small form-factor as a rule.
Education and professional sports (ES)	Aim at improving the education and training by monitoring assistants.
Entertainment, gaming and leisure functionality (E)	The improvement of the perception experience including e.g., audio systems, personal entertainment displays, etc.
Heads-up, Hands-free Information (H)	Extend the conventional ways of the data delivery to the user utilizing personal assistants, AR, XR, Remote Expert Devices, wearable cameras, etc.
Healthcare/medical functionality (HM)	Separated from conventional sensing and monitoring ones due to the need to obtain medical device status that requires significant effort in the device development and testing as well as providing a high level of the obtained data trustability and the need for additional certification, however, covering similar devices, e.g., Electrocardiogram (ECG), Electroencephalogram (EEG) monitors, relaxation devices, neural interfaces, exoskeletons, etc.
Location tracking functionality (LT)	Requires having either some Global Navigation Satellite System (GNSS) on board or, at least, a wireless communication technology. On the one hand, the concept here corresponds to location awareness from the node's perspective and, on the other hand, to remote localization of the device if needed.
Notification functionality (N)	Ranges from simple vibration notification to complex AR extensions. Similarly to sensing functionality, almost any personal device connected to the cloud directly or via the gateway can carry this functionality.
Output functionality (O)	Various visual, audio, or haptic-enabled devices to provide the user and/or people around with prompt information from the personal ecosystem.
Safety and Security functionality (S)	Personal safety devices, emergency assistants, etc.
Monitoring functionality (M)	Extremely straightforward and cheap to implement this functionality. Generally, any device that has an accelerometer on board can already provide some level of sensing. (Fitness and preventive healthcare – Activity Trackers, ECG, EEG monitors, etc.)
Wearable devices for pets and animals (PF)	Mainly covers smart collars, bark collars, smart clothes, etc.

Source: (Ometov et al: 7)

It can be immediately seen that the types in this classification are of two distinct kinds, those that track features possessed by the wearable in question, and those that track the purpose of its application. C, CI, H, LT, N, O, and M are all features that a wearable can possess, whereas ES, E, HM, and PF are domains of application. Differing domains of application will undoubtedly give rise to unique use cases and so in turn unique moral opportunities and challenges, and a fine-grained examination of these is, and will remain, an important task for as long as we employ these technologies. However, as the moral opportunities and challenges we seek to identify in this work are those that we think of as *applicable to the entire class of smart wearables*, our target here must be those features that are *constitutive* of a smart wearable.

Our definition of smart wearables already presents constitutive features of smart wearables: the wearable must possess the sensors capable of collecting data (LT, M), they are able to algorithmically process this data or share it so that it can be processed elsewhere (C), they can employ this data in order to produce aim-guided output (H, N, O). Using Ometov et al.'s framework, we take LT to be a special example of the more general M and see this as a constitutive feature of smart wearables. C is not strictly constitutive but rather contingent – a wearable need not have a networked uplink to an external processing system to qualify as a smart wearable – however, given the limitations in processing power of the worn devices themselves, the outsourcing of this work is likely to be an all but universal feature (Vijayan et al. 2021). In terms of output, we take O to capture this notion in its widest sense, while H and N are all more specific instantiations thereof. Devices that provide hands-free data delivery to a user is providing a certain sort of output, and a notification is a form of visual, audio, or haptic output providing "prompt" information to a user. CI is a more complicated case. Our contention is that while the sort of usable extension to HCI input that Omertov et al. envisage might increasingly be a normative expectation we have about smart wearables, it is not a constitutive feature itself. A wearable that possesses this functionality, will possess one of the other functionalities as well. Furthermore, there are two differences between the sorts of outputs delivered by smart wearables and those delivered by other (non-smart) wearables: firstly, the smart wearable can be imparted with an aim, and will provide output in an attempt to meet the imparted aims (within some, sometimes severe, limits), which directly leads into the second difference, that the output in some cases can serve as a corrective to the device's previous outputs if these have missed the mark – an ability that is only possible thanks to both the features of data collection and algorithmic processing. A fitness watch, for example, can learn to give a user recommendation based on certain health aims, and then alter the output it delivers to achieve this end in the face of the data it continually collects. There are several other smart technologies that have similar features, but as their name gives away, smart wearables represent the application of these features to *worn items*, items that will be physically in contact with the user's person. Indeed, any technology with these features that is physically worn by a person is a smart wearable.

With this definition and constitutive features in mind, our observation is that smart wearables possess three qualities that, individually and together, work to amplify their potential impact on decision-making. We contend that it is their presence directly on a user's person – *proximity* – combined with their ease of accessibility and use – *convenience* – and omnipresence – *ubiquity* – that make them prime vectors for interventions that impact a user's decisional autonomy. There are *normative expectations* of users towards wearables illustrated by these qualities. As such, *developers and purveyors aim to deliver these qualities, and users expect to be able to make use of them*. Studies involving smartphones – the technology most similar to smart wearables in terms of the three identified qualities – have shown that if a device is in close physical proximity and readily accessible to a user it can quickly become an almost unquestioned part of a person's day to day activity and decision-making (Hamilton and Yao 2018; Reiner and Nagel 2017; Kutscher 2015). The behavioural changes (and dependencies) that this possible unreflective adoption introduces are not always consciously clear to the person being impacted. And since a key benefit to wearables is precisely their convenience as ready to hand tools about which we don't have to give too much thought in day-to-day use, we do not see these as aspects of wearables that can simply be designed away. Nor – presumably – would this be desirable, as many of the benefits of these technologies are the result of these very qualities. A further symptom of the proximity and ubiquity of wearables is that they will also collect data of a highly personal and intimate nature, including health, movement, and location data. This enables interventions for improving a user's life or even promoting their autonomy but raises concerns about possible infringements on privacy and the prospect of this data being misused to undermine the user's autonomy (Ashworth and Free 2006; Belanger and Crossler 2011; Fuller 2019).

In addition to these qualities is the capacity possessed by wearables to facilitate cognitive offloading by the user. It is this capacity that is perhaps most characteristically associated with smart wearables, and what distinguishes the role that they can serve from that of non-smart wearables. By cognitive offloading is meant the delegation of control over the performance of a cognitive task or over the making of a decision to some device or system.[3] This capacity is enabled through the wearable being able to collect and algorithmically process data to produce aim-guided and (at times) corrective output. This ceding of control can come by degrees (Dunn and Risko 2016; Risko and Gilbert 2016; Heersmink and Carter 2017). It may seem initially counter-intuitive, but this relinquishment of control can be part of a global promotion of autonomy (Kohler et al 2014; Carter 2018). Similarly, we sometimes cede control to others in such a way that they can support our autonomy, and with the result that we are better able to respond to the reasons that enable us to best achieve our aims: think of a fitness instructor who modifies our behaviour toward our desired end frequently by usurping control over aspects of our workout regimen. Where wearables are concerned, this allows us to delegate calculating an optimum workout plan to a fitness wearable or the need to search for the nearest Indian restaurant to a smartwatch. Where such delegation in narrow control results in a greater ability for the user to self-govern toward their more overarching ends, this would then be a case of autonomy promotion. However, as we shall see in the next section, this delegation of aspects or the entirety of our decision-making to these technologies can have undesirable outcomes.

4. *The opportunities and perils for decisional autonomy*

As is likely already clear, the combination of the three qualities and the capacity for offloading means that wearables are a double-edged sword in terms of its impact on the autonomy of our decision-making. This confluence gives rise to ample opportunities for our benefit, not least of which is the potential to promote and scaffold our autonomy. On the other hand, this selfsame combination allows wearables to act as particularly effective vectors for interventions that can reduce our autonomy. We will expand on each of the proverbial swords' edges in turn.

---

3 To be clear, we do not endorse the view that these technologies as they presently exist have the capacity to make decisions in the way that we have discussed for humans in Section 1. We assume that smart wearables do not possess the cognitive nor autonomous capacities that are distinctive of human decision-making, and which form the conditions of decisional autonomy. Even if we grant that they may possess the functional equivalents of some or all the cognitive capacities necessary, this is not so – at least not yet – for the capacities necessary for autonomous action. Where we talk of these devices "making decisions" or undertaking delegated "cognitive work", this is merely a colloquialism to ease the discussion.

Smart wearables as a class can promote decisional autonomy along four general dimensions: (i) the freeing up of cognitive capacity, (ii) the provision of informational input, (iii) extending the range of agency, and (iv) nudging us toward an authentic aim of ours. The freeing up of cognitive capacity is self-explanatory: by facilitating cognitive offloading the wearable allows the user to focus on pursuits that they deem to be more valuable, increasing the possibility that the user is able to recognise reasons that would have otherwise been overlooked. Examples of this are easy to come by: offloading the cognitive work of tracking my fitness schedule to a fitness tracker can free up my resources to rather be spent on my more overarching aims. (ii) has already been mentioned in passing, but the provision of otherwise unavailable information can also better allow a user to recognise salient reasons – consider the benefits of an EEG monitor that provides a user with otherwise difficult, or impossible, to obtain information, which in turn permits them to self-govern more effectively. By "extending the range of agency" what we mean here is that the wearable makes directly possible options that were previously unavailable. Most of the obvious examples of this are where wearables are used to assist those dealing with reduced autonomy. A good example of this is the case of Simon Wheatcroft, a long-distance jogger who happens to be blind. Using a wearable device collecting movement and proximity data guides Simon through haptic cues. In the words of Wheatcroft, "As a blind person, you always strive for independence. But it's a bit of a contradiction, because oftentimes, you're using somebody with sight to become independent. What we're trying to do is use this technology to really achieve true independence" (Sisson 2017).

Whereas (i)-(iii) are all easy enough to grasp colloquially, understanding (iv) requires clarifying some jargon, most pertinently: what is meant by nudging. To nudge an agent X as regard some decision Y, is to make changes to X's choice architecture relevant to Y such that some preferred choice is promoted without either removing any options from the table or introducing new economic incentives (Thaler and Sunstein 2009; Felsen, Castelo and Reiner 2013; Moles 2015; Levy 2017). The idea behind a nudge is that the agent (for our purposes, the smart wearable user) retains full autonomy in her decision-making, but it increases the likelihood that the agent selects the choice the nudger wants. Nudges can be, and regularly are, employed to promote welfare or even to support the autonomy of the nudgee. Such nudges can be particularly effective when applied by wearables, thanks to the qualities of proximity and ubiquity. A smartwatch that tracks a user's fitness data while out on a jog and then uses this data to suggest when the user should take a break is a simple but effective example of a wearable employing a nudge that can prevent a user from overexerting themselves or aggravating a medical condition. This is clearly a case where the nudge serves to promote welfare, while at the same time not obviously infringing on the autonomy of the user. But nudges can be better than autonomy-neutral, and in some cases can actively strengthen a user's capacity for self-governance (Levy 2017; Niker 2021). Envisage the following scenario: a smoker seeks to break her addiction, and to this end she purchases a health wearable that can remind a user of the dangers of smoking, perhaps accompanying the warning with off-putting images, when it detects the user is smoking. The device is serving to support the user's autonomy by supporting their attempt to quit smoking. These nudges can also be far subtler than direct communication with the user: the layout of a user interface – colouring one option brightly while leaving the other dull, placing some qualities very visibly while placing others behind menus, etc. – can nudge users toward some choices over others. For this reason, the design of a user interface must be carefully considered, both to avoid unintended nudges and where possible to employ nudges that best support the autonomy and welfare of the user.

When we consider the challenges to the decisional autonomy of smart wearable users, there are three general categories these can fall into: (i) the risk of overchoice, (ii) the risk of de-skilling and dependency, and (iii) the possibility for sludging and overnudging. The first of these has been mentioned already and refers to the – now well studied – situation where the provision of increased options serves to reduce the user's ability to choose the option that is in fact the best fit for her authentic aims. It is vital, therefore, that wearables should strive to provide palettes of *relevant* options in a fashion usable to the user, and that user agreements (a common environment for overchoice) should be aimed more at explainability and usability than sheer transparency or providing maximum details. In terms of the reducing overchoice in the application of wearables, agentially useful epistemic accessibility will often only be accomplished through active user engagement and feedback – the best way to know what option or information will be relevant and useful to a user is to facilitate increased responsiveness to user needs. But it should also not be expected that users will have uniform needs. Different options and different information will be variably useful to different users, a common-sense fact but no less important for being so. Fortunately, where the provision of options is concerned, smart technology is well-positioned to tailor options and informational input to the needs of individual users in a dynamic fashion.

When regarding user agreements, which must be hurdled before such tailoring can be undertaken, these can often be difficult to penetrate. Some of which employ overly jargon-riddled technical or legal language that form a barrier to comprehension. Though not strictly the result of the features of smart wearables themselves the very nature of the algorithmic processing that is essential to the effective operation of smart wearables offers a barrier to providing easy epistemic access, as though such systems may not be black boxes, they can still be very dark shades of grey (Jovanović and Schmitz 2022). Thus, though there is undoubtedly a moral reason for the drafters of these agreements to strive for explainability, this will understandably not be their only concern, and there is also a moral onus on the user to take reasonable steps to educate themselves on the legal details of the agreement they enter. How all this is to be achieved is an important discussion, but outside the focus of this piece and so we only take this opportunity to gesture towards its significance.

Turning to (ii), although it is true that cognitive offloading can result in a promotion of decisional autonomy, the opposite outcome is also possible. One way in which this can occur is if a user becomes too dependent on a device, such that their own skills and decision-making ability atrophy to the point where autonomy is threatened (this is often referred to as "de-skilling" (Vallor 2015)). This is most likely to occur in situations where the use of the technology becomes unreflective or habitual, precisely the danger raised by the proximate, ubiquitous, and convenient nature of wearable technologies. There are two ways in which this sort of atrophication can prove dangerous to autonomy: a) where a dependency forms on an unreliable technology and b) where the dependency stunts the development of capacities necessary for decisional autonomy. If the technology is unreliable, then the delegation of control from the user to the technology in order to grant them greater overall control backfires. The user, if they are dependent – that is, the skill necessary to fulfil the task the technology now fulfils has atrophied away – will be left with reduced overall autonomy if the technology fails. An illustrative example involving smart wearables would be the use of an augmented reality headset for in-store product comparisons during shopping. Assume a user who has become dependent on this functionality in order to make purchasing decisions, but then experiences a failure of their device. Bereft of the guidance from the wearable, this user is now incapable of making effective (that is, in line with their authentic ends) purchasing choices – whereas this would not have been the case had they never formed the dependency. To be very clear, this is not a polemic against *any* dependency resulting from cognitive offloading: dependency on navigation technology is a boon to the autonomy of many, and since these systems are sufficiently reliable (most of the time!) we can judge that they are autonomy-promoting. The vital takeaway from (a) is that the developers of technologies that can facilitate cognitive offloading must be thorough in assessing whether or not they are likely to result in dependencies, and if they are it is vital that the reliability of the technology be of the highest order. However, even if reliability is not a concern, there are still some dependencies that may be pernicious to decisional autonomy. If the dependency results, directly or indirectly, in the stunting or loss of a capacity necessary for decision-making, then we have pro tanto moral reason to oppose the dependency-inducing technology, one that will rarely if ever be overridden in the commercial realm. Though there is not yet robust evidence of this occurring with smart wearables, the first longitudinal studies on the topic have found that the growing use of, and dependency on, various digital offloading technologies correlates with a deterioration in attentional capacities among adolescents (Baumgartner et al, 2018), capacities which we identified in Section 1 as necessary for human decision-making and by extension for decisional autonomy.

Lastly, we have (iii). Following current convention, we call nudges that nudge a user against their best (or better) interests, *sludges* (Thaler 2018). Given our account of autonomy, such sludges can be autonomy reducing if they work against a user achieving their authentic aims. These sorts of interventions can take many shapes but are usually employed with the interest of increasing profits at the user's expense. Having a pair of smart glasses that consistently gives listing priority to products manufactured by the purveyor of the device even when these are not the best value is an example of a measure that can function as a sludge, inducing customers to purchase these products even when it works against their authentic aims – assuming they aim to purchase the best value product in this example. Combating sludges is often best achieved by informing users about their presence and the danger they pose. Awareness of a nudge or sludge, though not foolproof, can go a long way to helping people resist its possible effects on their decision-making.

Apart from sludges, there are two other ways in which nudges can undermine autonomy. Firstly, our aims and values can often prove very endogenous, leaving us vulnerable to being nudged away from our own authentic self-government. This is particularly true if nudges operate by bypassing our deliberative capacities (Grüne-Yanoff 2012). Secondly, nudging can serve to prevent or impair the development of capacities necessary for autonomy by cutting a user off from irreplaceable learning experiences (Blöser et al 2010; Niker et al. 2021). This is exacerbated when the nudgee is the target of many concerted nudges or the source of the nudging is unreflectively integrated into the nudgee's decision-making. One of the best and simplest ways to combat this risk is to inform users about how they are being nudged – or will be nudged. This will likely reduce the efficacy of at least some nudges, which often work best when undetected, but this is a price that should be paid in seeking out the appropriate balance, especially in a commercial context (Sunstein 2014).

5. Vulnerable persons and the differentiated impact of smart wearables

Although the above-mentioned impacts on decisional autonomy are relevant for all users, this is nowhere truer than in the case of what we will here refer to as *persons uniquely vulnerable to autonomy infringement*. In this paper we use this term to encompass those *individuals* whose capacities for autonomous decision-making are, *in generality*, more sensitive to negative impacts. This sensitivity is the result of one or more elements of the decision-making process – as discussed in Section 1 – operating at a level sufficiently less than that normatively expected of an autonomous decision-maker. This state is multiply realisable as it can take many forms, some examples might include: a shortfall in working memory, a limited attentional capacity, a shortcoming in integrating information stimuli into situational awareness, or a limited capacity for meta-cognition. This is also to be understood multidimensionally, where shortfalls in some elements and gains in others can co-exist. These varied impacts may indeed be incommensurable on final appraisal, thus preventing the formulation of a straightforward final verdict on whether decisional autonomy has been positively or negatively impacted. Viewed ethically, the consequence of a diminishment along a dimension of a user's decisional autonomy is that they are less able to pursue and achieve their authentic ends through their own (evidence- and reasons-responsive) decision-making processes, and/or there is a higher risk of external influences having an overriding impact on these processes. That is to say, they are more *likely* to have their self-governance infringed, though of course this possibility need not transpire for them to be vulnerable. As it is far too wide a task for this piece to address every possible variation of such uniquely vulnerable persons, we choose to focus our attention on certain illustrative examples in order to better elucidate our claims. This is not to claim that these examples represent the only types or groups of persons who are uniquely vulnerable to autonomy infringement, nor that they necessarily represent the examples most worthy of consideration. Our choices here are motivated solely by the practical aim of illustrating the potential impacts of smart wearables on vulnerable persons as digestibly as possible.

On our assessment there are two primary categories of vulnerability we should pay special attention to as regards the impact on the decisional autonomy of vulnerable persons:

1. Harm vulnerability: these persons are especially vulnerable to harms and manipulations resulting from failures of self-governance and may have a reduced ability for recourse in the face of such
2. Paternalism vulnerability: as a society, we often permit violations of the decisional autonomy of vulnerable persons in the name of utility or other moral values where such violations would be intolerable for others

The first of these is self-apparent, but note that it makes sludging, dependency formation, and privacy violations of vulnerable persons *uniquely concerning*. To illustrate the second, consider that vulnerable persons are frequently "protected" by excluding them from access to certain activities or technologies. This is not to imply that all vulnerable persons are treated equally in this regard but being overprotective to the degree of paternalism is a commonality in their treatment. Given our commitment to autonomy priority, at least in the case of commercial smart wearables, we adopt a skeptical stance toward the justification of any paternalism that violates decisional autonomy.

The first example we consider is of a user with an age-related diminishment in one or more of their decision-making capacities. They remain full agents, but as a result of the diminishment in their capacities they have some limitations on their ability for effective self-governance – though this is not tantamount to concluding that they, all-things-considered, lack decisional autonomy. One possible version of this example would be of an older adult with diminishments in their situational awareness, memory, attention, and overall cognitive abilities as a result of natural, biological attrition (Wilson et al. 2002; Salthouse et al. 2003; Deary et al. 2009). Deficits in situational awareness amplifies the opportunity and the risk for decisional autonomy of those impacts that are most effective when unreflected upon – precisely what we take to be the result of the morally-relevant qualities of the class of smart wearables. Positively, it is precisely here where smart wearables can best promote the autonomy of such persons by allowing them to offload tasks, thus freeing up their comparatively more valuable cognitive resources (Lewis and Neider 2017). There is also increased scope for effective nudging, however the inclination toward paternalism – even of the libertarian variety – must be carefully balanced lest, as Schachar and Greenbaum (2019) fears may happen all too easily, the nudge becomes a shove. More unambiguously negative, persons with age-related diminishments remain particularly vulnerable to sludging, as such influences thrive in the absence of reflection, memory, and attentional capacity.

Our second example case is that of a person with an autonomy-impairing disability. To be clear, not all persons with disabilities will necessarily have reduced autonomy, either in a particular dimension of autonomy or all-things-considered. But certain persons with disabilities will have this experience, where they have a limitation in one or more dimensions of autonomy. As this remains too wide a grouping to be illustrative, let us use the particular case of Simon Wheatcroft, which we have already touched on. Simon lost his sight to a degenerative eye disease while a teenager but remained an avid long-distance jogger. Due to his condition, he found himself severely limited pursuing this dearly held interest of his, having to stick to well identified running paths and requiring a sighted guide runner when participating in large city marathons. As we described, using a wearable device capable of providing guidance through haptic cues, Simon was able to extend the range of his agency, and thereby pursue his authentic ends that had previously seemed unattainable. Though his story so far has undoubtedly been one to celebrate, individuals in Simon's situation remain uniquely vulnerable along two dimensions of decisional autonomy. Firstly, there is the risk of forming a dependency on these technologies supports, and if this couples with an atrophication of the ability to perform long-distance jogs unaided, it could leave Simon in a position of reduced autonomy if the technology fails. And secondly, those in Simon's position are vulnerable to overnudging and sludging by those who design and supply them with the technologies on which their extended agency depends.

The final example, which we will consider in more depth than the preceding two, is that of *formative agents*, whose capacities necessary for decisional autonomy are still nascent and developing. Though not only applicable to them, children and adolescents are usually considered the paradigmatic examples of such near-autonomous agents (Graf et al. 2013). This is also recognized and enshrined in the UN Convention on the Rights of the Child, which holds the *evolving capacities* of the child to be a core notion (UN-CRC, Art. 5). There is undoubtedly irreducible vagueness as to when precisely a formative agent comes into their own as fully autonomous, a dynamic that we can clearly see with the border between childhood, adolescence, and adulthood. Given this, we do not aim here to specify precise points of transition but take talk of children and adolescents to be sufficiently intuitive to grasp for our illustrative (and not intended to be exhaustive) purposes.

As children develop throughout the stages of childhood and adolescence and their capacities evolve over time, so their resilience towards potentially negative influences grows. This marks a fundamental difference to our two other examples. The younger the child, the more they need to be protected from such risks. The inchoate state of their development results in the preferences and ends of younger children being far more endogenous – and so vulnerable to nudges and sludges – than adults. Also, as children's capacities for agency are evolving with their age, the impact of interventions that promote, reinforce, stunt, or deform these capacities is uniquely amplified. As children grow older, protection can gradually be reduced to attempting to avoid serious risks and focus on the child's growing autonomy and ability to cope with nudges and sludges. This is reflected in detail in *The Intelligent Risk Management Model* developed by the German Centre for Child Protection on the Internet (2015). The model is based on an age-related concept designed both to protect children and adolescents but also to support them in developing coping strategies and skills. Parents and other guardians play a crucial role in this process, facing two general duties that can at times conflict: The duty to ensure the well-being of the child or adolescent and the duty to promote and respect the autonomy of the child or adolescent, so that they can learn and practice how to use their autonomy-enabling capacities, which will often involve allowing them to "make their own mistakes". A guiding principle in this conflict should be the "best interest of the child as a primary consideration" (UN-CRC, Art. 3). Accordingly, a violation of the child or adolescent's autonomy should only be justified where it is in their best interest, e.g., to protect them from *severe* or *unforeseeable* harm, while still allowing them the space to practice and fail. Based on the assumption that younger children are not able to oversee the consequences of disclosing private data, stronger restrictions to the use of such children's data could either be exercised by their parents or placed within the device. While parents might be inclined to infringe their children's privacy by being overprotective, safety-by-design built into the device or service could even support the child or adolescent's acquisition of data literacy and free their cognitive capacity. Smart wearables for children and/or adolescents have a high potential to extend their agency, nonetheless, designing wearables for children and/or adolescents needs to take into account when the informational input oversteps the balance of freeing versus locking cognitive capacities. In order to promote children and adolescents in their process of learning and development, certain tasks should not be taken out their hands by a wearable: for example, a smartwatch providing continual and immediate informational input could inhibit the development of attentional capacities. Additionally, for adolescents, tracking weight and other body data with smart wearables may help them gain autonomy over their own decisions regards sports activities and nutrition through informational input, freeing cognitive capacity, and nudging. But at the same time, it might make them more dependent on statistical norms and puts them at risk of socially-mediated sludges, such as pressure from their peer group toward unhealthy behaviours.

6. *Concluding Remarks*

With the likely tremendous growth in smart wearable use over the coming years, it behoves us to take the opportunity to access the moral impacts that may accompany it. Here we have sought to unpack how commercial wearables will influence the decisional autonomy of users, with a special focus on persons uniquely vulnerable to autonomy infringement. We argue that there are several unique perils and opportunities for decisional autonomy that arise from the unique qualities of smart wearables and their capacity to facilitate cognitive offloading. What is more, these perils and opportunities, insofar as they originate from the same qualities and capacity, cannot be "designed away" – they will always demand ethical engagement and reflection in order to produce the most favourable balance between the morally desirable benefits on offer and the morally worrisome outcomes. Those examples of vulnerable persons we discuss are all particularly vulnerable to the possible infringements on decisional autonomy, but also stand to uniquely benefit from some of the opportunities. In light of this, the developers and purveyors of these technologies are under moral obligation to weigh these considerations in the design, proliferation, and support of smart wearables, and should pay special attention to the cases of children, seniors, and persons with non-age-related autonomy impairments.

References

Altman, I. (1975): *The environment and social behavior: privacy, personal space, territory, crowding.* Monterey, CA: Cole Publishing Company.

Ashworth, L. and Free, C. (2006): Marketing Dataveillance and Digital Privacy: Using Theories of Justice to Understand Consumers' Online Privacy Concerns. *Journal of Business Ethics*, 67, 107–123.

Belanger, F. and Crossler, R. E. (2011): Privacy in the Digital Age: A Review of Information Privacy Research in Information Systems. *MIS Quarterly*, 35(4), 1017-1041.

Blöser, C., Schöpf, A., and Willaschek, M. (2010): Autonomy, experience, and reflection. On a neglected aspect of personal autonomy. *Ethical Theory and Moral Practice*, 13(3), 239–253.

Bower, M. and Sturman, D. (2015): What are the educational affordances of wearable technologies? *Computers & Education*, 88, 343-353.

Carter, J. A. (2018): Virtue Epistemology, Enhancement, and Control. *Metaphilosophy*, 49(3), 283-304.

Centre for Child Protection on the Internet (2015): *The Intelligent Risk Management Model*. URL: https://childrens-rights.digital/hintergrund/index.cfm/topic.279/key.1497

Deary, I. J., Corley, J., Gow, A. J., Harris, S. E., Houlihan, L. M., Marioni, R. E., Penke, L., Rafnsson, S. B., and Starr, J. M. (2009): Age-associated cognitive decline. *British Medical Bulletin*, 92(1), 135–152.

Debatin, B. (2011): Ethics, Privacy, and Self-Restraint in Social Networking. In Trepte S and Reinecke L (Eds.), *Privacy Online* (pp. 47-61), Berlin: Springer-Verlag.

Dian, J. F., Vahidnia, R., and Rahmati, A. (2020): Wearables and the Internet of Things (IoT), Applications, Opportunities, and Challenges: A Survey. In *IEEE Access*, 8, 69200-69211. DOI: 10.1109/ACCESS. 2020.2986329.

Dunn, T. and Risko, E. F. (2016): Toward a Metacognitive Account of Cognitive Offloading. *Psychology, Medicine, Computer Science*, 40(5), 1080-1127.

Durso, F. T., Rawson, K. A., and Girotto, S. (2007): Comprehension and Situation Awareness. In Durso F, Nickerson R, Dumais S, Lewandowsky S, and Perfect T (Eds.), *Handbook of Applied Cognition: 2nd Edition* (pp. 163-193), Hoboken, NJ: Wiley.

Edwards, W. (1954): The reliability of probability-preferences. *The American Journal of Psychology*, 67(1), 68-95.

Endsley, M. R. (1995): Measurement of situation awareness in dynamic systems. *Human factors*, 37(1), 65-84.

European Union. (2016). *Regulation (EU) 2016/679 of the European Parliament and of the Council on the protection of natural persons with regard to the processing of personal data and on the free movement of such data, and repealing Directive 95/46/EC* (General Data Protection Regulation). In: Official Journal of the European Union, L 119, 04 May 2016, S. 1-88.

European Commission (2021). *Proposal for a Regulation of the European Parliament and of the Council laying down harmonised rules on Artificial Intelligence (Artificial Intelligence Act) and amending certain Union Legislative Acts*. COM(2021) 206 final. Brussels. Available at: https://eur-lex.europa.eu/legal-content/EN/TXT/?uri=CELEX:52021PC0206 [accessed 12 May 2022]

Feinberg, J. (1983): Autonomy, Sovereignty, and Privacy: Moral Ideals in the Constitution. *Notre Dame Law Review*, 58(3), 445-492.

Felsen, G., Castelo, N., and Reiner, P. B. (2013): Decisional enhancement and autonomy: Public attitudes towards overt and covert nudges. *Judgment and Decision Making*, 8(3), 202–213.

Fuller, C. S. (2019): Is the market for digital privacy a failure? *Public Choice*, 180, 353-381.

Graf, W. D., Nagel, S. K., Epstein, L. G., Miller, G., Nass, R., and Larriviere, D. (2013): Pediatric neuroenhancement: Ethical, legal, social, and neurodevelopmental implications. *Neurology*, 80(13), 1251-1260.

Grune-Yanoff, T. (2012): Old wine in new casks: libertarian paternalism still violates liberal principles. *Social Choice and Welfare*, 38, 635–645.

Hamilton, K. A. and Yao, M. Z. (2018): Cognitive Offloading and the Extended Digital Self. In M. Kurosu (Ed.), *Human-Computer Interaction. Theories, Methods, and Human Issues*. HCI 2018. Lecture Notes in Computer Science, vol 10901. Springer, Cham.

Heersmink, R. and Carter, J. A. (2020): The philosophy of memory technologies: Metaphysics, knowledge, and values. *Memory Studies*, 13(4), 416-433.

IDTechEx Research (2021): *Wearable Technology Forecasts: A comprehensive review of market opportunities across all wearable electronic devices, from smartwatches to skin patches, AR, VR & MR to hearables, smart clothing to smart eyewear, and more.* URL: https://www.idtechex.com/en/research-report/wearable-technology-forecasts-2021-2031/839

Jovanović, M. and Schmitz, M. (2022): Explainability as a User Requirement for Artificial Intelligence Systems. *Computer*, 55(2), 90-94.

Köhler, S., Roughley, N., and Sauer, H. (2017): Technologically blurred accountability? Technology, responsibility gaps and the robustness of our everyday conceptual scheme. In Ulbert C, Finkenbusch P, Sondermann E, and Debiel T (Eds.), *Moral Agency and the Politics of Responsibility* (pp. 51-68). London: Routledge.

Kop, M. (2021): EU Artificial Intelligence Act: The European Approach to AI. *Transatlantic Antitrust and IPR Developments*. Stanford Law School.

Kutscher, N. (2015): *Internet ist gleich mit Essen - Empirische Studie zur Nutzung digitaler Medien durch unbegleitete minderjährige Flüchtlinge*. URL: https://www.researchgate.net/publication/287209029_Internet_ist_gleich_mit_Essen_-_Empirische_Studie_zur_Nutzung_digitaler_Medien_durch_unbegleitete_minderjahrige_Fluchtlinge

Levy, N. (2017): Nudges in a post-truth world. *Journal of Medical Ethics*, 43, 495–500.

Lewis, J. E. and Neider, M. B. (2017): Designing Wearable Technology for an Aging Population. *Ergonomics in Design*, 25(3), 4-10.

Moles, A. (2015): Nudging for Liberals. *Social Theory and Practice*, 41(4), 644-667.

Nagel, S. K. and Reiner, P. B. (2018): Skillful Use of Technologies of the Extended Mind Illuminate Practical Paths Toward an Ethics of Consciousness. *Frontiers in Psychology*, 9, 1251.

Niknejad, N., Ismail, W. B., Mardani, A., Liao, H., and Ghani, I. (2020): A comprehensive overview of smart wearables: The state of the art literature, recent advances, and future challenges. *Engineering Applications of Artificial Intelligence*, 90, 103529.

Niker, F., Felsen, G., Nagel, S. K., and Reiner, P. B. (2021): Autonomy, Evidence-Responsiveness, and *the Ethics of Influence*. In M. Blitz and J.C. Bublitz (Eds.), Neuroscience and the Future of Freedom of Thought. Hampshire: Palgrave-Macmillan.

Ometov, A., Shubina, V., Klus, L., Skibińska, J., Saafi, S., Pascacio, P., Flueratoru, L., Gaibor, D. Q., Chukhno, N., Chukhno, O., Ali, A., Channa, A., Svertoka, E., Qaim, W. B., Casanova-Marqués, R., Holcer, S., Torres-Sospedra, J., Casteleyn, S., Ruggeri, G., Araniti, G., Burget, R., Hosek, J., and Lohan, E. S. (2021): A Survey on Wearable Technology: History, State-of-the-Art and Current Challenges. *Computer Networks*, 193, 1-37.

Pateman, C. (2002). Self-Ownership and Property in the Person: Democratization and a Tale of Two Concepts. *The Journal of Political Philosophy*, 10(1), 20-53.

Reiner, P. B. and Nagel, S. K. (2017): Technologies of the Extended Mind: Defining the Issues. In Illes J & Hossain S (Eds.), *Neuroethics: Anticipating the Future* (pp. 108-122). Oxford Scholarship Online.

Risko, E. F. and Gilbert, S. J. (2016): Cognitive Offloading. *Trends in Cognitive Sciences*, 20(9), 676-688.

Rousseau, R., Tremblay, S., Banbury, S., Breton, R., and Guitouni, A. (2009): The role of metacognition in the relationship between objective and subjective measures of situation awareness. *Theoretical Issues in Ergonomics Science*, 11(1-2), 119-130.

Salthouse, T. A., Atkinson, T. M., and Berish, D. E. (2003): Executive functioning as a potential mediator of age-related cognitive decline in normal adults. *Journal of Experimental Psychology: General*, 132, 566–594.

Sunstein, C. R. (2014): Nudging: A Very Short Guide. *Journal of Consumer Policy*, 37, 583-588.

Seneviratne, S., Hu, Y., Nguyen, T., Lan, G., Khalifa, S., Thilakarathna, K., Hassan, M., and Seneviratne, A. (2017): A Survey of Wearable Devices and Challenges. In *IEEE Communications Surveys & Tutorials*, 19, 4, 2573-2620. DOI: 10.1109/COMST.2017.2731979.

Sisson, P. (2017): Beyond the finish line: how technology helped a blind athlete run free at the New York Marathon. *The Verge*, Nov 6. URL: https://www.theverge.com/2017/11/6/16610728/2017-new-york-marathon-blind-runner-wearworks-wayband-simon-wheatcroft

Thaler, R. H. (2018): Nudge, not sludge. *Science*, 361(6401), 431.

Thaler, R. H. and Sunstein, C. R. (2009): *Nudge: Improving decisions about health, wealth, and happiness*. New Haven: Yale University Press.

Thrasher, J. (2019): Self-ownership as personal sovereignty. *Social Philosophy and Policy*, 36(2), 116-133.

Vallor, S. (2015): Moral Deskilling and Upskilling in a New Machine Age: Reflections on the Ambiguous Future of Character. *Philosophy & Technology*, 28, 107-124.

Vijayan, V., Connolly, J. P., Condell, J., McKelvey, N., and Gardiner, P. (2021): Review of Wearable Devices and Data Collection Considerations for Connected Health. *Sensors*, 21(16).

Viseu, A. (2003): Simulation and augmentation: issues of wearable computers. *Ethics and Information Technology*, 5(1), 17-26.

Wickens, C. D., Helton, W. S., Hollands, J. G., and Banbury, S. (2021): *Engineering psychology and human performance*. Routledge.

UN General Assembly (20 November 1989): Convention on the Rights of the Child. *Treaty Series*, vol. 1577, URL: https://www.ohchr.org/en/professionalinter est/pages/crc.aspx

Wilson, R. S., Beckett, L. A., Barnes, L. L., Schneider, J. A., Bach, J., Evans, D. A., and Bennett, D. A. (2002): Individual difference in rates of change in cognitive abilities in older persons. *Psychology and Aging*, 17(2), 179-193.

Xue, Y. (2019): A review on intelligent wearables: Uses and risks. *Human Behaviour & Emerging Technology*, 1, 287-294.

Autorinnen und Autoren

Dr. Hartmut Aden

ist Jurist und Politikwissenschaftler, seit 2009 Professor für Öffentliches Recht, Europarecht, Politik- und Verwaltungswissenschaft an der HWR Berlin, Fachbereich Polizei und Sicherheitsmanagement/FÖPS Berlin und seit 2020 Vizepräsident für Forschung und Transfer der HWR Berlin.

Leen Al Kalla

hat IT-Sicherheit an der Ruhr Universität Bochum studiert und arbeitet zur Zeit als IT-Sicherheitsanalystin bei der ConSecur. Sie hat in ihrer Bachelorarbeit die Nutzung von WhatsApp durch arabischsprachige Nutzer:innen untersucht. E-Mail: Leen.AlKallaa@ruhr-uni-bochum.de

Marianne von Blomberg

ist wissenschaftliche Mitarbeiterin am Projekt "The Social Credit System as a Challenge for Law and Courts in China" am Lehrstuhl für chinesische Rechtskultur der Universität zu Köln. Sie promoviert zu der Frage, wie Sozialkreditsysteme als alternative Mechanismen der Verhaltensregulierung das traditionelle Recht stärken, unterwandern und verändern. Email: m.vonblomberg@uni-koeln.de

Annalina Buckmann

ist wissenschaftliche Mitarbeiterin am Lehrstuhl für Human-Centred Security an der Ruhr-Universität Bochum und forscht in Projekten des DFG-Exzellenzclusters "CASA - Cyber Security in the Age of Large-Scale Adversaries" zu Sicherheitskulturen, Digital Divide, Inklusivität und Diversität im Kontext von IT-Sicherheit und Privatsphäre in digitalen Gesellschaften. Email: Annalina.Buckmann@rub.de

Dr. Niël H. Conradie

ist wissenschaftlicher Mitarbeiter am Lehr- und Forschungsgebiet Angewandte Ethik an der RWTH Aachen Universität. Derzeit liegt der Schwerpunkt seiner Arbeit auf kollektiver Verantwortung und wie Fragen individueller und kollektiver Verantwortung mit KI und anderen aufkommenden Technologien zusammenhängen. E-Mail: niel.conradie@humtec.rwth-aachen.de

Jutta Croll

ist Vorstandsvorsitzende der Stiftung Digitale Chancen und dort verantwortlich für das auf internationale Kooperation ausgerichtete Projekt Kinderschutz und Kinderrechte in der digitalen Welt. E-Mail: jcroll@digitale-chancen.de

Alan Dahi

ist Datenschutzjurist bei beim gemeinnützigen Verein "noyb - European Center for Ditigal Right" in Wien. Er betreibt dort ua Projekte zum Thema "biometrische Daten und Datenschutz". Email: ad@noyb.eu

Dr. Martin Degeling

arbeitet im Themenbereichen "usable privacy and security" und beschäftigt sich insbesondere mit Online Tracking und der Perspektive von Nutzenden auf Datenschutzfragen. Zur Zeit ist er beider Stiftung Neue Verantwortung mit Empfehlungen zur Auditierung von Empfehlungssystemen beschäftigt. Vorher war er wissenschaftlicher Koordinator eines Graduiertenkollegs und PostDoc an der Ruhr-Universität Bochum. E-Mail: martin.degeling@ruhr-uni-bochum.de

Dr. Jana Dittmann

ist Professorin an der Otto-von-Guericke Universität in Magdeburg und leitet dort seit 2002 die Arbeitsgruppe "Multimedia and Security". Sie beschäftigt sich mit verschiedenen Themenfeldern der Cybersicherheit im Zusammenspiel mit Datensparsamkeit, Souveränität und Nachhaltigkeit. Neben Security-by-Design sowie Privacy-by-Design & Default umfassen die Arbeiten Spezialthemen zu Medien-, Netzwerk- und Computer-Forensik, Test und Evaluation von Angriffsvektoren (zum Beispiel für den Bereich Automotive, Produktionssysteme, automatisierte Steuerungen, Finanzwirtschaft), Verdeckte Kommunikation und Digitale Wasserzeichen, sowie den Entwurf von Mediensicherheitsprotokollen. Email: jana.dittmann@ovgu.de

Dr. Jan Fährmann

ist Jurist und Kriminologe. Er hat an der HWR Berlin am Forschungsinstitut für öffentliche und private Sicherheit geforscht und unterrichtet. Mittlerweile ist er in den politischen Bereich gewechselt und arbeitet als Fraktionsreferent für die Fraktion von Bündnis 90/Die Grünen im Berliner Abgeordnetenhaus. Email: Jan.Faehrmann@hwr-berlin.de

Konstantin Fischer

ist wissenschaftlicher Mitarbeiter am Lehrstuhl für Human-Centred Security an der Ruhr-Universität Bochum und forscht im Projekt "Humans & Cryptography" des DFG-Exzellenzclusters "CASA - Cyber Security in the Age of Large-Scale Adversaries" zu Nutzer:innenverhalten, mit Fokus auf die Adoption von neuen Sicherheitslösungen und deren Benutzbarkeit.

Dr. Michael Friedewald

leitet das Geschäftsfeld "Informations- und Kommunikationstechnik" am Fraunhofer-Institut für System- und Innovationsforschung ISI in Karlsruhe. Er ist Koordinator des "Forum Privatheit und selbstbestimmtes Leben in der digitalen Welt". Email: michael.friedewald@iis.fraunhofer.de

Clemens Gruber

ist wissenschaftlicher Mitarbeiter bei der Stiftung Digitale Chancen und aktuell im BMBF-Projekt "Interaktive, visuelle Datenräume zur souveränen, datenschutzrechtlichen Entscheidungsfindung" InviDas, tätig. E-Mail: cgruber@digitale-chancen.de

PD Dr. Jessica Heesen

ist Leiterin des Forschungsschwerpunkts Medienethik und Informationstechnik am Internationalen Zentrum für Ethik in den Wissenschaften (IZEW) der Universität Tübingen und Mitglied im Forum Privatheit. E-Mail: jessica.heesen@uni-tuebingen.de

Franziska Herbert

ist wissenschaftliche Mitarbeiterin der Arbeitsgruppe Mobile Security an der Ruhr-Universität Bochum und forscht in Projekten des DFG-Exzellenzclusters "CASA - Cyber Security in the Age of Large-Scale Adversaries" zu Wissen, Verhalten und Wahrnehmung von Nutzer:innen in den Bereichen Privatheit und IT-Sicherheit.

Dr. Gerrit Hornung

ist Professor für Öffentliches Recht, IT-Recht und Umweltrecht und Direktor am Wissenschaftlichen Zentrum für Informationstechnik-Gestaltung (ITeG) an der Universität Kassel. E-Mail: gerrit.hornung@uni-kassel.de

Dr. Carolin Jansen

ist wissenschaftliche Mitarbeiterin im BMBF-Projekt "DYNAMO - Hochdynamische Verbreitungsformen von Desinformation verstehen, erkennen und bekämpfen" an der Hochschule der Medien in Stuttgart (HdM). E-Mail: jansenc@hdm-stuttgart.de

Rita Jordan

ist Vorstandsreferentin bei der Technologiestiftung Berlin. Zuvor war sie wissenschaftliche Mitarbeiterin am ScaDS.AI Dresden/Leipzig sowie assoziiertes Mitglied des Schaufler Kolleg@TU Dresden. E-Mail: rita.jordan@ts.berlin

Hannah Klöber

Hannah Klöber ist Research Assistant am Projekt "The Social Credit System as a Challenge for Law and Courts in China" am Lehrstuhl für chinesische Rechtskultur der Universität zu Köln. E-Mail: hkloeber@smail.uni-koeln.de.

Jan Philipp Kluck

ist wissenschaftlicher Mitarbeiter am Lehrstuhl Sozialpsychologie – Medien und Kommunikation an die Universität Duisburg-Essen. Dort forscht er innerhalb des BMBF-Projekts "DYNAMO" zu den Verbreitungsformen von Falschinformationen. E-Mail: jan.kluck@uni-due.de

Dr. Nicole Krämer

ist Professorin für Sozialpsychologie – Medien und Kommunikation an die Universität Duisburg-Essen in der Fakultät für Ingenieurwissenschaften und Mitglied des "Form Privatheit". E-Mail: nicole.kraemer@uni-due.de

Dr. Christian Krätzer

ist wissenschaftlicher Mitarbeiter an der AG "Multimedia and Security" an der Fakültät für Informatik, Otto-von-Guericke Universität Magdeburg. Er forscht und lehrt in dieser Position zu Themen der IT-Sicherheit mit Fokus auf Mediensicherheit, Biometrie und Forensik. E-Mail: christian.kraetzer@iti.cs.uni-magdeburg.de

Dr. Jörn Lamla

ist Professor für Soziologische Theorie an der Universität Kassel und dort auch Direktor am Wissenschaftlichen Zentrum für Informationstechnik-Gestaltung (ITeG). E-Mail: lamla@uni-kassel.de

Roger von Lauffenberg

ist Senior Researcher am Vienna Centre for Societal Security | VICESSE, mit dem Schwerpunkt auf eine kritische Erforschung der gesellschaftlichen und organisatorischen Auswirkungen von KI-Systeme. E-Mail: roger.von.laufenberg@vicesse.eu

Lena Isabell Löber

ist wissenschaftliche Mitarbeiterin am Fachgebiet Öffentliches Recht mit dem Schwerpunkt Recht der Technik und des Umweltschutzes (Prof. Dr. Alexander Roßnagel) an der Universität Kassel und promoviert zum Thema digitale Desinformation und Kommunikationsgrundrechte unter besonderer Berücksichtigung der Regulierung von Social Networks. E-Mail: l.loeber@uni-kassel.de

Anna Louban

ist Soziologin und Rechtsethnologin. Seit 2021 arbeitet sie als wissenschaftliche Mitarbeiterin zu KI-bezogenen Projekten im Kontext von Strafverfolgungsbehörden am Forschungsinstitut für Öffentliche und Private Sicherheit der Hochschule für Wirtschaft und Recht Berlin (FÖPS/HWR Berlin). E-Mail: Anna.Louban@hwr-berlin.de

Matthias Marx

ist wissenschaftlicher Mitarbeiter in der Arbeitsgruppe für Sicherheit in verteilten Systemen an der Universität Hamburg. Dort forscht er an anonymer Kommunikation und befasst sich mit der IT-Sicherheit von Kritischen Infrastrukturen. E-Mail: matthias.marx@uni-hamburg.de

Dr. Rainer Mühlhoff

ist Professor für Ethik der Künstlichen Intelligenz an der Universität Osnabrück. Er arbeitet zu Ethik, Datenschutz und kritische Theorie im Kontext vernetzter digitaler Medien. Kontakt und weitere Informationen: https://RainerMuehlhoff.de

Dr. Saskia Nagel

ist Professorin für Angewandte Ethik an der RWTH Aachen. Sie ist Mitglied des Human-Technology-Centers und des Centers für Künstliche Intelligenz. E-Mail: saskia.nagel@humtec.rwth-aachen.de

Dr. Lars Rinsdorf

ist Professor für Journalistik an der Hochschule der Medien in Stuttgart. Seine Forschungsschwerpunkte sind journalistische Qualität und publizistische Vielfalt, Desinformation und Innovation im Journalismus. E-Mail: rinsdorf@hdm-stuttgart.de

Dr. Alexander Roßnagel

ist Seniorprofessor für öffentliches Recht mit dem Schwerpunkt Recht der Technik und des Umweltschutzes an der Universität Kassel und Sprecher des "Forum Privatheit und selbstbestimmtes Leben in der digitalen Welt". E-Mail: a.rossnagel@uni-kassel.de

Dr. Hannah Ruschemeier

ist Juniorprofessorin für Öffentliches Recht mit Schwerpunkt Datenschutzrecht/Recht der Digitalisierung (Tenure) an der Fernuniversität in Hagen. E-Mail: hannah.ruschemeier@fernuni-hagen.de

Dr. Stephan Schindler

ist wissenschaftlicher Mitarbeiter am Fachgebiet Öffentliches Recht, IT-Recht und Umweltrecht (Prof. Dr. Gerrit Hornung, LL.M.) an der Universität Kassel. E-Mail: stephan.schindler@uni-kassel.de

Sabrina Schomberg

ist wissenschaftliche Mitarbeiterin am Fachgebiet Öffentliches Recht, IT-Recht und Umweltrecht (Prof. Dr. Gerrit Hornung, LL.M.) an der Universität Kassel. E-Mail: sabrina.schomberg@uni-kassel.de

Jasmin Schreyer

ist wissenschaftliche Mitarbeiterin am Lehrstuhl für Soziologie mit dem Schwerpunkt Technik - Arbeit - Gesellschaft an der Friedrich-Alexander-Universität Erlangen-Nürnberg und arbeitet im Projekt: Digitalisierung der Arbeitswelten. Sie promoviert zu Fragen rund um digitalisierte Arbeitsbeziehungen, die durch Plattformen vermittelt und etabliert werden. Der Fokus liegt dabei auf dem Spannungsverhältnis Mensch-Technik in Bezug auf algorithmische Arbeitskoordination, das zwischen Autonomie und Kontrolle changiert. E-Mail: jasmin.schreyer@fau.de

Tahireh Setz

ist wissenschaftliche Mitarbeiterin am Fachgebiet Öffentliches Recht, IT-Recht und Umweltrecht (Prof. Dr. Gerrit Hornung, LL.M.) an der Universität Kassel. E-Mail: t.setz@uni-kassel.de

Dr. Martin Steinebach

ist Leiter der Abteilung "Multimedia Sicherheit und IT-Forensik" am Fraunhofer SIT und Honorarprofessor zu den gleichen Themen an der TU Darmstadt. Er promovierte zu digitalen Audiowasserzeichen und forscht heute in verschiedenen Themen der Mediensicherheit, der Sicherheit von maschinellem Lernen, der IT-Forensik und OSINT.

Milan Tahraoui

ist seit 2021 wissenschaftlicher Mitarbeiter am Forschungsinstitut für Öffentliche und Private Sicherheit der Hochschule für Wirtschaft und Recht Berlin (FÖPS/HWR Berlin). Seine Forschungsgebiete umfassen internationales und europäisches Recht sowie Datenüberwachung (öffentlich und privat), Fragen der internationalen Sicherheit und die Regulierung von Technologie.

Sabine Theis

ist Senior Researcher am Institut für Arbeitswissenschaft der RWTH Aachen University. Ihr Forschungsschwerpunkt liegt auf der Bewertung und Charakterisierung von Daten- und Informationsvisualisierungssystemen und -techniken aus der Perspektive menschlicher Faktoren. Sie promovierte zum Thema ergonomische Gestaltung Gesundheitsdatenvisualisierungen.

Inna Vogel

ist wissenschaftliche Mitarbeiterin in der Abteilung von Prof. Dr.-Ing. Martin Steinebach "Multimedia Sicherheit und IT-Forensik" am Fraunhofer SIT. Sie promoviert zu der Frage wie Fake News mithilfe von maschinellen Lernverfahren automatisiert erkannt werden können. E-Mail: inna.vogel@sit.fraunhofer.de

York Yannikos

ist wissenschaftlicher Mitarbeiter in der Abteilung "Media Security und IT Forensics" am Fraunhofer SIT. Seine Forschungsschwerpunkte sind das Testen IT-forensischer Tools, Darknet-Marktplätze und OSINT. E-Mail: york.yannikos@sit.fraunhofer.de

FSC
www.fsc.org
MIX
Papier | Fördert
gute Waldnutzung
FSC® C083411

Kolibri 360 GmbH
Ferdinand-Jühlke-Straße 7
99095 Erfurt, Deutschland
produktsicherheit@kolibri360.de